振动力学基础与 MATLAB应用

鲍文博　白泉　陆海燕　编

清华大学出版社
北京

内 容 简 介

本书是为高等院校工科相关专业研究生振动力学基础课程编写的简明教材,全书包括绪论、单自由度系统的自由振动、单自由度系统的强迫振动、两自由度系统的振动、多自由度系统的振动、连续系统的振动和振动分析的近似计算方法等部分。本教材强调基本概念和振动理论的工程应用以及计算机程序在振动问题分析中的运用,每一部分均配备了大量的例题和应用 MATLAB 语言求解振动问题的算例,并给出全部程序源代码。

本书也可以作为土木工程、机械工程、航空航天工程、能源与动力工程、交通工程等专业本科生的教材和参考书,也可供从事与振动相关工作的工程技术人员参考。

图书在版编目(CIP)数据

振动力学基础与 MATLAB 应用/鲍文博,白泉,陆海燕编. --北京:清华大学出版社,2015(2024.2重印)
ISBN 978-7-302-37570-8

Ⅰ. ①振… Ⅱ. ①鲍… ②白… ③陆… Ⅲ. ①Matlab 软件－应用－工程力学－振动理论－高等学校－教材 Ⅳ. ①TB123-39

中国版本图书馆 CIP 数据核字(2014)第 174674 号

责任编辑:赵益鹏　赵从棉
封面设计:陈国熙
责任校对:刘玉霞
责任印制:杨　艳

出版发行:清华大学出版社
　　　　　网　　　址:https://www.tup.com.cn,https://www.wqxuetang.com
　　　　　地　　　址:北京清华大学学研大厦 A 座　　　　　邮　　编:100084
　　　　　社 总 机:010-83470000　　　　　邮　　购:010-62786544
　　　　　投稿与读者服务:010-62776969,c-service@tup.tsinghua.edu.cn
　　　　　质量反馈:010-62772015,zhiliang@tup.tsinghua.edu.cn
印 装 者:三河市龙大印装有限公司
经　　销:全国新华书店
开　　本:185mm×260mm　　　　印　　张:19.5　　　　字　　数:470 千字
版　　次:2015 年 6 月第 1 版　　　　印　　次:2024 年 2 月第 10 次印刷
定　　价:59.80 元

产品编号:058468-03

前　言

  振动是客观世界最普遍的运动形式之一,在自然世界、工程领域、社会活动和日常生活中,普遍存在着物体往复运动或空间状态往复变化的振动现象。振动力学已经成为机械、航空、土木、水利、动力和交通运输等工程领域,以及力学、声学、电子学、自动控制等学科不可或缺的组成部分和重要的理论基础之一。随着振动理论的不断发展和现代工程对振动分析技术需求的日益增大,振动力学的理论体系不断完善、研究内容不断扩充,形成了内涵丰富、体系完整、结构严谨的学科理论。为了方便教学安排以及不同学科或不同领域对于振动理论的灵活选择,振动理论在内容上可以划分为基础理论和专题理论两个部分,基础部分即经典的线性振动理论,专题部分包括非线性振动、随机振动和振动实验等。本教材是针对工科院校对振动基础理论的必修需求进行规划,在原硕士研究生的"振动理论"课程讲义的基础之上,根据教与学的反复实践,经过精选、提炼和扩充后形成的一本体系完整、内容简洁、方便实用的振动力学基础理论教程,既可作为高等院校工科相关专业研究生振动力学基础课程的简明教材,也可以作为土木工程、机械工程、航空航天工程、水利工程、能源与动力工程、交通工程等专业本科生的教材和参考书,还可供从事相关领域工作的工程技术人员学习参考。

  本书最显著的特色是强调振动理论的实际应用。首先,在每一个理论单元都安排了大量的问题及分析与求解实例,为读者自学和深入理解振动理论提供了极大的方便;其次,每一章节均配置了大量的应用 MATLAB 语言求解振动问题的算例,并给出全部程序源代码,为实践理论应用、巩固学习成绩、拓展分析范围和实际工程应用提供了有效的手段。

  本书共分为 6 章。前 4 章为线性振动理论的基本内容,安排了单自由度系统的自由振动及强迫振动、两自由度系统的振动和多自由度系统的振动等内容,可作为 32 学时课程的教学内容。第 5 章介绍了连续系统的振动理论,第 6 章介绍了振动分析的近似计算方法,可安排 8 个学时的扩充课时或课外自学。

  本书由鲍文博教授、白泉博士和陆海燕博士编写,其中第 1～4 章及第 6 章由鲍文博编写,第 5 章由白泉编写,部分例题和 MATLAB 程序的调试由陆海燕完成,全书由鲍文博主审。清华大学出版社土建事业部聘请相关学科的专家审阅了全书,在此一并致以诚挚的谢意。限于编者水平,书中欠缺和不妥之处在所难免,恳请读者不吝指正。

作　者

2015 年 4 月

目　录

绪　论

0.1　振动力学发展简史

　　振动力学从其概念产生到发展为一门科学理论经历了漫长的时间,包括世界著名科学家在内的无数学者和工程师为此作出了卓越贡献。

　　人类对振动现象的了解和利用有着漫长的历史,从远古时期已经开始利用振动发声制造各种乐器。人们对于振动问题的研究可以追溯到公元前 6 世纪毕达哥拉斯(Pythagoras)的工作,他通过实验观测得到弦线振动发出的声音与弦线的长度、直径和张力的关系,证明用三条弦发出某一个乐音以及它的第五度音和第八度音时,这三条弦的长度之比为 6∶4∶3。我国古代科学家早在春秋战国时期,便根据弦线发音同长度的关系总结出"三分损益"定律,即将基音弦长分为三等份,减去或增加一份可确定相隔五度音程的各个音,成为中国古代制定音律时所用的生律法。同时期的《庄子·徐无鬼》对共振现象有明确记述:"鼓宫宫动,鼓角角动,音律同矣。"我国 11 世纪宋代科学家沈括,在《梦溪笔谈》中精心设计了一个纸游码共振实验,把一个纸人固定在一根弦上,当弹动和该弦频率成简单整数比的弦时,纸人因所在的弦发生共振而跳跃,这是有史记载最早的共振实验。现代物理科学的奠基人伽利略(Galileo Galilei)对振动问题进行了开创性的研究,17 世纪在其名著《两门新科学的对话》中明确弦线振动频率与其长度、密度和张力的关系,他发现了单摆的等时性并利用落体公式得到摆动周期正比于摆长与重力加速度比的平方根的结论,还从能量的角度讨论摆的周期,后来惠更斯(C. Huvaens)利用几何方法推得摆振动周期的正确公式。梅森(M. Mersenne)在实验基础上系统地总结了弦线振动的频率特性,推断出密度和张力相同且发出谐音的短弦频率。牛顿(I. Newton)在其划时代的著作《自然哲学的数学原理》中建立的动力学原理,使振动问题的动力学研究成为可能,胡克(R. Hooke)于 1678 年发表的弹性定律和牛顿于 1687 年发表的运动定律分别为振动力学的发展奠定了理论基础。

　　18—19 世纪,是线性振动理论发展和成熟的时期,逐步形成了一门相对独立的学科理论。17 世纪的科学技术发展为振动问题的研究提供了强有力的力学基础和数学工具,由于振动问题最终归结为常微分方程或偏微分方程的求解,所以线性振动理论是与微分方程同步发展的,这个时期的数学家为此作出了重要贡献。欧拉(L. Euler)于 1728 年建立并求解了单摆在有阻尼介质中运动的二阶常微分方程;1739 年,他研究了无阻尼简谐受迫振动,从理论上解释了共振现象;1747 年,他在研究空气中声传播时建立了等刚度弹簧联结等质量质点的多自由度振动系统力学模型,列出运动微分方程并求出精确解,发现系统的振动是各阶简谐振动叠加的结果。1762年,拉格朗日(J. L. Lagrange)在对微小振动深入系统研究的基础上建立了离散振动系统的一般理论,出版了著名论著《分析力学》,标志着离散系统的振动理论已经发展成熟。对于连续振动系统,最早研究的是弦线,其振动理论在18世纪已经建立。1746年,达朗贝尔(J. le R. d'Alemberi)在研究均匀弦线振动时,考虑弦线位移随时间及弦上位置的变化导出描述弦线振动的波动方程并求出行波解。1753年,丹尼尔·伯努利(D. Bernoulli)用无穷多个模态叠加的方法得到弦线振动的驻波解;1759年,拉格朗日从驻波解出发推导出行波解,从而在物理上充分理解了均匀弦线的振动规律;但严密的数学证明,直到1811年傅里叶(J. B. J. Fourier)提出函数的级数展开理论才得以完成。1762年欧拉和1763年达朗贝尔分别研究了非均匀弦线和重弦线的振动,之后其他连续体的振动问题也相继提出。欧拉和丹尼尔·伯努利于1744年和1751年分别研究了梁的横向振动,导出了自由、铰支和固定3类边界条件下的振形函数与频率方程,当时的研究忽略了截面转动和剪切变形的影响;直到19世纪末和20世纪初才分别由瑞利(J. W. S. Rayleish)和铁摩辛柯(S. P. Timoshenko)加以补充修正。1759年欧拉将膜视为两组互相正交的弦而解决了矩形膜的振动问题,但处理圆形膜的尝试未能成功,直到1829年泊松(S. D. Poisson)才完全解决了膜振动问题。1789年,雅格布·伯努利(J. B. Noulli)将板视为两组互相正交的梁导出其运动微分方程。1787年,克拉德尼(Chladni)对玻璃和金属板振动波节线的实验促进了板和壳振动的研究。1814年以来,泊松对板的振动进行了系统研究并建立动力学方程,但所建立方程的边界条件尚有缺陷;直到1850年,基尔霍夫(G. R. Kirchhoff)引入了符合实际的板变形假说,修正了泊松的错误,并给出圆板的自由振动解,比较完整地解释了克拉尼的实验结果。1821年,纳维(C. L. Navier)发表了论著《论弹性体的平衡与运动》,最早提出弹性体运动的一般方程;1828年建立了板的弯曲振动理论,并研究了三维弹性体的振动。1784年,库仑(C. A. Coulomb)对圆柱扭转振动进行了理论和实验研究,泊松于1829年解决了弹性体的扭转振动问题,完整的三维弹性体振动理论由泊松于1829年和克莱布什(R. F. A. Clebsch)于1862年分别建立。与此同时,对于受外激励响应的研究也日趋成熟。自从1807年托马斯·杨(T. Young)提出了载荷的动力效应,在不到一个世纪里,关于振动物体的激励响应和强迫振动理论基本建立起来。1834年,杜哈梅(J. M. C. Duhamel)将任意外激励视为一系列冲量激励的叠加,建立了计算强迫振动的普遍公式。1894年,庞加莱(J. H. Poincaré)基本完成了一般弹性体受迫振动数学理论的建立。

19世纪以来,随着科学技术的迅猛发展和工业化快速的推进,工程对振动力学的需求日益迫切。航空航天、航海运输和动力机械等新型工程系统规模越来越大、速度越来越高、结构形式越来越复杂,迫切需要振动力学作为设计理论和分析手段,然而经典的线性振动解析手段已经不能满足日益复杂的工程需求,于是各种近似计算方法应运而生。1873年,瑞利基于动能和势能的分析给出了确定系统基频的近似方法,即瑞利法,这是一种关于多自由度系统基频的上限估算法;1894年,邓克利(S. Dunkerley)在研究旋转轴的临界转速时从实验结果中导出一种近似计算多圆盘轴横向振动基频的近似方法,即邓克利法,是计算振动系统最小固有频率(即基频)下界的一个经验公式;1909年,里兹(W. Ritz)发展了瑞利法,他基于最小势能原理建立了瑞利-里兹法,这是一种缩减系统自由度的近似方法,反复使用可以求解一个多自由度系统的多个低阶固有频率,从而把瑞利法推广为求解几个低阶固有频率的近似方法。1915年,伽辽金(Б. Г. Галёркин)基于加权余量法,对里兹作了进一步的推广,应用这种方法可以通过方程所对应泛函的变分原理将求解微分方程问题简化成为线性方程组的求解问题,成为求解振动微分方程边值问题的一种重要方法。1898 年,维奈尔(Vianell)在计算压杆的屈曲载荷时提出逐步近似方法;1904 年,斯托德拉(A. Stodola)将该方法推广用于计算轴杆的主频率,发展为振型迭代法。1902 年,法莫(H. Frahm)计算船主轴扭振时提出离散化的思想,相继被霍尔茨(Holzer)等科学家推广应用,形成了一种确定轴系和梁频率的有效方法;1950 年,汤姆孙(W. Thomson)将这种方法最终发展为传递矩阵法。对于现在工程普遍应用的有限单元法,最早可追溯到 20 世纪 40 年代。1943 年,柯朗特(R. Courant)在研究圣维南(St. Venant)的扭转问题时,将应用在三角形区域上定义的分片连续函数和最小能原理相结合,首次运用"单元"法则把微分方程转换成了一组代数方程;1956 年,波音公司的特纳(M. J. Turner)和克拉夫(R. W. Clough)等人分析飞机结构时,将钢架位移法推广应用于弹性力学平面问题,把结构分割成三角形和矩形单元,成功求解了平面应力问题。1960 年,克拉夫在其关于弹性力学平面问题研究的论文中,首次使用"有限元法"这个名称。1965 年,冯康(Y. K. Zheung)发表了论文"基于变分原理的差分格式",这篇论文是国际学术界承认我国独立发展有限元方法的主要依据。20 世纪 60 年以后,随着计算机和软件的发展,有限元法迅速取代其他近似方法成为复杂工程振动问题近似计算的主要方法,至今有限元理论和分析手段已发展得非常成熟。

19 世纪后期,庞加莱和李雅普诺夫(A. M. Ляпунов)等人开创了非线性振动理论,这是与线性振动力学研究方向不同的新领域,使人们对振动的机制有了新的认识。人类对非线性振动现象的观察可以追溯到 1673 年惠更斯关于单摆的研究,发现了单摆大幅摆动时对等时性的偏离以及两只频率接近时钟的同步化等两类非线性现象。1881—1886 年,庞加莱研究了二阶系统奇点的分类,引入了极限环概念并建立了极限环的存在判据,定义了奇点和极限环的指数,1885 年他还研究了分岔问题。1892 年,李雅普诺夫给出了稳定性的严格定义,并提出了处理稳定性问题的两种方法,这是振动系统定性理论的一个重要方面,为非线性振动定性分析提供了基础。在定量求解非线性振动的近似解析方法方面,1830 年泊松研究单摆振动时提出摄动法的基本思想,但长期项的存在会使该方法失效。1883 年,林滋泰德(A. Lindstedt)把振动频率也按小参数展开,解决了摄动法的久期项问题。1918 年,达芬(G. Duffing)在研究硬弹簧受迫振动时采用谐波平衡和逐次迭代的方法研究了硬弹簧受迫振动。1920 年,范德波尔(van der Pol)在研究电子管非线性振荡时提出了慢变系数法的基本思想,1934 年克雷洛夫(Н. М. Крылов)和包戈留包夫(Н. Н. Боголюбов)将其发展为适用于弱非线性系统的平均法,1947 年又发展为可求任意阶近似的渐近解。1955 年,由米特罗波尔斯基(Ю. А. Митропольский)总结整理,将这种方法推广应用到非定常系统,最终形成KBM 法。1957 年斯特罗克(P. A. Sturrock)在研究电等离子体非线性效应时,用多个不同尺度描述系统的解从而建立了多尺度法。非线性振动系统除自由振动和受迫振动以外,还广泛存在另一类振动,即自激振动。1945 年卡特莱特(M. L. Cartwright)和李特伍德(J. F. Littlewood)对受迫范德波尔振子的研究,以及莱文森(N. Levison)对一类更简化的模型分析表明,两个不同稳态运动可能具有任意长时间的相同暂态过程,这表明运动具有不可预测性。为解释卡特莱特和李特伍德、莱文森的结论,斯梅尔(S. Smale)提出了马蹄映射的概念,构造了形状类似于马蹄的结构稳定的离散动力系统,对高维结构稳定系统的特征提供了一个具体模型,并说明高维结构稳定系统具有复杂的拓扑结构和动力行为,马蹄映射是具有无穷多个周期点的结构稳定(或 Ω 稳定)的混沌动力学研究中第一个经典例子。在 20 世纪 60 年代研究的基础上,混沌学的研究开始进入高潮。1963 年,洛伦兹(E. N. Lorenz)在研究地球大气运动中发现了混沌现象"对初始条件的极端敏感性",提出了著名的"蝴蝶效应"。1971 年,科学家在耗散系统中正式地引入了埃侬(M. Henon)、洛伦兹等奇异吸引子的概念;1973 年,上田和林千博在研究达芬方程时得到一种混乱、貌似随机且对初始条件极度敏感的数值解,提出了混沌的科学概念。从此,揭开了 20 世纪最重大的发现——混沌运动。

进入 20 世纪以来,航空和航天工程的发展对振动力学提出了更高要求,诸如大气湍流引起的飞机颤振、喷气噪声导致飞行器表面结构的声疲劳、火箭运载工具有效负载的可靠性等工程问题包含了大量的随机因素,前述确定性的力学模型已经无法满足这些工程的精确分析和设计要求。工程发展的需要促使人们用概率与统计方法研究承受随机载荷作用的机械与结构系统的稳定性、响应、识别及可靠性,从而形成了随机振动学科。1944 年,莱斯(Rice)首先在通信领域使用随机过程来处理信号中的噪声,促使人们很快地认识到随机过程理论将会在航天和导弹系统以及其他结构、机械、电子系统中有广泛应用,大批科技人员开始研究在随机振动环境下如何保证结构或机电系统具有最大的可靠性。1959 年和 1963 年,美国就随机振动的数学理论、结构在随机载荷下的响应、随机振动模拟试验、随机振动可靠性等方面的研究进展,两次在麻省理工学院举行国际性随机振动报告会,掀起了随机振动研究的热潮。但由于数据的庞大和处理上的烦琐,并受到当时计算手段的限制,这个时期及其之前大量的随机振动研究还停留在理论和概念上。20 世纪 60 年代中后期,随着计算技术与大规模集成电路的迅速发展,信号与信息的处理技术进入到了一个新的阶段,使得宇航、海运、车辆、建筑、结构、机构等领域大量的随机振动问题得到迅速有效的分析,随机振动学科成长为现代应用力学的一个重要分支。

0.2　振动力学的基本概念

0.2.1　振动的基本物理量

在物理学中,我们把一个物体相对于另一个物体位置的变化称为机械运动。**振动**(vibration)也是一种机械运动,它是指物体围绕某一平衡位置所作的往复运动,是机械运动的一种特殊形式,所以也称为**机械振动**(mechanical vibration)。

与其他机械运动形式一样,振动也用位移、速度、加速度等物理量来描述振动物体随时间的变化规律。显然,振动物体的运动规律可以用时间函数来描述,如振动物体的位移运动可以表示为

$$x = x(t) \qquad (0.2.1)$$

式中 t 为时间、x 为随时间变化的位移。如果以 t 为横坐标、x 为纵坐标作图,则可以得到振动物体的位移随时间变化的曲线,

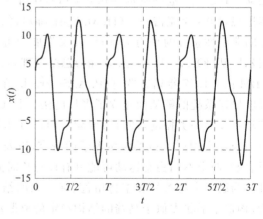

图 0.2.1　位移时程

称为**位移时程曲线**(time history curve of displacement),如图 0.2.1 所示。

如果振动物体在相等的时间间隔内作往复运动,称为**周期运动**(periodic motion),往复一次运动所需的时间间隔即物体完成一次振动所占用的时间长度 T 称为**周期**(periodic),单位一般以秒(s)计。周期振动每经过一个周期后,又重复前一周期中的全部过程,周而复始形成整个振动过程。周期振动可用时间的周期性函数表达为

$$x = x(t) = x(t+nT), \quad n = 1, 2, 3, \cdots \tag{0.2.2}$$

物体在单位时间内周期振动的次数称为**频率**(frequency),显然它是周期的倒数。频率通常以 f 表示,单位以每秒次(1/s)或赫兹(Hz)计

$$f = 1/T \tag{0.2.3}$$

最简单的周期振动是**简谐振动**(simple harmonic vibration),任何周期振动都可以分解为不同阶次简谐振动的叠加运动,所以简谐振动在振动理论中具有重要意义。简谐振动可以用正弦或余弦函数表示为

$$x(t) = X\cos(\omega t + \varphi_0) \tag{0.2.4}$$

式中 X 为振动物体离开静平衡位置的最大距离,称为**振幅**(amplitude);ω 为描述振动周期变化快慢的物理量,称为振动频率。由于简谐振动可以用旋转矢量来模拟(0.2.2 节),所以其振动频率及其周期可以圆周旋转的概念来描述。设想当物体以角速度 ω 绕圆周旋转时,每旋转一周即完成一个周期运动,其所占用的时间即为周期 T。显然有关系式

$$T = 2\pi/\omega \tag{0.2.5}$$

由于上述周期从绕圆周旋转的概念引出,故又称之为**圆周期**(circular periodic)T,单位仍为秒(s)。圆周期 T 对应的频率 ω 称为**圆频率**(circular frequency),可见有如下关系:

$$\omega = 2\pi/T \tag{0.2.6}$$

显然圆频率等于角速度,单位为每秒弧度(rad/s)。

在式(0.2.4)中的 ωt($\omega t = \theta$)表示的是绕圆周旋转矢量 t 时刻的角度,称为**相位角**(phase angle);而 φ_0 为 $t=0$ 时刻的初始相位角,简称为**初相位角**(initial phase angle),二者单位均为弧度(rad)。

我们在分析振动现象时涉及到的机械部件、工程结构等研究对象称为**振动系统**(vibration systems)。构成系统的基本要素是惯性元件(质量)和弹性元件(弹簧),实际工程系统中还有阻尼元件。一个系统所以产生振动,除了自身具备一定的条件外,还必须受到外界的作用。我们把外界的这种作用称为**激励**(excitation),系统在外界作用下引起的振动称为振动系统对激励的**响应**(response)。激励可以是力,也可以是位移、速度或加速度等,激励通常是随时间变化的函数,如初始扰动、过程激励等外界对于系统的作用。响应是系统在激励作用下产生的运动及其状态,可以用位移、速度和加速度等运动参数描述,也可以用内力或能量表示,但在振动力学中不加说明时通常是用前者来表述振动系统对激励的响应。此外,任何振动系统的振幅和初始相位,均由该系统的初始状态确定。我们把振动系统在运动初始时刻(一般为 $t=0$ 时刻)的位移、速度或加速度等统称为**初始条件**(initial conditions)。

0.2.2   简谐振动及其表示法

1. 简谐振动的运动参量及特征

简谐振动是指系统的运动参量(位移、速度、加速度等)按时间的正弦或余弦函数规律变化的振动,是最简单而又最重要的一种周期振动。如使用余弦函数表达,则简谐振动的位移数学表达式为

$$x(t) = X\cos(\omega t + \varphi_0) \tag{0.2.7a}$$

式中的振幅和初相位均由初始条件确定。对位移关于时间求一阶导数和二阶导数,分别得到简谐振动的速度和加速度表达式

$$v = \frac{\mathrm{d}x}{\mathrm{d}t} = -X\omega\sin(\omega t + \varphi_0) = X\omega\cos\left[(\omega t + \varphi_0) + \frac{\pi}{2}\right]$$

$$a = \frac{\mathrm{d}^2 x}{\mathrm{d}t^2} = -X\omega^2\cos(\omega t + \varphi_0) = X\omega^2\cos[(\omega t + \varphi_0) + \pi] \tag{0.2.7b}$$

比较以上三式,不难看出简谐振动有以下运动学特征:

(1) 简谐振动的速度、加速度也是简谐函数,且与位移函数(简谐函数)具有相同的频率;

(2) 速度的相位较位移的相位超前 $\pi/2$,加速度相位较位移相位超前 π;

(3) 加速度与位移恒成正比而方向相反,比例系数为圆频率的平方。

简谐振动的位移、速度和加速度时程曲线如图 0.2.2 所示。

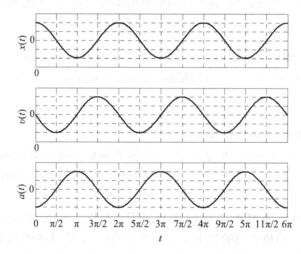

图 0.2.2   简谐振动的位移、速度和加速度时程曲线

2. 简谐振动的矢量表示法

简谐振动可以用旋转的矢量在坐标上的投影来表示。如图 0.2.3 所示,矢量 $\overrightarrow{OP}$ 以等角速度逆时针旋转,其模为 A;矢量起始位置与水平轴夹角为 φ_0,任意时刻与水平轴夹角为 $\omega t + \varphi_0$。此时,旋转矢量在坐标上的投影为简谐函数,如在纵坐标上的投影为

$$x(t) = A\sin(\omega t + \varphi_0) \tag{0.2.8a}$$

而在水平坐标上的投影为

$$x(t) = A\cos(\omega t + \varphi_0) \tag{0.2.8b}$$

与简谐振动方程(0.2.7a)比较可见，旋转矢量的模 A 正是简谐振动的振幅 X，旋转矢量的角速度是简谐振动的圆频率 ω，旋转矢量与水平轮的夹角是简谐振动的相位角 $\omega t + \varphi_0$；$t = 0$ 时旋转矢量与水平轴的夹角为简谐振动的初相位角 φ_0。可见，二者具有一一对应的关系，所以旋转矢量可用来表述简谐振动。

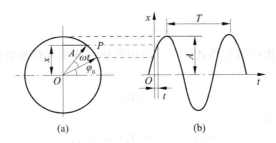

图 0.2.3　简谐振动的矢量表示法

3. 简谐振动的复数表示法

简谐振动也可以用复数表示，如图 0.2.4 所示。

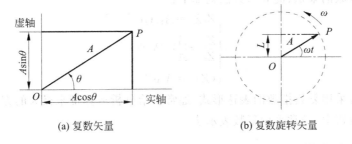

(a) 复数矢量　　　　　　(b) 复数旋转矢量

图 0.2.4　简谐振动的复数表示法

图 0.2.4(a)所示为一复矢量 $\overrightarrow{OP}$，其模为 A，与水平实轴夹角即辐角为 θ。矢量 $\overrightarrow{OP}$ 在实轴与虚轴上的投影分别为 $A\cos\theta$ 与 $A\sin\theta$，则复矢量 $\overrightarrow{OP}$ 的复数表达式为

$$Z = A(\cos\theta + \mathrm{i}\sin\theta) \tag{0.2.9a}$$

可见，复矢量的虚部和实部均为简谐函数，即

$$x = \begin{cases} \mathrm{Re}(Z) = A\cos\theta \\ \mathrm{Im}(Z) = A\sin\theta \end{cases} \tag{0.2.9b}$$

因此，一个复矢量的虚部或实部可以用来描述简谐振动。复矢量 A 的模代表了简谐振动的振幅 X，辐角 θ 与简谐振动的相位角 $(\omega t + \varphi_0)$ 相对应，复矢量在复平面的实轴或者虚轴上的投影分别代表余弦或正弦简谐振动。

如果假想复矢量 $\overrightarrow{OP}$ 以等角速度 ω 逆时针旋转，矢量起始位置与实轴夹角为 φ_0，任意时刻与水平轴夹角为 $\theta = \omega t + \varphi_0$，如图 0.2.4(b)所示，此时，复矢量仍由式(0.2.9a)表达，而辐角为

$$\theta = \omega t + \varphi_0 \tag{0.2.9c}$$

根据欧拉公式

$$Z = A(\cos\theta + i\sin\theta) = Ae^{i\theta} \tag{0.2.10}$$

简谐振动可用复数表示为

$$x = \begin{cases} \text{Re}(Ae^{i\theta}) = A\cos\theta \\ \text{Im}(Ae^{i\theta}) = A\sin\theta \end{cases} \tag{0.2.11}$$

$$\theta = \omega t + \varphi_0$$

为方便起见,在振动分析中通常将式(0.2.10)中的虚部或实部符号省略,这样简谐振动的复数表达式可写成

$$x = Ae^{i\theta} \tag{0.2.12a}$$

将辐角表达式代入,变为

$$x = Ae^{i(\omega t + \varphi_0)} = Ae^{i\varphi_0}e^{i\omega t} = \overline{A}e^{i\omega t} \tag{0.2.12b}$$

式中 $\overline{A} = Ae^{i\varphi_0}$ 称为复振幅。

复变函数以指数形式运算,通常比较简便。假设已知两个复变函数为

$$Z_1 = A_1e^{i\theta_1}, \qquad Z_2 = A_2e^{i\theta_2} \tag{0.2.13}$$

则这两个复变函数的乘积、商和乘方法则如下:

$$\begin{cases} Z_1 Z_2 = A_1 A_2 e^{i(\theta_1 + \theta_2)} \\ \dfrac{Z_1}{Z_2} = \dfrac{A_1}{A_2} e^{i(\theta_1 - \theta_2)} \\ (Z)^n = A^n e^{in\theta} \end{cases} \tag{0.2.14}$$

简谐振动若采用复数指数的表达形式,通常会给分析运算带来极大的方便。因此,在振动力学的理论分析中,经常采用复数表示法。

0.2.3 振动的分类

振动的形式多种多样,可以从不同角度或研究的侧重点入手加以分类。以下从 6 个方面对振动类型进行归类。

1. 按激励特性分类

(1) 确定性振动

如果一个系统的物理特性是确定性的,受到的激励也是确定性的,则该系统的响应也一定是确定性的,相应的振动称为**确定性振动**(deterministic vibration)。所谓确定性激励是指其大小及变化规律可以用时间的确定性函数进行表述,常见的有周期激励和冲击激励。

(2) 随机振动

如果一个系统所受激励是随机的,则该系统的响应也一定是随机的,相应的振动称为**随机振动**(random vibration)。所谓随机激励是指其大小及变化无一定规律,不能用时间的确定性函数进行描述,其激励作用事先无法预测,如阵风、地震、波浪等。但随机激励及其响应具有统计规律,可以使用概率统计理论来分析。

2. 按振动系统的物理特性分类

(1) 线性振动

振动系统的质量恒定,阻尼力和弹性恢复力分别与速度和位移呈线性关系,该系统的运

动能够用常系数线性微分方程来描述,这样的系统称为**线性系统**(linear system),线性系统在确定性激励下产生的振动称为**线性振动**(linear vibration)。

（2）非线性振动

振动系统的质量、阻尼力或弹性恢复力等物理量具有非线性性质,该系统的运动只能用非线性微分方程来表述,这样的振动称为**非线性振动**(nonlinear vibration)。

3. 按振动的周期特性分

（1）周期振动

振动系统的位移、速度、加速度等运动参量,在相等的时间间隔内作周期变化,其运动规律可以表述为周期函数 $x(t) = x(t+T)$（T 为周期）,这样的振动称为**周期振动**(periodic vibration)。可以用简单正弦函数或余弦函数来描述的**简谐振动**(simple harmonic vibration),就属于典型的周期性振动。

（2）非周期振动

振动系统的物理量不随时间作周期性的变化,即其运动没有周期性,这样的振动称为**非周期振动**(nonperiodic vibration)。大多数振动都是非周期的,其中瞬态振动为典型的非周期振动。

4. 按激励类型分类

（1）自由振动

系统受到初始激励后不再受激励作用,仅靠其本身的弹性恢复力自主振动,这种在给定的初始位移或初始速度激励下产生的振动称为**自由振动**(free vibration),自由振动的特性仅取决于系统本身的质量、刚度和阻尼等固有的物理特性。

（2）受迫振动

系统在外界持续的激振作用下激发的振动,称为**受迫振动**(forced vibration)或称为**强迫振动**,其振动状态除取决于系统本身的物理特性外,还与激振扰力特性有关。

（3）自激振动

有的非线性系统具有非振荡性能源和反馈特性,所受激励受到振动系统本身的控制,在适当的反馈作用下将自动地激起稳定的振动,这样的振动称为**自激振动**(self-excited vibration)。但是,一旦系统的振动被抑制,激励也将随之消失。

5. 按振动系统的自由度数目分类

（1）单自由度系统的振动

系统在振动过程中任意瞬时的几何位置只需要一个独立坐标来描述,这样的振动系统称为**单自由度系统**(systems with one degree of freedom),其振动即称为单自由度系统的振动。

（2）多自由度系统的振动

系统在振动过程中任意瞬时的几何位置需用多个独立坐标才能确定,这样的振动系统称为**多自由度系统**(systems with multiple degrees of freedom),其振动即称为多自由度系统的振动。

（3）无限多自由度

系统在振动过程中任何瞬时的几何位置均需要无限多个独立坐标来确定,这样的振动系统称为**无限多自由度系统**(systems with infinite degrees of freedom)或**连续体系统**(continuous system),其振动即称为无限多自由度系统的振动。

6. 按振动位移的特征分类

实际工程中的各类振动往往沿着某一特定方位振动,因此工程中通常简便地按照振动位移的方位来称谓相应的振动,常见的有:

(1) 纵向振动:沿振动体轴线方向发生位移的振动。

(2) 横向振动:垂直于振动体轴线方向发生位移的振动。

(3) 扭转振动:绕振动体轴线方向发生扭转位移的振动。

(4) 摆角振动:绕垂直于振动体轴线在平衡位置附近作弧线摆动的振动。

0.3　研究振动问题的基本方法

0.3.1　振动力学的研究内容

一个系统所以会产生振动,除了自身具备一定的条件外,还必须受到外界的作用才可能发生。也就是说,振动系统的振动是由于外界激励引起的,如果把激励看作对振动系统的输入,则振动响应就是振动系统的输出,输出与输入的关系取决于振动系统的特性,如图 0.3.1 所示。

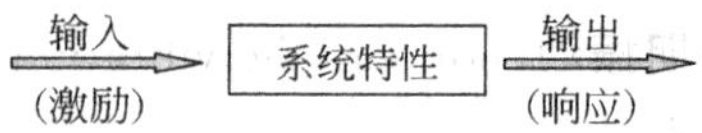

图 0.3.1　振动系统的输入与输出

可见,一个完整的振动系统包括了输入、输出和系统特性 3 个部分,系统的振动状态取决于激励特性和系统本身的振动特性。因此,人们在研究振动问题时,除了关心振动情况即响应之外,还关心激励与响应的关系以及系统固有特性对振动的影响,从而形成了以下 3 个方面的研究内容。

(1) 振动分析

已知激励和系统特性,确定系统的响应,称为振动分析。这是研究振动的正问题,是最传统、最成熟的问题,也是工程设计中最常见问题。除了解析法外,目前已经发展了许多有效的数值方法和商用软件,可以满足一般工程的分析和设计需要。振动分析是结构设计的基础,是结构和机械工程师必备的技能之一。

(2) 系统识别

已知激励和响应,确定系统的特性参数,称为系统识别(system identification)。当要求在一定的激励条件下确定系统参数并使响应满足指定的条件时,称为系统设计。当已知系统的激励和响应,要求从测试数据中确定出系统的频率、阻尼和振型等称为参数识别。这类问题属于振动研究的第一类逆问题,目前相关的软硬件发展都很快,识别理论与技术已日趋成熟。

(3) 振源识别

已知系统特性和响应求激励,即寻找系统的振源或识别系统的激励,称为振源识别(excitation identification)。在有的情况下,系统会受到周边环境的被动激励,这时寻找振源的工作又称为**振动环境预测**(vibration environment prediction)。由于实际振动问题往往错综复杂,引起振动的激励可能多种多样、相互耦合、难以分辨,因此确定复杂工况下的振源及其数学表述一般都比较困难。解决的办法应与第一类逆问题密切结合,还可能同时结合识别、分析和设计等多方面工作协同研究。这类问题属于振动研究的第二类逆问题,目前仍处在发展之中。

0.3.2　振动系统的简化与力学模型

实际振动系统往往比较复杂,如果不作处理难以进行理论分析。因此,在研究振动问题时首先要对实际振动系统进行简化,建立振动力学模型和数学模型,然后再进行计算分析。

力学模型的建立实质上就是实际振动系统的简化过程,在处理过程中必须根据问题的实际情况和研究的需要,抓住系统中的主要影响因素,忽略或简化次要因素,把复杂的振动系统加以抽象和简化,由此建立的能够反映振动参数本质关系的物理系统,称为**力学模型**(mechanics model)。

振动系统的力学模型有很多种,分类方法也不尽相同,使用时可以从不同的角度和不同的研究需要进行选择。如按照系统特性参数的连续性来处理,可简化为离散型系统(discrete system)或**连续型系统**(continuous system)模型;按照系统特性参数的关系来处理,可简化为线性振动系统或非线性振动系统模型;按照激励特性来处理,可简化为确定性系统或随机系统。

离散模型比较简单,其运动在数学上用常微分方程表述,运算比较简单方便,因而在振动力学理论和实际工程中都得到了广泛的应用。离散型系统由集中参数元件构成,所以又称**集中参数系统**(lumped parameter system),基本元件有质量块、弹簧和阻尼器,对应的基本参数有质量、弹簧刚度和阻尼系数。振动系统原本都是连续的,建立离散系统模型首先要对原结构进行离散化处理,常用的方法有集中质量法、广义坐标法和有限元法。单自由度系统和多自由度系统模型一般自由度数较少,便于计算分析,同时模型简单便于突出主要影响因素,反映振动的本质特征,在振动理论中得到普遍运用。对于复杂的实际工程的振动分析,通常采用有限元分析,目前有限元计算技术和手段非常成熟,相应的计算软件也非常发达,已经成为现代工程分析和设计最有力的方法,在科学研究和工程产品开发中扮演着越来越重要的角色。

连续体系统模型接近系统的原态,但相对离散模型一般要复杂得多,其运动在数学上用偏微分方程表述,运算分析比较困难,只有在必要的情况下才选用连续体系统模型。连续体系统由弹性元件组成,其惯性、弹性和阻尼也是连续的,典型的弹性元件有弦、杆、轴、梁、膜、板、壳等。

任何系统本质上都是非线性的,但非线性的影响程度各有不同。研究振动问题时,应优先考虑是否可以简化为线性模型,因为线性振动理论成熟、分析方法简便可靠。当我们所关心的非线性影响因素较小,不足以对研究结果造成期望之外的影响时,可以忽略这些非线性因素,将振动系统简化为线性振动系统。但是,当系统的某些非线性因素较强或对其影响无法估计时,应将系统简化为非线性振动系统,如果仍然盲目地采用线性系统模型不仅可能会遗失某些重要现象,还可能得到完全错误的结论。对于复杂的工程非线性振动问题的研究,应借助有限元方法进行计算机分析。

当系统受到的激励作用是随机的,如建筑结构受到阵风或地震动的作用、路面引起行驶车辆的颠簸、船只受到海浪的拍击、飞行器受到大气湍流的激励,这些系统的响应也将是随机的。对这些振动系统的分析,最科学的方法是建立随机振动模型,然后使用随机振动理论进行分析。

0.3.3　振动系统的动力自由度

振动系统在振动过程中所有质量体系的位置随时间不断变化,我们把确定系统全部质量在任意时刻位置所需的独立几何参数的数目,称为振动系统的**动力自由度**(dynamic degrees of freedom)。在解析方程中,系统的动力自由度通常以坐标的形式来反映。实际系统或结构的质量和刚度都是连续分布的,其动力自由度为无穷多个,不仅计算困难,而且在很多情况下也没有必要。我们通常的做法是把连续的振动系统离散化,根据系统的复杂程度和研究的需要,建立有限自由度系统。一般而言,自由度数越多分析精度越高,但计算难度也越大。简化的基本原则是,在满足计算精度的前提下,尽量减少振动力学模型的自由度数。离散连续系统的常用的方法有集中质量法、广义坐标法和有限元法。

所谓的**集中质量法**(lumped mass method),就是将连续结构的分布质量按照一定规则集中并简化到适当的位置上,形成一系列离散的质点系统,质点之间由无质量的弹簧和阻尼器连接,从而将无限自由度体系简化为有限自由度系统的质阻弹模型。例如对于多层框架结构,由于楼面(包括横梁)的刚度和质量较大,作水平振动时可假定楼板刚度无限大,将楼板和柱子的质量都集中到柱子两端的楼板处,集中质量之间用弹簧及阻尼器来模拟柱子和墙的侧移刚度及振动阻尼,形成“糖葫芦”式的串联式模型。在简化振动模型时,自由度数并不是一成不变的,对于实际问题应同时兼顾精度与计算工作量。另外,质量的离散与分配是否合理,可以按照动能等价的原理进行评价,即当离散后质量的总动能与离散前相等或接近,才可能保证离散模型的合理性。

与集中质量法不同,**广义坐标法**(generalized coordinate method)是通过对结构的振动位移形态上有限点的约束来实现离散化的,它将质量连续分布的振动位移表达成满足位移边界条件的位移函数(也称形函数)的线性组合,这些线性组合系数组成了由该方法得到的离散系统的广义坐标。例如对于图 0.3.2 所示的简支梁,可假设其竖向振型为正弦曲线。当仅考虑一阶振型时,即假设其振型为 1 个正弦波时(如图 0.3.2(a)所示),取位移函数为 $y = a_1(t)\sin(\pi x/l)$,满足边界条件,全梁上各处质量的位移由唯一的广义坐标 $a_1(t)$ 确定,于是连续简支梁被简化成了只有一个自由度的振动系统。当考虑两阶振型时,假设其第二阶振型为 2 个正弦波(如图 0.3.2(b)所示),对应的位移函数为 $y = a_2(t)\sin(2\pi x/l)$,这时简支梁的位移形态由第一阶和第二阶振型叠加而成,故此时简支梁的位移函数为 $y = a_1(t)\sin(\pi x/l) + a_2(t)\sin(2\pi x/l)$,广义坐标为 $a_1(t)$ 和 $a_2(t)$,梁上各处质量的位移由这两个广义坐标确定,所以连续简支梁被简化成了具有两个自由度的振动系统。同样,如果假设简支梁的第三阶振型为 3 个正弦波(如图 0.3.2(c)所示),对应的位移函数为 $y = a_3(t)\sin(3\pi x/l)$,则简支梁的全部位移函数变为 $y = a_1(t)\sin(\pi x/l) + a_2(t)\sin(2\pi x/l) + a_3(t)\sin(3\pi x/l)$,简支梁被简化为具有 3 个自由度的离散振动系统。将以上简支梁简化为具有 n 个动力自由度的位移函数可以概括为以下的一般表达式:

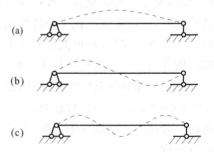

(a)

(b)

(c)

$$y(x,t) = \sum_{i=1}^{n} a_i(t)\varphi(x) \qquad (0.3.1)$$

图 0.3.2　简支梁的广义坐标函数

式中的待定参数 $a_i(t)$ 即为广义坐标，可由振动的初始条件确定；为满足位移边界条件的位移函数，故称为**形状函数**(shape function)，简称形函数。

有限单元法(finite element method)的离散化方法，是把振动结构人为地分割成有限个单元，将连续分布的刚度、质量、荷载、阻尼集中于单元节点处，然后以节点的位移作为结构的广义坐标，统一规定各单元共享的形状函数，通过形状函数满足各单元节点之间的连续性要求，使广义坐标获得了直观的物理背景及统一的计算格式。由于每一节点位移仅影响其相邻单元，结构的向量方程耦联程度较小，因此质量矩阵和刚度矩阵等将表现出带状特征，为计算带来了很大便利。有限单元方法一般选静力状况下的形状函数作为各单元共享的形状函数，形状函数相对振型函数存在一定偏差，因而给计算带来一定的误差，在大体积结构中还可能因形状函数难以反映高振型影响而造成高频反应失真。但由于结构反应在很大程度上取决于低振型的影响，故有限单元离散化方法在多数情况下都能得到理想的计算精度。

0.3.4 振动力学的研究方法

振动力学的研究方法包括理论分析和实验研究两个部分。

理论分析是研究振动问题最基本的方法，它的根本任务是从理论上揭示系统振动的基本规律及其特性。理论分析包括定性研究和定量研究。定性研究的主要是方程解的存在性、唯一性、周期性和稳定性，以及振动系统的简化和振动力学建模理论等；定量研究的是微分方程的解，包括解的方法、解的具体形式、解的规模数量等。振动微分方程的求解又包括精确解法和近似解法。精确解即解析解，如有限自由度线性振动系统在简谐激励下的响应均可以运用线性振动理论获得解析解，但随着自由度数目的增加计算难度会大幅度增加。但是对于一些振动问题，获得解析解很困难甚至不可能，如当线性振动系统受到不规则周期力、冲击、随机等复杂激励作用时，这时对振动运动采用近似解往往会使分析大大简化，并且可以根据精度的需要确定近似的简化程度。例如对于一般周期激励下的强迫振动，我们可以运用傅里叶级数分析方法将周期激振力简化为傅里叶级数进行求解，至于傅里叶级数的项数取多少就可以根据精度的要求来进行选择。近似计算最有效的方法是数值分析，随着电子数字计算机的迅速发展以及各种计算方法的不断完善，**数值分析法**已成为各个科学技术领域中普遍应用的重要研究方法，在振动问题的研究中发挥着越来越重要的作用。从根本上说，用数值计算来分析振动问题就是用数值积分法求出描述运动的微分方程在一定初值下的数值解，再根据解所表示的运动时间历程分析系统的运动规律和振动特性，因此这种方法也可称作数字计算机仿真。数值分析能够求解各类线性、非线性和非确定性系统的振动问题，目前在非线性振动的研究中已得到日益广泛的应用。

振动试验是通过实验方法来研究振动问题基本的方法，它既是对理论研究的补充，也是对理论结果的验证，二者相辅相成，互为支撑。振动试验包括**振动测试**和**模型试验**两大类。振动测试包括振动响应、系统特性和振动激励测试。对于已有系统在给定激励下的响应测试，是实际工程最常见的一种振动测试，目的是确定振动的强弱和规律；对周期振动，主要测定位移、速度、加速度或应变的幅值和振动周期；对瞬态振动和冲击，主要测定位移或加速度的最大峰值和响应持续时间；对平稳随机振动，主要测定力和响应的时间历程的均值和方差等；对非平稳随机振动，可把时间划分为许多小段，测定各小段内时间历程的均值和方差，找出它们同时间的关系，并以此作为振动强度的度量。在系统特性未知或不明确的情况下，可以根据激励和响应的测试结果进行动态特性参量识别,对于线性系统最常用的为模态参数,包括各阶固有频率、振型参数、模态质量或模态刚度、模态阻尼比等。目前进行模态参数识别分为频域法及时域法两大类。将测试所得的激励与响应时间历程信号,经过快速傅里叶变换(FFT)后进行参数识别,称为振动模态识别的频域方法;如果对振动信号直接进行识别,则是振动模态参数识别的时域方法。以确定未知激励为目的的振动测试称为载荷识别或环境识别,它是以确定振源性质、传播途径及振源施加在系统上的载荷谱为目的的试验分析。大型结构和复杂系统承受的载荷非常复杂,很难直接测定,但可以通过结构的响应信号和系统已知的数学模型来反推系统所承受的激励载荷,再根据各种工况下得出的数据进行统计和综合,最终得到载荷谱。振源的性质和传播途径也可以用功率谱分析或相关分析方法获得。在振动试验研究中,经常受到试验规模、试验场地、试验设备和试验经费等条件的限制,无法进行现场试验,这时可以采用模型试验来完成振动试验研究。模型试验首先要按照振动对象原型的制作试验用模型,然后通过模拟实际振动荷载对结构模型进行激振,从而获得相应的数据和信息。模型试验应满足相似理论,如模型与原型尺寸上几何相似、结构上材料相似、激励上成比例等。模型试验具有针对性强、经济性好、仿真性高等特点,受到科学界和工程界的广为重视,已经成为振动力学不可或缺的重要研究手段。

0.4　振动理论的工程应用

振动是各类工程结构和机械系统最典型的动力学问题,振动理论带动了工程技术的进步,随着工程结构的大型化和动力系统的高速化,工程设计及其动力分析对振动力学提出了越来越高的要求,因而又反过来推进了振动理论的发展。振动理论的工程应用主要体现在以下 3 个方面。

(1) 振动分析与工程设计

大多数工程结构和机械系统都存在振动问题,需要通过理论分析或试验研究来确定系统的振动强度和振动规律,进而确定系统的动特性以及振动状态下的可靠性是否满足要求。传统的工程设计,一般先从静态设计入手,然后再进行动特性的验算或测试,不符合要求时再进行调整或补救,很难达到高水准动态要求且效率低下。现代工程设计引入动态设计思想,全面考虑结构或构件的静态和动态特性,设计的对象在符合静态要求的同时,还有较好的动特性并满足动强度、动刚度、动稳定性的要求。

(2) 振动抑制与振动控制

振动既是一种自然现象(如阵风、地震、海浪等),也是一种工作状况(转子的振动、噪声簸动等),常常要伴随着结构或设备的整个寿命周期,对工程的可靠性、质量和寿命有着非常不利的影响。因此,在很多情况下,我们需要采取措施对不利的振动进行抑制或控制。目前,已经建立的振动控制方法有 3 种,即振动的被动控制、主动控制和半振动控制。

振动的被动控制是振动控制中的经典方法,它主要由惯性、弹性和阻尼 3 类元件构成,不需要外界施加能量,造价低易于实现,在工程中得到广泛应用。如最早应用于机械系统的隔振、阻振、减震等减震措施非常成功,很快在建筑结构、桥梁结构等中得到推广应用。我国隔震技术的研究开展较早,在理论研究、技术开发和工程应用等各方面都取得了丰硕成果。但是被动控制的控制频率范围固定且一般宽度不大,控制振动的效果也有限,于是人们又提出了主动控制振动的方法。主动控制系统可以随时根据结构反应或环境的扰动迅速运算并做出决策,然后过作动器实施最优控制力。主动控制系统主要由传感器、控制器和作动器等硬件以及数据处理和结构分析等软件集成,需要外部提供能量。这种控制方法的特点是可以实现振动控制且效果显著,在系统频率范围和控制效果上可以人为地进行较大的调整,但实现过程复杂,控制设备投资大。半主动控制原理与主动控制基本相同,但是通过改变控制装置的属性来取得最优控制效果,而不需要对控制结构专门输入能量。半主动控制系统主要有主动变刚度系统和主动变阻尼系统。在控制振动的应用中,有时把主动控制系统和被动控制系统结合起来使用,将不同的控制系统同时施加在同一个结构上的振动控制系统称为混合振动控制系统。

随着现代控制理论和计算机技术的快速发展,振动控制特别是主动控制技术取得了长足的进步,工程应用日益广泛。在建筑、桥梁领域,用于减小阵风的不适性,防止飓风和地震造成的破坏;在机械领域,用于精密工作机械整机的振动控制、转子的振动控制和柔性机械臂的振动控制,以及最新的超精密加工、超精密测量以及航天技术中的微幅振动主动控制;在交通运输领域,为提高车辆平顺性、安全性和零部件寿命而用于车辆悬架的振动控制。

（3）振动利用

振动是一种特殊的机械运动,包含一定形式的机械能,会产生特定的振动波。当一个结构、零件甚至复杂系统,受到某种振动激励时常常会产生意想不到的效果,工程上利用振动的作用来达到某些特定效果或实现某些特殊用途,称为**振动利用**(vibration utilization)。如今振动利用非常普遍,广泛应用于土木、机械、冶金、煤炭、电力、能源、交通、农业、生物、信息等各个领域,各类振动机器和振动仪器层出不穷,成功用于不同工程和人们日常生活。如土木工程领域,利用振动沉桩拔桩、振动挖掘、振动夯土、振动混料、振动密实、振动拆除、振动疏通等;在机械领域,振动输送、振动筛选、振动干燥、振动成型、振动破碎、振动清理、振动加工、振动时效等。与此同时,振动波也在工程和我们日常生活中得到广泛应用,利用海浪波动能量发电、利用超低频振动增加原油采收率、超声波振动切削新工艺、超声医疗器械、超声电机等。

随着科学技术和振动力学的发展,振动利用日益广泛,特别是近 30 多年来的发展举世瞩目。我国著名振动力学专家闻邦椿院士,在国际上首先提出了振动利用工程的新概念,创建了振动利用工程新学科,为振动的工程利用提供了理论框架和应用基础。

>>>

单自由度系统的自由振动

单自由度线性系统是最简单的振动系统,也是最基本的振动系统。很多实际问题都可以简化为单自由度线性系统,相关的理论可以直接解决工程实际问题。单自由度系统具有一般振动系统的一些基本特性,它是对多自由度系统、连续系统乃至非线性系统进行振动分析的基础。

振动系统仅受到初始条件(如初始位移、初始速度)的激励而引起的振动称为**自由振动**(free vibration)。

1.1 振动系统的简化及其模型

任何实际振动系统都是连续的复杂系统,其振动规律受到许多复杂因素的影响。但理论分析与工程测试研究表明,在振动系统中只有质量及其分布、运动阻尼、恢复力特性等少数参数对振动特性及其响应起主导作用,人们据此提出了**集中参数模型**(lumped parameter model)。线性振动系统的集中参数由质量 m、阻尼 c 和弹簧刚度 k 构成,通常又称为**质阻弹模型**(mass-spring-damper model)。集中参数模型是最典型的离散化振动模型,模型中的集中参数,是将实际连续系统简化为理想的离散振动系统后对应的相当值,通常要根据测试结果分析计算得到。简化模型的复杂程度取决于所考虑问题的复杂程度和所要求的计算精度,不同的简化模型,对应不同的集中参数,分析的准确性也不尽相同,处理不好甚至会得到错误的结论。因此,合理简化是正确分析的前提。

单自由度振动系统的质阻弹力学模型,由质量块、阻尼器和弹簧 3 种理想化的元件组成,分别以质量的大小 m、阻尼器的阻尼系数 c 和弹簧的刚度系数 k 为集中参数。图 1.1.1 为某电机-基础-地基系统及其简化后的质阻弹力学模型。

　　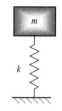　　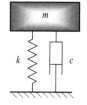

(a) 电机-基础-地基系统　　　　(b) 质量-弹簧模型　　　　(c) 质量-弹簧-阻尼模型

图 1.1.1　电机-基础-地基系统及其质阻弹模型

1.1.1 弹性元件

1. 弹性元件的意义与性质

弹性元件(或弹簧)在外力作用下产生变形,并提供与运动方向相反的弹性恢复力。弹性元件的弹性恢复力与位移关系如图 1.1.2 所示。由图 1.1.2 可见,在小变形范围内,弹性恢复力与位移关系满足胡克定律,即二者呈线性关系

$$F = kx \tag{1.1.1}$$

式中,k 称为**弹簧刚度**(stiffness),其量纲为 $[M][T]^{-2}$,单位为 N/m。显然,弹簧刚度 k 在数值上等于使弹簧产生单位位移所需施加的力。

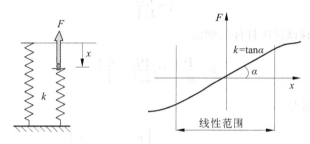

图 1.1.2 弹性恢复力与位移的关系

对于角振动(扭转振动)系统,其振动为在外力矩作用下的往复角位移运动。此时系统对应的弹簧为扭转弹簧,与线型弹簧一样,在小变形范围内,外力矩 M 与扭转角 θ 呈线性关系

$$M = k\theta \tag{1.1.2}$$

式中,k 称为扭转弹簧的刚度,其大小等于使扭转弹簧产生单位角位移所需施加的力矩,扭转弹簧刚度的量纲为 $[M][L]^2[T]^{-2}$,单位为 N·m/rad。

实际工程结构中的许多构件,其工作受力与变形之间保持线性关系,在研究其振动规律时,均可作为线性弹性元件处理。弹簧刚度可由下式计算:

$$弹簧刚度 = \frac{广义作用力}{广义位移} \tag{1.1.3}$$

弹性元件为储能构件,在外力作用下弹簧因变形而储存变形势能。对于给定的弹簧而言,储能的多少与弹簧形变 x 的平方成正比,即弹簧变形储存的势能为

$$V = \frac{1}{2}kx^2 \tag{1.1.4}$$

在振动分析中,通常采用以下两个假设。

(1) 忽略弹簧的质量。振动系统中质量块的质量往往远远大于弹簧的质量,在这种情况下忽略弹簧的质量,引起的误差微乎其微。因此,工程计算中为了简化计算,常常忽略弹簧的质量。但是在弹簧质量相对较大时,不应忽略弹簧的质量,否则会引起较大的计算误差。

(2) 小变形假设。实际工程系统,在设计时一般已经限定构件的受力和变形在线性范围以内,振动系统的振幅不会超出其弹性元件的线性范围,其线性化处理符合一般工程的情况。

【**例 1.1.1**】　求下列各构件的弹簧刚度 k。已知：杆件的长度为 L、横截面积为 A、抗弯截面惯性矩为 I、极惯性矩为 J,杆件材料的弹性模量为 E、剪切弹性模量为 G。外力为 P,外力矩为 M,轴的扭转角为 θ。

解　(1) 拉压杆件的刚度

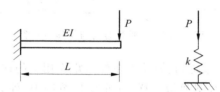

杆件在轴向外力 P 作用下的变形为

$$\Delta = \frac{PL}{EA}$$

按照式(1.1.3),得到该拉压杆件的刚度

$$k = \frac{P}{\Delta} = P \Big/ \frac{PL}{EA} = \frac{EA}{L}$$

(2) 悬臂梁的刚度

悬臂梁在图示外力 P 作用下自由端的挠度为

$$\Delta = \frac{PL^3}{3EI}$$

按照式(1.1.3),得到该悬臂梁的刚度

$$k = \frac{P}{\Delta} = P \Big/ \frac{PL^3}{3EI} = \frac{3EI}{L^3}$$

(3) 简支梁的刚度

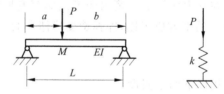

简支梁在图示外力 P 作用下 M 点的挠度为

$$\Delta = \frac{Pa^2 b^2}{3EIL}$$

按照式(1.1.3),得到该简支梁的刚度

$$k = \frac{P}{\Delta} = P \Big/ \frac{Pa^2 b^2}{3EIL} = \frac{3EIL}{a^2 b^2}$$

（4）扭转轴的刚度

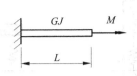

扭转轴在外扭矩 M 作用下自由端的转角为

$$\theta = \frac{ML}{GJ}$$

按照式(1.1.3)，得到该扭转轴的刚度

$$k = \frac{M}{\theta} = M \bigg/ \frac{ML}{GJ} = \frac{GJ}{L}$$

2. 等效刚度

实际工程系统的弹性元件往往比较复杂，为了便于分析，常常要将复杂的弹性元件系统简化为一个等价的弹性元件，这种等效代换需要通过弹性元件系统等效刚度的计算来实现。

将复杂的弹性元件系统简化为一个简单的弹性元件，关键是二者的刚度要等效，即简化后的弹性元件刚度对系统参数的影响与简化前应当是一致的。我们通常把力学模型中取代复杂系统中的整个弹性元件组的等价效应的弹簧，称为**等效弹簧**，等效弹簧的刚度称为**等效刚度**(equivalent stiffness)。如例 1.1.1 所示的简单弹性元件的等效刚度和例 1.1.2 所示的弹性元件组的等效刚度。

（1）并联刚度

当弹性元件组对系统的恢复力的贡献为和的关系时，则弹性元件之间为并联关系。此时弹性元件组的等效刚度为

$$\frac{1}{k_{eq}} = \sum_{1}^{n} k_i \tag{1.1.5}$$

（2）串联刚度

当弹性元件组对系统的位移的贡献为和的关系时，则弹性元件之间为串联关系。此时弹性元件组的等效刚度为

$$\frac{1}{k_{eq}} = \sum_{i=1}^{n} \frac{1}{k_i} \tag{1.1.6}$$

（3）确定等效刚度的一般方法

弹性元件为储能元件，只有等效弹簧在任一时刻储蓄的势能均与原系统相等时，等效系统才与原系统等效。因此，可以利用二者势能相等的原理来确定等效刚度。这是确定等效刚度的一般方法，对于复杂系统特别有效。

【**例 1.1.2**】 求例 1.1.2 图所示系统的等效刚度。假设以下(1)、(3)、(4)中 L 较小，不考虑刚杆倾斜的影响。

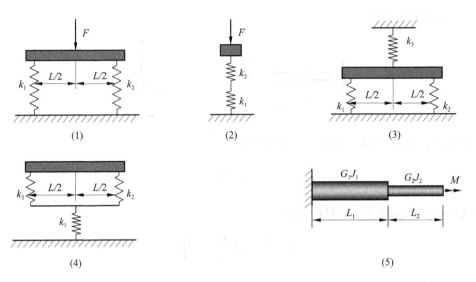

例 1.1.2 图

解 （1）k_1 和 k_2 为并联关系,受力分析和模型简化如图(1)所示。

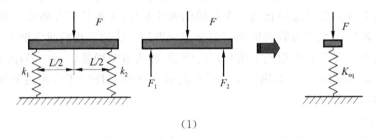

（1）

系统的恢复力为 k_1 和 k_2 的反力之和

$$F = F_1 + F_2$$

根据胡克定律,有

$$\Delta \cdot k_{eq} = \Delta \cdot k_1 + \Delta \cdot k_2$$

由此得到原系统的等效刚度

$$k_{eq} = k_1 + k_2$$

与直接使用式(1.1.5),结果一样。

也可以利用势能相等的原理来确定该系统的等效刚度,即原系统的势能与简化系统的势能相等

$$\frac{1}{2} k_1 \Delta^2 + \frac{1}{2} k_2 \Delta^2 = \frac{1}{2} k_{eq} \Delta^2$$

可得

$$k_{eq} = k_1 + k_2$$

与上述方法的结果一致。

（2）k_1 和 k_2 为串联关系,受力分析和模型简化如图(2)所示。

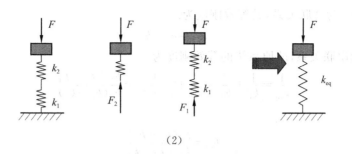

（2）

系统的总位移为 k_1 和 k_2 的位移之和

$$\Delta = \Delta_1 + \Delta_2$$

根据胡克定律，有

$$\frac{F}{k_{eq}} = \frac{F_1}{k_1} + \frac{F_2}{k_2}$$

由受力分析图可知

$$F = F_1 = F_2$$

化简得到原系统的等效刚度

$$\frac{1}{k_{eq}} = \frac{1}{k_1} + \frac{1}{k_2}$$

与直接使用式（1.1.6）结果一样。

也可以利用势能相等的原理来确定该系统的等效刚度，即原系统的势能与简化系统的势能相等

$$\frac{1}{2} k_1 \Delta_1^2 + \frac{1}{2} k_2 \Delta_2^2 = \frac{1}{2} k_{eq} \Delta^2$$

$$\frac{1}{2} k_1 \left(\frac{F}{k_1} \right)^2 + \frac{1}{2} k_2 \left(\frac{F}{k_2} \right)^2 = \frac{1}{2} k_{eq} \left(\frac{F}{k_{eq}} \right)^2$$

可得

$$\frac{1}{k_{eq}} = \frac{1}{k_1} + \frac{1}{k_2}$$

与上述方法的结果一致。

（3）由受力分析可知 k_1、k_2 和 k_3 为并联关系，受力分析和模型简化如图（3）所示。

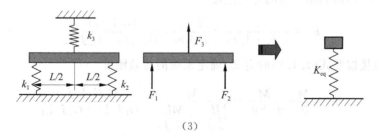

（3）

故系统的等效刚度为

$$k_{eq} = k_1 + k_2 + k_3$$

（4）k_2 和 k_3 为并联关系，其等效刚度为

$$k_{23}=k_2+k_3$$

k_1 与 k_{23} 为串联关系，故原系统的等效刚度为

$$\frac{1}{k_{\mathrm{eq}}}=\frac{1}{k_1}+\frac{1}{k_{23}}=\frac{1}{k_1}+\frac{1}{k_2+k_3}=\frac{k_1+k_2+k_3}{k_1(k_2+k_3)}$$

即

$$k_{\mathrm{eq}}=\frac{k_1(k_2+k_3)}{k_1+k_2+k_3}$$

模型简化如图（4）所示。

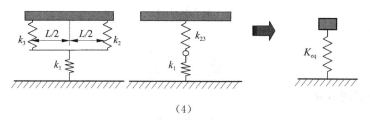

（4）

（5）该系统为扭转振动系统，在外扭矩作用下，第一段轴和第二段轴分别发生扭转，自由端总的扭转角等于两段轴各自自由端的扭转角之和，将每段轴视为扭转弹簧，显然二者为串联关系。模型简化如图（5）所示。

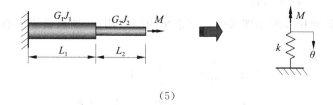

（5）

首先，分别确定两段轴的扭转刚度

$$\theta_1=\frac{ML_1}{G_1J_1} \qquad k_1=\frac{M}{\theta_1}=\frac{G_1J_1}{L_1}$$

$$\theta_2=\frac{ML_2}{G_2J_2} \qquad k_2=\frac{M}{\theta_2}=\frac{G_2J_2}{L_2}$$

由式（1.1.6），得到原系统的等效刚度

$$k_{\mathrm{eq}}=\frac{1}{1/k_1+1/k_2}=\frac{k_1k_2}{k_1+k_2}=\frac{G_1G_2J_1J_2}{G_1J_1L_2+G_2J_2L_1}$$

也可以直接按照式（1.1.3）的定义，确定系统的等效刚度

$$k_{\mathrm{eq}}=\frac{M}{\theta}=\frac{M}{\theta_1+\theta_2}=\frac{M}{\dfrac{ML_1}{G_1J_1}+\dfrac{ML_2}{G_2J_2}}=\frac{G_1G_2J_1J_2}{G_1J_1L_2+G_2J_2L_1}$$

【例 1.1.3】　在例 1.1.3 图所示系统中，悬臂梁的截面抗弯刚度为 EI，长度为 L_b；悬臂梁的自由端有钢索悬挂一重物，重物的质量为 m；钢索长为 L_c、抗拉刚度为 EA。试确定该系统的单自由度模型对应的等效刚度。

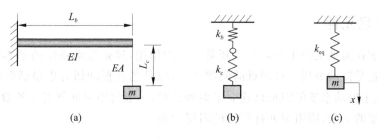

例 1.1.3 图

解　原系统中的梁和钢索均为弹性元件,令其刚度分别为 k_b 和 k_c,其关系如例 1.1.3 图(b)所示,可见二者为串联关系。原系统的单自由度质阻弹模型为例 1.1.3 图(c),故其等效刚度为

$$k_{eq}=\frac{1}{1/k_b+1/k_c}=\frac{3EIA}{AL_b^3+3IL_c}$$

其中悬臂梁的刚度为

$$k_b=\frac{P}{\Delta}=\frac{mg}{mgL_b^3/3EI}=\frac{3EI}{L_b^3}$$

钢索的刚度为

$$k_c=\frac{P}{\Delta}=\frac{mg}{mgL_c/EA}=\frac{EA}{L_c}$$

【例 1.1.4】　在下列系统中,悬臂梁的截面抗弯刚度为 EI,长度为 L_b,自由端放置一质量为 m 的重物;竖向杆件长为 L_c,抗拉刚度为 EA。试确定该系统的单自由度模型的等效刚度。

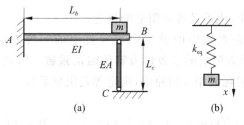

例 1.1.4 图

解　梁与杆的组合结构在 B 点的竖向刚度即等效刚度为 k_{eq},如图(b)所示。令在重物的重力 $P=mg$ 作用下 B 点的竖向位移为 Δ,则系统的等效刚度为 $k_{eq}=P/\Delta$。由于此系统为一次超静定问题,求解 Δ 需要应用梁和立杆在 B 点处的变形协调方程,即梁在自由端的挠度等于立杆的压缩量

$$\frac{L_b^3(P-N)}{3EI}=\frac{L_cN}{EA}$$

式中 N 为立杆在重物的重力 P 作用下的内压力,由此解得立杆的压力 N 和 B 点的竖向位移 Δ 为

$$N=\frac{1}{1+\alpha}P,\qquad \Delta=\frac{L_cN}{EA}=\frac{L_cP}{EA(1+\alpha)},\qquad \alpha=\frac{3L_cI}{L_b^3A}$$

故系统的等效刚度

$$k_{eq}=\frac{P}{\Delta}=\frac{EA(1+\alpha)}{L_c}$$

1.1.2 阻尼元件

振动系统在振动工程中总是会受到阻尼力的作用,这是振动系统的基本特性。振动系统的阻尼问题是振动分析中最困难的问题之一,也是当代振动研究中最活跃的前沿课题之一。目前,关于振动系统的阻尼已建立了多种模型,一般将阻尼元件对于外激励的响应假定为其移动速度的函数,即阻尼元件产生的阻尼力为

$$F_d = f(\dot{x})$$

而阻尼器的质量通常忽略不计。常见的阻尼有以下几种。

1. 粘性阻尼

与速度成正比的阻尼称为**粘性阻尼**(viscous damping),即

$$F_d = c\dot{x} \tag{1.1.7}$$

式中的比例系数 c 称为阻尼系数,其量纲为 $[M][T]^{-1}$,单位为 N·s/m。由上述定义可见,阻尼系数 c 是阻尼器产生单位速度时所需要施加的阻尼力。

对于角振动,阻尼器为扭转阻尼器,阻尼为力矩。角振动粘性阻尼力矩与角速度成正比

$$M_d = c\dot{\theta} \tag{1.1.8}$$

式中的比例系数 c 为角振动时的阻尼系数,其量纲为 $[M][L]^2[T]^{-1}$,单位为 N·m·s/rad。阻尼系数 c 为阻尼器产生单位角速度时所需要施加的阻尼力矩。

粘性阻尼是一种**线性阻尼**(linear damping),该阻尼模型使得振动分析大为简化,在实际工程中得到广泛运用。

在复杂系统的化简中,也涉及等效阻尼的概念。

我们通常把取代复杂系统中的整个阻尼元件组的等价效应的阻尼,称为**等效阻尼**(equivalent damping),等效阻尼的系数称为**等效阻尼系数**。阻尼为耗能元件,因此可以利用原系统与简化系统阻尼耗能相等的原则,确定等效阻尼系数。

2. 非粘性阻尼

粘性阻尼是最简单的阻尼模型,可以满足相当多的工程振动问题。但是在实际工程中,还有很多阻尼与粘性阻尼差别较大,对于这类阻尼问题不适于采用粘性阻尼模型。为了满足这些问题的振动分析,人们又提出了非粘性阻尼模型。下面仅介绍常见的几种非粘性阻尼模型。

(1) 库仑阻尼

库仑阻尼(Coulomb damping)采用干摩擦模型,故又称为**干摩擦阻尼**,其模型如图 1.1.3(a)所示。当质量块在支撑表面运动时,质量块与支撑表面之间产生库仑摩擦力,即库仑阻尼力。在所有运动过程中,库仑摩擦力大小保持不变,其方向始终与质量块的运动速度方向相反。故库仑摩擦力定义为

$$F_c = -\mu \cdot mg \cdot \mathrm{sgn}(\dot{x}) \tag{1.1.9}$$

式中的比例系数 μ 为干摩擦系数,sgn 为符号函数,定义为

$$\mathrm{sgn}(\dot{x}) = \frac{\dot{x}(t)}{|\dot{x}(t)|}$$

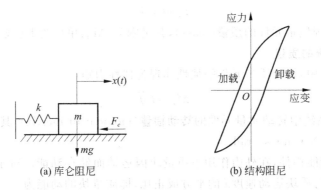

图 1.1.3 库仑阻尼与结构阻尼

（2）结构阻尼

结构阻尼（structural damping）包括滑移阻尼和材料阻尼两个部分。

结构通常由若干构件组成，在外力作用下结构必将发生变形，于是各个构件在连接区域将发生相对滑动因而产生的阻尼，称为结构的滑移阻尼。

构件在外力反复作用下，会因材料内部摩擦作用而产生阻碍其构件变形或运动的阻尼力，该类阻尼称为材料阻尼。由材料力学试验知道，当对材料在弹塑性范围内反复加载—卸载，其应力-应变曲线会形成一个滞回曲线，如图 1.1.3(b)所示。滞回曲线所围的面积表示材料一个循环中单位体积所释放的能量，这部分能量以热能的形式耗散掉，从而对结构的运动产生阻尼。试验表明，对于大多数金属，材料阻尼在一个周期内所消耗的能量 W_e 与振幅的平方成正比，而在相当大的范围内与振动频率无关，即有

$$W_e = \alpha x_m^2 \tag{1.1.10}$$

式中，α 为材料常数，x_m 为振幅。

（3）流体阻尼

当物体以较大速度在粘性较小的流体（如空气、液体）中运动时，流体介质对运动物体产生的阻尼称为**流体阻尼**（fluid damping）。试验表明，流体阻尼力 F_n 大小与其速度平方成正比而其方向始终与运动速度方向相反，即

$$F_n = -\gamma \dot{x}^2 \mathrm{sgn}(\dot{x}) \tag{1.1.11}$$

式中 γ 为常数。

阻尼器为耗能元件，在振动过程中，阻尼器始终产生阻尼阻碍质量元件的运动，从而以做负功的形式消耗系统的能量。

1.1.3 质量元件

在振动系统中，质量元件是由实际结构简化而来的，一般以质量块或质点的形式表示，通常反映振动系统的运动规律。因此，质量元件的简化至关重要。质量元件（或质块）对于外激励的响应表现为一定的位移、速度和加速度，并产生一定的惯性力。因此，质量元件也称为惯性元件。

1. 平移振动系统的质量

在平移系统中，质量的惯性体现为惯性力

$$F_m = m\,\ddot{x} \tag{1.1.12}$$

式中，m 为平移系统质量元件的**质量**（mass），其量纲为 $[M]$、单位为 kg 或 N·s²/m。

2. 角振动系统的质量

在角振动系统中，旋转质量元件的惯性体现为惯性力矩

$$M_m = I\,\ddot{\theta} \tag{1.1.13}$$

式中，I 为角振动系统中转动质量元件的**转动惯量**（moment of inertia），其量纲为 $[M][L]^2$、单位为 kg·m² 或 N·m·s²/rad。

质量元件为储能构件，在外力作用下质量块因运动而储存动能。对于给定的质量元件而言，储能的多少与质块运动速度 $\dot{x}$ 的平方成正比，即质量块的动能为

$$T = \frac{1}{2}m\,\dot{x}^2 \tag{1.1.14}$$

3. 等效质量

实际工程系统中的质量是连续分布的，在将其简化为质阻弹模型时，如何正确地确定质量元件非常关键。对于与质阻弹模型比较接近的简单振动系统，可以直接把弹簧连接部分的构件简化为质量元件。但是当实际振动系统比较复杂，如何简化弹性元件不是很明确时，可以利用质量元件的储能特性来简化，即通过二者动能相等的原理来确定质阻弹模型的质量。我们通常把取代复杂系统中的整个质量元件组的等价效应元件，称为等效质量元件，等效质量元件的质量称为**等效质量**（equivalent mass）。例 1.1.5 给出了确定等效质量的示例。

【例 1.1.5】 在下列系统中，悬臂梁的截面抗弯刚度为 EI，长度为 L_b，质量为 m_b。现在拟研究悬臂梁自由端的振动规律。试建立系统的质阻弹模型，并确定其等效质量。

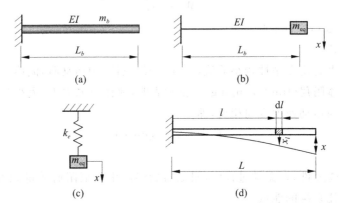

例 1.1.5 图

解 （1）建立系统的力学模型

由于要研究悬臂梁自由端的振动规律，故在自由端沿振动方向建立坐标系，原点为梁自由端轴线的静平衡位置。悬臂梁的力学模型如图（c）所示，其中 x 为梁振动时自由端的竖向位移，m_{eq} 为模型中的等效质量，即梁在自由端的等效质量（如图（b）所示）。

（2）确定系统的等效质量

下面根据动能等效原理来确定系统在自由端的等效质量。模型的动能为

$$T_{eq} = \frac{1}{2} m_{eq} \dot{x}^2$$

现在确定原系统悬臂梁在振动过程中的动能。为此,采用图(d)所示的坐标和变量,l 为梁的长度变量,x 为梁端挠度,x_l 为 l 处的挠度。令梁的线密度为 $\rho = m_b / L_b$,则微元段梁的质量为 $\mathrm{d}m_b = \rho \mathrm{d}l$。梁在自由端和距固定端 l 处的挠度位移分别为

$$x = \frac{P L_b^3}{3EI}$$

$$x_l = \frac{P l^2}{6EI}(3L_b - l) = \frac{P L_b^3}{3EI} \frac{1}{2L_b^3}(3L_b - l)l^2 = \frac{1}{2L_b^3}(3L_b - l)l^2 x$$

则悬臂梁的动能为

$$T = \int_0^{L_b} \mathrm{d}T = \int_0^{L_b} \frac{1}{2} \mathrm{d}m_b \, \dot{x}_l^2 = \int_0^{L_b} \frac{1}{2} \rho \mathrm{d}l \left(\frac{1}{2L_b^3}(3L_b - l)l^2 \, \dot{x} \right)^2$$

$$= \frac{1}{2} \frac{\rho}{4L_b^6} \dot{x}^2 \int_0^{L_b} (3L_b - l)^2 l^4 \mathrm{d}l = \frac{1}{2} \frac{33\rho L_b}{140} \dot{x}^2$$

$$= \frac{1}{2} \frac{33 m_b}{140} \dot{x}^2$$

根据动能等效原理有 $T_{eq} = T$,可得系统的等效质量

$$m_{eq} = \frac{33 m_b}{140}$$

1.1.4 等效单自由度振动系统

单自由度质阻弹模型如图 1.1.4 所示,该模型由质量块、弹簧和阻尼器构成,对于无阻尼振动系统,质阻弹模型只有质量元件和弹簧元件。单自由度质阻弹模型的自由振动方程为

$$m\ddot{x} + c\dot{x} + kx = 0 \qquad (1.1.15)$$

式中,m 为实际系统的等效质量,k 为实际系统的等效刚度系数,c 为实际系统的等效阻尼系数。

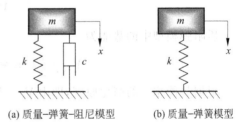

(a) 质量-弹簧-阻尼模型　　(b) 质量-弹簧模型

图 1.1.4　单自由度质阻弹模型

实际工程振动系统往往比较复杂,只有经过详细的分析和合理的简化,才能得到标准的单自由度质阻弹模型,从而得到标准的单自由度振动方程。我们通常把标准的单自由度质阻弹模型称为对应的原系统的**单自由度等效振动系统**(equivalent systems with one degree of freedom)。

等效单自由度振动系统的确定,实质上就是等效刚度、等效质量和等效阻尼的确定。等效刚度和等效质量的确定前面已经介绍过了,等效阻尼的确定比较复杂,本书不涉及,实用中一般通过测定或根据经验确定,分析中也通过采用比例阻尼等方法进行简化处理。另外,还必须强调位移坐标及其原点的选择,同一问题往往可以有不同的选择,但简化的繁简程度不同。因此,首先应当选择最能表达运动特征的位移为坐标,其次要考虑选择合适且方便的原点,然后将等效系统向此点简化。下面举例说明,等效单自由度振动系统的简化方法。

【例 1.1.6】   例 1.1.6 图（a）所示的系统为一扭转振动系统。已知杆件的长度为 L，截面抗扭刚度为 GI，圆盘的转动惯量为 J。若不计杆件的质量，试确定原系统的等效单自由度振动系统，并计算其标准质阻弹模型的等效刚度和等效质量，列出系统的自由振动方程。

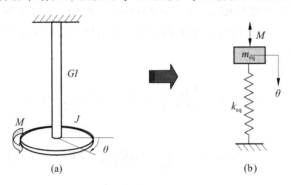

例 1.1.6 图

解   设该扭转系统对应的等效单自由度振动系统为图（b）所示的质阻弹模型。其中 k_{eq} 和 m_{eq} 分别为等效刚度和等效质量，模型位移与原系统一致，仍为 θ。该系统中的杆件为扭转弹性元件，圆盘为惯性元件，不计阻尼的作用。该模型对应的自由振动方程为

$$m_{eq}\ddot{\theta} + k_{eq}\theta = 0$$

（1）确定系统的等效刚度 k_{eq}

根据势能相等的简化原则，确定系统的等效刚度。

原系统的势能为

$$V = \frac{M^2 L}{2GI}$$

质阻弹模型中的势能为

$$V_{eq} = \frac{1}{2}k_{eq}\theta^2 = \frac{1}{2}k_{eq}\left(\frac{M}{k_{eq}}\right)^2 = \frac{1}{2}\frac{M^2}{k_{eq}}$$

根据势能相等的简化原则，即由 $V_{eq} = V$，得到系统的等效刚度为

$$k_{eq} = \frac{GI}{L}$$

（2）确定系统的等效质量

根据动能相等的简化原则，确定系统的等效质量。

原系统的动能为

$$T = \frac{1}{2}J\dot{\theta}^2$$

质阻弹模型中的动能为

$$T_{eq} = \frac{1}{2}m_{eq}\dot{\theta}^2$$

令 $T_{eq} = T$，得到系统的等效质量为

$$m_{eq} = J$$

（3）将等效刚度和等效质量代入，得到系统的自由振动方程为

$$J\ddot{\theta} + \frac{GI}{L}\theta = 0$$

【例 1.1.7】　例 1.1.7 图（a）所示为一弹簧摆杆系统。已知杆件的长度为 L，对固定铰 O 点的转动惯量为 J。试确定原系统的等效单自由度振动系统，并计算其标准质阻弹模型的等效质量，列出系统的自由振动方程。

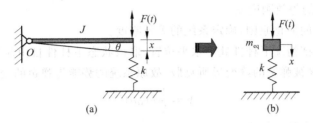

例 1.1.7 图

解　设原系统的等效单自由度振动系统为图（b）所示的标准质阻弹模型。其中 m_{eq} 为系统的等效质量，取模型的位移为原系统摇杆自由端的竖向位移 x，弹簧仍为原系统刚度为 k 的弹簧。因此，该模型对应的自由振动方程为

$$m_{eq}\ddot{x} + kx = 0$$

下面根据动能相等的简化原则，确定系统的等效质量。

原系统的动能为

$$T = \frac{1}{2}J\dot{\theta}^2 = \frac{1}{2}J\left(\frac{\dot{x}}{L}\right)^2 = \frac{1}{2}\frac{J}{L^2}\dot{x}^2$$

质阻弹模型中的动能为

$$T_{eq} = \frac{1}{2}m_{eq}\dot{x}^2$$

令 $T_{eq} = T$，得到系统的等效质量为

$$m_{eq} = \frac{J}{L^2}$$

将等效质量代入系统的自由振动方程，得到

$$\frac{J}{L^2}\ddot{x} + kx = 0$$

【例 1.1.8】　例 1.1.8 图（a）所示为一弹簧阻尼摆杆系统，自由端有一质量 m，摆杆的质量不计。已知杆件的长度为 L，弹簧刚度为 k，阻尼器的阻尼系数为 c。试确定原系统的等效单自由度振动系统，并计算其标准质阻弹模型的等效质量、等效刚度和等效阻尼，列出系统的自由振动方程。

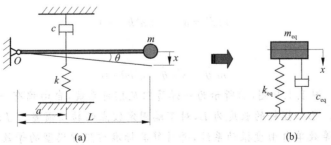

例 1.1.8 图

解   设原系统的等效单自由度振动系统为图(b)所示的标准质阻弹模型,其中 m_{eq} 为系统的等效质量,k_{eq} 为等效刚度,c_{eq} 为等效阻尼,取原系统摇杆自由端的竖向位移 x 为该模型的位移。

(1)确定系统的等效刚度 k_{eq}

根据势能相等的简化原则,确定系统的等效刚度。

设系统在静平衡情况下杆件处于水平位置,取该状态下杆件自由端为竖向位移的坐标原点,因而重力始终被弹簧的静变形所克服,故原系统的势能为弹簧的变形能 V 为

$$V = \frac{1}{2}k(a\theta)^2$$

系统的质阻弹模型中的势能为

$$V_{eq} = \frac{1}{2}k_{eq}x^2 = \frac{1}{2}k_{eq}(L\theta)^2$$

根据势能相等的简化原则,即由 $V_{eq} = V$,得到系统的等效刚度为

$$k_{eq} = \frac{k(a\theta)^2}{(L\theta)^2} = k\alpha^2$$

式中,$\alpha = a/L$。

(2)确定系统的等效阻尼 c_{eq}

原系统阻尼力所做之功为

$$W = \int c(a\dot{\theta})\mathrm{d}(a\theta) = a^2 c \int \dot{\theta}\mathrm{d}\theta$$

简化后的等效阻尼力所做之功为

$$W_{eq} = \int c_{eq}(L\dot{\theta})\mathrm{d}(L\theta) = L^2 c_{eq} \int \dot{\theta}\mathrm{d}\theta$$

简化模型应与原系统耗能相等,即 $W_{eq} = W$,由此得到

$$c_{eq} = \alpha^2 c$$

(3)确定系统的等效质量

在原系统的等效单自由度振动系统中,质量块及其位移均与原系统完全一样,故其等效质量可以直接采用原系统质量。也可根据动能相等的简化原则,确定系统的等效质量。

$$\frac{1}{2}(mL^2)(\dot{\theta})^2 = \frac{1}{2}m_{eq}(L\dot{\theta})^2$$

得到

$$m_{eq} = m$$

$$m\ddot{x} + \alpha^2 c\dot{x} + \alpha^2 kx = 0$$

或

$$m\ddot{\theta} + \alpha^2 c\dot{\theta} + \alpha^2 k\theta = 0$$

【例 1.1.9】   例 1.1.9 图(a)所示为一弹簧阻尼摆杆系统,自由端有一质量 m,距下端 a 处有一水平弹簧。已知摆杆的长度为 L,对下端固定铰点的转动惯量为 J;弹簧的刚度为 k。试确定原系统的等效单自由度振动系统,并计算其标准质阻弹模型的等效质量和等效刚度,列出系统的自由振动方程。

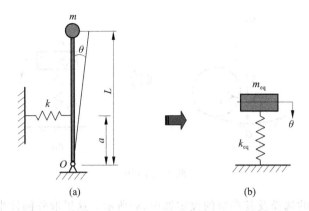

例 1.1.9 图

解　取原系统摇杆的摆角 θ 为其等效单自由度振动系统模型的位移,则此时 k_{eq} 为扭转刚度。

(1) 确定系统的等效刚度 k_{eq}

原系统的势能由弹簧的变形能 V_1 和质量 m 摆动下移时减少的重力势能 V_2 两部分组成,即

$$V_1 = \frac{1}{2}k(a\theta)^2, \quad V_2 = -mgL(1-\cos\theta) \approx \frac{1}{2}mgL\theta^2$$

$$V = \frac{\theta^2}{2}(ka^2 - mgL)$$

质阻弹模型中的势能为

$$V_{eq} = \frac{1}{2}k_{eq}\theta^2$$

根据势能相等的简化原则,即由 $V_{eq} = V$,得到系统的等效刚度为

$$k_{eq} = ka^2 - mgL$$

(2) 确定系统的等效质量

下面根据动能相等的简化原则,确定系统的等效质量。原系统的动能为

$$T = \frac{1}{2}J\dot{\theta}^2 + \frac{1}{2}m(L\dot{\theta})^2 = \frac{1}{2}(J + mL^2)\dot{\theta}^2$$

质阻弹模型中的动能为

$$T_{eq} = \frac{1}{2}m_{eq}\dot{\theta}^2$$

由 $T_{eq} = T$,可见系统的等效质量为

$$m_{eq} = J + mL^2$$

由此得到系统的自由振动方程

$$(J + mL^2)\ddot{\theta} + (ka^2 - mgL)\theta = 0$$

【例 1.1.10】　例 1.1.10 图(a)所示为一半径为 r,质量为 m 的均质圆柱体在一个半径为 R 的圆柱面内作无滑动的滚动,以圆柱面最低位置 O 为平衡位置作左右微摆动。试确定该单自由度系统的等效振动系统。

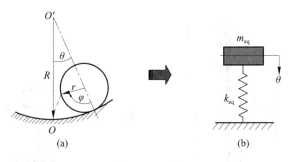

例 1.1.10 图

解   系统坐标的选择及其参数的设定如图(a)所示。这里取外圆柱半径为 R,轴线位于 O';圆柱半径为 r,质心绕 O' 的转角为 θ,绕自身的转动角为 ϕ。选择摆动角 θ 为系统的自由度,故系统的单自由度质阻弹模型如图(b)所示,其运动方程为

$$m_{eq}\ddot{\theta} + k_{eq}\theta = 0$$

等效系统的动能和势能分别为

$$T_{eq} = \frac{1}{2}m_{eq}\dot{\theta}^2, \qquad V_{eq} = \frac{1}{2}k_{eq}\theta^2$$

下面利用能量原理来确定系统的等效质量和等效刚度。

(1) 确定系统的等效质量 m_{eq}

首先确定系统的动能。例题中的圆柱在作平面运动,故可以分解为圆柱体质心的移动和绕质心的转动。圆柱体质心移动时的线位移和线速度分别为

$$x = (R-r)\theta, \qquad v = (R-r)\dot{\theta}$$

圆柱体绕质心轴线无滑动滚动,故圆柱体的角速度为

$$\omega = \frac{v}{r} = \frac{R-r}{r}\dot{\theta}$$

故任一时刻圆柱体的动能为

$$\begin{aligned}
T &= \frac{1}{2}mv^2 + \frac{1}{2}J\omega^2 \\
&= \frac{1}{2}m[(R-r)\dot{\theta}]^2 + \frac{1}{2}\frac{mr^2}{2}\left[\left(\frac{R-r}{r}\right)\dot{\theta}\right]^2 \\
&= \frac{1}{2}\left[\frac{3}{2}m(R-r)^2\right]\dot{\theta}^2
\end{aligned}$$

根据动能相等的原理,可得系统的等效质量

$$m_{eq} = \frac{3}{2}m(R-r)^2$$

(2) 确定系统的等效刚度 k_{eq}

下面确定系统的势能。圆柱体因为质心升高,其重力势能将会有所增加,相对最低位置 O 增加的势能为

$$V = mg(R-r)(1-\cos\theta) = mg(R-r)\left[2\left(\sin\frac{\theta}{2}\right)^2\right]$$

考虑到微小振动,即 θ 为小量,上式可近似取为

$$V \approx \frac{1}{2}mg(R-r)\theta^2$$

根据势能相等的简化原则，得到系统的等效刚度

$$k_{eq} = mg(R-r)$$

（3）系统的自由振动方程

将系统的等效质量和等效刚度代入模型方程，得到

$$\frac{3}{2}m(R-r)^2\ddot{\theta} + mg(R-r)\theta = 0$$

即

$$\ddot{\theta} + \frac{2g}{3(R-r)}\theta = 0$$

【例 1.1.11】　例 1.1.11 图示为一均质简支梁，质量为 m_b，梁的跨中有一个电动机，质量为 m。若要求考虑梁的质量，试确定该单自由度系统的等效振动系统。

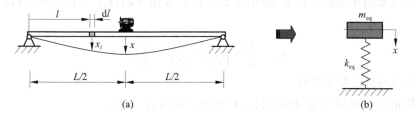

例 1.1.11 图

解　（1）建立系统的力学模型

考察简支梁中点即电机的振动规律，故在跨中沿振动方向建立坐标系，原点为梁跨中轴线静止位置。梁的力学模型如图（b）所示，其中 x 为梁振动时跨中的竖向位移，模型中的 m_{eq} 为等效质量，k_{eq} 为等效刚度。

（2）确定系统的等效质量

下面根据动能等效原理来确定系统在自由端的等效质量。等效系统的动能为

$$T_{eq} = \frac{1}{2}m_{eq}\dot{x}^2$$

现在确定原简支梁的动能。为此，采用图（a）所示坐标和变量，l 为梁长度变量，x 为梁跨中挠度，x_l 为 l 处的挠度。令梁的线密度为 $\rho = m_b/L$，则微元段梁的质量为 $dm_b = \rho dl$。梁在跨中和距左端 l 处的挠度位移分别为

$$x = \frac{PL^3}{48EI}$$

$$x_l = \frac{Pl}{48EI}(3L^2 - 4l^2) = \frac{PL^3}{48EI}\frac{3L^2 l - 4l^3}{L^3} = \frac{3L^2 l - 4l^3}{L^3}x$$

悬臂梁的动能为

$$T_b = \int_0^L dT = \int_0^L \frac{1}{2}dm_b \dot{x}_l^2 = \int_0^L \frac{1}{2}\rho dl \left(\frac{3L^2 l - 4l^3}{L^3}\dot{x}\right)^2$$

$$= \frac{1}{2}\frac{17m_b}{35}\dot{x}^2$$

电机的动能为

$$T_m = \frac{1}{2} m \dot{x}^2$$

故系统的总动能为

$$T = T_b + T_m = \frac{1}{2} \left(\frac{17m_b}{35} + m \right) \dot{x}^2$$

由 $T_{eq} = T$ 可知,系统的等效质量为

$$m_{eq} = \frac{17m_b}{35} + m$$

(3)确定系统的等效刚度 k_{eq}

考虑简支梁跨中的弹簧模型,跨中在集中力 P 作用下的挠度为 $PL^3/48EI$,故系统的等效刚度为

$$k_{eq} = \frac{P}{\Delta} = \frac{P}{PL^3/48EI} = \frac{48EI}{L^3}$$

(4)系统的自由振动方程

将系统的等效质量和等效刚度代入模型的运动方程,得到

$$\left(\frac{17m_b}{35} + m \right) \ddot{x} + \left(\frac{48EI}{L^3} \right) x = 0$$

1.2　单自由度线性系统的振动微分方程

1.2.1　力激励振动微分方程

图 1.2.1(a)为单自由度振动系统的质阻弹模型,质量块 m 在外扰力 $F(t)$ 的激励下产生振动。下面利用动静法,对质量块 m 进行动力学分析。首先,沿着质量块 m 的振动方向建立坐标系 Ox,原点为 m 的静平衡位置,$x(t)$ 为 m 在 t 时刻的振动位移,此时对应的速度为 $v = \dot{x}(t)$、加速度为 $a = \ddot{x}(t)$。其次,对质量块 m 取分离体,其受力如图 1.2.1(b)所示。其中,F_s 为弹簧的恢复力,其大小与弹簧的绝对位移(即形变)$x(t)$ 成正比,方向与弹簧形变方向相反;F_d 为阻尼器的阻尼力,其大小与 m 的速度 $v = \dot{x}(t)$ 成正比,其方向与速度方向相反;F_i 为惯性力,其大小与 m 的加速度成正比,其方向与加速度方向相反。由此得到质量块 m 的动力学平衡方程,即单自由度线性系统在外扰力激励下的运动微分方程

$$m\ddot{x}(t) + c\dot{x}(t) + kx(t) = F(t) \tag{1.2.1}$$

这是一个二阶常系数、非齐次线性常微分方程。

对于一般外扰力的激励情况,上述模型均适用。此时把模型中的动特性参数取为实际系统的等效参数 m_{eq}、k_{eq}、c_{eq},位移和扰力取为广义位移和广义扰力即可,振动方程形式不变。对于自由振动,直接令外扰力 $F(t) = 0$。

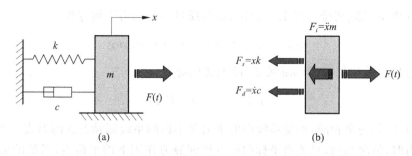

图 1.2.1　单自由度振动系统在激励力 $F(t)$ 作用下的受力图

1.2.2　基础激励振动微分方程

　　实际工程中,系统受到的激励除外扰力外,还常常有来自基础的扰动,我们称这种激励为基础激励。图 1.2.2(a)表示一个单自由度系统在受到基础激励时的振动模型。设基础扰动的位移为 $\bar{x}(t)$,系统质量块 m 对应的位移为 x。对质量块 m 进行动力学分析与外扰力激励情况类似,其分离体及受力图如图 1.2.2(b)所示。需要注意的是,弹簧的恢复力取决于相对位移,阻尼器的阻尼力取决于相对速度。此时,弹簧的相对位移为其两端位移之差 $x(t)-\bar{x}(t)$,阻尼器的相对速度为其两端速度之差 $\dot{x}(t)-\dot{\bar{x}}(t)$。

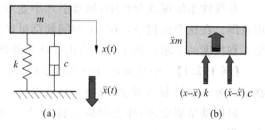

图 1.2.2　单自由度振动系统
在基础激励作用下的受力图

　　根据受力图,得到质量块 m 的动力学平衡方程,即单自由度系统在受到基础激励时的振动运动微分方程

$$m\ddot{x}(t)+c\dot{x}(t)+kx(t)=c\dot{\bar{x}}(t)+k\bar{x}(t) \qquad (1.2.2)$$

等号右边是由基础激励产生的激励力,等号左边与式(1.2.1)左边相同。

1.2.3　静力对振动微分方程的影响

　　在振动系统中经常存在静力,比如重力等。在上述方程的推导中没有考虑静力的作用,下面以重力为例研究静力对振动运动的影响。振动模型如图 1.2.3(a)所示,其中 δ_{st} 为在重力作用下弹簧的静变形,其他参数意义同前。此时,坐标的原点取为质量在重力作用下的平衡点,注意此时弹簧被压缩了 δ_{st},因此弹簧的总变形为 $x+\delta_{st}$。

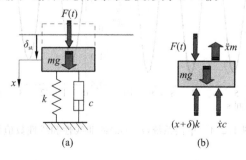

图 1.2.3　考虑静力作用的单自由度振动系统的受力图

由质量块 m 的隔离受力图 1.2.3(b)，得到质量块的动力平衡方程

$$m\ddot{x}+c\dot{x}+k(x+\delta_{st})=F(t)+mg$$

由于重力与静变形存在 $k\delta_{st}=mg$ 关系，故上式化简为

$$m\ddot{x}+c\dot{x}+k=F(t)$$

与式(1.2.1)完全相同，可见系统中的重力并不影响系统振动方程的形式。当系统中存在其他静力时，情况相同，只要将坐标的原点移到静力作用下的平衡点，系统的运动方程与无静力情况完全一样，此时弹簧的总位移为 $x+\delta_{st}$，δ_{st} 为在所有静力作用下弹簧的静变形，而 x 由运动方程确定。

1.2.4　振动系统的线性化处理

在线性系统振动分析中，通常引入小变形或微振幅的假设，这主要考虑到线性振动的适用范围。在这个前提下，许多工程问题都可以通过数学处理，简化为线性振动方程，并能满足工程精度的要求。例 1.2.1 给出线性化处理的一个典型例子。

【**例 1.2.1**】　如图所示为一单摆系统，试确定系统的动力学方程。已知摆的质量为 m，摆杆长为 l，不计摆杆质量，摆角用 θ 表示。

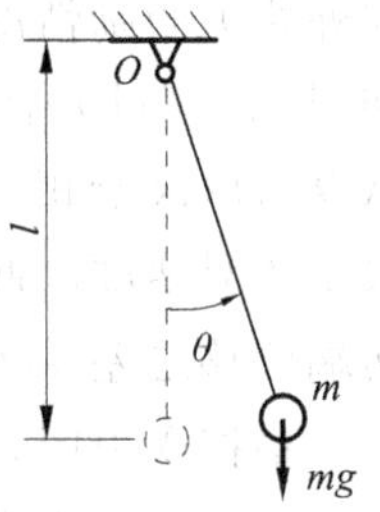

根据动量矩定理，外力对固定铰 O 点之矩等于转动惯量与角加速度之积

$$ml^2\ddot{\theta}=-mgl\sin\theta$$

方程中含有位移 θ 的非线性项 $\sin\theta$，显然方程不是线性的。但对于微摆振动，θ 为微小量，故可近似取 $\sin\theta=\theta$，于是上面方程简化为线性方程

$$l\ddot{\theta}+g\theta=0$$

例 1.2.1 图

对于微小摆动，线性化处理后得到的线性解与非线性的解很接近，但求解过程却要简单很多。图 1.2.4 给出了当摆杆长度为 1m 时的非线性和线性数值解，由图可见，二者相差的微乎其微。

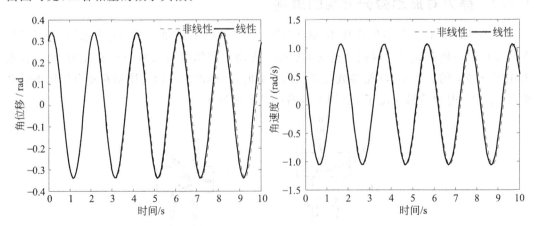

图 1.2.4　单摆系统($l=1$m)的非线性和线性数值解

1.3 无阻尼系统的自由振动

1.3.1 单自由度无阻尼系统的振动解

单自由度无阻尼系统(图 1.3.1)的运动微分方程为

$$m\ddot{x}(t)+kx(t)=0 \tag{1.3.1}$$

或

$$\ddot{x}(t)+\omega_n^2 x(t)=0 \tag{1.3.2}$$

图 1.3.1　单自由度无阻尼振动系统

振动方程中的 ω_n 称为无阻尼系统自由振动的**圆频率**,由于 ω_n 仅取决于系统的固有参数而与其他条件无关,故通常称之为无阻尼振动系统的**自然频率**(nature frequency)或**固有频率**(nature frequency),其表达式为

$$\omega_n=\sqrt{\dfrac{k}{m}} \tag{1.3.3}$$

自然圆频率 ω_n 的单位为 rad/s,如果把 ω_n 作为角速度,旋转一周即完成一个循环所需要的时间即为无阻尼系统自由振动的**自然周期**或**固有周期**(natural cycle),其表达式为

$$T_n=\dfrac{2\pi}{\omega_n}=2\pi\sqrt{\dfrac{m}{k}} \tag{1.3.4}$$

周期的单位为秒(s)。由此可见,平移振动频率 f_n 与圆频率及其参数的关系为

$$f_n=\dfrac{1}{T_n}=\dfrac{\omega_n}{2\pi}=\dfrac{1}{2\pi}\sqrt{\dfrac{k}{m}} \tag{1.3.5}$$

平移振动频率 f_n 的单位为赫兹或秒分之一(Hz 或 1/s)。

下面求解单自由度无阻尼自由振动系统式(1.3.2)的运动微分方程。这是一个二阶常系数线性齐次微分方程,故可设其解为

$$x(t)=e^{st}$$

式中 s 为常量。将所设解代入式(1.3.2)得

$$(s^2+\omega_n^2)x(t)=0$$

由于系统的振动 $x(t)$ 不恒等于零,故有

$$s^2+\omega_n^2=0$$

该式称为特征根方程,s 称为特征根,其解为 $s=\pm i\omega_n$。因此,方程的通解为

$$x(t)=C_1e^{i\omega_n t}+C_2e^{-i\omega_n t}$$

代入欧拉公式

$$e^{\pm i\omega_n t}=\cos\omega_n t\pm i\sin\omega_n t$$

得到

$$x(t)=(C_1+C_2)\cos\omega_n t+\mathrm{i}(C_1-C_2)\sin\omega_n t$$

分别以 $X_1=C_1+C_2$，$X_2=(C_1-C_2)\mathrm{i}$ 代入上式，则得到自由振动方程的解

$$x(t)=X_1\cos\omega_n t+X_2\sin\omega_n t \tag{1.3.6}$$

式中，X_1 和 X_2 均为积分常数，可由初始条件确定。令 $t=0$ 时，系统的初位移为 x_0，初速度为 v_0，代入上式可分别确定积分常数 X_1 和 X_2

$$\begin{aligned}x(t=0)&=(X_1\cos\omega_n t+X_2\sin\omega_n t)_{t=0}=X_1=x_0\\ v(t=0)&=(-\omega_n X_1\sin\omega_n t+\omega_n X_2\cos\omega_n t)_{t=0}=\omega_n X_2=v_0\end{aligned} \tag{1.3.7}$$

为方便起见，可以将式(1.3.6)进一步化简，为此以式(1.3.6)中的积分常数 X_1 和 X_2 为直角边，作一个如图1.3.2所示的三角形。利用这个三角形，将式(1.3.6)化为

$$x(t)=X(\cos\varphi_0\cos\omega_n t+\sin\varphi_0\sin\omega_n t)=X\cos(\omega_n t-\varphi_0)$$

即单自由度无阻尼振动系统的解为

$$x(t)=X\cos(\omega_n t-\varphi_0) \tag{1.3.8}$$

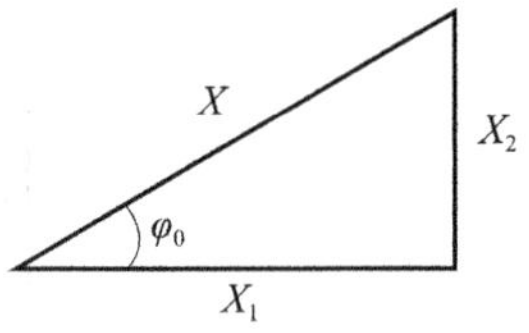

图1.3.2

式中，X 为**振幅**(amplitude)，为振动的最大位移；ω_n 为自由振动的频率，可见系统自由振动的频率等于系统的固有频率；$(\omega_n-\varphi_0)$ 为**相位角**(phase angle)，φ_0 为**初相位**(initial phase angle)，由图1.3.2所示的三角形可得

$$\begin{aligned}X&=\sqrt{X_1^2+X_2^2}=\sqrt{x_0^2+\left(\frac{v_0}{\omega_n}\right)^2}\\ \varphi_0&=\arctan\frac{v_0}{\omega_n x_0}\end{aligned} \tag{1.3.9}$$

单自由度无阻尼系统的自由振动，具有以下重要特性：

(1) 自由振动是以谐波函数表示的**简谐振动**(simple harmonic motion)；

(2) 自由振动的圆频率等于系统的固有频率；

(3) 系统的固有频率和固有周期，仅由系统本身的参数所确定，与外界激励、初始条件、振幅或相位等均无关；

(4) 系统的振幅和初相角均由初始条件所确定；

(5) 单自由度无阻尼系统的自由振动是等幅振动，系统一旦受到初始激励就会一直振动下去。

1.3.2 确定固有频率的方法

系统的固有频率 ω_n 是系统的重要参数，是振动系统固有动特性的本质反映。由单自由度无阻尼系统的运动微分方程(1.3.2)可见，只有固有频率 ω_n 确定了，系统才能确定，方程才有特定的解。因此，要确定振动系统的振动规律，首先要确定系统的固有频率。

确定系统固有频率 ω_n 的方法，除了可以直接按照定义确定外，常用的还有静变形法和能量法。

1. 直接法

直接法即按照固有频率的定义直接确定 ω_n 的方法。上面已经给出了固有频率 ω_n 的定义即式(1.3.3)。需要注意的是，在建立式(1.3.3)时，式中的质量和弹簧刚度取自于微分方程即数学模型，而数学模型对应的力学模型是系统的质阻弹模型，如图1.3.3所示。因此，

式(1.3.3)中的质量或弹簧刚度，实质上对应的是质阻弹模型的质量和刚度，也即系统的等效质量 m_{eq} 和等效刚度 k_{eq}。因此，严格讲，系统的固有频率的定义如下

$$\omega_n = \sqrt{\frac{k_{eq}}{m_{eq}}} \qquad (1.3.10)$$

式(1.3.10)与式(1.3.3)定义式相比，这里只是略去了表示等效质量和等效刚度的下脚标"eq"。实际上为了简化起见，我们通常不标记下角标，只要稍加注意即可区分。因此，在不引起混淆的前提下，我们通常使用(1.3.3)定义式。

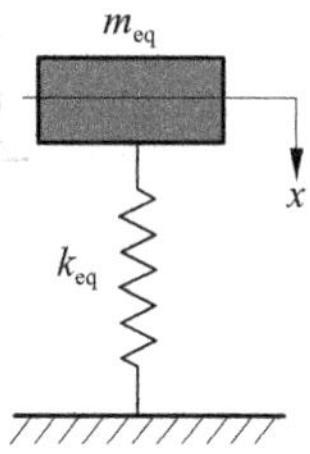

图 1.3.3　质阻弹模型

可见，采用直接法确定系统的固有频率 ω_n，需要先确定系统的等效质量 m_{eq} 和等效刚度 k_{eq}。因此，在系统的质量和弹簧构成比较简单，容易获得系统的质阻弹模型的质量及弹簧刚度时，使用直接法方便简洁。但在系统对应的质阻弹模型的质量 m_{eq} 或弹簧刚度 k_{eq} 不易直接获得的情况下，直接法有时就比较麻烦。

【例 1.3.1】　求例 1.1.3 所列系统的固有频率，不计梁的质量。

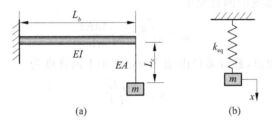

例 1.3.1 图

由例 1.1.3 解得系统的等效刚度

$$k_{eq} = \frac{3EIA}{AL_b^3 + 3IL_c}$$

等效质量仍为原质量 $m_{eq} = m$。由固有频率的定义式(1.3.10)式(1.3.3)可得

$$\omega_n = \sqrt{\frac{k_{eq}}{m_{eq}}} = \sqrt{\frac{3EIA}{(AL_b^3 + 3IL_c)m}}$$

2. 静变形法

在质量弹簧系统中，由静变形与自重的关系 $k\delta_{st} = mg$，可得系统的固有频率

$$\omega_n = \sqrt{\frac{k}{m}} = \sqrt{\frac{mg/\delta_{st}}{m}} = \sqrt{\frac{g}{\delta_{st}}} \qquad (1.3.11)$$

可见，静变形法实质上是由直接法变换而来，特点是回避了系统的等效质量和等效刚度。因此，在很多情况下，使用比较方便，特别是在实际工程中有很高的使用价值。不足之处是，静变形法一般只适用于一个弹性元件和一个质量块的简单振动系统。

【例 1.3.2】　利用静变形法确定例 1.3.2 图所示系统的固有频率。已知质量块的质量为 m，不计梁和杆件的质量。

解　(1) 由材料力学知道，简支梁跨中在 mg 作用下的挠度为

$$\delta_{st} = \frac{mgL^3}{48EI}$$

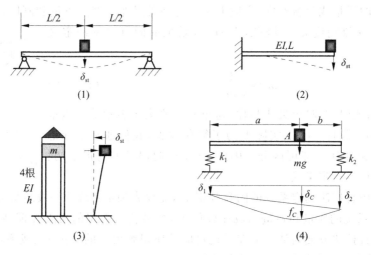

例 1.3.2 图

故由式(1.3.11)得到系统的固有频率

$$\omega_n = \sqrt{\frac{g}{\delta_{st}}} = \sqrt{\frac{48EI}{mL^3}}$$

(2) 由材料力学知道,悬臂梁自由端在 mg 作用下的挠度为

$$\delta_{st} = \frac{mgL^3}{3EI}$$

故系统的固有频率为

$$\omega_n = \sqrt{\frac{g}{\delta_{st}}} = \sqrt{\frac{3EI}{mL^3}}$$

(3) 图(3)所示为一四柱水塔,由结构力学 D 值法知,弹性元件的侧移刚度为

$$k = 4 \cdot \frac{12EI}{h^3} = \frac{48EI}{h^3}$$

因此,在水箱水平惯性力 mg 作用下,柱子的水平挠度为

$$\delta_{st} = \frac{mg}{k}$$

故系统的固有频率为

$$\omega_n = \sqrt{\frac{g}{\delta_{st}}} = \sqrt{\frac{48EI}{mh^3}}$$

(4) 简支梁跨内质量块的位移由两部分构成,一部分为弹簧压缩引起的变形,另一部分为梁在此处的挠度,变形分析示意图如图(4)所示。各部分变形为

$$\delta_1 = \frac{R_1}{k_1} = \frac{bmg}{a+b}\frac{1}{k_1}, \qquad \delta_2 = \frac{R_2}{k_2} = \frac{amg}{a+b}\frac{1}{k_2}$$

$$\delta_C = a\frac{\delta_2 - \delta_1}{a+b} + \delta_1, \qquad f_C = \frac{mga^2b^2}{3EI(a+b)}$$

所以,A 点在 mg 作用下的总位移为

$$\delta_{st} = \delta_C + f_C = \left[a\frac{\delta_2 - \delta_1}{a+b} + \delta_1\right] + \frac{mga^2b^2}{3EI(a+b)} = \frac{mg}{a+b}\left(\frac{k_1a^2 + k_2b^2}{k_1k_2(a+b)} + \frac{a^2b^2}{3EI}\right)$$

由此可求得系统的固有频率

$$\omega_{\mathrm{n}}=\sqrt{\frac{g}{\delta_{\mathrm{st}}}}=\left[\frac{g}{a+b}\left(\frac{k_1 a^2+k_2 b^2}{k_1 k_2(a+b)}+\frac{a^2 b^2}{3EI}\right)\right]^{-\frac{1}{2}}$$

1.3.3　能量法

无阻尼自由振动系统属于保守系统,在振动过程中质量块的动能与弹簧的势能不断地相互转换,但系统始终既无能量的输入也无能量损失,系统总的机械能总是保持守恒。能量法就是利用系统能量守恒的原理来揭示系统的运动规律,确定系统的固有频率。能量法不仅是确定系统自然频率的一种有效方法,也常用于推导系统的运动微分方程。

1. 确定运动微分方程

该方法首先利用能量守恒原理建立系统的运动方程,然后再根据定义确定系统的固有频率。为此,先确定系统的动能和势能

$$T=\frac{1}{2}m\dot{x}^2,\qquad V=\frac{1}{2}kx^2 \tag{1.3.12}$$

保守系统任意时刻总的机械能守恒即为常数,故有

$$\frac{1}{2}m\dot{x}^2+\frac{1}{2}kx^2=E=\mathrm{const} \tag{1.3.13}$$

对上式两边关于时间求导,并注意速度不恒为零,得到系统的运动微分方程

$$m\ddot{x}(t)+kx(t)=0$$

于是可以利用定义来确定系统的固有频率

$$\omega_{\mathrm{n}}=\sqrt{\frac{k}{m}}$$

可见,利用能量法完全可以建立系统的运动方程,而且对于复杂系统较其他方法往往还相对简单。但需要注意,上面的推导严格讲是对应于质阻弹模型,式中的 m 和 k 代表的是等效质量和等效刚度。对于实际系统,系统的动能和势能的具体形式会因系统的不同而有所不同。复杂系统的动能和势能往往都由若干部分组成,计算时一定注意不要落项,否则会导致错误。为此,我们将建立系统运动方程的能量法的公式,写成下面一般形式

$$\frac{\mathrm{d}}{\mathrm{d}t}(T+V)=0 \tag{1.3.14}$$

【例 1.3.3】 利用能量法确定例 1.2.1 中单摆系统的固有频率。

解 系统的动能和势能分别为

$$T=\frac{1}{2}m(l\dot{\theta})^2,\qquad V=mg\cdot l(1-\cos\theta)=mgl\cdot 2\left(\sin\frac{\theta}{2}\right)^2\approx\frac{1}{2}mgl\theta^2$$

代入式(1.3.14)得到

$$\frac{\mathrm{d}}{\mathrm{d}t}(T+V)=ml^2\dot{\theta}\ddot{\theta}+mgl\theta\dot{\theta}=0$$

由角速度不恒为零,得到系统的运动方程

$$l\ddot{\theta}+g\theta=0$$

因此,系统的固有频率为

$$\omega_{\mathrm{n}}=\sqrt{\frac{g}{l}}$$

【例 1.3.4】 例 1.3.4 图所示为一固定滑轮起重系统,其中摇杆对 O 点的转动惯量为 I_0;重物的质量为 m;钢索简化为弹簧,其刚度为 k。试确定系统的固有频率。

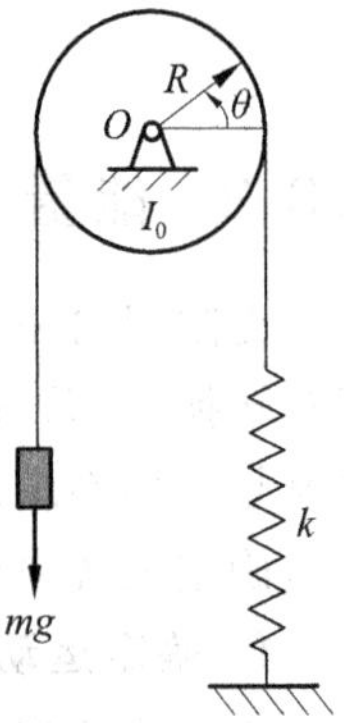

解 取滑轮的转角 θ 为坐标,弹簧的伸长量和重物的降落量均为 $R\theta$。系统的动能由重物的平移动能和滑轮的转动动能两部分组成

$$T=\frac{1}{2}I_0\dot{\theta}^2+\frac{1}{2}m(R\dot{\theta})^2=\frac{1}{2}(I_0+mR^2)\dot{\theta}^2$$

系统的势能为

$$V=\frac{1}{2}k(R\theta)^2$$

代入式(1.3.14)得到

$$\frac{\mathrm{d}}{\mathrm{d}t}(T+V)=\left[(I_0+mR^2)\ddot{\theta}+kR^2\theta\right]\dot{\theta}=0$$

由角速度 $\dot{\theta}$ 不恒为零,得到系统的运动方程

$$(I_0+mR^2)\ddot{\theta}+kR^2\theta=0$$

因此,系统的固有频率为

$$\omega_n=\sqrt{\frac{k_{\mathrm{eq}}}{m_{\mathrm{eq}}}}=\sqrt{\frac{kR^2}{I_0+mR^2}}$$

例 1.3.4 图

2. 直接确定固有频率

在无阻尼自由振动系统中,虽然机械能保持不变,但系统的能量在动能和势能之间进行周期性的转换。质量块离开平衡位置后位移逐渐增大而速度逐渐减小,于是势能不断增大而动能逐渐减小,达到最大位移时速度为零,此刻动能全部转化为势能,故有 $E=kx_{\max}^2/2$。回程时,随着位移减小速度增大,势能逐渐转化为动能,到达平衡位置时,位移为零而速度达到最大值,此时势能又全部转化为动能,即有 $E=m\dot{x}_{\max}^2/2$。可见,能量有如下关系

$$T_{\max}=V_{\max}=E \tag{1.3.15}$$

注意到,对于简谐振动有如下关系

$$x(t)=X\cos(\omega_n t-\varphi_0)$$
$$\dot{x}(t)=-X\omega_n\sin(\omega_n t-\varphi_0) \tag{1.3.16}$$
$$x_{\max}=X,\qquad \dot{x}_{\max}=X\omega_n$$

利用以上式(1.3.15)和式(1.3.16),可方便地计算出系统的固有频率而无须导出系统的运动方程。对于比较复杂的系统,这种方法往往十分有效。

【例 1.3.5】 用能量法确定例 1.1.9 系统的固有频率。

解 由例 1.1.9 解得系统的动能和势能分别为

$$T=\frac{1}{2}J\dot{\theta}^2+\frac{1}{2}m(L\dot{\theta})^2=\frac{1}{2}(J+mL^2)\dot{\theta}^2,\qquad V=\frac{\theta^2}{2}(ka^2-mgL)$$

设系统为简谐振动,即

$$\theta(t)=\Theta\cos(\omega_n t-\varphi_0)$$

故有

$$\theta_{\max}(t)=\Theta,\qquad \dot{\theta}_{\max}(t)=\omega_n\Theta$$

由式(1.3.15)

$$T_{max} = \frac{1}{2}(J + mL^2)(\omega_n \Theta)^2 = V_{max} = \frac{\Theta^2}{2}(ka^2 - mgL)$$

得到系统的固有频率

$$\omega_n = \sqrt{\frac{ka^2 - mgL}{J + mL^2}}$$

【例 1.3.6】　如图所示系统为记录竖直振动的机构,刚性框架 AOB 绕 O 点转动。不计 AOB 刚架和弹簧的质量,试确定质量块 m 微小竖直振动的角频率。

解　自由振动的角频率即为系统的固有频率,因此本题实质是求系统的固有频率。下面采用能量法求解。取质量块 m 的静平衡位置为原点,设竖向位移为 x,刚架 AOB 的转动角为 θ,二者之间的关系为 $\theta = x/L$。任意时刻,m 的位移为 x,速度为 $\mathrm{d}x/\mathrm{d}t$,而水平弹簧和竖向弹簧伸长量分别为

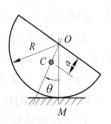

例 1.3.6 图

$$\delta_1 = \overline{OB}\,\theta\cos\alpha = a\theta$$
$$\delta_2 = \overline{OB}\,\theta\sin\alpha = a\tan\alpha\,\theta$$

故,系统的动能和势能分别为

$$T = \frac{1}{2}m\dot{x}^2$$

$$V = \frac{1}{2}k_1\delta_1^2 + \frac{1}{2}k_2\delta_2^2 = \frac{a^2}{2}(k_1 + k_2\tan^2\alpha)\theta^2$$

$$= \frac{1}{2}\frac{a^2}{L^2}(k_1 + k_2\tan^2\alpha)x^2$$

令 m 的振动规律为

$$x = X\cos(\omega_n t - \varphi_0),\qquad \dot{x} = -\omega_n X\sin(\omega_n t - \varphi_0)$$

则

$$x_{max} = X,\qquad \dot{x}_{max} = X\omega_n$$

$$T_{max} = \frac{1}{2}m\dot{x}_{max}^2 = \frac{1}{2}mX^2\omega_n^2$$

$$V_{max} = \frac{1}{2}\frac{a^2}{L^2}(k_1 + k_2\tan^2\alpha)x_{max}^2 = \frac{1}{2}\frac{a^2}{L^2}(k_1 + k_2\tan^2\alpha)X^2$$

由 $T_{max} = V_{max}$,得到系统的固有频率

$$\omega_n = \sqrt{\frac{a^2}{mL^2}(k_1 + k_2\tan^2\alpha)}$$

【例 1.3.7】　如图所示为一个质量均匀的半圆柱体,在一水平面上来回摆动(滚动而无滑动)。已知圆柱半径为 R,质量为 m,质心位于 C 处,绕质心轴线的转动惯量为 $I_C = mi^2$,i 为绕质心轴线的回转半径。试确定系统的运动方程、等效质量、等效刚度和固有频率。

解　系统的能量由两部分组成,即半圆柱摆动的动能 T 和半圆柱

例 1.3.7 图

摆动中因质心位置变化而获得的势能。下面用能量法求解。

取摆角 θ 为坐标。设质心 C 的最低位置为势能零点，t 时刻 C 升高了

$$\delta = a - a\cos\theta = a(1-\cos\theta) = a\left(2\sin\frac{\theta}{2}\right)^2 \approx \frac{1}{2}a\theta^2$$

此时，系统的势能为

$$V = mg \cdot \delta = \frac{1}{2}amg\theta^2$$

系统的动能为

$$T = \frac{1}{2}I_b\dot{\theta}^2$$

I_b 为半圆柱体绕地面接触点 M 转动时的转动动量，

$$I_b = I_C + m(\overline{MC})^2 = m[i^2 + (\overline{MC})^2]$$

$$(\overline{MC})^2 = a^2 + R^2 - 2aR\cos\theta \approx (R-a)^2$$

$$I_b = m[i^2 + (R-a)^2]$$

根据能量守恒定律，有

$$T + V = \frac{1}{2}m[i^2 + (R-a)^2]\dot{\theta}^2 + \frac{1}{2}mga\theta^2 = E$$

对上式求导化简，由角速度不恒等于零的条件得到系统的运动微分方程

$$[i^2 + (R-a)^2]\ddot{\theta} + ga\theta = 0$$

可见系统的等效质量、等效刚度分别为

$$m_{eq} = i^2 + (R-a)^2$$

$$k_{eq} = ga$$

系统的固有频率为

$$\omega_n = \sqrt{ga/[i^2 + (R-a)^2]}$$

此题也可利用 $T_{max} = V_{max}$ 的关系，先求得系统的固有频率，然后再确定等效质量、等效刚度。

3. 瑞利法

在前面的分析中忽略了弹簧的质量，等价于忽略了弹簧的动能，因此计算结果会产生一定的误差。在实际工程中往往弹性元件的质量比质量块的质量小很多，忽略其质量一般不会引起较大的误差，计算可以满足工程需要。但是在有的情况下，弹性元件的质量相对较大，这时忽略弹簧质量可能会产生较大误差。

瑞利（Rayleigh）利用能量原理，估计了弹簧的分布质量对系统振动频率的影响，从而得到更为准确的频率值。在计算弹簧的等效质量时，瑞利法假设：

（1）弹簧上各点的变形按照线性规律变化，即固定端位移为零、与质量块连接端位移最大（等于质量块的位移），两个端点之间所有点的位移按比例变化。

（2）弹簧质量沿轴向均匀分布。

瑞利法基于以上两个假设，将分布质量对自然频率的影响用等效质量来进行折算，这也

是一种近似方法。

如图 1.3.4 所示,假设弹簧在距固定端 l 处的位移量为 xl/L,则瞬时速度为 $l\dot{x}/L$,因此弹簧的动能为

$$T_{s} = \int_{0}^{l} \frac{1}{2}\left(\frac{l\dot{x}}{L}\right)^{2}\rho\,\mathrm{d}l = \frac{1}{2}\frac{m_{s}}{3}\dot{x}^{2}$$

$$T_{s,\max} = \frac{1}{2}\frac{m_{s}}{3}\omega_{n}^{2}X^{2} \tag{1.3.17}$$

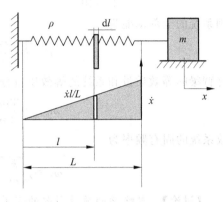

式中,m_{s} 为弹簧的质量,ρ 为弹簧的线密度。可见,1/3 的弹簧质量对动能有贡献。考虑弹簧质量后,系统的等效质量为

$$m_{eq} = m + m_{s}/3 \tag{1.3.18}$$

固有频率为

$$\omega_{n} = \sqrt{\frac{k}{m + m_{s}/3}} \tag{1.3.19}$$

图 1.3.4　瑞利法计算弹簧等效质量

瑞利法,与本书 1.1.3 节介绍的确定系统弹性元件等效质量的能量法是一致的。

【例 1.3.8】　如图(a)所示悬臂梁的截面抗弯刚度为 EI,长度为 L,质量为 m_{b},自由端放置的物体质量为 m。现在拟研究悬臂梁自由端质量块 m 的振动规律。试确定系统的固有频率。

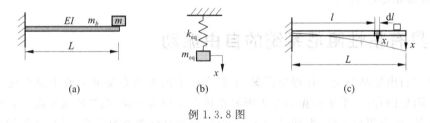

例 1.3.8 图

解　以梁自由端轴线的静平衡位置为原点建立坐标系,系统模型如图(b)所示。悬臂梁自由端在荷载 mg 作用下的挠度为

$$\delta_{st} = \frac{mgL^{3}}{3EI}$$

故其等效刚度为

$$k_{eq} = \frac{mg}{\delta_{st}} = mg\left/\frac{mgL^{3}}{3EI}\right. = \frac{3EI}{L^{3}}$$

如果考虑弹簧即悬臂梁的质量,则系统的动能为

$$T = T_{b} + T_{m} = \frac{1}{2}m_{b,eq}\dot{x}^{2} + \frac{1}{2}m\dot{x}^{2}$$

式中 $m_{b,eq}$ 为弹性元件即悬臂梁的等效质量,计算时假设:

(1) 悬臂梁的挠度曲线按照材料力学给出的三次曲线公式确定;

(2) 悬臂梁质量沿轴向均匀分布。

计算简图如图(c)所示,详细计算过程见例 1.1.5。弹性元件即悬臂梁的动能为

$$T_b = \int_0^{L_b} \mathrm{d}T_b = \int_0^{L_b} \frac{1}{2}\mathrm{d}m_b\,\dot{x}_l^2 = \int_0^{L_b} \frac{1}{2}\rho\mathrm{d}l\left(\frac{1}{2L_b^3}(3L_b - l)l^2\,\dot{x}\right)^2$$

$$= \frac{1}{2}\frac{33m_b}{140}\dot{x}^2$$

则系统的全部动能为

$$T = \frac{1}{2}\left(\frac{33m_b}{140} + m\right)\dot{x}^2 = \frac{1}{2}m_{\mathrm{eq}}\dot{x}^2$$

悬臂梁的等效质量和系统的等效质量分别为

$$m_{b,\mathrm{eq}} = \frac{33m_b}{140}, \qquad m_{\mathrm{eq}} = \frac{33m_b}{140} + m$$

故系统的固有频率为

$$\omega_{\mathrm{eq}} = \sqrt{\frac{k_{\mathrm{eq}}}{m_{\mathrm{eq}}}} = \sqrt{\frac{420EI}{(33m_b + 140m)L^3}}$$

【讨论】　忽略梁的质量引起的误差。

若不计梁的质量,则系统的固有频率为

$$\omega'_{\mathrm{eq}} = \sqrt{\frac{k_{\mathrm{eq}}}{m}} = \sqrt{\frac{3EI}{mL^3}}$$

如果质量块的质量与悬臂梁的质量相等,则

$$\omega'_{\mathrm{eq}} = 1.1116\omega_{\mathrm{eq}}$$

可见,此时误差超过 10%。

1.4　具有粘性阻尼系统的自由振动

无阻尼自由振动只是一种理想情况,工程实际中的振动系统或大或小总存在一定的阻尼。由于阻尼的存在,系统的振动与无阻尼相比有了很大变化,系统模型中除了惯性元件和弹性元件外,还有阻尼元件,振动时的运动方程、振动特性等都有许多不同,系统的模型也更加接近实际情况。

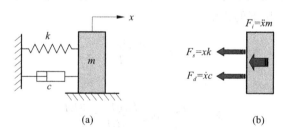

图 1.4.1　具有粘性阻尼单自由度振动系统力学模型及其受力图

具有粘性阻尼系统的单自由度自由振动系统的力学模型及其受力分析如图 1.4.1 所示,由此得到有阻尼单自由度的自由振动运动微分方程

$$m\ddot{x}(t) + c\dot{x}(t) + kx(t) = 0 \tag{1.4.1}$$

式中,c 意义同前,为粘性阻尼系数,单位为 N·s/m。方程两边除以质量 m,方程改写为

$$\ddot{x}(t) + 2\zeta\omega_{\mathrm{n}}\dot{x}(t) + \omega_{\mathrm{n}}^2 x(t) = 0 \tag{1.4.2}$$

式中，ω_n 意义同前，为无阻尼系统的固有频率，即

$$\omega_n = \sqrt{\frac{k}{m}} \tag{1.4.3}$$

式(1.4.2)中的 ζ 称为粘性**阻尼比**(damping ratio)或**粘滞阻尼因子**(viscous damping factor)，定义如下：

$$\zeta = \frac{c}{2m\omega_n} = \frac{c}{2\sqrt{mk}} \tag{1.4.4}$$

阻尼比 ζ 无量纲，是有阻尼振动系统非常重要的参数。

下面求解有阻尼单自由度振动系统运动微分方程(1.4.2)。根据常微分方程理论，二阶常系数齐次微分方程式(1.4.2)的通解具有如下形式：

$$x(t) = Xe^{st} \tag{1.4.5}$$

X 和 s 为待定常数，其中 X 为实数，s 为复数。将上式代入式(1.4.2)，得到特征方程

$$s^2 + 2\zeta\omega_n s + \omega_n^2 = 0 \tag{1.4.6}$$

由此解得一对特征根

$$s_{1,2} = (-\zeta \pm \sqrt{\zeta^2 - 1})\omega_n \tag{1.4.7}$$

显然，不同的阻尼比 ζ 将对应不同的特征根，因而给出不同形式的解。下面分别讨论 ζ 取不同值时的几种情况。

1. 过阻尼情况($\zeta > 1$)

我们把阻尼比 $\zeta > 1$ 的情况称为**过阻尼**(overdamping)。此时的特征根为实数

$$s_{1,2} = (-\zeta \pm \sqrt{\zeta^2 - 1})\omega_n \leqslant 0 \tag{1.4.8}$$

故过阻尼系统的通解为

$$x(t) = X_1 e^{s_1 t} + X_2 e^{s_2 t} \tag{1.4.9}$$

此时系统的运动按指数规律衰减，很快就趋近于平衡位置，不会产生往复的振动现象，如图 1.4.2(a)所示。从物理意义上来看，由于阻尼较大，由初始激励输入给系统的能量很快就被消耗掉了，而系统来不及产生往复振动。

2. 临界阻尼情况($\zeta = 1$)

阻尼比 ζ 等于 1 时的阻尼介于上述过阻尼和下面的小阻尼之间，故称为**临界阻尼**(critical damping)。按照阻尼比的定义(1.4.4)可知，临界阻尼系数为

$$c_0 = 2m\omega_n \tag{1.4.10}$$

按照临界阻尼系数的概念，阻尼比也可以定义为

$$\zeta = c/c_0 \tag{1.4.11}$$

由式(1.4.8)可见，此时系统的特征根为重根，即

$$s_1 = s_2 = -\omega_n \tag{1.4.12}$$

故临界阻尼系统的通解为

$$x(t) = (X_1 + X_2 t)e^{-\omega_n t} \tag{1.4.13}$$

显然，临界阻尼系统的通解类似于过阻尼情况，其运动也是按照指数规律衰减，没有振荡特性。

3. 小阻尼情况($0 < \zeta < 1$)

阻尼比 ζ 介于 0 与 1 之间的情况称为**小阻尼**(underdamping)。此时的特征根为一对共

轭复根

$$s_{1,2} = (-\zeta \pm i\sqrt{1-\zeta^2})\omega_n = -\zeta\omega_n \pm i\omega_d \qquad (1.4.14)$$

式中

$$\omega_d = \sqrt{1-\zeta^2}\,\omega_n \qquad (1.4.15)$$

ω_d 对应有阻尼系统的固有频率,称为**有阻尼固有频率**(damped natural frequency),显然它小于无阻尼系统的固有频率。此时系统的通解为

$$\begin{aligned}
x(t) &= C_1 e^{s_1 t} + C_2 e^{s_2 t}\\
&= C_1 e^{(-\zeta\omega_n + i\omega_d)t} + C_2 e^{(-\zeta\omega_n - i\omega_d)t}\\
&= e^{-\zeta\omega_n t}[(C_1 + C_2)\cos\omega_d t + i(C_1 - C_2)\sin\omega_d t]
\end{aligned} \qquad (1.4.16)$$

分别以 $X_1 = C_1 + C_2$,$X_2 = (C_1 - C_2)i$ 代入上式,则得到自由振动方程的解

$$x(t) = e^{-\zeta\omega_n t}(X_1\cos\omega_d t + X_2\sin\omega_d t) \qquad (1.4.17)$$

按照式(1.3.8)相同的化简方式,可以把上式简化为

$$x(t) = e^{-\zeta\omega_n t} \cdot X\cos(\omega_d t - \varphi_0) \qquad (1.4.18)$$

X 和 φ_0 由初始条件确定。令 $t=0$ 时,系统的初始位移为 x_0,初始速度为 v_0,代入式(1.4.17)得到

$$\begin{cases}
x(0) = [e^{-\zeta\omega_n t}(X_1\cos\omega_d t + X_2\sin\omega_d t)]_{t=0} = X_1 = x_0\\
v(0) = [e^{-\zeta\omega_n t}(-\omega_d X_1\sin\omega_d t + \omega_d X_2\cos\omega_d t)]_{t=0}\\
\qquad + [-\zeta\omega_n e^{-\zeta\omega_n t}(X_1\cos\omega_d t + X_2\sin\omega_d t)]_{t=0}\\
\qquad = \omega_d X_2 - \zeta\omega_n X_1 = v_0
\end{cases} \qquad (1.4.19)$$

由此分别可确定积分常数 X_1 和 X_2

$$\begin{cases}
X_1 = x_0\\
X_2 = \dfrac{v_0 + \zeta\omega_n x_0}{\omega_d}
\end{cases} \qquad (1.4.20)$$

利用 X、X_1 和 X_2 三者之间的三角关系(见图1.3.2),可得系统的振幅和初相位

$$X = \sqrt{x_0^2 + \frac{(v_0 + \zeta\omega_n x_0)^2}{\omega_d^2}} \qquad (1.4.21)$$

$$\varphi_0 = \arctan\frac{v_0 + \zeta\omega_n x_0}{x_0\omega_d}$$

　　小阻尼情况下的解式(1.4.17)表明,系统在平衡位置附近作往复振动,但振幅不断衰减,运动不再是周期性运动,其振动的位移时程曲线如图1.4.2(b)所示。

　　显然,当 $\zeta=0$ 时,系统变为无阻尼系统,上述有阻尼的解均转化为无阻尼的解,其振动为等幅周期振动,其位移时程曲线如图1.4.2(c)所示。

　　下面讨论小阻尼单自由度系统另外两个重要的振动特性。

　　(1) 有阻尼固有周期

　　按照固有周期的物理意义,有阻尼系统的**有阻尼固有周期**(damped natural cycle)定义为

$$T_d = \frac{2\pi}{\omega_d} = \frac{2\pi}{\omega_n\sqrt{1-\zeta^2}} = \frac{T_n}{\sqrt{1-\zeta^2}} \qquad (1.4.22)$$

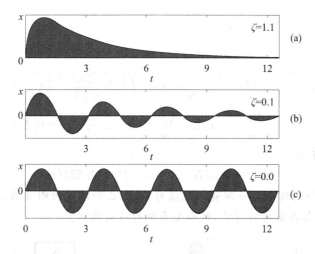

图 1.4.2　具有不同阻尼比的单自由度系统自由振动位移时程曲线

显然,有阻尼系统的振动仍然具有等时性。与无阻尼系统相比,有阻尼系统的固有周期因阻尼的作用而变长了。

需要指出,虽然有阻尼系统的振动具有等时性,但其振幅不断衰减,因此其振动不具有周期性。

(2) 阻尼系统的衰减规律

有阻尼系统的振幅在振动过程中,按照指数规律衰减,为此引入**对数衰减率**(logarithmic decrement)来描述振幅衰减的快慢。对数衰减率定义为一个自然周期相邻两个振幅之比的自然对数,即

$$\delta = \ln \frac{e^{-\zeta\omega_n t}}{e^{-\zeta\omega_n(t+T_d)}} = \zeta\omega_n T_d = \frac{2\pi\zeta}{\sqrt{1-\zeta^2}} \tag{1.4.23}$$

由此可见,振幅的对数衰减率仅取决于阻尼比,它表示有阻尼系统的自由振动在一个周期内的衰减程度。

当阻尼比很小,$1-\zeta^2 \approx 1$,对数衰减率近似为

$$\delta \approx 2\pi\zeta \tag{1.4.24}$$

对数衰减率近似解与精确解的相对误差为

$$\varepsilon = (1 - \sqrt{1-\zeta^2}) \times 100\% \tag{1.4.25}$$

当 $\zeta = 0.3$ 时,误差为 4.61%,可见一般情况下误差较小,可以满足工程需要。

【例 1.4.1】 如图所示系统中,弹簧刚度 $k = 5\text{N/m}$,粘性阻尼系数 $c = 1\text{N·s/m}$,质量块的重力 $w = 1.96\text{N}$。若系统的初始条件为 $x_0 = 0.05\text{m}$,$v_0 = 0$,试确定系统的运动规律。

解 系统的运动规律为

$$x(t) = e^{-\zeta\omega_n t} X \cos(\omega_d t - \varphi_0)$$

其中

$$\omega_n = \sqrt{\frac{k}{m}} = \sqrt{\frac{kg}{w}} = \sqrt{\frac{5 \times 9.8}{1.96}} = 5(\text{rad/s})$$

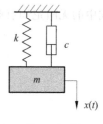

例 1.4.1 图

$$\zeta = \frac{c}{2\omega_n m} = \frac{1}{2 \times 5 \times 1.96/9.8} = 0.5$$

$$\omega_d = \omega_n \sqrt{1 - \zeta^2} = 4.33 (\text{rad/s})$$

$$X = \sqrt{x_0^2 + \frac{(v_0 + \zeta \omega_n x_0)^2}{\omega_d^2}} = \sqrt{0.05^2 + \left(\frac{0.5 \times 5 \times 0.05}{4.33}\right)^2} = 0.0577 (\text{m})$$

$$\varphi_0 = \arctan \frac{v_0 + \zeta \omega_n x_0}{x_0 \omega_d} = \arctan \frac{\zeta \omega_n}{\omega_d} = \arctan \frac{0.5 \times 5}{4.33} = 0.52 (\text{rad})$$

故，系统的运动规律为

$$x(t) = 0.0577 e^{-2.5t} \cos(4.33t - 0.52)(\text{m})$$

【例 1.4.2】　如图所示为一弹簧阻尼摇杆系统，已知弹簧的刚度为 k，阻尼系数为 c，物块的质量为 m。若忽略刚杆的质量，试确定系统的运动规律。

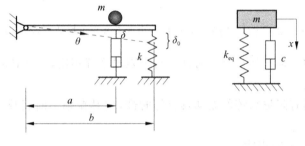

例 1.4.2 图

解　为便于研究 m 的运动规律，取 m 所在点的静平衡位置为原点、竖向位移为 x。首先，建立系统的力学模型。在重力 mg 作用下，设刚杆右端的位移为 δ_0，m 所在点的静位移为 δ，其大小为

$$\delta_0 = \frac{mg}{k} \frac{a}{b}, \qquad \delta = \frac{a}{b} \delta_0 = \frac{mg}{k} \frac{a^2}{b^2}$$

则力学模型的等效刚度为

$$k_{eq} = \frac{mg}{\delta} = \frac{b^2}{a^2} k$$

因不计刚杆的质量，模型向 m 所在点简化，故模型的等效质量不变，即 $m_{eq} = m$。系统的运动规律为

$$m\ddot{x}(t) + c\dot{x}(t) + k_{eq}x(t) = 0$$

其解为

$$x(t) = e^{-\zeta \omega_n t} \cdot X \cos(\omega_d t - \varphi_0), \qquad x(t) = a\theta(t)$$

式中的无阻尼固有频率、阻尼比和有阻尼固有频率分别为

$$\omega_n = \sqrt{\frac{k_{eq}}{m}} = \frac{b}{a} \sqrt{\frac{k}{m}}$$

$$\zeta = \frac{c}{2m\omega_n} = \frac{ac}{2b\sqrt{mk}}$$

$$\omega_d = \omega_n \sqrt{1 - \zeta^2} = \sqrt{\frac{b^2}{a^2} \frac{k}{m} - \left(\frac{c}{2m}\right)^2}$$

式中的 X、φ_0 由初始条件确定。

【例 1.4.3】 某有阻尼单自由度振动系统，$m = 4.5\text{kg}$，$k = 1.8\text{kN/m}$，$c = 1.5\text{N} \cdot \text{m/s}$。试确定系统振动 10 周后振幅减小的比率以及系统的对数衰减率。

解 根据有阻尼自由振动的解即式(1.4.18)，可知 t 时刻系统的振幅为

$$A(t) = e^{-\zeta \omega_n t} X$$

10 周后的振幅为

$$A(t + 10T_d) = e^{-\zeta \omega_n (t + 10T_d)} X$$

振幅的衰减率为

$$\eta = \frac{A(t) - A(t + 10T_d)}{A(t)} = 1 - \frac{A(t + 10T_d)}{A(t)} = 1 - \frac{e^{-\zeta \omega_n (t + 10T_d)} X}{e^{-\zeta \omega_n t} X} = 1 - e^{-10T_d \zeta \omega_n}$$

系统的无阻尼固有频率为

$$\omega_n = \sqrt{\frac{k}{m}} = \sqrt{\frac{1800}{4.5}} = 20(\text{rad/s})$$

阻尼比为

$$\zeta = \frac{c}{2\sqrt{mk}} = \frac{1.5}{2\sqrt{4.5 \times 1800}} = 0.0083$$

无阻尼固有周期为

$$T_d = \frac{2\pi}{\omega_n \sqrt{1 - \zeta^2}} = \frac{2\pi}{20 \times \sqrt{1 - 0.0083^2}} = 0.3142$$

故 10 周后振幅的衰减率为

$$\eta = 1 - \exp(-10 \times 0.3142 \times 0.0083 \times 20) = 0.4064$$

系统的振幅对数衰减率为

$$\delta = \frac{2\pi \zeta}{\sqrt{1 - \zeta^2}} = \frac{2\pi \times 0.0083}{\sqrt{1 - 0.0083^2}} = 0.0522$$

【例 1.4.4】 一个质量为 $m = 10\text{kg}$ 的物体，用一个 $k = 2250\text{N/m}$ 的弹簧悬挂着，并受到 $\zeta = 0.1$ 的阻尼作用。将 m 从静平衡位置压缩 0.05m 后静止放松，试求 m 返回到平衡位置时的速度。

解 m 的振动规律为

$$x(t) = e^{-\zeta \omega_n t} X \cos(\omega_d t - \varphi_0)$$
$$\dot{x}(t) = -X e^{-\zeta \omega_n t} [\zeta \omega_n \cos(\omega_d t - \varphi_0) + \omega_d \sin(\omega_d t - \varphi_0)]$$

系统的初位移为 $x_0 = 0.05\text{m}$，$v_0 = 0$，由此可以确定

$$X = \sqrt{x_0^2 + \frac{(v_0 + \zeta \omega_n x_0)^2}{\omega_d^2}} = x_0 \sqrt{1 + \frac{\zeta^2}{1 - \zeta^2}} = 0.05 \times \sqrt{1 + \frac{0.01}{1 - 0.01}} = 0.0503$$

$$\varphi_0 = \arctan \frac{v_0 + \zeta \omega_n x_0}{x_0 \omega_d} = \arctan \frac{\zeta}{\sqrt{1 - \zeta^2}} = 0.1002$$

系统的固有频率为

$$\omega_n = \sqrt{\frac{k}{m}} = \sqrt{\frac{2250}{10}} = 15.0$$

$$\omega_d = \sqrt{1 - \zeta^2} \, \omega_n = \sqrt{1 - 0.1^2} \, \omega_n = 14.9248$$

设 m 首次返回到平衡位置的时间为 t_0，此时有 $x(t_0)=0$。由位移公式可见，根据系统有非零解的条件，满足 $x(t_0)=0$ 的解为

$$\cos(\omega_d t_0 - \varphi_0) = 0$$

$$t_0 = \frac{\pi/2 + \varphi_0}{\omega_d} = 0.1120$$

将以上计算结果代入系统的速度方程，计算 m 返回到平衡位置时的速度，即 $v(t_0)$ 为

$$v(t_0) = \dot{x}(t_0) = -X e^{-\zeta \omega_n t_0} \left[\zeta \omega_n \cos(\omega_d t_0 - \varphi_0) + \omega_d \sin(\omega_d t_0 - \varphi_0) \right]$$

$$= -0.6346(\text{m/s})$$

1.5 MATLAB 算例

【M_1.5.1】 研究例 1.1.1 中等效刚度 k 随杆件长度 L 的变化规律。

解 (1) 拉压杆件的刚度

为消除截面及材料的影响，转而研究相对刚度 k/EA 随杆件长度的变化规律，由例 1.1.1(1) 可得

$$f_1(L) = \frac{k}{EA} = \frac{1}{L}$$

考察杆长 L 从很小到 10 时，k/EA 的变化规律。利用 MATLAB 平台计算，可以在其命令窗口直接输入如下程序：

```
L=0:0.1:10;
f1=L.^(-1);
subplot(2,2,1);plot(L,f1)
```

得到杆件相对刚度 k/EA 随杆长 L 的变化规律，如图 M_1.5.1(a) 所示。

(2) 悬臂梁的刚度

同样取相对刚度 k/EI 研究以消除截面及材料的影响，由例 1.1.1(2) 得到

$$f_2(L) = \frac{k}{EI} = \frac{3}{L^3}$$

考察 k/EI 随梁长 L 从很小到 10 的变化规律。在 MATLAB 命令窗口直接输入如下程序：

```
L=0:0.1:10;
f2=3*L.^(-3);
subplot(2,2,2);plot(L,f2)
```

得到悬臂梁相对刚度 k/EA 随梁长 L 的变化规律，如图 M_1.5.1(b) 所示。

(3) 简支梁的刚度

令简支梁跨中荷载与左端距离 a 同与右端距离 b 之比为 1∶2，即 $a=L/3$，$b=2L/3$，故简支梁的相对刚度为

$$f_3(L) = \frac{k}{EI} = \frac{3L}{(L/3 \times 2L/3)^2} = \frac{243}{4L^3}$$

仍然考察 k/EI 随梁长 L 从很小到 10 的变化规律。在 MATLAB 命令窗口直接输入如下程序：

```
L=0:0.1:10;
f3=243/4 * L.^(-3);
subplot(2,2,3);plot(L,f3)
```

得到简支梁相对刚度 k/EA 随梁长 L 的变化规律，如图 M_1.5.1(c)所示。

（4）扭转轴的刚度

由例 1.1.1(4)得到扭转轴的相对刚度为

$$f_4(L) = \frac{k}{GJ} = \frac{1}{L}$$

在 MATLAB 命令窗口直接输入如下程序：

```
L=0:0.1:10;
f4=L.^(-1);
subplot(2,2,4);plot(L,f4)
```

得到扭转轴相对刚度 k/GJ 随轴长 L 的变化规律，如图 M_1.5.1(d)所示。

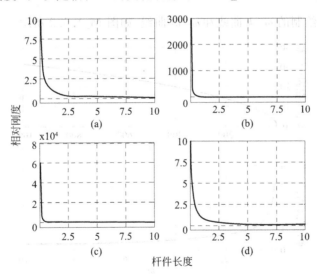

图 M_1.5.1　相对刚度随杆件长度的变化规律

【M_1.5.2】　考察单自由度系统固有频率 ω_n 随刚度 k 和随质量 m 的变化规律。

解　单自由度系统固有频率 ω_n 与系统的刚度 k 和质量 m 的关系为

$$\omega_n = \sqrt{\frac{k}{m}}$$

首先，考察固有频率 ω_n 随刚度 k 的变化规律。为消除质量的影响，考察具有单位质量

系统的固有频率 ω_0 随刚度 k 的变化规律,任意质量系统的固有频率 ω_n 与单位质量系统的固有频率 ω_0 之间的关系为

$$\omega_n = \omega_0 / \sqrt{m}$$

考察范围为 $k=0\sim1000$,并绘制 ω_0-k 变化曲线。在 MATLAB 命令窗口直接输入如下程序:

```
m=1;
k=0:1000;
wn=(k/m).^0.5;
subplot(2,1,1);plot(k,wn)
```

其次,考察固有频率 ω_n 随质量 m 的变化规律。同样为消除刚度的影响,考察具有单位刚度系统的固有频率 ω_0 随质量 m 的变化规律,任意刚度系统的固有频率 ω_n 与 ω_0 的关系为

$$\omega_n = \omega_0 \sqrt{k}$$

考察取为 $m=0\sim10$,并绘制 ω_0-m 变化曲线。在 MATLAB 命令窗口直接输入如下程序:

```
k=1;
m=0:0.1:10;
wn=k^0.5*m.^(-0.5);
subplot(2,1,2);plot(m,wn)
```

由 MATLAB 绘制的 ω_0-k 曲线和 ω_0-m 曲线,如图 M_1.5.2 所示。

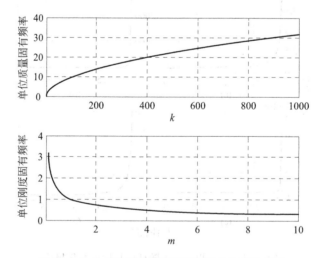

图 M_1.5.2   固有频率随刚度和质量的变化规律

【M_1.5.3】 使用瑞利法估计弹簧分布质量对系统振动频率的影响后,固有频率为

$$\omega_n = \sqrt{\frac{k}{m + m_s/3}}$$

试考察系统固有频率 ω_n 随弹簧质量 m_s 变化规律。

解 令弹簧质量 m_s 与系统质量 m 之比为 $r_m = m_s/m$,则考虑弹簧质量的固有频率 ω_n

与忽略弹簧质量的固有频率 ω_{n0} 有如下关系

$$\omega_n = \sqrt{\frac{k/m}{1+r_m/3}} = \frac{\omega_{n0}}{\sqrt{1+r_m/3}}$$

可见，ω_n 与 ω_{n0} 之比为

$$r_\omega = \frac{\omega_n}{\omega_{n0}} = \frac{1}{\sqrt{1+r_m/3}}$$

利用 MATLAB 程序很容易给出 r_ω-r_m 关系，在 MATLAB 命令窗口直接输入如下程序：

```
rm=0:0.1:10;
rw=(1+rm/3).^(-0.5);
plot(rm,rw)
```

弹簧质量对固有频率的影响规律如图 M_1.5.3 所示。

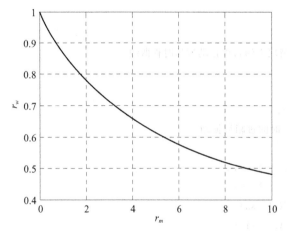

图 M_1.5.3 弹簧质量对固有频率的影响规律

【M_1.5.4】 某一单自由度振动系统的固有频率为 $\omega_n = 1$，初始条件为 $x_0 = 1$、$v_0 = 5$，设系统阻尼大小可变。试绘制该系统在过阻尼、小阻尼和无阻尼 3 种情况下作自由振动时的位移时程曲线。

解 当系统的阻尼比 $\zeta > 1$ 时称为过阻尼，此时系统的振动规律为

$$x(t) = X_1 e^{s_1 t} + X_2 e^{s_2 t}$$

$$s_{1,2} = (-\zeta \pm \sqrt{\zeta^2 - 1})\omega_n \leqslant 0$$

$$X_1 = \frac{v_0 - s_2 x_0}{s_1 - s_2}, \qquad X_2 = \frac{v_0 - s_1 x_0}{s_2 - s_1}$$

当阻尼比 ζ 介于 0 与 1 之间时称为小阻尼，此时系统的振动规律为

$$x(t) = e^{-\zeta \omega_n t} \cdot X\cos(\omega_d t - \varphi_0)$$

其中

$$X=\sqrt{x_0^2+\frac{(v_0+\zeta\omega_n x_0)^2}{\omega_d^2}}$$

$$\varphi_0=\arctan\frac{v_0+\zeta\omega_n x_0}{x_0\omega_d}$$

$$\omega_d=\sqrt{1-\zeta^2}\,\omega_n$$

无阻尼时的振动规律为

$$x(t)=X\cos(\omega_n t-\varphi_0)$$

$$X=\sqrt{x_0^2+\frac{v_0^2}{\omega_n^2}},\qquad \varphi_0=\arctan\frac{v_0}{x_0\omega_n}$$

分别取 $\zeta=1.1$、$\zeta=0.1$ 和 $\zeta=0$ 来考虑系统的过阻尼、小阻尼和无阻尼自由振动运动，并依此绘制 3 种情况下的位移时程曲线。为此编写如下 MATLAB 程序直接输入到命令窗口：

```
%【M_1.5.4】
%计算不同阻尼比情况下的自由振动位移时程曲线
clear
t=0:0.01:10;
wn=5;x0=1;v0=5;
% 当阻尼比 u=1.1 时的过阻尼振动
u=1.1;
s1=(-u+sqrt(u^2-1))*wn;
s2=(-u-sqrt(u^2-1))*wn;
X1=(v0-s2*x0)/(s1-s2);
X2=(v0-s1*x0)/(s2-s1);
x1=X1*exp(s1*t)+X2*exp(s2*t);
subplot(3,1,1);plot(t,x1);ylabel('{\itx}_1');grid on
% 当阻尼比 u=0.1 时的小阻尼振动
u=0.1;
wd= sqrt(1-u^2)*wn;
X= sqrt(x0^2+(v0+u*wn*x0)^2/wd^2);
phi=atan((v0+u*wn*x0)/(x0*wd));
x2=exp(-u*wn*t)*X*diag(cos(wd*t-phi)); %使用 diag 函数生成对角方阵以满足矩阵乘法
                                       规则
subplot(3,1,2);plot(t,x2) ;ylabel('{\itx}_2');grid on
% 当阻尼比 u=0 时的无阻尼振动
u=0.;
X= sqrt(x0^2+(v0/wn)^2);
phi=atan(v0/(x0*wd));
x3=X*cos(wd*t-phi);
subplot(3,1,3);plot(t,x3) ;ylabel('{\itx}_3');xlabel('{\itt}');grid on
clc
```

系统在过阻尼、小阻尼和无阻尼情况下的自由振动位移时程曲线如图 M_1.5.4 所示。

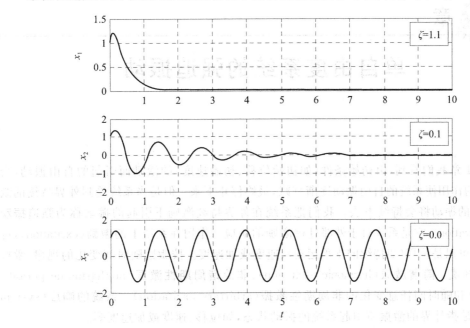

图 M_1.5.4 不同阻尼比情况下的自由振动位移时程曲线

第 2 章

单自由度系统的强迫振动

在第 1 章我们看到,由初始条件(如初始位移、初始速度)的激励而引起的自由振动,会因为阻尼的作用使系统的自由振动逐渐衰减,最终停止下来。但是当系统受到外界持续的激励时,系统的振动将会持续下去。我们把系统在外界持续激励下引起的振动称为**强迫振动**(forced vibration),它是系统对于外部过程激励的响应。作用在系统上的**激励**(excitation),可以是力,也可以是位移(如持续的支承运动)、速度或加速度。按激励随时间变化的规律,激振可以归为 3 类:**简谐激振**(harmonic excitation)、**非简谐周期性激振**(nonharmonic periodic excitation)和随时间任意变化的**非周期性激振**(arbitrary excitation)。**系统的响应**(system response)是指外界的激励所引起系统的振动状态,如位移、速度或加速度等。

本章主要介绍在谐波激励下的强迫振动和谐波分析方法,然后再对一般周期激励和非周期激励下的强迫振动的各种分析方法作简单介绍。

2.1 谐波激励下的强迫振动

谐波激励是最简单的激励,系统在谐波激励下的响应也是简谐的。对于线性系统,谐波激励及其响应均满足叠加原理,复杂谐波的激励可以分解为一系列简谐激励,然后对每一个简谐激励的响应叠加即可获得总的响应。对于后面介绍的周期激励,也是先运用傅里叶变换将其展成谐波函数级数,然后再使用叠加原理进行求解。因此,谐波激励下的响应问题,是强迫振动中最简单最基础的问题。

2.1.1 无阻尼系统的强迫振动

无阻尼强迫振动系统的力学模型如图 2.1.1(a)所示,图 2.1.1(b)为其受力分析图,由此得到无阻尼强迫振动系统的运动方程

$$m\ddot{x}(t)+kx(t)=F\cos\Omega t \qquad (2.1.1)$$

式中,$F\cos\Omega t$ 为外激励,F 为激振力的幅值,单位为 N;Ω 为激振力的频率,单位为 rad/s;其他参数意义同前。

对式(2.1.1)两边同时除以 m,并采用下列符号

$$\omega_n=\sqrt{\frac{k}{m}}, \quad f_0=\frac{F}{m}, \quad \Delta_{st}=\frac{F}{k}=\frac{F}{m\omega_n^2} \qquad (2.1.2)$$

式中,ω_n 为无阻尼系统固有频率;Δ_{st} 为系统的静位移,相当于在静力 F 作用下弹簧产生的位移。将上述符号代

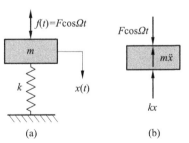

图 2.1.1 无阻尼强迫振动系统模型与受力分析

入式(2.1.1),系统的运动方程变为

$$\ddot{x}(t) + \omega_n^2 x(t) = f_0 \cos\Omega t \tag{2.1.3}$$

与无阻尼自由振动相比多了激励项,方程由齐次变为非齐次。这个单自由度强迫振动微分方程的全解包括两部分:一个是齐次方程对应的通解 $x_1(t)$,另一个是非齐次方程对应的特解 $x_2(t)$。单自由度强迫振动微分方程的全解为

$$x(t) = x_1(t) + x_2(t) \tag{2.1.4}$$

方程的齐次解为系统的自由振动解,即

$$x_1(t) = X\cos(\omega_n t - \varphi_0)$$

对于实际系统难免存在阻尼,这是个衰减振动,所以只在振动开始后的一段时间内存在,之后便被衰减为零,故 $x_1(t)$ 又称为**瞬态振动**(transient vibration)。

方程的特解 $x_2(t)$ 为系统在外激励下产生的强迫振动,对于简谐力激振它将是一种持续等幅振动,故又称为**稳态振动**(steady-state vibration)。

下面分别讨论无阻尼单自由度强迫振动系统的运动规律。

1. 稳态振动

由于瞬态振动 $x_1(t)$ 在启振后很短的时间内便被阻尼衰减掉,最终只有稳态振动 $x_2(t)$ 被保留下来,故在无特殊说明情况下,通常把系统的**稳态解** $x_2(t)$(steady-state solution)作为系统的**强迫振动解** $x(t)$(forced vibration solutions)。以下未加说明时,用系统的稳态解代替系统的强迫振动解。

为求稳态解,设系统的特解为

$$x(t) = X\cos\Omega t \tag{2.1.5a}$$

其中 X 为系统受迫振动的振幅。将式(2.1.5a)代入式(2.1.3),并令激振力 $f(t) = F\cos\Omega t$,得

$$X = \frac{F}{m}\frac{1}{\omega_n^2 - \Omega^2} = \frac{f_0}{\omega_n^2 - \Omega^2} = \frac{\Delta_{st}}{1 - \lambda^2} \tag{2.1.5b}$$

式中 λ 为外激励的频率与系统固有频率之比,即

$$\lambda = \frac{\Omega}{\omega_n} \tag{2.1.5c}$$

简称**频率比**(frequency ratio)。若将式(2.1.5b)改写为

$$H = \frac{X}{\Delta_{st}} = \frac{1}{1 - \lambda^2} \tag{2.1.6}$$

则 H 表示在振动情况下的振幅相对最大静力变形的放大倍数,称为**振幅的放大因子**(amplitude amplification factor)。

系统的稳态解为

$$x(t) = \frac{\Delta_{st}}{1 - \lambda^2}\cos\Omega t = \frac{F}{k}\frac{1}{1 - \lambda^2}\cos\Omega t \tag{2.1.7}$$

由此可见,无阻尼单自由度系统在简谐外激励下的稳态振动有如下规律:

(1)强迫振动的频率与激振力的频率相同,说明系统的强迫振动与外扰力具有相同的变化规律。

(2)强迫振动的振幅决定于系统本身的物理性质、激振力大小和频率比,与初始条件无关。

（3）当外激励的频率等于系统的固有频率即 $\lambda=1$ 时，系统的振幅趋于无穷大，此时系统的受迫振动状态称为**共振**（resonance）。

（4）振幅的放大因子 H 反映了振幅随频率比 λ 变化的规律，相应的曲线称为**幅频曲线**（amplitude-frequency curve）（如图 2.1.2 所示）。无阻尼强迫振动系统的幅频曲线有如下规律：

当 $\lambda \ll 1$ 时，扰频较低，系统振动得较慢，接近静力状态，故 $H \to 1$，也即 $X \to \Delta_{st}$；

当 $\lambda \gg 1$ 时，扰频很高，系统跟不上响应，H 迅速下降，X 急剧变小而趋于 0；

当 $\lambda \to 1$ 时，扰频趋近系统的固有频率，发生共振，振幅趋于无穷大。通常把 $\lambda=1$ 附近即振幅较大的区域称为**共振区**（resonance region）。

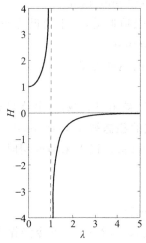

图 2.1.2   无阻尼强迫振动系统的幅频曲线

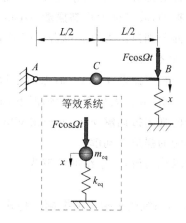

例 2.1.1 图

【例 2.1.1】 如图所示无重刚杆 AB 长度为 L，刚杆中点 C 装有一质量为 m 的小球，B 点处竖直安装一刚度为 k 的弹簧。若在 B 点处施加一干扰力 $f(t)=F\cos\Omega t$，其中干扰力的频率 $\Omega=\sqrt{k/m}$，试求系统的振动规律。

解 此系统为单自由度无阻尼受迫振动系统，可以由式（2.1.7）求解。为此，将系统简化为等效系统。首先选定系统的自由度，显然选择 B 点竖直位移 x（或绕 A 点旋转的转角 θ）为坐标，并将系统向 B 点简化比较方便。简化前后扰力和弹簧位置未变，故在等效系统中的扰力和弹簧刚度与原系统的相同，也即 $k_{eq}=k$，等效质量可由动能相等的原则确定，即由

$$\frac{1}{2}m_{eq}(\dot{x})^2=\frac{1}{2}m\left(\frac{\dot{x}}{2}\right)^2=\frac{1}{2}\frac{m}{4}(\dot{x})^2$$

可得，$m_{eq}=m/4$。该系统的等效系统如例 2.1.1 图所示，由式（2.1.1）得到系统的运动方程

$$\frac{m}{4}\ddot{x}(t)+kx(t)=F\cos\Omega t$$

或

$$\ddot{x}(t)+\omega_n^2 x(t)=f_0\cos\Omega t$$

$$\omega_n^2=\frac{4k}{m},\qquad f_0=\frac{4F}{m}$$

根据已知条件,系统的频率比为

$$\lambda = \frac{\Omega}{\omega_n} = \sqrt{\frac{k/m}{4k/m}} = \frac{1}{2}$$

代入式(2.1.7),得到系统的稳态解

$$x(t) = \frac{\Delta_{st}}{1-\lambda^2}\cos\Omega t = \frac{4}{3}\Delta_{st}\cos\Omega t = \frac{4}{3}\frac{F}{k}\cos\Omega t$$

【例 2.1.2】 如图所示刚杆 AO 长度为 l,质量为 m,刚杆跨内的 B 点和 C 点分别竖直安装一刚度为 k 的弹簧,在自由端 A 点处放置质量为 M 的小球。试求系统在 A 点竖向简谐激振力 $F\cos\Omega t$ 作用下的运动规律。已知 $k=5000\text{N/m}$,$M=50\text{kg}$,$m=10\text{kg}$,$a=0.25\text{m}$,$b=0.5\text{m}$,$l=1\text{m}$,$F=500\text{N}$,$\Omega=1000\text{r/min}$。

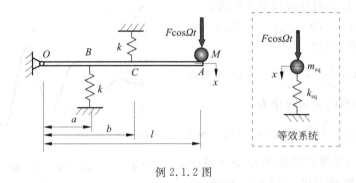

例 2.1.2 图

解 选 A 点竖直位移 $x = l\theta$ 为坐标(θ 为刚杆绕 A 点旋转的转角),将系统向 A 点简化等效系统。由等效系统与原系统势能相等的原理来确定等效刚度

$$\frac{1}{2}k_{eq}(l\theta)^2 = \frac{1}{2}k(a\theta)^2 + \frac{1}{2}k(b\theta)^2$$

可得

$$k_{eq} = \frac{a^2+b^2}{l^2}k = 1562.5(\text{N/m})$$

由等效系统与原系统动能相等的原理来确定等效质量

$$\frac{1}{2}m_{eq}(l\dot\theta)^2 = \frac{1}{2}M(l\dot\theta)^2 + \frac{1}{2}I\dot\theta^2 = \frac{1}{2}M(l\dot\theta)^2 + \frac{1}{2}\left(\frac{1}{3}ml^2\right)\dot\theta^2$$

$$m_{eq} = M + \frac{1}{3}m = 53.333(\text{kg})$$

系统的运动方程为

$$m_{eq}\ddot{x}(t) + k_{eq}x(t) = F\cos\Omega t$$

故有

$$\omega_n^2 = \frac{k_{eq}}{m_{eq}} = 29.2969(\text{rad/s})^2$$

$$\Delta_{st} = \frac{F}{k_{eq}} = 0.3200(\text{m})$$

系统的频率比为

$$\Omega = \frac{2\pi \times 1000}{60} = 104.7198(\text{rad/s})$$

$$\lambda^2 = \left(\frac{\Omega}{\omega_n}\right)^2 = 374.3139$$

系统的稳态解为

$$x(t) = \frac{\Delta_{st}}{1-\lambda^2}\cos\Omega t = -8.5719\times10^{-4}\cos\Omega t\,(m)$$

根据 $\theta = x/l$ 关系,可将方程写成绕 A 点旋转角的形式

$$\theta(t) = \frac{\Delta_{st}/l}{1-\lambda^2}\cos\Omega t = -8.5719\times10^{-4}\cos\Omega t\,(rad)$$

2. 共振规律

单自由度受迫振动系统共振时,外激励的频率 Ω 等于系统的固有频率 ω_n,即频率比 $\lambda = 1$,此时式(2.1.3)的特解有如下形式:

$$x(t) = Bt\sin\omega_n t \qquad (2.1.8a)$$

代入式(2.1.3)中,得到

$$B = \frac{f_0}{2\omega_n} = \frac{\Delta_{st}\omega_n}{2} \qquad (2.1.8b)$$

故共振时受迫振动的运动规律为

$$x(t) = \frac{f_0}{2\omega_n}t\sin\omega_n t = \frac{\Delta_{st}\omega_n}{2}t\sin\omega_n t \qquad (2.1.8c)$$

由此可见,当外激励的频率 Ω 等于系统的固有频率 ω_n,即频率比 $\lambda = 1$ 时,受迫振动发生共振,振幅无限地增大,其运动规律如图 2.1.3 所示。

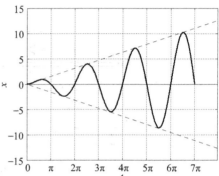

图 2.1.3   无阻尼强迫振动系统的共振运动

3. 总振动响应

由系统的运动方程可见,受迫振动系统的总响应由自由振动和受迫振动两个部分构成,即无阻尼受迫振动系统(2.1.1)的全解为

$$x(t) = x_1(t) + x_2(t)$$
$$= X_0\cos(\omega_n t - \varphi_0) + X\cos\Omega t \qquad (2.1.9a)$$

应用初始条件 $x(t=0) = x_0$,$v(t=0) = v_0$,求得

$$X_0 = \sqrt{(x_0 - X)^2 + \left(\frac{v_0}{\omega_n}\right)^2},\qquad \varphi_0 = \arctan\frac{v_0}{\omega_n(x_0 - X)} \qquad (2.1.9b)$$

稳态振动的振幅由式(2.1.5b)确定

$$X = \frac{f_0}{\omega_n^2 - \Omega^2} = \frac{F}{m}\frac{1}{\omega_n^2 - \Omega^2} = \frac{\Delta_{st}}{1-\lambda^2}$$

无阻尼受迫振动系统的总响应为

$$x(t) = \sqrt{(x_0 - X)^2 + \left(\frac{v_0}{\omega_n}\right)^2}\cos(\omega_n t - \varphi_0) + \frac{\Delta_{st}}{1-\lambda^2}\cos\Omega t \qquad (2.1.9c)$$

可见,无阻尼受迫振动系统的总响应为两种不同频率成分的合成振动,如果完全忽略阻尼,则这种含有两种频率成分的合成振动将保持下去,如图 2.1.4 所示。当然,这只是一种理想假设,事实上实际系统难免存在各类阻尼,自由振动只会在振动开始后的一小段时间内存在,之后便会被衰减掉。

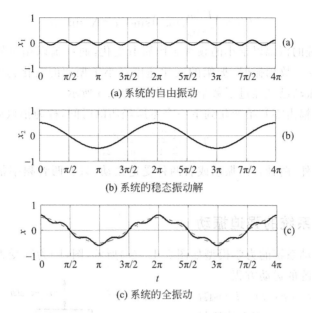

(a) 系统的自由振动

(b) 系统的稳态振动解

(c) 系统的全振动

图 2.1.4　无阻尼强迫振动系统的总响应

4. 拍振

当激振频率 Ω 接近系统的固有频率 ω_n 时，系统振幅的大小会出现周期性的变化，如图 2.1.5 所示，我们把这种振动称为**拍振**（beat vibration）。

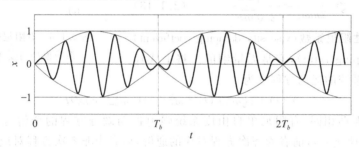

图 2.1.5　无阻尼强迫振动系统的拍振

拍振可以通过系统的全振动解来解释。为方便起见，假设初始条件为 $x_0=0$、$v_0=0$，根据式（2.1.9），无阻尼受迫振动系统的总响应为

$$
\begin{aligned}
x(t) &= X\cos\omega_n t + X\cos\Omega t \\
&= \frac{F/m}{\omega_n^2 - \Omega^2}(\cos\omega_n t + \cos\Omega t) \\
&= \frac{F/m}{\omega_n^2 - \Omega^2}\left[2\sin\frac{\omega_n+\Omega}{2}t\sin\frac{\omega_n-\Omega}{2}t\right]
\end{aligned}
\tag{2.1.10a}
$$

不失一般性，假设扰频 Ω 略小于系统的固有频率 ω_n，则有

$$
\begin{cases}
\omega_n - \Omega = 2\varepsilon \\
\omega_n + \Omega \approx 2\omega_n \\
\omega_n^2 - \Omega^2 = 4\varepsilon\omega_n
\end{cases}
\tag{2.1.10b}
$$

式中 ε 为一远小于 1 的正数。将式（2.1.10b）代回式（2.1.10a），得到

$$x(t) = \left(\frac{F/m}{2\varepsilon\omega_n}\sin\varepsilon t\right)\sin\omega_n t = X_b\sin\omega_n t \qquad (2.1.10c)$$

可见,此时系统的振幅以很小的频率 ε 作简谐变化,而系统以相对较大的频率 ω_n 作简谐运动。由于 $\varepsilon \ll \omega_n$,故拍振时,振幅的变化速度远小于振动的变化速度,通常振幅经过 1 个周期时,系统的振动已经经过了数个循环,如图 2.1.5 所示。

我们把拍振振幅由零开始变化到下一个零所经历的时间,称为拍振周期,即

$$T_b = \frac{1}{2}\frac{2\pi}{\varepsilon} = \frac{2\pi}{\omega_n - \Omega} \qquad (2.1.11)$$

除了上述情况外,两种自由振动或者两种受迫振动,只要两者频率很接近,都可能产生拍振现象。

2.1.2 有阻尼系统的强迫振动

有阻尼强迫振动系统的力学模型如图 2.1.6(a)所示,图(b)为其受力分析图,由此得到有阻尼强迫振动系统的运动方程

$$m\ddot{x}(t) + c\dot{x}(t) + kx(t) = F\cos\Omega t \qquad (2.1.12)$$

等式两边除以质量 m,仍采用下述符号

$$\omega_n = \sqrt{\frac{k}{m}}, \quad \Delta_{st} = \frac{F}{k} = \frac{F}{m\omega_n^2}, \quad f_0 = \frac{F}{m} = \Delta_{st}\omega_n^2$$

并定义

$$\zeta = \frac{c}{2m\omega_n} = \frac{c}{2\sqrt{mk}} \qquad (2.1.13)$$

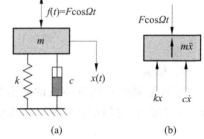

图 2.1.6 有阻尼强迫振动系统模型与受力分析

式中 ζ 称为**粘性阻尼系数**(viscosity damping coefficient)或**阻尼比**(damping ratio),它是无量纲的。将上式代入式(2.1.5),系统的运动方程变为

$$\ddot{x}(t) + 2\zeta\omega_n\dot{x}(t) + \omega_n^2 x(t) = \omega_n^2\Delta_{st}\cos\Omega t \qquad (2.1.14)$$

与无阻尼受迫振动相同,有阻尼单自由度系统强迫振动微分方程的全解也包括自由振动 $x_1(t)$ 和稳态振动 $x_2(t)$,前者为齐次方程对应的通解,后者为非齐次方程对应的特解。即有阻尼单自由度强迫振动微分方程的全解为

$$x(t) = x_1(t) + x_2(t)$$

系统的自由振动解为

$$x_1(t) = e^{-\zeta\omega_n t}X\cos(\omega_d t - \varphi_0)$$

显然这是个衰减振动,只在振动开始的一段时间内存在,之后便很快被衰减为零,即 $x_1(t)$ 为瞬态振动。$x_2(t)$ 为方程的特解,是系统在外激励下产生的强迫振动,对于有阻尼系统它仍然是一种持续等幅振动,即系统为稳态振动。

在系统振动的初期,瞬态振动和稳态振动并存,此时系统的总振动是两个不同频率简谐振动的合成振动,我们把这种瞬态振动消失前的合成振动过程称为**过渡过程**(transient process)。过渡过程是实际振动系统在振动初期存在的必然现象。

下面分别讨论有阻尼单自由度强迫振动系统的运动规律。

1. 稳态振动

在有阻尼系统中,由于阻尼的作用,瞬态振动很快被衰减掉,最终只有稳态振动 $x_2(t)$

被保留下来。因此，稳态振动是有阻尼受迫振动的稳定运动，反映了有阻尼受迫振动系统的运动规律。在分析有阻尼振动系统时，除非要刻意了解初始振动的瞬态规律，否则只要研究稳态振动就足够了。

为求稳态解，设系统式（2.1.14）的特解为

$$x(t) = X\cos(\Omega t - \varphi) \tag{2.1.15a}$$

式中待定常量 X 和 φ，分别代表振幅 X 和初相位 φ。将式（2.1.15a）代入系统的运动方程式（2.1.14），得到

$$X\left[(\omega_n^2 - \Omega^2)\cos(\Omega t - \varphi) - 2\zeta\omega_n\Omega\sin(\Omega t - \varphi)\right] = f_0\cos\Omega t \tag{2.1.15b}$$

在式（2.1.15b）中运用下列三角函数关系

$$\cos(\Omega t - \varphi) = \cos\varphi\cos\Omega t + \sin\varphi\sin\Omega t$$
$$\sin(\Omega t - \varphi) = \cos\varphi\sin\Omega t - \sin\varphi\cos\Omega t$$

并令式（2.1.15b）两边 $\cos\Omega t$ 和 $\sin\Omega t$ 的系数分别相等，得到下列关系式

$$\begin{cases} X\left[(\omega_n^2 - \Omega^2)\cos\varphi + 2\zeta\omega_n\Omega\sin\varphi\right] = f_0 \\ X\left[(\omega_n^2 - \Omega^2)\sin\varphi - 2\zeta\omega_n\Omega\cos\varphi\right] = 0 \end{cases} \tag{2.1.15c}$$

由此解得

$$\begin{cases} X = \dfrac{f_0}{\sqrt{(\omega_n^2 - \Omega^2)^2 + (2\zeta\omega_n\Omega)^2}} \\ \quad = \dfrac{\Delta_{st}}{\sqrt{(1-\lambda^2)^2 + (2\zeta)^2}} \\ \varphi = \arctan\dfrac{2\zeta\lambda}{1-\lambda^2} \end{cases} \tag{2.1.15d}$$

有阻尼振动系统的稳态解为

$$\begin{cases} x(t) = \dfrac{f_0}{\sqrt{(\omega_n^2 - \Omega^2)^2 + (2\zeta\omega_n\Omega)^2}}\cos(\Omega t - \varphi) \\ \quad = \dfrac{\Delta_{st}}{\sqrt{(1-\lambda^2)^2 + (2\zeta)^2}}\cos(\Omega t - \varphi) \\ \varphi = \arctan\dfrac{2\zeta\lambda}{1-\lambda^2} \end{cases} \tag{2.1.16}$$

由此可见，有阻尼单自由度系统在简谐外激励下的稳态振动有如下规律：

（1）对谐波激励的响应仍然是等幅谐波，运动规律由激励频率 Ω、振幅 X、滞后相位 φ 确定。

（2）响应频率与激励频率相同，响应滞后激励的相位角为 φ。

（3）滞后相位角 φ 与无阻尼影响的初相位不同，前者是由于系统的阻尼引起的，而后者是由初始条件确定的。

（4）强迫振动的振幅决定于系统本身的物理性质、激振力大小和频率比，与初始条件无关。

【例 2.1.3】 如图所示为一旋转机械示意图，其中机械系统的总质量为 M，转子偏心质量为 m，偏心距为 e，转动角速度为 Ω。若系统的等效弹簧系数为 k，等效阻尼系数为 c，试确定系统的运动规律。

解   若只研究机器竖向位移,设其位移为 x,则偏心质量 m 在竖向的位移为 $x+e\cos\Omega t$,其惯性力为

$$m\frac{\mathrm{d}^2}{\mathrm{d}^2 t}(x+e\cos\Omega t)=m(\ddot{x}-e\Omega^2\sin\Omega t)\quad(\downarrow)$$

机器除去偏心质量以外部分的惯性力为

$$(M-m)\ddot{x}\quad(\downarrow)$$

运动过程中弹簧的恢复力和阻尼器的阻尼力分别为

$$kx\quad(\downarrow),\qquad c\dot{x}\quad(\downarrow)$$

故,系统在竖向的动力平衡方程为

$$(M-m)\ddot{x}+m(\ddot{x}-e\Omega^2\cos\Omega t)+c\dot{x}+kx=0$$

即系统的运动方程为

$$M\ddot{x}+c\dot{x}+kx=me\Omega^2\cos\Omega t$$

可见在该系统中,偏心质量离心力即为系统的外激励。其固有频率等动参数为

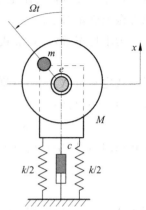

例 2.1.3 图

$$\omega_n=\sqrt{\frac{k}{M}},\quad \zeta=\frac{c}{2M\omega_n}=\frac{c}{2\sqrt{Mk}},\quad \Delta_{st}=\frac{me\Omega^2}{k}=\frac{me}{M}\lambda^2,\quad \lambda=\frac{\Omega}{\omega_n}=\Omega\sqrt{\frac{M}{k}}$$

将以上参数代入式(2.1.16),得到该系统的振动规律

$$x(t)=\frac{me}{M}\frac{\lambda^2}{\sqrt{(1-\lambda^2)^2+(2\zeta\lambda)^2}}\cos(\Omega t-\varphi)$$

$$\varphi=\arctan\frac{2\zeta\lambda}{1-\lambda^2}$$

【例 2.1.4】   如图所示为一均质简支梁,跨中有一个电动机。已知梁的跨度 $l=3.5\mathrm{m}$、横截面惯性矩 $I=2400\mathrm{cm}^4$、弹性模量 $E=210\mathrm{GPa}$、质量不计,电动机重 $W=450\mathrm{N}$、转速 $n=1800\mathrm{r/min}$、偏心离心力 $F=2000\mathrm{N}$,梁作自由振动时粘滞阻尼使其 10 个周期后的振幅减小到初始值的一半。试确定该简支梁在电动机偏心离心力激励下的竖向稳态振动规律。

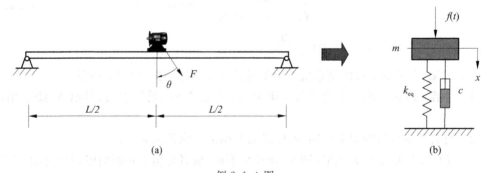

例 2.1.4 图

解   (1) 确定激振力

简支梁受到的竖向激励为电动机偏心离心力竖向分量

$$f(t)=F\cos\theta=F\cos\Omega t$$

式中 Ω 为激励频率,等于电机旋转角速度

$$\Omega=2\pi n/60=2\pi\times1800/60=60\pi(\mathrm{rad/s})$$

（2）确定等效系统

等效系统向电机所在点简化。在此点施加任意竖向向下的作用力 P 时,该点的挠度为

$$\Delta = \frac{PL^3}{48EI}$$

故该梁在跨中点的等效刚度为

$$k_{eq} = \frac{P}{\Delta} = \frac{48EI}{L^3} = \frac{48 \times 210 \times 10^9 \times 2400 \times 10^{-8}}{3.5^3} = 5642448.98(\text{N/m})$$

系统的质量即为电机的质量,即

$$m = W/g = 450/9.8 = 45.92\text{kg}$$

故,系统的固有频率为

$$\omega_n = \sqrt{k_{eq}/m} = \sqrt{5642448.98/45.92} = 350.54(\text{rad/s})$$

根据已知条件,系统自由振动的对数振幅为

$$\ln \frac{X_0 e^{-\zeta \omega_n t}}{X_0 e^{-\zeta \omega_n (t+10T_d)}} = 10\zeta \omega_n T_d = \frac{20\pi \zeta}{\sqrt{1-\zeta^2}} = \ln 2$$

由此解得 $\zeta = 0.0110$。

（3）确定系统的运动方程

系统的静变形为

$$\Delta_{st} = F/k_{eq} = 2000/5642448.98 = 0.3545 \times 10^{-3}(\text{m})$$

将以上参数代入式(2.1.14),即得到该系统的运动方程。其中各变量的系数为

$$2\zeta \omega_n = 2 \times 0.0110 \times 350.54 = 77.12$$

$$\omega_n^2 = 350.54^2 = 122878.29$$

$$\omega_n^2 \Delta_{st} = 35.05^2 \times 0.0354 = 43560.35$$

代入得到该系统的运动方程

$$\ddot{x}(t) + 77.12\dot{x}(t) + 122878.29x(t) = 43560.35\cos\Omega t$$

（4）确定系统的稳态振动解

$$\lambda = \Omega/\omega_n = 60\pi/350.54 = 0.5375$$

$$X = \frac{\Delta_{st}}{\sqrt{(1-\lambda^2)^2 + (2\zeta \lambda)^2}} = 0.4985 \times 10^{-3}(\text{m})$$

$$\varphi = \arctan \frac{2\zeta \lambda}{1-\lambda^2} = 0.0166$$

该系统的稳态解为

$$x(t) = 0.4985\cos(60\pi t - 0.0166)(\text{mm})$$

2. 幅频特性与相频特性

（1）有阻尼系统的幅频特性

有阻尼系统的振幅放大因子为

$$H = \frac{X}{\Delta_{st}} = \frac{1}{\sqrt{(1-\lambda^2)^2 + (2\zeta \lambda)^2}} \qquad (2.1.17)$$

由于振幅放大因子 H 与振幅 X 之间成正比,所以振幅放大因子 H 描述了振幅 X 与激励频率之间的函数关系,故式(2.1.17)表示的 H 与 λ 之间的关系称为**幅频特性**(amplitude-frequency characteristics),相应的曲线为幅频特性曲线。有阻尼振动系统的幅频特性曲线如图 2.1.7 所示。

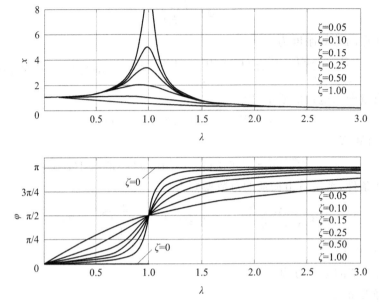

图 2.1.7　有阻尼强迫振动系统的幅频曲线与相频曲线

有阻尼系统的幅频特性如下：

① 在共振区之前,当扰频减小时,振幅放大因子趋近于 1。当 $\Omega \to 0 (\lambda \to 0)$ 时, $H \to 1$,系统趋于静力状态,振动位移趋于静态位移。

② 在共振区之后,当扰频增加时,振幅放大因子迅速减小。当 $\Omega \to \infty (\lambda \to \infty)$ 时, $H \to 0$,这是由于系统的响应跟不上高频激励所致。

③ 在 $\lambda = 1$ 附近的区域,振幅对阻尼敏感,其幅值随着阻尼增加迅速减小,该区域称为**阻尼敏感区**。在阻尼敏感区,可以通过增加阻尼的方法,来有效地减小系统的振动幅度。但在阻尼敏感区以外,增加阻尼对于减小系统的振幅的作用非常有限。

④ 使振幅或 H 达到极值的频率称为**共振频率**(resonance frequency),用 Ω_r 表示,可以用求极值的方法得到

$$\Omega_r = \omega_n \sqrt{1 - 2\zeta^2} \qquad (2.1.18)$$

H 的极大值为

$$H_r = \frac{1}{2\zeta \sqrt{1 - \zeta^2}} \qquad (2.1.19)$$

有阻尼系统的共振振幅为

$$X(\Omega_r) = H_r \Delta_{st} = \frac{\Delta_{st}}{2\zeta \sqrt{1 - \zeta^2}} \qquad (2.1.20)$$

无阻尼固有频率、有阻尼固有频率、共振频率关系为

$$\Omega_r < \omega_d < \omega_n \qquad (2.1.21)$$

（2）有阻尼系统的相频特性

相位 φ 随着频率 λ 变化的规律称为**相频特性**（phase-frequency characteristics），由式（2.1.16）中的第二式确定，即

$$\varphi = \arctan \frac{2\zeta\lambda}{1-\lambda^2} \qquad (2.1.22)$$

小阻尼振动系统的相频特性如下。

① 当激励频率很低时，相位角滞后很少，说明振动位移几乎与激励是同相的。但随着激频增加，相位角滞后程度增大。

② 当激励频率很高时，相位角滞后超过 $\pi/2$，说明振动位移几乎与激励是反相的，这主要是质量的惯性所导致的结果。

③ 当激频等于固有频率即 $\lambda = 1$ 时，$\varphi = \pi/2$。

④ 当阻尼很小时，当 $\lambda < 1$，相位角趋于 0；当 $\lambda > 1$，相位角趋于 π；对于 $\zeta = 0$ 系统，在 $\lambda = 1$ 时相位角 φ 由 0 突变为 π，即由同相突变为反相，这种现象称为**倒相**。

3. 总振动响应与过渡过程

（1）总振动响应

与无阻尼受迫振动系统一样，有阻尼振动受迫振动系统的总响应也由自由振动和受迫振动两个部分构成，前者为振动系统式（2.1.12）齐次式的通解，后者为振动系统式（2.1.12）的特解，即无阻尼受迫全解为

$$\begin{aligned}
x(t) &= x_1(t) + x_2(t) \\
&= e^{-\zeta\omega_n t} \cdot X_0 \cos(\omega_d t - \varphi_0) + X\cos(\Omega t - \varphi)
\end{aligned} \qquad (2.1.23a)$$

式中

$$\omega_d = \sqrt{1-\xi^2}\,\omega_n$$

式中 X_0 和 φ_0 为外激励引起的自由振动的振幅和初相位，它们依赖于振动的初始条件。应用式（2.1.23a）并代入初始条件 $x(t=0) = x_0$、$v(t=0) = v_0$，可得

$$\begin{cases}
x_0 = X_0 \cos\varphi_0 + X\cos\varphi \\
\dot{x}_0 = -\zeta\omega_n X_0 \cos\varphi_0 + \omega_d X_0 \sin\varphi_0 + \Omega X \sin\varphi
\end{cases} \qquad (2.1.23b)$$

解得

$$\begin{cases}
X_0 = \left\{ \left[\dfrac{\dot{x}_0 + \zeta\omega_n x_0 - X(\zeta\omega_n\cos\varphi + \Omega\sin\varphi)}{\omega_d} \right]^2 + [x_0 - X\cos\varphi]^2 \right\}^{\frac{1}{2}} \\
\varphi_0 = \arctan\left\{ \dfrac{\dot{x}_0 + \zeta\omega_n x_0 - X(\zeta\omega_n\cos\varphi + \Omega\sin\varphi)}{\omega_d(x_0 - X\cos\varphi)} \right\}
\end{cases} \qquad (2.1.23c)$$

由解可见，即便是 $x_0 = 0$、$v_0 = 0$ 时，X_0 和 φ_0 仍不为 0，也即在初始条件为零的条件下，响应中仍有自由振动项存在。

系统的总响应如图 2.1.8 所示。

（2）过渡过程

在有阻尼系统中，由于阻尼的存在，系统总响应中的自由振动分量会很快被衰减殆尽（如图 2.1.8（a）所示）。因此，总响应中的自由振动分量与稳态振动分量，只是在振动初期有限的时间内共存，然后就过渡到稳态振动（如图 2.1.8（c）所示）。我们把进入稳态振动前的自由振动与稳态振动共存的振动过程称为过渡过程。

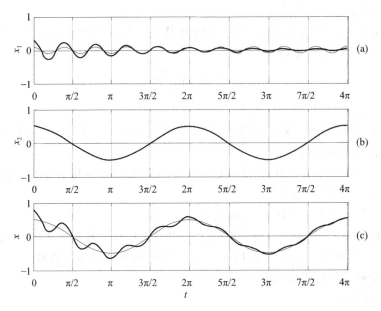

图 2.1.8　有阻尼强迫振动系统的总响应

【例 2.1.5】　一单自由度系统的质量 $m=10\text{kg}$,弹簧刚度系数 $k=4000\text{N/m}$,初位移 $x_0=0$,初速度 $v_0=0$。系统受到激励 $F\cos\Omega t$ 作用,其中 $F=100\text{N}$,$\Omega=10\text{rad/s}$。试分别确定阻尼比为 $\zeta=0.05$ 的有阻尼系统和忽略阻尼时的无阻尼系统受迫振动的总响应。

解　(1) 有阻尼系统的总响应

系统的动参数为

$$\omega_n=\sqrt{k/m}=20(\text{rad/s}),\qquad \omega_d=\omega_n\sqrt{1-\zeta^2}=19.9750(\text{rad/s})$$

$$\Delta_{st}=F/k=0.025(\text{m}),\qquad \lambda=\Omega/\omega_n=0.5$$

由式(2.1.15d),得到稳态振动的相关数据

$$X=\frac{\Delta_{st}}{\sqrt{(1-\lambda^2)^2+(2\zeta\lambda)^2}}=0.0333(\text{m})$$

$$\varphi=\arctan\frac{2\zeta\lambda}{1-\lambda^2}=0.0666(\text{rad})$$

将以上动参数和初始条件代入式(2.1.23c),得到瞬态振动的相关数据

$$X_0=\left\{\left(\frac{\dot{x}_0+\zeta\omega_n x_0-X(\zeta\omega_n\cos\varphi+\Omega\sin\varphi)}{\omega_d}\right)^2+[x_0-X\cos\varphi]^2\right\}^{\frac{1}{2}}=0.0333(\text{m})$$

$$\varphi_0=\arctan\left\{\frac{\dot{x}_0+\zeta\omega_n x_0-X(\zeta\omega_n\cos\varphi+\Omega\sin\varphi)}{\omega_d(x_0-X\cos\varphi)}\right\}=0.0853(\text{rad})$$

有阻尼系统的总响应为

$$x(t)=33.3\text{e}^{-t}\cos(19.975t-0.0853)+33.3\cos(10t-0.0666)(\text{mm})$$

(2) 无阻尼系统的总响应

将上述参数和已知数据代入式(2.1.15d),得到稳态振动的相关数据

$$X=\frac{\Delta_{st}}{1-\lambda^2}=0.0333(\text{m}),\qquad \varphi=\arctan\frac{2\zeta\lambda}{1-\lambda^2}=0$$

代入式（2.1.23c），得到瞬态振动的相关数据

$$X_0 = -X\cos\varphi = -0.0333(\text{m}), \qquad \varphi_0 = 0$$

无阻尼系统的总响应为

$$x(t) = 33.3(\cos 10t - \cos 20t)(\text{mm})$$

（3）讨论

在受迫振动情况下，初始条件即便为零，仍会激励自由振动项，这与自由振动不同。在受迫振动情况下，振动的初始阶段，瞬态振动与稳态振动共存，初始条件必然由总响应来满足。如果我们以无阻尼系统为例，把两种运动分开考虑。稳态振动的初始条件为 $x_0 = 33.3\text{mm}$、$v_0 = 0$，虽然这一振动分量最终会发展为系统的稳定振动，但其初始条件不能满足，为此需要补充另一个运动，使得总运动的初始条件被满足。这个需要补充的运动正是自由振动分量，其初始条件为 $x_0 = -33.3\text{mm}$、$v_0 = 0$。二者的合成运动，恰好能够满足总运动的初始条件。在施加激励的初瞬间（$t=0$），位移式不可能从 0 突变到 33.3mm，实现这一位移需要一个过程，这个过程正是上面所说的过渡过程。过渡过程实现后，自由振动分量完成了其作用而退出振动系统，稳态振动则被延续下来了。

2.1.3 强迫振动的复数解法

简谐振动可以用复数表示，应用复数运算规则推导或求解系统的振动解往往更为简便。假设系统受到复简谐激振力作用，用复变函数表示为

$$F(t) = F(\cos\Omega t + i\sin\Omega t) = Fe^{i\Omega t} \qquad (2.1.24\text{a})$$

系统振动对应的复响应为

$$\begin{cases} z(t) = x(t) + iy(t) \\ \dot{z}(t) = \dot{x}(t) + i\dot{y}(t) \\ \ddot{z}(t) = \ddot{x}(t) + i\ddot{y}(t) \end{cases} \qquad (2.1.24\text{b})$$

则系统的复振动方程为

$$m\ddot{z} + c\dot{z} + kz = Fe^{i\Omega t} \qquad (2.1.25)$$

如果将式（2.1.24）代入复振动方程，并根据等号两侧实部和虚部分别相等的原则，可以得到

$$m\ddot{x} + c\dot{x} + kx = F\cos\Omega t$$

$$m\ddot{y} + c\dot{y} + ky = F\sin\Omega t$$

可见，复振动方程的实部或虚部对应的即为前述三角函数法给出的振动方程，二者具有完全等价的关系。

下面来求解复振动方程，为此，令式（2.1.25）确定的系统的解为

$$z(t) = Ze^{i\Omega t} \qquad (2.1.26\text{a})$$

故实部或虚部对应的响应分别为

$$x(t) = Z\cos\Omega t, \qquad y(t) = Z\sin\Omega t \qquad (2.1.26\text{b})$$

将式（2.1.26a）代入复振动方程式（2.1.25），得到

$$Z = \frac{F}{(k - m\Omega^2) + ic\Omega} \qquad (2.1.26\text{c})$$

其分母为一复变函数，令其实部为 A、虚部为 B、模为 C、辐角为 φ，即

$$
\begin{cases}
(k-m\Omega^2)+\mathrm{i}c\Omega=A+\mathrm{i}B=C\mathrm{e}^{\mathrm{i}\varphi} \\
C=\sqrt{A^2+B^2}=\sqrt{(k-m\Omega^2)^2+(c\Omega)^2} \\
\varphi=\arctan\dfrac{c\Omega}{k-m\Omega^2}
\end{cases}
\tag{2.1.26d}
$$

由此解得

$$
Z=\frac{F}{C}\mathrm{e}^{-\mathrm{i}\varphi}=X\mathrm{e}^{-\mathrm{i}\varphi}
\tag{2.1.26e}
$$

式中，令 $X=F/C$。将式(2.1.26e)代入式(2.1.26a)，则得到复振动方程式(2.1.25)的解

$$
\begin{cases}
z(t)=X\mathrm{e}^{\mathrm{i}(\Omega t-\varphi)}=X\cos(\Omega t-\varphi)+\mathrm{i}X\sin(\Omega t-\varphi) \\
X=\dfrac{F}{\sqrt{(k-m\Omega^2)^2+(c\Omega)^2}} \\
\varphi=\arctan\dfrac{c\Omega}{k-m\Omega^2}
\end{cases}
\tag{2.1.27}
$$

其中实部和虚部分别对应余弦激励和正弦激励对应的响应。

如果采用前述相同的符号

$$
\omega_\mathrm{n}=\sqrt{\frac{k}{m}},\qquad \zeta=\frac{c}{2m\omega_\mathrm{n}},\qquad \Delta_\mathrm{st}=\frac{F}{k}=\frac{F}{m\omega_\mathrm{n}^2}
$$

则复振动方程的解可以表示为

$$
\begin{cases}
z(t)=X\mathrm{e}^{\mathrm{i}(\Omega t-\varphi)} \\
X=\dfrac{\Delta_\mathrm{st}}{\sqrt{(1-\lambda^2)^2+(2\zeta\lambda)^2}} \\
\varphi=\arctan\dfrac{2\zeta\lambda}{1-\lambda^2}
\end{cases}
\tag{2.1.28}
$$

结果与有阻尼振动系统的稳态解式(2.1.16)完全相同，但求解过程却大为简化。

1. 频率响应与机械阻抗

系统的复简谐响应与复简谐激励之间的关系，可以利用式(2.1.26c)作如下变换：

$$
Z=\frac{F}{(k-m\Omega^2)+\mathrm{i}c\Omega}=\frac{\Delta_\mathrm{st}}{(1-\lambda^2)+\mathrm{i}(2\zeta\lambda)}=H(\mathrm{i}\Omega)\Delta_\mathrm{st}
\tag{2.1.29}
$$

式中，$H(\mathrm{i}\Omega)$ 为复简谐位移幅与静力变形幅之比，称为系统的**复频率响应函数**（complex frequency response function）有

$$
H(\mathrm{i}\Omega)=\frac{1}{(1-\lambda^2)+\mathrm{i}(2\zeta\lambda)}
\tag{2.1.30a}
$$

其模为

$$
|H(\mathrm{i}\Omega)|=\frac{1}{\sqrt{(1-\lambda^2)^2+(2\zeta\lambda)^2}}
\tag{2.1.30b}
$$

这与式(2.1.17)给出的振幅放大因子完全一样。利用欧拉公式，复频率响应函数可以表示为

$$
\begin{cases}
H(\mathrm{i}\Omega)=|H(\mathrm{i}\Omega)|\mathrm{e}^{-\mathrm{i}\varphi} \\
\varphi=\arctan\dfrac{2\zeta\lambda}{1-\lambda^2}
\end{cases}
\tag{2.1.30c}
$$

可见，复频率响应函数包含稳态响应的大小和相位两个信息。

利用复频率响应函数的定义,复振动方程的解可以表示为

$$z(t) = Z\mathrm{e}^{\mathrm{i}\Omega t} = |H(\mathrm{i}\Omega)|\Delta_{\mathrm{st}}\mathrm{e}^{\mathrm{i}(\Omega t - \varphi)} \tag{2.1.31}$$

其实部即为式(2.1.16)给出的稳态响应

$$x(t) = \frac{\Delta_{\mathrm{st}}}{\sqrt{(1-\lambda^2)^2+(2\zeta\lambda)^2}}\cos(\Omega t - \varphi)$$

它对应于余弦激励 $f(t) = F\cos\Omega t$。式(2.1.31)的虚部,对应于正弦激励 $f(t) = F\sin\Omega t$,其稳态响应为

$$x(t) = \frac{\Delta_{\mathrm{st}}}{\sqrt{(1-\lambda^2)^2+(2\zeta\lambda)^2}}\sin(\Omega t - \varphi) \tag{2.1.32}$$

显然,正弦激励下的响应与余弦激励下的响应规律一致,只是相差一个相位角。

由于频率响应函数具有柔度的量纲,故也称为**动柔度**(dynamic flexibility)。频率响应函数的倒数具有刚度量纲,故称频率响应函数的倒数为**动刚度**(dynamic stiffness),其表达式为

$$C(\mathrm{i}\Omega) = (k - m\Omega^2) + \mathrm{i}c\Omega \tag{2.1.33a}$$

这样,单自由度系统在复简谐激励下的复振幅可以表示为

$$Z = \Delta_{\mathrm{st}}H(\mathrm{i}\Omega) = \frac{F}{C(\mathrm{i}\Omega)} \tag{2.1.33b}$$

参照电工学阻抗和导纳的概念,也称动刚度 $C(\mathrm{i}\Omega)$ 为位移阻抗、频率响应函数 $H(\mathrm{i}\Omega)$ 为位移导纳。

2. 简谐振动的复矢量解法

单自由度振动系统在谐波激励下的复振动方程为

$$m\ddot{z} + c\dot{z} + kz = F\mathrm{e}^{\mathrm{i}\Omega t} \tag{2.1.34}$$

复数解为

$$z(t) = X\mathrm{e}^{\mathrm{i}(\Omega t - \varphi)}$$
$$\dot{z}(t) = \mathrm{i}\Omega X\mathrm{e}^{\mathrm{i}(\Omega t - \varphi)} = \Omega z(t)\mathrm{e}^{\mathrm{i}\frac{\pi}{2}}$$
$$\ddot{z}(t) = (\mathrm{i}\Omega)^2 X\mathrm{e}^{\mathrm{i}(\Omega t - \varphi)} = -\Omega^2 z(t) = \Omega^2 z(t)\mathrm{e}^{\mathrm{i}\pi}$$

上式简化中利用到下列关系

$$\mathrm{i} = \cos\frac{\pi}{2} + \mathrm{i}\sin\frac{\pi}{2} = \mathrm{e}^{\mathrm{i}\frac{\pi}{2}}$$
$$-1 = \cos\pi + \mathrm{i}\sin\pi = \mathrm{e}^{\mathrm{i}\pi}$$

可见,复速度的辐角超前复位移 $\pi/2$,复加速度的辐角超前复位移 π。同时注意复激励 $F(t)$ 的辐角为 Ωt,复位移 $z(t)$ 的辐角为 $(\Omega t - \varphi)$,因此,根据动平衡关系式(2.1.25),在复平面上,复响应向量与复激励向量有如图 2.1.9 所示的几何关系。其中,辐角为 $(\Omega t - \varphi)$ 的复向量为复惯性力与复恢复力的矢量和,二者矢量方向相反。事实上,在实平面上,上述复向量的实部和虚部,也有完全类似的关系。

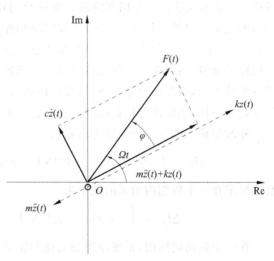

图 2.1.9　复响应向量图

2.1.4　能量平衡与等效阻尼

简谐振动实质上是能量转换的过程。在没有阻尼的自由振动系统中,振动是由初始激励输入系统的初始能量激起并维持下去的,这时系统的势能与动能之和等于初始激励能量,振动过程中势能和动能相互转变,导致位移由小变大再由大变小、速度由大变小再由小变大,周而复始,循环往复。由于系统没有能量消耗,这种能量的相互转换会一直维持下去,形成了持续的等幅振动。当系统存在阻尼时,阻尼力会在系统运动的过程中消耗能量,如果没有外激励持续输入能量,系统的初始能量最终会被消耗殆尽,致使振动响应逐渐变小直至停止运动。因此,对于有阻尼系统,只有外界持续激励不断向系统输入能量,系统中被阻尼消耗掉的能量才会得到连续补充,振动才会维持下去。下面我们从能量平衡角度,来分析有阻尼振动系统的能量关系。

以上分析说明,能量是维持系统振动的动力。对于复杂阻尼,大多数具有非线性特性,严格分析需要运用非线性振动理论,使问题复杂化。在阻尼不是很大的情况下,可以利用能量等效原理来对非线性阻尼进行线性化处理。

1. 能量平衡

振动系统的能量包含动能、势能、阻尼耗能和外界输入能量等,对有阻尼受迫振动系统的运动方程

$$m\ddot{x}(t)+c\dot{x}(t)+kx(t)=F\cos\Omega t$$

两边乘以 $\mathrm{d}x=\dot{x}\mathrm{d}t$,在一个周期内积分得到

$$\Delta E_k+\Delta E_d+\Delta E_s=\Delta E_i \tag{2.1.35a}$$

这是系统的能量平衡方程,式中 ΔE_k 和 ΔE_s 为系统在一个周期内的动能增量和势能增量,ΔE_d 和 ΔE_i 为系统在一个周期内的阻尼耗能和外激励输入的能量。将系统的能量平衡方程改写成如下形式

$$\Delta E_k+\Delta E_s=\Delta E_i-\Delta E_d=\Delta E \tag{2.1.35b}$$

其中 ΔE 表示系统在一个周期内输入能量与消耗能量的差值,即在一个振动周期内系统净增加的能量。显然,当 $\Delta E<0$ 时,系统作减幅振动,最终运动趋于静止;$\Delta E>0$ 时,系统作增幅振动,最终运动趋于发散。如果外界连续激励输入系统的能量,恰好等于系统阻尼不断消耗掉的能量,系统在一个周期内的动能与势能之和的增量也等于 0,此时 $\Delta E=0$,系统的能量保持平衡,系统作稳态振动。这时,由初始激励输入系统的机械能将保持不变,犹如无阻尼振动一样,系统作等幅振动并一直维持下去。

外激励输入能量等于外激力所做功

$$\Delta E_i=\int_0^T F(t)\dot{x}\mathrm{d}t=-F\Omega X\int_0^{2\pi/\Omega}\cos\Omega t\,\sin(\Omega t-\varphi)\mathrm{d}t=\pi FX\sin\varphi \tag{2.1.36}$$

粘性阻尼在一个周期内消耗的能量为

$$\Delta E_d=\int_0^T c\dot{x}\,\dot{x}\mathrm{d}t=c\Omega^2X^2\int_0^{2\pi/\Omega}\sin^2(\Omega t-\varphi)\mathrm{d}t=c\pi\Omega X^2 \tag{2.1.37}$$

在一个振动周期内,系统净增加消耗的能量为

$$\Delta E=\pi FX\sin\varphi-c\pi\Omega X^2=\pi X(F\sin\varphi-c\Omega X)$$

若系统作稳态振动,系统的能量满足平衡条件,故有

$$\sin\varphi = \frac{c\Omega X}{F} = \frac{c\Omega}{k}H = 2\zeta\lambda H \tag{2.1.38}$$

2. 等效粘性阻尼

利用振动能量平衡原理,假设在一个振动周期内复杂阻尼消耗的能量同等效粘性阻尼消耗的能量相等,由此获得的线性阻尼称为**等效粘性阻尼**(equivalent viscous damping),它等于复杂阻尼的平均值。

(1) 库仑阻尼的等效粘性阻尼系数

库仑阻尼采用干摩擦模型,所以又称为干摩擦阻尼。库仑阻尼来源于两个相互摩擦的平面,当质量块在支撑表面运动时,质量块与支撑表面之间产生库仑摩擦力大小为

$$F_c = \mu mg$$

在整个强迫振动过程中,其大小不变,但方向与振动速度的方向相反。在一个振动周期中振动系统由于摩擦力而耗散的能量为

$$W_c = 4F_c X = 4\mu mg X \tag{2.1.39a}$$

令其等于粘性阻尼在一个周期内消耗的能量 ΔE_d,由式(2.1.37)和式(2.1.39a)得到库仑阻尼的等效粘性阻尼系数

$$c_{eq} = \frac{4F_c}{\pi\Omega X} = \frac{4\mu mg}{\pi\Omega X} \tag{2.1.39b}$$

(2) 流体阻尼的等效粘性阻尼系数

当物体在流体中以较大速度运动时,流体阻尼力的方向与运动速度方向始终相反,大小与速度平方成正比,即

$$F_n = \gamma \dot{x}^2$$

假设物体振动位移为 $x(t) = X\cos(\Omega t - \varphi)$,则速度为 $\dot{x}(t) = -\Omega\sin(\Omega t - \varphi)$,在一个振动周期 F_n 所做的功为

$$W_n = 4\int_{t_0}^{T/4+t_0} F_n \dot{x}\,dt = 4\gamma\int_{t_0}^{T/4+t_0} \dot{x}^3\,dt = 4\gamma\Omega^3 X^3 \int_{t_0}^{T/4+t_0} \sin^3(\Omega t - \varphi)\,dt$$

$$= 4\gamma\Omega^2 X^3 \int_0^{T/4} \sin^3\alpha\,d\alpha = \gamma\Omega^2 X^3 \int_0^{T/4}(3\sin\alpha - \sin 3\alpha)\,d\alpha = \frac{8}{3}\gamma\Omega^2 X^3 \tag{2.1.40a}$$

式中使用代换 $\alpha = \Omega t - \varphi$,有 $dt = d\alpha/\Omega$;另外取 $t_0 = \varphi/\Omega$,$T/4 + t_0 = \pi/2 + \varphi/\Omega$,对应的 α 为 $0\sim\pi/2$。

令 W_n 等于粘性阻尼在一个周期内消耗的能量 ΔE_d,得到流体阻尼的等效粘性阻尼系数 ΔE_d,得到库仑阻尼的等效粘性阻尼系数

$$c_{eq} = \frac{8}{3\pi}\gamma\Omega X \tag{2.1.40b}$$

(3) 结构阻尼的等效粘性阻尼系数

构件在外力反复作用下因材料内部摩擦作用而产生阻碍构件变形的阻尼力称为材料阻尼,试验表明,结构阻力在相当大的范围内与振动频率无关,而在一个周期内所消耗的能量 W_e 与振幅的平方成正比

$$W_e = \alpha X^2 \tag{2.1.41a}$$

令其等于粘性阻尼在一个周期内消耗的能量 ΔE_d,得到结构阻尼的等效粘性阻尼系数

$$c_{eq} = \frac{\alpha}{\pi\Omega} \tag{2.1.41b}$$

（4）等效粘性阻尼的应用

当系统中的阻尼为复杂阻尼时，可以采用等效粘性阻尼近似代替，这时有阻尼强迫振动系统的运动方程变为

$$m\ddot{x}(t) + c_{eq}\dot{x}(t) + kx(t) = F\cos\Omega t \tag{2.1.42a}$$

或

$$\ddot{x}(t) + 2\zeta_{eq}\omega_n\dot{x}(t) + \omega_n^2 x(t) = \omega_n^2\Delta_{st}\cos\Omega t \tag{2.1.42b}$$

式中 ζ_{eq} 称为等效阻尼比

$$\zeta_{eq} = \frac{c_{eq}}{2m\omega_n} = \frac{c_{eq}}{2\sqrt{mk}} \tag{2.1.42c}$$

系统的稳态解为

$$x(t) = X\cos(\Omega t - \varphi) \tag{2.1.42d}$$

式中

$$\begin{cases} X = \dfrac{\Delta_{st}}{\sqrt{(1-\lambda^2)^2 + (2\zeta_{eq}\lambda)^2}} \\ \varphi = \arctan\dfrac{2\zeta_{eq}\lambda}{1-\lambda^2} \end{cases} \tag{2.1.42e}$$

2.2   基础作简谐运动时的强迫振动

在生活实际中，地面经常会因各种原因产生振动，如汽车行驶、机器运行等。这种地面的运动，也会对地面上的物体产生激励，使其发生振动。我们把因基础的持续运动而激发的振动，称为基础激励下的强迫振动。

2.2.1   振动方程

仍采用有阻尼强迫振动系统的力学模型，但此时系统受到的激励来自基础或支承的运动，如图 2.2.1(a)所示。假设基础作简谐运动

$$x_g(t) = X_g\cos\Omega t \tag{2.2.1}$$

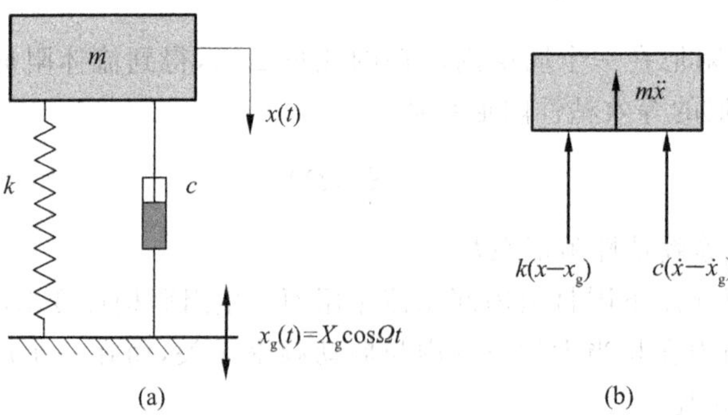

图 2.2.1   基础作简谐运动时的有阻尼强迫振动系统模型与受力分析

令质量块 m 的绝对位移为 $x(t)$，则其相对速度为 $x(t) - x_g(t)$。取质量块 m 为分离体，受力如图 2.2.1(b)所示，其动力平衡方程为

$$m\ddot{x}(t)+c(\dot{x}(t)-\dot{x}_g(t))+k(x(t)-x_g(t))=0 \qquad (2.2.2)$$

或

$$m\ddot{x}(t)+c\dot{x}(t)+kx(t)=c\dot{x}_g(t)+kx_g(t)=kX_g\cos\Omega t-c\Omega X_g\sin\Omega t$$

为简便起见,将右侧三角函数合并,整理成下式

$$\begin{cases} kX_g\cos\Omega t-c\Omega X_g\sin\Omega t=F_d\cos(\Omega t+\alpha) \\ F_d=X_g\sqrt{k^2+(c\Omega)^2} \\ \alpha=\arctan(c\Omega/k) \end{cases} \qquad (2.2.3a)$$

由此得到基础激励下的有阻尼强迫振动系统的绝对运动方程

$$m\ddot{x}(t)+c\dot{x}(t)+kx(t)=F_d\cos(\Omega t+\alpha) \qquad (2.2.3b)$$

等式两边除以质量 m,仍采用前述定义的符号

$$\omega_n=\sqrt{\frac{k}{m}}, \quad \zeta=\frac{c}{2m\omega_n}=\frac{c}{2\sqrt{mk}}, \quad \Delta_{st,d}=\frac{F_d}{k}=\frac{F_d}{m\omega_n^2}$$

则系统的振动方程简化为

$$\ddot{x}(t)+2\zeta\omega_n\dot{x}(t)+\omega_n^2 x(t)=\omega_n^2\Delta_{st,d}\cos(\Omega t+\alpha) \qquad (2.2.3c)$$

以上研究的是物体的绝对运动,有时候我们需要了解系统相对于基础的运动,这时需要对相对运动进行分析。为此,引入相对位移

$$x_r(t)=x(t)-x_g(t) \qquad (2.2.4)$$

代入系统的动力平衡方程式(2.2.2),整理得到基础激励下的有阻尼强迫振动系统的相对运动方程

$$m\ddot{x}_r(t)+c\dot{x}_r(t)+kx_r(t)=-m\ddot{x}_g(t)=m\Omega^2 X_g\cos\Omega t \qquad (2.2.5a)$$

或

$$\ddot{x}_r(t)+2\zeta\omega_n\dot{x}_r(t)+\omega_n^2 x_r(t)=\omega_n^2\Delta_{st,r}\cos\Omega t$$

$$\Delta_{st,r}=\frac{m\Omega^2 X_g}{k}=\lambda^2 X_g \qquad (2.2.5b)$$

其余符号同前。

2.2.2　稳态振动响应

1. 绝对运动的稳态响应

由基础激励下的有阻尼强迫振动系统的运动方程式(2.2.3)可见,此时系统相当于受到余弦激励,为此利用式(2.1.32)可以得到该系统的稳态响应

$$x(t)=X_d\cos(\Omega t+\alpha-\varphi) \qquad (2.2.6a)$$

式中

$$\begin{cases} X_d=\dfrac{\Delta_{st}}{\sqrt{(1-\lambda^2)^2+(2\zeta\lambda)^2}} \\[2mm] \Delta_{st}=\dfrac{X_g\sqrt{k^2+(c\Omega)^2}}{k}=X_g\sqrt{1+(2\zeta\lambda)^2} \\[2mm] \varphi=\arctan\dfrac{2\zeta\lambda}{1-\lambda^2} \\[2mm] \alpha=\arctan(c\Omega/k) \end{cases} \qquad (2.2.6b)$$

我们把系统响应振幅 X 与基础运动振幅 X_g 的比值称为位移传递率,它反映了基础激励被放大的倍数。根据式(2.2.3a),我们得到绝对位移传递率为

$$T_d = \frac{X_d}{X_g} = \frac{\sqrt{k^2+(c\Omega)^2}/k}{\sqrt{(1-\lambda^2)^2+(2\zeta\lambda)^2}} = \left[\frac{1+(2\zeta\lambda)^2}{(1-\lambda^2)^2+(2\zeta\lambda)^2}\right]^{\frac{1}{2}} \quad (2.2.7)$$

图 2.2.2(a)给出了绝对位移传递率随频率比的变换规律,它反映了绝对运动传递率的频率特性:

(1) 当 $\lambda=0$ 时,$T_d=1$;对于较小的 λ 值,$T_d \to 1$。

(2) 当 $\lambda=\sqrt{2}$ 时,对于任意大小阻尼比的传递率均为常数,即 $T_d=1$。

(3) 当 $\lambda<\sqrt{2}$ 时,阻尼比越小传递率 T_d 越大。

(4) 当 $\lambda>\sqrt{2}$ 时,对于所有阻尼比,均有 $T_d<1$;而且,阻尼比越小传递率 T_d 反而越大。

(5) 当 $\lambda \gg \sqrt{2}$ 时,$T_d \to 0$,说明高频段的基础运动被弹簧和阻尼器隔离了。

(6) 对于 $0<\lambda<1$,当 $\lambda=\lambda_m<1$ 时,位移传递率 T_d 获得最大值。λ_m 可以通过求极值的方法获得,其大小为

$$\lambda_m = \frac{1}{2\zeta}(\sqrt{1+8\zeta^2}-1)^{1/2} \quad (2.2.8)$$

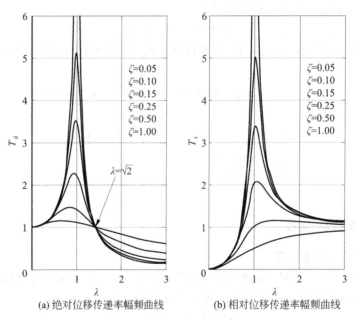

(a) 绝对位移传递率幅频曲线   (b) 相对位移传递率幅频曲线

图 2.2.2   基础作简谐运动时的有阻尼强迫振动系统位移传递率的幅频曲线

2. 相对运动的稳态响应

对于基础激励下系统的相对稳态响应,利用式(2.1.16)对相对运动方程式(2.2.5)求解,得到相对位移的稳态解

$$x_r(t) = X_r\cos(\Omega t - \varphi) \quad (2.2.9a)$$

式中

$$\begin{cases} X_r = \dfrac{\Delta_{st,r}}{\sqrt{(1-\lambda^2)^2+(2\zeta\lambda)^2}} \\[3mm] \Delta_{st,r} = \dfrac{m\Omega^2 X_g}{k} = \lambda^2 X_g \\[3mm] \varphi = \arctan\dfrac{2\zeta\lambda}{1-\lambda^2} \end{cases} \tag{2.2.9b}$$

相对位移的传递率为

$$T_r = \frac{X_r}{X_g} = \frac{\lambda^2}{\sqrt{(1-\lambda^2)^2+(2\zeta\lambda)^2}} \tag{2.2.10}$$

基础激励下有阻尼系统相对位移传递率的幅频特性如图 2.2.2(b)所示。

以上讨论的是基础作余弦运动，当基础作正弦运动时，无论绝对还是相对运动的稳态响应规律是一致的，只是相差一个相位角，这时可利用(2.1.32)式进行求解，详见例 2.2.1 和例 2.2.2。

【例 2.2.1】 位于某厂房内的设备重量为 $W=3000\mathrm{N}$，放置在弹性基础上引起的静变形为 60mm。今测得地面因其他设备振动而引起的运动为 $x(t)=0.001\sin15t(\mathrm{m})$。设备系统的阻尼比为 $\zeta=0.15$，试确定该设备因地面激励而产生竖向振动的振幅。

解 该设备系统的弹簧刚度为

$$k = W/\Delta_{st} = 3000/0.060 = 50000(\mathrm{N/m})$$

该设备系统的固有频率为

$$\omega_n = \sqrt{\frac{k}{W/g}} = \sqrt{\frac{50000\times9.8}{3000}} = 12.7802(\mathrm{rad/s})$$

基础的激励频率为 $\Omega=15\mathrm{rad/s}$，故频率比为

$$\lambda = \Omega/\omega_n = 15/12.7802 = 1.1737$$

利用式(2.2.6b)，计算基础激励引起设备系统竖向振动的稳态振幅

$$X_d = X_g \frac{\sqrt{1+(2\zeta\lambda)^2}}{\sqrt{(1-\lambda^2)^2+(2\zeta\lambda)^2}}$$

$$= 0.001 \frac{\sqrt{1+(2\times0.15\times1.1737)^2}}{\sqrt{(1-1.1737^2)^2+(2\times0.15\times1.1737)^2}} = 0.0021(\mathrm{m})$$

可见，地面振动传到设备系统后，振幅被放大了 1 倍多。

【例 2.2.2】 如图所示为汽车在路面行驶引起竖向振动的一个简单模型。若汽车系统的质量为 $m=1200\mathrm{kg}$，悬架系统的弹簧刚度为 $k=400\mathrm{kN/m}$，阻尼比为 $\zeta=0.5$，行驶速度为 $V=20\mathrm{km/h}$。假设路面的起伏按正弦规律变化，每个波长为 $L=6\mathrm{m}$、幅值为 $X_g=0.05\mathrm{m}$。试确定汽车的振动幅值。

解 首先确定地面激励。根据题意汽车受到的地面激励为

$$x_g(t) = X_g\sin\Omega t$$

地面波形的频率为汽车单位时间内完成的循环数，即汽车单位时间内行驶过的整波数目，即

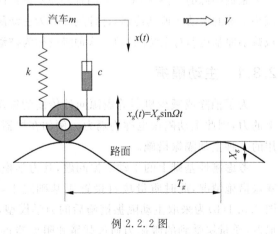

例 2.2.2 图

$$f_\mathrm{g} = \frac{V}{L} = \frac{20 \times 1000/3600}{6} = 0.9259(1/\mathrm{s})$$

故，地面激励的频率为

$$\Omega = 2\pi f_\mathrm{g} = 5.8176(\mathrm{rad/s})$$

汽车的固有频率为

$$\omega_\mathrm{n} = \sqrt{k/m} = \sqrt{400 \times 1000/1200}$$
$$= 18.2574(\mathrm{rad/s})$$

因此，频率比为

$$\lambda = \Omega/\omega_\mathrm{n} = 0.3186$$

于是，由式(2.2.7)得到汽车的绝对位移传递率为

$$T_\mathrm{d} = \left[\frac{1+(2\zeta\lambda)^2}{(1-\lambda^2)^2+(2\zeta\lambda)^2}\right]^{\frac{1}{2}} = 1.1009$$

可见路面的起伏振动被放大了约10％，此时汽车在竖向的绝对振幅为

$$X_\mathrm{d} = T_\mathrm{d}X_\mathrm{g} = 1.1009 \times 0.05 = 0.055(\mathrm{m})$$

由式(2.2.10)得汽车的相对位移传递率为

$$T_\mathrm{r} = \frac{\lambda^2}{\sqrt{(1-\lambda^2)^2+(2\zeta\lambda)^2}} = 0.2622$$

汽车在竖向的相对地面振动的振幅为

$$X_\mathrm{d} = T_\mathrm{d}X_\mathrm{g} = 0.2622 \times 0.05 = 0.013(\mathrm{m})$$

2.3　振动的隔离

　　振动不但会导致机器部件或工程结构疲劳损伤、寿命缩短、可靠性降低，还会影响周围精密仪器的正常工作或使其精度降低，振动产生的噪声还会污染环境，对人的身心产生危害。为了消除或减小振动的影响，人们提出了振动的隔离理论。

　　根据振源的不同，一般分为两种性质不同的隔振。一种是将震源与地基隔离开来，避免或减小系统的振动向地基传播，这种隔震称为**主动隔振**(active vibration isolation)；另一种是避免或减小地基运动对系统的激励，这种隔震称为**被动隔振**(passive vibration isolation)。

2.3.1　主动隔振

　　为了消除或减少机器等震源向外传播的振动，需要采用弹性支承来隔离震源传到基础上的力，因此主动隔振也称为隔力。例如在机器的基础与地基之间安装橡胶隔振器就是常用的一种主动隔振措施。

　　考虑刚性基础上的主动隔振问题，其力学模型如图2.3.1所示。图2.3.1(a)为未采取隔振措施情况，此时质量块直接置于基础之上，质量块受到的激振力直接传到基础之上。图2.3.1(b)为采取主动隔振措施后的力学模型，此时在质量块和基础之间增加了弹簧和阻尼器，质量块受到的激振力通过弹簧和阻尼器再传到基础之上。我们通常用隔振后传到基

础上去的力幅值 F_a 与没有隔振时传到基础上去的力幅值 F 之比,来反映主动隔振的效果,通常称这一比值为主动隔振系数或力传递率,即

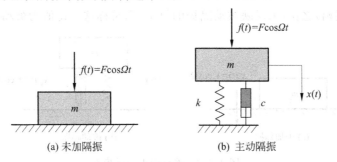

图 2.3.1   主动隔振力学模型

$$T_a = \frac{F_a}{F} \tag{2.3.1a}$$

主动隔振后传到基础上去的力,等于弹簧和阻尼器传到基础上的力之和。由式(2.1.16)知道,有阻尼振动系统的稳态解为

$$x(t) = X\cos(\Omega t - \varphi)$$

$$\dot{x}(t) = -\Omega X\sin(\Omega t - \varphi)$$

$$X = \frac{F/k}{\sqrt{(1-\lambda^2)^2 + (2\zeta\lambda)^2}}$$

故由弹簧传到基础上去的力为

$$kx(t) = kX\cos(\Omega t - \varphi)$$

由阻尼器传到基础上去的力为

$$c\dot{x}(t) = -c\Omega X\sin(\Omega t - \varphi)$$

注意弹簧力和阻尼力相位相差 $\pi/2$,故二者合力的幅值为

$$F_a = X\sqrt{k^2 + (c\Omega)^2} = \frac{\sqrt{k^2 + (c\Omega)^2}/k}{\sqrt{(1-\lambda^2)^2 + (2\zeta\lambda)^2}}F = \frac{\sqrt{1+(2\zeta\lambda)^2}}{\sqrt{(1-\lambda^2)^2 + (2\zeta\lambda)^2}}F$$

由此得到主动隔振系数

$$T_a = \frac{F_a}{F} = \left[\frac{1+(2\zeta\lambda)^2}{(1-\lambda^2)^2 + (2\zeta\lambda)^2}\right]^{\frac{1}{2}} \tag{2.3.1b}$$

它与基础简谐激励下系统的绝对位移传递率 T_d 形式完全相同。因此,只有当 $\lambda > \sqrt{2}$ 时,才有 $T_a < 1$,隔振有效。

2.3.2   被动隔振

当地基有运动时,必然会对系统产生减振。为了阻断或削弱基础振动传入系统,也需要对有运动的基础与系统之间采用弹性支承,以隔离或减小基础传到系统的振动幅值,所以被动隔振也称为隔幅。在工程实际中,为避免地基振动对精密设备的影响,通常用橡胶隔振器将精密设备与地基隔开,采用的就是被动隔振。

被动隔振的力学模型如图 2.3.2 所示。图 2.3.2(a)为未采取隔振情况,此时质量块直接置于基础之上,基础的运动直接传递给质量块,即质量块的振动为 $x(t) = X_g\cos\Omega t$。图 2.3.2(b)为采取被动隔振措施后的力学模型,即在基础和质量块之间增加了弹簧和阻尼

器，基础的运动通过弹簧和阻尼器再传到质量块，这属于基础激励振动问题，此时质量块的振动为 $x(t)=X_{\mathrm{d}}\cos\Omega t$。我们通常用系统隔振后的振幅 X_{d} 与系统未隔振时的振幅 X_{g}（即为地基运动的振幅）之比，来反映被动隔振的效果，通常称这一比值为被动隔振系数，即

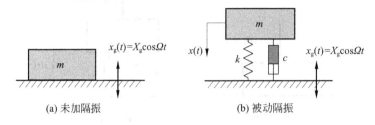

(a) 未加隔振　　　　　　　(b) 被动隔振

图 2.3.2　被动隔振力学模型

$$T_{\mathrm{p}}=\frac{X_{\mathrm{d}}}{X_{\mathrm{g}}} \tag{2.3.2a}$$

可见，被动隔振系数与基础作简谐激励时的绝对位移传递率的定义完全一致。事实上，被动隔振与前面介绍的基础作简谐运动时的强迫振动是同一力学问题。因此，根据式（2.2.7），被动隔振系数为

$$T_{\mathrm{p}}=T_{\mathrm{d}}=\frac{X_{\mathrm{d}}}{X_{\mathrm{g}}}=\left[\frac{1+(2\zeta\lambda)^{2}}{(1-\lambda^{2})^{2}+(2\zeta\lambda)^{2}}\right]^{\frac{1}{2}} \tag{2.3.2b}$$

它与绝对位移传递率 T_{d} 特性一样，只有当 $\lambda>\sqrt{2}$ 时才有 $T_{\mathrm{d}}<1$，隔振有效。

　　事实上，上述主动隔振、被动隔振及基础激励振动，均属于同一类力学问题，因此具有相同的隔振系数或位移传递率，其频率特性详见 2.2 节。需要注意的是，阻尼一般很小，无论主动隔振还是被动隔振，在高频段（$\lambda>1$）隔振系数可以近似取为

$$T_{\mathrm{a}}=T_{\mathrm{p}}=\frac{1}{\lambda^{2}-1} \tag{2.3.3a}$$

因此，只有当 $\lambda>\sqrt{2}$ 时隔振才有效。故在选择弹簧时，刚度不宜太大，至少应满足

$$k=m\omega_{\mathrm{n}}=m\Omega^{2}/\lambda^{2}<m\Omega^{2}/2 \tag{2.3.3b}$$

【例 2.3.1】　某洗衣机总质量 $M=2000\mathrm{kg}$，4 个角由 4 个垂直的螺旋弹簧和 4 个阻尼器支承，每个弹簧的刚度为 $k=80\mathrm{kN/m}$，4 个阻尼器总的阻尼比为 $\zeta=0.15$。洗衣机在初次脱水时转速为 $n=300\mathrm{r/min}$，衣物的偏心重为 $m=10\mathrm{kg}$，偏心距为 $e=50\mathrm{cm}$。试确定洗衣机在竖向振动的振幅及隔振系数。

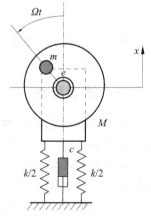

例 2.3.1 图

　　解　显然，这属于主动隔振，其力学模型如图所示。洗衣机脱水旋转时，因衣物偏心产生离心激振力（详见例 2.1.3）为

$$f(t)=me\Omega^{2}\cos\Omega t$$

激振频率为

$$\Omega=\frac{2\pi n}{60}=\frac{2\pi\times300}{60}=31.12(\mathrm{rad/s})$$

系统的刚度系数为 4 个弹簧刚度之和，故系统的固有频率为

$$\omega_n = \sqrt{\frac{4k}{M}} = \sqrt{\frac{4 \times 80 \times 1000}{2000}} = 12.65 \, (\text{rad/s})$$

系统的频率比为

$$\lambda = \Omega/\omega_n = 31.12/12.56 = 2.48 > \sqrt{2}$$

系统的静变形为

$$x(t) = \frac{\Delta_{st}}{\sqrt{(1-\lambda^2)^2 + (2\zeta\lambda)^2}} = \frac{me\Omega^2/k}{\sqrt{(1-\lambda^2)^2 + (2\zeta\lambda)^2}}$$

$$= \frac{10 \times 0.5 \times 31.12^2/(4 \times 80000)}{\sqrt{(1-2.48^2)^2 + (2 \times 0.15 \times 2.48)^2}} = 0.29 \times 10^{-3} \, (\text{m})$$

由式(2.3.1b),得到洗衣机的主动隔振系数

$$T_a = \left[\frac{1+(2\zeta\lambda)^2}{(1-\lambda^2)^2 + (2\zeta\lambda)^2}\right]^{\frac{1}{2}} = \left[\frac{1+(2 \times 0.15 \times 2.48)^2}{(1-2.48^2)^2 + (2 \times 0.15 \times 2.48)^2}\right]^{\frac{1}{2}} = 0.24$$

【例 2.3.2】 某精密仪器弹簧阻尼隔振装置,仪器质量 $m = 80\text{kg}$,弹簧刚度 $k = 10\text{kN/m}$,阻尼比 $\zeta = 0.1$。今测得地板的运动为 $x = 0.001\sin10\pi t \, (\text{m})$。试确定仪器在地面激励下振动的振幅,以及系统的隔振系数。

解 显然,此隔振为被动隔振,其力学模型如图 2.3.2 所示。在地面激励下仪器的振动为

$$x(t) = X_d\cos\Omega t$$

式中扰频 $\Omega = 10\pi$,振幅可由式(2.3.2b)确定。

由已知条件,知系统的固有频率为

$$\omega_n = \sqrt{k/m} = \sqrt{10000/80} = 11.18 \, (\text{rad/s})$$

系统的频率比为

$$\lambda = \Omega/\omega_n = 10\pi/11.18 = 2.81 > \sqrt{2}$$

被动隔振系数为

$$T_p = \frac{X_d}{X_g} = \left[\frac{1+(2\zeta\lambda)^2}{(1-\lambda^2)^2 + (2\zeta\lambda)^2}\right]^{\frac{1}{2}} = \left[\frac{1+(2 \times 0.15 \times 2.81)^2}{(1-2.81^2)^2 + (2 \times 0.15 \times 2.81)^2}\right]^{\frac{1}{2}} = 0.19$$

可见,仪器振幅减小到地面输入振幅的 19%。故仪器在地面激励下振动的振幅为

$$X_d = T_p X_g = 0.19 \times 0.001 = 0.19 \times 10^{-3} \, (\text{m}) = 0.19 \, (\text{mm})$$

2.4 周期激励下的强迫振动

前面分析了单自由度线性系统在简谐激励下的强迫振动,这是一种最简单的周期激励。但在实际工程中,经常还遇到更为复杂周期力的激励,例如周期方波、周期三角波等,都是典型的周期激励函数。本节将研究单自由度线性系统在周期激励下的强迫振动。

2.4.1 叠加原理

线性微分方程描述的系统为线性系统,满足叠加原理,即若系统在 $f_1(t)$ 激励下的响应为 $x_1(t)$,在 $f_2(t)$ 激励下的响应为 $x_2(t)$,则系统在这两个激励的线性组合 $c_1 f_1(t) + c_2 f_2(t)$ 激励

下,系统的响应也为相应响应的线性组合 $c_1 x_1(t) + c_2 x_2(t)$,其关系如图 2.4.1 所示。

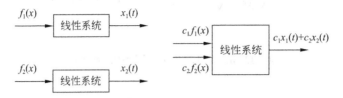

图 2.4.1　线性系统叠加法原理示意图

叠加原理对于线性系统具有非常重要的意义,利用这一原理可以将复杂的激励分解为一系列的简单激励,再将系统对于这些简单激励的响应加以叠加,就得到了系统对于复杂激励的响应。本节将运用傅里叶级数展开法,将周期激励分解为各次谐波的组合,再将这些谐波的响应进行叠加,得到该周期激励下的响应。这种方法需要将周期激励展成傅里叶级数,故称为傅里叶级数展开法。

2.4.2　周期激励函数及其傅里叶展开

任何一个以 $T = 2\pi/\Omega$ 为周期的激励函数 $f(t)$ 都可展开为傅里叶级数,即可分解成为无穷多个谐波函数的和,其频率分别为

$$\Omega, 2\Omega, 3\Omega, 4\Omega, 5\Omega, \cdots$$

Ω 称为**基频**(fundamental frequency),对应的成分称为**基波**(fundamental wave);$p\Omega$($p = 2, 3, \cdots$)称为**高频**(high-frequency),对应的成分称为**高次谐波**(higher harmonic)。

周期激励函数 $f(t)$ 的傅里叶级数为

$$f(t) = a_0 + \sum_{j=1}^{\infty}(a_j \cos j\Omega t + b_j \sin j\Omega t) \tag{2.4.1a}$$

其中

$$\begin{cases} a_0 = \dfrac{2}{T}\displaystyle\int_0^T f(t)\,\mathrm{d}t \\[2mm] a_j = \dfrac{2}{T}\displaystyle\int_0^T f(t)\cos j\Omega t\,\mathrm{d}t \\[2mm] b_j = \dfrac{2}{T}\displaystyle\int_0^T f(t)\sin j\Omega t\,\mathrm{d}t \end{cases} \tag{2.4.1b}$$

式中,$T = 2\pi/\Omega$。

如果将周期激振力 $f(t)$ 的傅里叶级数展开式,即式(2.4.1a)中求和号内的余弦函数和正弦函数的组合项,简化为一个正弦或余弦函数,比如简化为一个余弦函数,即有

$$\begin{cases} f(t) = a_0 + \sum_{j=1}^{\infty} c_j \cos(j\Omega t - \alpha_j) \\[2mm] c_j = \sqrt{a_j^2 + b_j^2} \\[2mm] \alpha_j = \arctan \dfrac{b_j}{a_j} \end{cases} \tag{2.4.2}$$

2.4.3　傅里叶级数解法

有阻尼强迫振动系统在非简谐周期力 $f(t)$ 激励下的运动方程为

$$m\ddot{x}(t)+c\dot{x}(t)+kx(t)=f(t) \tag{2.4.3}$$

利用 $f(t)$ 的傅里叶级数式(2.4.1),将运动方程改写为

$$m\ddot{x}(t)+c\dot{x}(t)+kx(t)=a_0+\sum_{j=1}^{\infty}(a_j\cos j\Omega t+b_j\sin j\Omega t) \tag{2.4.4}$$

根据叠加原理,线性系统在激励函数 $f(t)$ 激励下的响应等于各次谐波单独作用响应的叠加。

各次谐波对应的振动方程为

$$\begin{cases}m\ddot{x}(t)+c\dot{x}(t)+kx(t)=a_0\\m\ddot{x}(t)+c\dot{x}(t)+kx(t)=a_j\cos j\Omega t\\m\ddot{x}(t)+c\dot{x}(t)+kx(t)=b_j\sin j\Omega t\end{cases} \tag{2.4.5a}$$

依次利用式(2.1.16),分别计算式(2.4.5a)中各次谐波的稳态响应,然后叠加得到在 $f(t)$ 激励下的总响应。注意到式(2.4.5a)中第一式为常数激励,对应的是静态解,此时速度和加速度响应均为 0;第三式为正弦激励(详见式(2.1.32)),振动规律与余弦激励相同,因此式(2.4.5a)的解依次如下:

$$\begin{cases}x(t)=\dfrac{a_0}{k}\\[2mm]x(t)=\dfrac{a_j/k}{\sqrt{[1-(j\lambda)^2]^2+[2j\zeta\lambda]^2}}\cos(j\Omega t-\varphi_j)\\[2mm]x(t)=\dfrac{b_j/k}{\sqrt{[1-(j\lambda)^2]^2+[2j\zeta\lambda]^2}}\sin(j\Omega t-\varphi_j)\\[2mm]\varphi_j=\arctan\dfrac{2j\zeta\lambda}{1-(j\lambda)^2}\end{cases} \tag{2.4.5b}$$

叠加后得到有阻尼振动系统在非简谐周期激励下的稳态解为

$$\begin{cases}x(t)=\dfrac{a_0}{k}+\displaystyle\sum_{j=1}^{n}\dfrac{a_j\cos(j\Omega t-\varphi_j)+b_j\sin(j\Omega t-\varphi_j)}{k\sqrt{[1-(j\lambda)^2]^2+[2j\zeta\lambda]^2}}\\[2mm]\varphi_j=\arctan\dfrac{2j\zeta\lambda}{1-(j\lambda)^2}\end{cases} \tag{2.4.6a}$$

由此可见,随着项数 j 的增加,分母会增加很快,相应谐波响应的幅值会随着其阶次增加而迅速减小。因此,一般只取前几项就可以得到足够精确的结果。

如果对周期激振力 $f(t)$ 的傅里叶级数展开采用式(2.4.2),通过上述相同的求解过程,得到有阻尼振动系统在非简谐周期激振力激励下的稳态解为

$$\begin{cases}x(t)=\dfrac{a_0}{k}+\displaystyle\sum_{j=1}^{n}\dfrac{c_j\cos(j\Omega t-\alpha-\varphi_j)}{k\sqrt{[1+(j\lambda)^2]^2+[2j\zeta\lambda]^2}}\\[2mm]\varphi_j=\arctan\dfrac{2j\zeta\lambda}{1-(j\lambda)^2}\end{cases} \tag{2.4.6b}$$

可见,非简谐周期激振力 $f(t)$ 激励下的稳态振动,除静态项外,均由不同阶次的频率成

分构成,且各个阶次频率成分的大小和相位均不尽相同。为了反映不同阶次频率成分的贡献及其分布情况,可以以各阶频率 $j\Omega$ 为横坐标及对应项的幅值 c_j 为纵坐标依次作成 $j\Omega$-c_j 图,称为稳态振动的幅值频谱图,如图 2.4.2(a)所示。同样,以各阶频率 $j\Omega$ 为横坐标及对应项的相位 φ_j 为纵坐标依次作成 $j\Omega$-φ_j 图,称为稳态振动的相位频谱图,如图 2.4.2(b)所示。

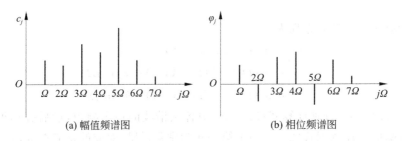

(a) 幅值频谱图   (b) 相位频谱图

图 2.4.2   非简谐周期激励下的稳态振动的幅值频谱图和相位频谱图

以上研究的是系统的稳态响应,如果要求全振动的总响应,还应依据系统的初始条件求出瞬态响应,然后与上述稳态响应叠加即可。

【**例 2.4.1**】   试求单自由度无阻尼系统在如图所示方波激励下的响应。

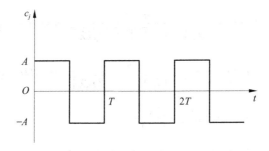

例 2.4.1 图

解   方波为周期奇函数,其在一个周期中的函数表达式为

$$f(t)=\begin{cases} A, & 0<t<T/2 \\ -A, & T/2<t<T \end{cases}$$

代入式(2.4.1b),得到

$$a_0 = \frac{2}{T}\int_0^T f(t)\mathrm{d}t = \frac{1}{T}\int_0^{T/2} A\mathrm{d}t + \frac{1}{T}\int_{T/2}^T (-A)\mathrm{d}t = 0, \qquad T = 2\pi/\omega$$

$$a_j = \frac{2}{T}\int_0^T f(t)\cos j\Omega t\,\mathrm{d}t = \frac{1}{T}\int_0^{T/2} A\cos j\Omega t\,\mathrm{d}t + \frac{1}{T}\int_{T/2}^T (-A\cos j\Omega t)\mathrm{d}t = 0$$

$$b_j = \frac{2}{T}\int_0^T f(t)\sin j\Omega t\,\mathrm{d}t = \frac{1}{T}\int_0^{T/2} A\sin j\Omega t\,\mathrm{d}t + \frac{1}{T}\int_{T/2}^T (-A\sin j\Omega t)\mathrm{d}t$$

$$= \frac{2}{T}\left[\frac{A}{j\Omega} + \frac{A}{j\Omega}\cos j2\pi - 2\frac{A}{j\Omega}\cos j\pi\right]$$

$$b_j = \frac{2}{T}\frac{A}{j\Omega}[1+\cos j2\pi - 2\cos j\pi] = \frac{4A}{j\pi}, \qquad j=1,3,5,\cdots$$

$$b_j = 0, \qquad j=2,4,6,\cdots$$

$$\zeta = 0, \qquad \varphi_j = \arctan \frac{2j\zeta\lambda_0}{1-(j\lambda)^2} = 0$$

整理,得到

$$a_j = 0, \qquad j = 0,1,2,\cdots$$

$$b_j = \begin{cases} \dfrac{4A}{j\pi}, & j = 1,3,5,\cdots \\ 0, & j = 2,4,6,\cdots \end{cases}$$

故,系统在方波激励下的响应为

$$x(t) = \frac{a_0}{k} + \sum_{j=1}^{n} \frac{a_j\cos(j\Omega t - \varphi_j) + b_j\sin(j\Omega t - \varphi_j)}{k\sqrt{[1-(j\lambda)^2]^2 + [2j\zeta\lambda]^2}} = \frac{4A}{k\pi}\sum_{j=1,3,5,\cdots}^{n}\frac{\sin j\Omega t}{j[1-(j\lambda)^2]}$$

2.5　非周期激励下的强迫振动

　　前面分别介绍了简谐激励和周期激励下单自由度系统的响应,在不考虑初始阶段的瞬态振动情况下,它们分别是简谐的和周期的稳态振动。对于一般的周期激振力,可以通过傅里叶级数展开法将其变换为不同频率成分的简谐函数的叠加表达式,然后利用单自由度系统在谐波激励下强迫振动的理论和线性系统的叠加原理进行求解。但在许多情况下外界对于系统的激励并非简谐或周期的,而是任意的时间函数,此时无法再用谐波方法来分析。在非周期激励下,系统通常不再有稳态振动,而只存在瞬态振动。简谐激励、周期激励和非周期激励是一般激励的3种情况,简谐激励为一般激励的特例,非周期激励为一般激励中较为普遍的情况。系统在任意激励下的振动,包括激励停止后的自由振动,称为任意激励的响应。

　　分析非周期激励下的系统响应的方法有很多,常用的有:

　　(1) 脉冲响应法;

　　(2) 傅里叶积分法;

　　(3) 拉普拉斯变换法;

　　(4) 数值积分法。

2.5.1　脉冲响应法

　　非周期激振力的大小随时间变化,一般作用一段时间后停止作用。对于非周期力 $f(t)$,可以将其分解为一系列强度为 $f(t)\Delta\tau$ 的脉冲,如图 2.5.1 所示。求解时,先求得每一个冲量对系统激励的响应,然后利用叠加原理,对所有脉冲引起的响应进行叠加,从而得到整个非周期力 $f(t)$ 对系统激励的响应,故此称为脉冲响应法。脉冲响应法最终归结为一个卷积积分或褶积积分,故又称为卷积积分法或褶积积分法,该积分在工程上又通常称为杜哈梅积分。

1. 单位脉冲函数

单位脉冲函数即 δ-函数,其定义为

$$\begin{cases} \delta(t-\tau) = \begin{cases} 0, & t \neq \tau \\ \infty, & t = \tau \end{cases} \\ \displaystyle\int_{-\infty}^{+\infty} \delta(t-\tau)\,\mathrm{d}t = 1 \end{cases} \tag{2.5.1}$$

单位冲量描述了一个作用时间短促而幅值又极大的冲量,事实上这是工程实际中不可能存在的一种极限状态。假设某 $\delta_\varepsilon(t-\tau)$ 函数如图 2.5.2 所示,该函数定义

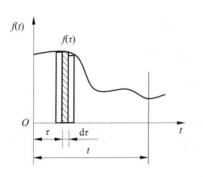
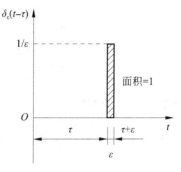

图 2.5.1　任意激振力的分割　　　图 2.5.2　$\delta_\varepsilon(t-\tau)$ 函数的定义

$$\begin{cases} \delta_\varepsilon(t-\tau) = \begin{cases} \dfrac{1}{\varepsilon}, & \tau \leqslant t \leqslant \tau+\varepsilon \\ 0, & \text{其他} \end{cases} \\ \displaystyle\int_{-\infty}^{+\infty} \delta_\varepsilon(t-\tau)\,\mathrm{d}t = 1 \end{cases} \tag{2.5.2a}$$

当 ε 趋于 0 时 $\delta_\varepsilon(t-\tau)$ 函数成为 δ-函数

$$\lim_{\varepsilon \to 0}\delta_\varepsilon(t-\tau) = \delta(t-\tau) \tag{2.5.2b}$$

可见,δ-函数的量纲为其自变量的倒数 $[\text{T}]^{-1}$,通常取单位为 $1/\text{s}$。在 $t=\tau$ 时,$f_\varepsilon(t)$ 产生的冲量 I_ε 为

$$I_\varepsilon = f_\varepsilon(t)\varepsilon$$

或

$$f_\varepsilon(t) = I_\varepsilon/\varepsilon = I_\varepsilon\delta_\varepsilon(t-\tau)$$

当 $\varepsilon \to 0$ 时,有关系式

$$f(t) = I\delta(t-\tau) \tag{2.5.3}$$

可见,式(2.5.3)表达了冲击力 $f(t)$ 与其在 $t=\tau$ 时刻产生的瞬时冲量 I 的关系。

2. 单位脉冲响应函数

单自由度系统在 $t=\tau=0$ 的初始时刻受到单位冲量 $I=1$ 的作用,此时系统的运动方程为

$$\begin{cases} m\ddot{x}(t) + c\dot{x}(t) + k(t) = f(t) = I\delta(t) = \delta(t) \\ x(t=0) = 0, \quad \dot{x}(t=0) = 0 \end{cases} \tag{2.5.4}$$

此时,系统相当于受到单位脉冲 $\delta(t)$ 的激励。由于此脉冲作用的时间无限短,所以对于系统产生的是一个初始激励,在 $t=0$ 的以后时刻 $t=0^+$ 即此脉冲作用结束之后,系统将产生自由振动。根据动量定理

$$m\dot{x}(0^+) - m\dot{x}(0) = I$$

由 $\dot{x}(t=0) = 0$,得知系统在受到冲量 I 激励后的 $t=0^+$ 时刻获得的速度为 $\dot{x}(0^+) = I/m$,此时系统位移尚来不及变化。故单自由度系统在受到冲量 I 的冲击结束后的运动方程为

$$\begin{cases} m\ddot{x}(t) + c\dot{x}(t) + k(t) = 0 \\ x(t=0) = 0, \quad \dot{x}(t=0) = I/m \end{cases} \tag{2.5.5}$$

由式(1.4.17)和式(1.4.20)解得系统的响应

$$x(t) = \frac{I}{m\omega_d} e^{-\zeta\omega_n t} \sin\omega_d t \qquad (2.5.6)$$

对于单位冲量 $I = 1$，得到在单位脉冲 $\delta(t)$ 的激励下的响应，记为

$$h(t) = \frac{1}{m\omega_d} e^{-\zeta\omega_n t} \sin\omega_d t, \qquad t \geqslant 0 \qquad (2.5.7a)$$

$h(t)$ 称为 $t = 0$ 时刻的**单位脉冲响应函数**（unit impulse response function）。在任意的 $t = \tau$ 时刻，单位脉冲 $\delta(t - \tau)$ 的冲击响应也将滞后时间 τ，即此时的单位脉冲响应函数为

$$h(t - \tau) = \frac{1}{m\omega_d} e^{-\zeta\omega_n(t-\tau)} \sin\omega_d(t - \tau), \qquad t \geqslant 0 \qquad (2.5.7b)$$

3. 非周期激励的响应

任意激励函数 $f(t)$ 可以看做是一系列微脉冲的组合，如图 2.5.1 所示。考察 $t = \tau$ 时刻，$d\tau$ 内的冲量为 $I = f(t)d\tau$。此刻单位冲量引起的响应为 $h(t - \tau)$，故冲量 $I = f(t)d\tau$ 引起的响应为 $Ih(t - \tau) = f(t)h(t - \tau)d\tau$。需要注意，$f(t)d\tau$ 引起的响应仅在 $t \geqslant \tau$ 时间范围内才有效，激励在前，响应在后。对于线性系统，可以利用叠加原理，任意激励函数 $f(t)$ 引起的响应等于时区 $1 \leqslant \tau \leqslant t$ 上所有脉冲响应的总和，即系统对任意激励 $f(t)$ 的响应为

$$x(t) = \int_0^t f(\tau)h(t - \tau)d\tau = \frac{1}{m\omega_d} \int_0^t f(\tau) e^{-\zeta\omega_n(t-\tau)} \sin\omega_d(t - \tau)d\tau \qquad (2.5.8)$$

上式称为**杜哈梅积分**（Duhamel's integral）或**卷积积分**（convolution integral）。注意，积分式中 τ 为积分变量，对 τ 积分时将 t 视为常量。对于无阻尼系统，$\zeta = 0$，$\omega_d = \omega_n$，杜哈梅积分变为

$$x(t) = \frac{1}{m\omega_n} \int_0^t f(\tau) \sin\omega_n(t - \tau)d\tau \qquad (2.5.9)$$

需要指出的是，杜哈梅的积分是从激励开始（$\tau = 0$）到激励结束（$\tau = t$）即激励作用的整个时间区域，但确定的是激励结束时刻（$\tau = t$）的响应，反映了系统 t 时刻的响应，是 t 时刻之前所有微冲量激励的累积效应。

【例 2.5.1】 某一弹簧质量系统受到一个恒力 F_0 的突然作用，力与时间的关系如图（a）所示。试求系统的响应。

解 利用杜哈梅积分，系统的响应为

$$x(t) = \int_0^t f(\tau)h(t - \tau)d\tau = \frac{F_0}{m\omega_d} \int_0^t e^{-\zeta\omega_n(t-\tau)} \sin\omega_d(t - \tau)d\tau$$

$$= \frac{F_0}{m\omega_d} \left[\frac{\zeta\omega_n \sin\omega_d(t-\tau) + \omega_d \cos\omega_d(t-\tau)}{(\zeta\omega_n)^2 + \omega_d^2} e^{-\zeta\omega_n(t-\tau)} \right]_{\tau=0}^t$$

$$= \frac{F_0}{k} \left[1 - \frac{1}{\sqrt{1-\zeta^2}} e^{-\zeta\omega_n t} \cos(\omega_d t - \varphi) \right]$$

其中

$$\varphi = \arctan \frac{\zeta}{\sqrt{1-\zeta^2}}$$

如果不计系统的阻尼，则系统的响应为

$$x = \frac{1}{m\omega_n} \int_0^t F_0 \sin\omega_n(t - \tau)d\tau = \frac{F_0}{m\omega_n^2}(1 - \cos\omega_n t) = \frac{F_0}{k}(1 - \cos\omega_n t)$$

由于 $x_{\max}=2F_0/k$，即 $F_{\max}=kx_{\max}=2F_0$，所以冲击荷载作用下系统响应的峰值为静荷载的 2 倍。

系统的响应如图（b）所示。

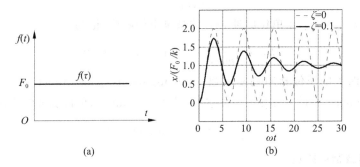

例 2.5.1 图

【例 2.5.2】 某一弹簧质量系统受到一个矩形脉冲 $f(t)$ 的作用，力与时间的关系如图（a）所示。不计系统的阻尼，试确定系统的响应。

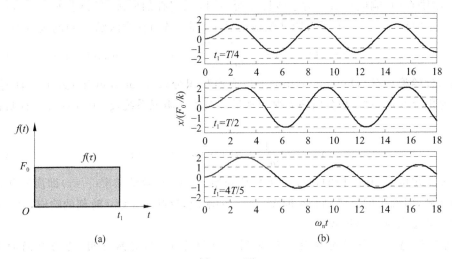

例 2.5.2 图

解 $0 \leqslant t \leqslant t_1$，相当于 $t=0$ 时受到常力 F_0 的作用，由例 2.5.1 知此时系统的响应为

$$x=\frac{F_0}{k}(1-\cos\omega_n t)$$

在 $t \geqslant t_1$ 阶段，常力 F_0 的作用消失，系统作自由振动，其响应可用自由振动理论求解。在 $t=t_1$ 时刻，自由振动的初始条件为

$$x_{1,0}=\frac{F_0}{k}(1-\cos\omega_n t_1), \qquad \dot{x}_{1,0}=\frac{F_0}{k}\omega_n\sin\omega_n t_1$$

故，在 $t \geqslant t_1$ 阶段自由振动的解为

$$x(t)=x_{1,0}\cos\omega_n(t-t_1)+\frac{\dot{x}_{1,0}}{\omega_n}\sin\omega_n(t-t_1)$$

$$=\frac{F_0}{k}\big[\cos\omega_n(t-t_1)-\cos\omega_n t\big]$$

自由振动的幅值为

$$X = \sqrt{x_{1,0}^2 + \left(\frac{\dot{x}_{1,0}}{\omega_n}\right)^2} = \frac{F_0}{k}\sqrt{2(1-\cos\omega_n t_1)}$$

$$= \frac{2F_0}{k}\sin\frac{\omega_n t_1}{2} = \frac{2F_0}{k}\sin\left(\frac{\pi}{T}t_1\right) = 2\delta_s\sin\left(\frac{\pi}{T}t_1\right)$$

其中，$T=2\pi/\omega_n$ 为系统的固有周期，δ_s 为常力 F_0 的作用下的静变形。由此可见，自由振动的幅值随比值 t_1/T 变化。当 $t_1=T/2$ 时，振幅值最大 $X=2\delta_s$；当 $t_1=T$ 时，振幅绝对值最小 $X=0$。图(b)分别给出了 $t_1=T/4$、$T/2$ 和 $4T/5$ 时的响应曲线。

本题也可应用杜哈梅积分求解。根据杜哈梅积分的定义，系统在矩形脉冲 $f(t)$ 的作用后的 $t \geqslant t_1$ 阶段的响应为

$$x = \frac{1}{m\omega_d}\int_0^{t_1} F_0\sin\omega_n(t-\tau)\mathrm{d}\tau = -\frac{F_0}{m\omega_n}\int_0^{t_1}\frac{1}{\omega_n}\sin\omega_n(t-\tau)\mathrm{d}\omega_n(t-\tau)$$

$$= \frac{F_0}{k}\left[\cos\omega_n(t-t_1) - \cos\omega_n t\right]$$

与上述结果相同。

2.5.2 傅里叶积分法

傅里叶积分法实质上是傅里叶级数法的推广。周期为 T 的激励函数可以展为离散的傅里叶级数，当 $T\to\infty$ 时，该激励函数则变成了一个任意的非周期函数，与此相应的傅里叶级数也转换为连续变化的傅里叶积分。周期为 T 的激励函数 $f(t)$ 的傅里叶级数可以复数形式表示为

$$f(t) = \sum_{k=-\infty}^{\infty} A_k\mathrm{e}^{\mathrm{i}k\omega t}, \qquad \omega = 2\pi/T$$

式中系数由以下积分确定

$$A_k = \frac{1}{T}\int_{-T/2}^{T/2} f(t)\mathrm{e}^{-\mathrm{i}k\omega t}\mathrm{d}t$$

本节以 ω 表示激励频率。随着周期 T 不断增大，激振频率 ω 不断变小，为此令 $\omega=2\pi/T=\Delta\omega$。当 $T\to\infty$ 时，$\Delta\omega\to\mathrm{d}\omega$，$k\omega\to\omega$，上式变为

$$\lim_{T\to\infty}TA_k = \lim_{T\to\infty}\int_{-T/2}^{T/2} f(t)\mathrm{e}^{-\mathrm{i}k\omega t}\mathrm{d}t = \int_{-\infty}^{\infty} f(t)\mathrm{e}^{-\mathrm{i}\omega t}\mathrm{d}t = F(\omega)$$

故有

$$f(t) = \lim_{T\to\infty}\sum_{k=-\infty}^{\infty}(TA_k)\mathrm{e}^{\mathrm{i}k\omega t}\frac{2\pi}{T}\frac{1}{2\pi} = \frac{1}{2\pi}\lim_{T\to\infty}\sum_{k=-\infty}^{\infty}(TA_k)\mathrm{e}^{\mathrm{i}k\omega t}\Delta\omega$$

$$= \frac{1}{2\pi}\int_{-\infty}^{\infty} F(\omega)\mathrm{e}^{\mathrm{i}\omega t}\mathrm{d}\omega$$

若以上两个积分均存在，则构成傅里叶变换

$$F(\omega) = \int_{-\infty}^{\infty} f(t)\mathrm{e}^{-\mathrm{i}\omega t}\mathrm{d}t \qquad (2.5.10)$$

$$f(t) = \frac{1}{2\pi}\int_{-\infty}^{\infty} F(\omega)\mathrm{e}^{\mathrm{i}\omega t}\mathrm{d}\omega \qquad (2.5.11)$$

式中频域复函数 $F(\omega)$ 称为时域实函数 $f(t)$ 的傅里叶正变换，时域实函数 $f(t)$ 称为频域复函数 $F(\omega)$ 的傅里叶逆变换。后者也称为 $f(t)$ 的傅里叶积分，它反映了时域实函数 $f(t)$ 的

频率结构。复函数 $F(\omega)$ 的模和辐角,分别反映 $f(t)$ 在频率 ω 处的幅值和相位,$f(t)$ 处于 $\omega \sim \omega + \mathrm{d}\omega$ 上的成分为 $F(\omega)\mathrm{d}\omega \mathrm{e}^{\mathrm{i}\omega t}$,其中 $F(\omega)\mathrm{d}\omega$ 为复数振幅。由于 $F(\omega)$ 为频率 ω 处单位频宽的复数振幅,故又称为**频率密度**。

傅里叶积分式(2.5.11)将激励函数 $f(t)$ 展为一系列的谐波 $F(\omega)\mathrm{d}\omega \mathrm{e}^{\mathrm{i}\omega t}$ 之和,由 2.1.3 节强迫振动的复数解法可知,此时每个谐波激励引起的响应为 $H(\omega)F(\omega)\mathrm{d}\omega \mathrm{e}^{\mathrm{i}\omega t}$,叠加后得到全部响应

$$x(t) = \frac{1}{2\pi}\int_{-\infty}^{\infty} H(\omega)F(\omega)\mathrm{e}^{\mathrm{i}\omega t}\,\mathrm{d}\omega \qquad (2.5.12\mathrm{a})$$

记

$$X(\omega) = H(\omega)F(\omega) \qquad (2.5.12\mathrm{b})$$

则有

$$x(t) = \frac{1}{2\pi}\int_{-\infty}^{\infty} X(\omega)\mathrm{e}^{\mathrm{i}\omega t}\,\mathrm{d}\omega \qquad (2.5.12\mathrm{c})$$

该式即为 $x(t)$ 的傅里叶逆变换或傅里叶积分。式(2.5.12)中 $X(\omega)$ 为响应函数 $x(t)$ 的频谱密度,$H(\omega)$ 为系统的复频率响应函数,由式(2.1.30)定义

$$H(\mathrm{i}\Omega) = \frac{1}{(1-\lambda^2)+\mathrm{i}(2\zeta\lambda)}$$

傅里叶积分法求解振动系统对于任意激励 $f(t)$ 响应的步骤如图 2.5.3 所示。首先,通过傅里叶正变换求出 $f(t)$ 频率密度 $F(\omega)$;然后,由式(2.5.12b)计算响应函数 $x(t)$ 的频谱密度 $X(\omega)$;最后,通过傅里叶逆变换式(2.5.12c)求出系统的时域响应 $x(t)$。可见,傅里叶变换法是将时域函数变换到频域,在频域完成求解后,再变换到时域的一种迂回方法。

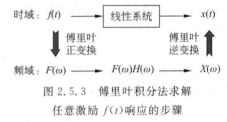

图 2.5.3 傅里叶积分法求解
任意激励 $f(t)$ 响应的步骤

为了保证傅里叶变换存在,$f(t)$ 函数需要满足以下两个条件:

(1)绝对收敛条件,即积分 $\int_{-\infty}^{\infty}|f(t)|\,\mathrm{d}t$ 是收敛的。

(2)狄利克雷条件,即 $f(t)$ 在区间 $(-\infty,\infty)$ 上仅有有限个不连续点,无无限个不连续点。

【例 2.5.3】 试确定无阻尼单自由度振动系统对图(a)所示的矩形脉冲 $f(t)$ 的响应 $x(t)$。

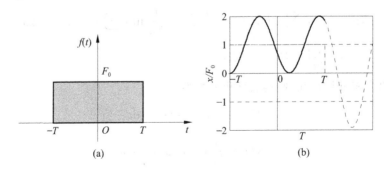

例 2.5.3 图

解 所给的激励函数为

$$f(t)=\begin{cases}F_0, & |t|<T \\ 0, & |t|>T\end{cases}$$

由于

$$\int_{-\infty}^{\infty}|f(t)|\,\mathrm{d}t=\int_{-T}^{T}F_0\,\mathrm{d}t=2F_0T$$

可见激励函数 $f(t)$ 收敛,故其傅里叶变换存在。

首先,由傅里叶正变换,确定 $f(t)$ 的频率密度 $F(\omega)$

$$F(\omega)=\int_{-\infty}^{\infty}f(t)\mathrm{e}^{-\mathrm{i}\omega t}\,\mathrm{d}t=F_0\int_{-T}^{T}\mathrm{e}^{-\mathrm{i}\omega t}\,\mathrm{d}t$$

$$=\frac{F_0}{\mathrm{i}\omega}(\mathrm{e}^{\mathrm{i}\omega T}-\mathrm{e}^{-\mathrm{i}\omega T})=\frac{2F_0}{\omega}\sin(\omega T)$$

然后,由式(2.5.12b)计算响应函数 $x(t)$ 的频谱密度 $X(\omega)$

$$X(\omega)=H(\omega)F(\omega)=\frac{1}{1-(\omega/\omega_\mathrm{n})^2}\frac{2F_0}{\omega}\sin(\omega T)$$

$$=\frac{2F_0}{\omega[1-(\omega/\omega_\mathrm{n})^2]}\sin(\omega T)=\frac{F_0(\mathrm{e}^{\mathrm{i}\omega T}-\mathrm{e}^{-\mathrm{i}\omega T})}{\mathrm{i}\omega[1-(\omega/\omega_\mathrm{n})^2]}$$

最后,通过傅里叶逆变换式(2.5.12c)求出系统的时域响应 $x(t)$

$$x(t)=\frac{1}{2\pi}\int_{-\infty}^{\infty}X(\omega)\mathrm{e}^{\mathrm{i}\omega t}\,\mathrm{d}\omega=\frac{1}{2\pi}\int_{-\infty}^{\infty}\frac{F_0(\mathrm{e}^{\mathrm{i}\omega T}-\mathrm{e}^{-\mathrm{i}\omega T})}{\mathrm{i}\omega[1-(\omega/\omega_\mathrm{n})^2]}\mathrm{e}^{\mathrm{i}\omega t}\,\mathrm{d}\omega$$

解得

$$x(t)=\begin{cases}0, & t<-T \\ F_0[1-\cos(t+T)], & |t|\leqslant T \\ 2F_0\sin\omega_\mathrm{n}T\sin\omega_\mathrm{n}t, & t\geqslant T\end{cases}$$

2.6 MATLAB 算例

【M_2.6.1】 讨论单自由度无阻尼受迫振动系统共振时,振幅随时间的变化规律。

解 当单自由度受迫振动系统受到的外激励频率 Ω 等于系统的固有频率 ω_n,即频率比 $\lambda=1$ 时系统发生共振,其运动规律为

$$x(t)=\frac{f_0}{2\omega_\mathrm{n}}t\sin\omega_\mathrm{n}t=\frac{\Delta_\mathrm{st}\omega_\mathrm{n}}{2}t\sin\omega_\mathrm{n}t=Xt\sin\omega_\mathrm{n}t$$

不失一般性,设系统的固有频率 $\omega_\mathrm{n}=1$、振幅 $X=\Delta_\mathrm{st}\omega_\mathrm{n}/2=1$,在 MATLAB 命令窗口直接输入如下程序:

%【M_2.6.1】
%计算单自由度无阻尼系统的共振振幅随时间的变化规律
clear
t＝0:pi/20:8 * pi;
wn＝1;X＝1;
x＝X * t * diag(sin(wn * t));
plot(t,x);
set(gca,'XTick',0:pi:8 * pi');
set(gca,'XTickLabel',{'0','pi','2pi','3pi','4pi','5pi','6pi','7pi','8pi'})
ylabel('{\itX}');xlabel('{\itt}');grid on
clc

单自由度无阻尼受迫振动系统共振时振幅随时间的变化规律如图 M_2.6.1 所示。

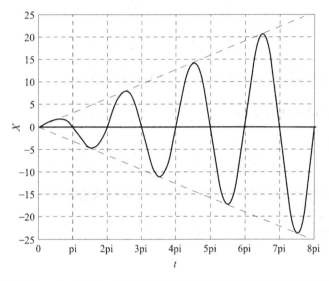

图 M_2.6.1   单自由度无阻尼系统的共振振幅随时间的变化规律

【M_2.6.2】   已知某无阻尼单自由度受迫振动系统的固有频率 $\omega_n = 5$、扰频 $\Omega = 1$、静变形 $\Delta_{st} = 0.5$,运动初始条件为 $x_0 = 0.6$、$v_0 = 0$。试讨论该系统的瞬时、稳态和总响应。

解   无阻尼受迫振动系统的总响应 $x(t)$ 由自由振动 $x_1(t)$ 和受迫振动 $x_2(t)$ 两个部分组成,其运动方程为

$$x(t) = x_1(t) + x_2(t)$$

$$x_1(t) = X_0 \cos(\omega_n t - \varphi_0)$$

$$x_2(t) = X \cos\Omega t$$

其中

$$X = \frac{f_0}{\omega_n^2 - \Omega^2} = \frac{F}{m}\frac{1}{\omega_n^2 - \Omega^2} = \frac{\Delta_{st}}{1 - \lambda^2}$$

$$X_0 = \sqrt{(x_0 - X)^2 + \left(\frac{v_0}{\omega_n}\right)^2}, \qquad \varphi_0 = \arctan \frac{v_0}{\omega_n(x_0 - X)}$$

编写如下 MATLAB 程序直接输入到命令窗口：

```
%【M_2.6.2】
%计算单自由度无阻尼受迫振动系统的瞬时、稳态和总响应
clear
t=0:0.01:25;
x0=0.6;v0=0;Dst=0.5;
wn=5;W=1;
X=Dst/(1-(W/wn)^2);
X0= sqrt((x0-X)^2+(v0/wn)^2);
phi=atan(v0/wn/(x0-X));
if(x0-X)<0; phi= phi+pi; end
x1=X0*cos(wn*t-phi);
x2=X*cos(W*t);
x=x1+x2;
subplot(3,1,1);plot(t,x1) ;ylabel('{\itx}_1'); grid on
subplot(3,1,2);plot(t,x2) ;ylabel('{\itx}_2'); grid on
subplot(3,1,3);plot(t,x) ;ylabel('{\itx}'); xlabel('{\itt}'); grid on
clc
```

无阻尼单自由度受迫振动系统的瞬时、稳态和总响应如图 M_2.6.2 所示。

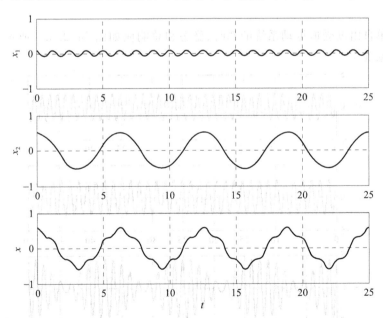

图 M_2.6.2 单自由度无阻尼受迫振动系统的瞬时、稳态和总响应

【M_2.6.3】 在 M_2.6.2 题中，如果外激励的频率与系统的固有频率比较接近时，会出现拍振现象。试讨论此时该系统的响应。

解   我们知道,当单自由度无阻尼受迫振动系统的激振频率 Ω 接近系统的固有频率 ω_n 时,系统的振幅的大小会出现周期性变化的拍振现象。为此取扰频 $\Omega = 4.5$,系统的总响应 $x(t)$、自由振动 $x_1(t)$ 和受迫振动 $x_2(t)$ 的运动方程同 M_2.6.2 题,此处不再重复。

编写如下 MATLAB 程序直接输入到命令窗口,求解该系统的自由振动 $x_1(t)$、受迫振动 $x_2(t)$ 和总响应 $x(t)$:

```
%【M_2.6.3】
%计算单自由度无阻尼受迫振动系统的瞬时、稳态和拍振
clear
t=0:0.01:50;
x0=0.6;v0=0;Dst=0.5;
wn=5;W=4.5;
X=Dst/(1-(W/wn)^2);
X0= sqrt((x0-X)^2+(v0/wn)^2);
phi=atan(v0/wn/(x0-X));
if(x0-X)<0; phi= phi+pi; end
x1=X0*cos(wn*t-phi);
x2=X*cos(W*t);
x=x1+x2;
subplot(3,1,1);plot(t,x1);ylabel('{\itx}_1'); grid on
subplot(3,1,2);plot(t,x2);ylabel('{\itx}_2'); grid on
subplot(3,1,3);plot(t,x);ylabel('{\itx}'); xlabel('{\itt}'); grid on
clc
```

无阻尼单自由度受迫振动系统的瞬时、稳态和总响应如图 M_2.6.3 所示,可见此时系统出现了拍振现象。

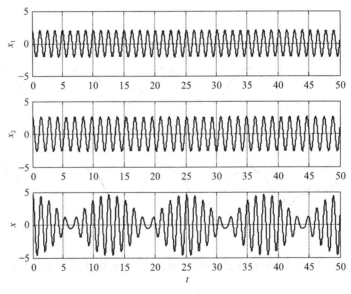

图 M_2.6.3   单自由度无阻尼受迫振动系统的瞬时、稳态和总响应

【M_2.6.4】 讨论单自由度有阻尼受迫振动系统的幅频特性。

解 单自由度有阻尼受迫振动系统的振幅为

$$X = \frac{\Delta_{st}}{\sqrt{(1-\lambda^2)^2 + (2\zeta\lambda)^2}}$$

相位为

$$\varphi = \arctan\frac{2\zeta\lambda}{1-\lambda^2}$$

可见影响系统振幅和相位的因素为频率比和阻尼比。以下讨论振幅和相位在不同阻尼比情况下随频率比的变化规律，为此分别取阻尼比为 0.05、0.10、0.15、0.25、0.5 和 1.0，依次计算系统振幅和相位在给定阻尼比下随频率比的变换规律，此处取 $\Delta_{st} = 1$。编写如下 MATLAB 程序直接输入到命令窗口：

```
%【M_2.6.4】
%计算有阻尼强迫振动系统在不同阻尼比下的幅频曲线与相频曲线
clear
la=0:0.01:3; Nm=length(la);
Dst=1.0; u=[0.05,0.10,0.15,0.25,0.5,1.0];
for i=1:6
    for j=1:Nm
        X(j)=Dst/sqrt((1-la(j)^2)^2+(2*u(i)*la(j))^2);
        phi(j)=atan(2*u(i)*la(j)/(1-la(j)^2));
        if(1-la(j)^2)<0; phi(j)= phi(j)+pi; end
    end
    subplot(2,1,1);hold on;plot(la,X);
    subplot(2,1,2);hold on;plot(la,phi);
end
subplot(2,1,1); ylabel('{\itX}'); grid on
subplot(2,1,2); ylabel('{\phi}'); xlabel('{\lambda}');grid on
set(gca,'YTick',0:pi/4: pi');
set(gca,'YTickLabel',{'0','pi/4','pi/2','3pi/4','pi'});
clc
```

有阻尼强迫振动系统在不同阻尼比下的幅频曲线与相频曲线如图 M_2.6.4 所示。

【M_2.6.5】 讨论基础激励下有阻尼系统的绝对位移传递率和相对位移传递率的幅频特性。

解 在基础激励下有阻尼系统的绝对位移传递率为

$$T_d = \frac{X_d}{X_g} = \left[\frac{1+(2\zeta\lambda)^2}{(1-\lambda^2)^2+(2\zeta\lambda)^2}\right]^{\frac{1}{2}}$$

相对位移传递率为

$$T_r = \frac{X_r}{X_g} = \frac{\lambda^2}{\sqrt{(1-\lambda^2)^2+(2\zeta\lambda)^2}}$$

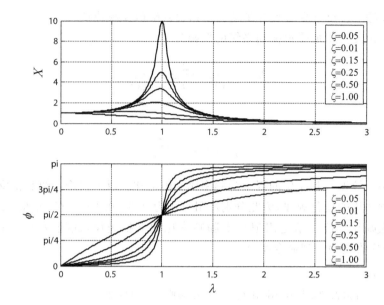

图 M_2.6.4　有阻尼强迫振动系统的幅频曲线与相频曲线

式中频率比为

$$\lambda = \frac{\Omega}{\omega_n}$$

可见影响传递率的因素有频率比和阻尼比。为此，分别取阻尼比为 0.05、0.10、0.15、0.25、0.50 和 1.0，依次计算位移传递率在给定阻尼比下随频率比的变换规律。编写如下 MATLAB 程序直接输入到命令窗口：

```
%【M_2.6.5】
%有阻尼系统在基础激励下的绝对位移传递率和相对位移传递率的幅频特性曲线
clear
la=0:0.01:3;　%表示频率比
u=[0.05,0.10,0.15,0.25,0.5,1.0];
Nm=length(la);
for i=1:6
    for j=1:Nm
        Td(j)= sqrt((((1+(2*u(i)*la(j))^2)/((1-la(j)^2)^2+(2*u(i)*la(j))^2))));
        Tr(j)= sqrt(la(j)^2/((1-la(j)^2)^2+(2*u(i)*la(j))^2));
    end
    subplot(1,2,1);hold on;plot(la,Td);
    subplot(1,2,2);hold on;plot(la,Tr);
end
subplot(1,2,1);ylabel('{\itT_d}'); xlabel('{\lambda }');grid on
subplot(1,2,2);ylabel('{\itT_r}'); xlabel('{\lambda }');grid on
clc
```

有阻尼系统在基础激励下的绝对位移传递率和相对位移传递率的幅频特性曲线如

图 M_2.6.5所示。

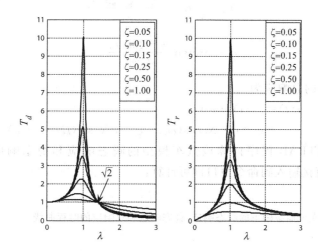

图 M_2.6.5　基础激励下有阻尼系统的绝对位移
传递率和相对位移传递率的幅频特性曲线

【M_2.6.6】　试计算例 2.2.2 中汽车模型的总响应。已知汽车模型的质量为 $m=1200\text{kg}$，悬架系统的弹簧刚度为 $k=400\text{kN/m}$，路面起伏按正弦规律变化，其幅值为 $X_g=0.05\text{m}$。汽车模型的固有频率和地面激励的频率已由例 2.2.2 计算得到，分别为 $\omega_n=18.2574\text{rad/s}$ 和 $\Omega=5.8176\text{rad/s}$。假设运动初始运动状态为 $x_0=0.05\text{m}$、$v_0=3\text{km/h}$，同时为了放大过渡过程将系统的阻尼比减小为原系统的十分之一，即取 $\zeta=0.05$。

解　汽车受到路面激励的振动方程由(2.2.3b)给出

$$m\ddot{x}(t)+c\dot{x}(t)+kx(t)=F_d\sin(\Omega t-\alpha)$$

其中路面激励幅值可按式(2.2.3a)计算

$$F_d=X_g\sqrt{k^2+(c\Omega)^2}$$

激励相位差为

$$\alpha=\arctan(-c\Omega/k)$$

系统的总响应由自由振动响应 $x_1(t)$ 和受迫振动稳态响应 $x_2(t)$ 两部分构成。稳态响应 $x_2(t)$ 由式(2.2.6a)确定

$$x_2(t)=X_d\sin(\Omega t-\varphi-\alpha)$$

式中的振幅和相位差分别为

$$X_d=\frac{X_g\sqrt{1+(2\zeta\lambda)^2}}{\sqrt{(1-\lambda^2)^2+(2\zeta\lambda)^2}}$$

$$\varphi=\arctan\frac{2\zeta\lambda}{1-\lambda^2}$$

系统的自由振动响应 $x_1(t)$ 可由第 1 章的式(1.4.18)确定

$$x_1(t)=\mathrm{e}^{-\zeta\omega_n t}\cdot X_0\cos(\omega_d t-\varphi_0)$$

式中的振幅和相位差由式(1.4.21)按初始条件确定

$$X_0 = \sqrt{x_0^2 + \frac{(v_0 + \zeta \omega_n x_0)^2}{\omega_d^2}}$$

$$\varphi_0 = \arctan \frac{v_0 + \zeta \omega_n x_0}{x_0 \omega_d}$$

汽车模型系统的总响应为

$$x(t) = x_1(t) + x_2(t)$$
$$= e^{-\zeta \omega_n t} \cdot X_0 \cos(\omega_d t - \varphi_0) + X_d \sin(\Omega t - \varphi - \alpha)$$

下面利用 MATLAB 程序计算该汽车模型的瞬态响应和稳态响应,为此编写如下 MATLAB 程序,直接输入到命令窗口即可计算:

```
%【M_2.6.6】
%计算汽车模型在地面激励下的瞬态响应、稳态响应和总响应的时程曲线
clear
t=0:0.01:10;
x0=0.05;v0=3.0;
wn=18.2574;W=5.8176;u=0.05;Xg=0.05;
k=400 * 1000;c=2 * u * wn;
la=W/wn;
wd=wn * sqrt(1-u^2);
Fd=Xg * sqrt(k^2+(c * W)^2);
alp=atan(-c * W/k);
phi=atan(2 * u * la/(1-la^2));if(1-la^2)<0; phi= phi+pi; end
Xd=Xg * sqrt(1+(2 * u * la)^2)/sqrt((1-la^2)^2+(2 * u * la)^2);
x2=Xd * sin(W * t-phi-alp);
X0=sqrt(x0^2+(v0+u * wn * x0)^2/(wd)^2);
phi0=atan((v0+u * wn * x0)/(x0 * wd));
x1=exp(-u * wn * t) * X0 * diag(cos(wd * t-phi0));
x=x1+x2;
subplot(4,1,1),plot(t,x1);ylabel('{\itx}_1');grid on;
subplot(4,1,2),plot(t,x2);ylabel('{\itx}_2');grid on;
subplot(2,1,2),plot(t,x);ylabel('{\itx}');xlabel('{\itt}');grid on;
clc
```

汽车模型在地面激励下的瞬态响应时程曲线、稳态响应时程曲线和总响应时程曲线如图 M_2.6.6 所示。由图可见,在过渡过程中系统的响应为瞬态响应和稳态响应之和,瞬态响应有阻尼的作用很快消失,系统的总响应很快由过渡过程过渡到稳态响应。

【M_2.6.7】　某单自由度无阻尼系统受到图 M_2.6.7(a)所示的方波 $f(t)$ 的激励,试模拟该周期激振力 $f(t)$ 的傅里叶级数时程曲线及其对系统的激励响应。假设系统的刚度系数 $k=25$、固有频率 $\omega_n=4.3$、阻尼比 $\zeta=0.1$。

解　方波为周期奇函数,其在一个周期中的函数表达式为

$$f(t) = \begin{cases} 1, & 0 < t < \pi \\ -1, & \pi < t < 2\pi \end{cases}$$

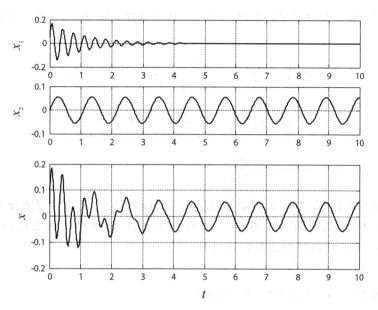

图 M_2.6.6　汽车模型在地面激励下的自由响应、受迫响应和总响应

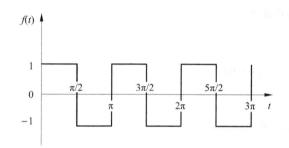

（a）方波激励时程曲线

图 M_2.6.7

由式(2.4.1b)计算周期激励函数 $f(t)$ 傅里叶级数的系数，得到

$$a_0 = \frac{2}{T}\int_0^T f(t)\,\mathrm{d}t = 0$$

$$a_j = \frac{2}{T}\int_0^T f(t)\cos j\Omega t\,\mathrm{d}t = 0$$

$$b_j = \frac{2}{T}\int_0^T f(t)\sin j\Omega t\,\mathrm{d}t = \frac{2}{T}\left[\frac{1}{j\Omega} + \frac{1}{j\Omega}\cos j2\pi - 2\frac{1}{j\Omega}\cos j\pi\right]$$

当 j 为偶数时 $b_j = 0$，当 j 为奇数时

$$b_j = \frac{2}{T}\frac{1}{j\Omega}[1 + \cos i2\pi - 2\cos i\pi] = \frac{4}{j\pi}, \qquad i = 1,3,5,\cdots$$

周期激振力 $f(t)$ 的傅里叶级数展开式为

$$f(t) = a_0 + \sum_{i=1}^{N}(a_j\cos j\Omega t + b_j\sin j\Omega t)$$

$$= \sum_{j=1,3,5,\cdots}^{N} b_j\sin j\Omega t = \frac{4}{\pi}\sum_{j=1,3,5,\cdots}^{N}\frac{\sin j\Omega t}{j}$$

由图 M_2.6.7(a)可见,该激励的周期为 $T=\pi$,频率为 $\Omega=2\pi/T=2$。系统在该周期激励下的稳态解为

$$
\begin{aligned}
x(t) &= \frac{a_0}{k} + \sum_{j=1}^{n} \frac{a_j\cos(j\Omega t - \varphi_j) + b_j\sin(j\Omega t - \varphi_j)}{k\ \sqrt{[1-(j\lambda)^2]^2 + [2j\zeta\lambda]^2}} \\
&= \frac{4}{\pi} \sum_{j=1,3,5\cdots}^{N} \frac{\sin(j\Omega t - \varphi_j)}{jk\ \sqrt{[1-(j\lambda)^2]^2 + [2j\zeta\lambda]^2}}
\end{aligned}
$$

$$
\varphi_j = \arctan\frac{2j\zeta\lambda}{1-(j\lambda)^2}
$$

下面利用 MATLAB 程序模拟周期激振力 $f(t)$ 的傅里叶级数时程曲线及其对系统激励的响应。首先,模拟周期激振力 $f(t)$ 的傅里叶级数,分别选取级数的项数 N＝2 项、N＝10项和 N＝100 项,MATLAB 程序如下:

```
%【M_2.6.7】(1)
%模拟周期激振力 f(t)的傅里叶级数时程曲线
clear
kn＝input('计算序号 k＝');
N＝input('输入级数项数 N＝');
A＝4/pi; W＝2;
for i=1：101
    ti＝(i－1)/10; fi=0;js=0;
    for j=1:N
      js＝2 * j－1;
      fi＝ fi＋sin(js * W * ti)/js;
    end
    f(i)＝A * fi;t(i)＝ti;
end
subplot(3,1,kn);plot(t,f);
set(gca,'XTick',0:pi/2;3 * pi');
set(gca,'XTickLabel',{'0','pi/2','pi','3pi/2','2pi','5pi/2','3pi'});
clc
```

重复使用以上程序,并在 MATLAB 命令窗口分别取输入 k＝1、2、3 和 N＝2、10、100,得到方波激励 $f(t)$ 不同阶数对应的傅里叶级数时程曲线,如图 M_2.6.7(b)所示。

下面,确定该系统在方波周期激振力 $f(t)$ 激励下的位移响应,方波选取级数的项数 $N=2$、$N=10$ 和 $N=100$,MATLAB 程序如下:

```
%【M_2.6.7】(2)
%模拟系统在方波激励力 f(t)激励下的位移响应时程曲线
clear
kn＝input('计算序号 k＝');
N＝input('输入级数项数 N＝');
A＝4/pi; W＝2;wn＝4.3;u=0.1;k=25;
```

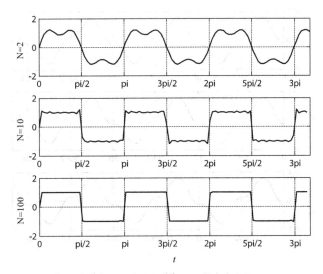

（b）方波激励 $f(t)$ 不同阶数的傅里叶级数时程曲线

图 M_2.6.7

```
la=W/wn;
for i=1：101
    ti=(i-1)/10; xi=0;js=0;
    for j=1:N
      js=2 * j-1;
      phi=atan(2 * js * u * la/(1-(js * la)^2));
      if(1-(js * la)^2)<0; phi=phi+pi; end
      xi= xi+sin(js * W * ti-phi)/(js * k * sqrt((1-(js * la)^2)^2+(2 * js * u * la)^2));
    end
    x(i)=A * xi;t(i)=ti;
end
subplot(3,1,kn);plot(t,x);grid on
set(gca,'XTick',0:pi/2:3 * pi');
set(gca,'XTickLabel',{'0','pi/2','pi','3pi/2','2pi','5pi/2','3pi'});
clc
```

重复 3 次使用以上程序,分别取方波选取级数的项数 N=2、N=10 和 N=100 进行计算,得到系统在方波 $f(t)$ 激励下取不同阶数时对应的位移响应时程曲线,如图 M_2.6.7(c)所示。由图可见,利用傅里叶级数法确定的响应收敛很快,当仅取 2 项时已有很好的近似结果。

【M_2.6.8】　某一单自由度系统受到一个矩形激振力 $f(t)$ 的作用,力与时间的关系如图 M_2.6.8(a)所示,试求系统的响应。

解　矩形激振力 $f(t)$ 可分解为图 M_2.6.8(b)所示的两个阶跃激励函数

$$f(t)=f_1(t)-f_2(t)=F_0[u(t+T)-u(t-T)]$$

式中 $u(t)$ 为单位阶跃函数,其定义为

$$u(t)=\begin{cases}0, & t<0 \\ 1, & t\geqslant0\end{cases}$$

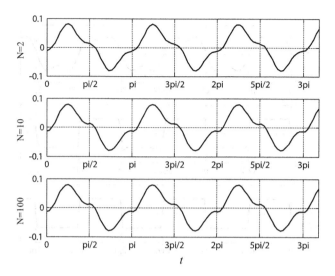

（c）系统在方波 $f(t)$ 激励下的位移响应时程曲线

图 M_2.6.7

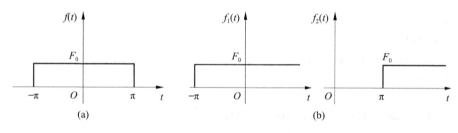

图 M_2.6.8

利用杜哈梅积分求解系统在非周期激励 $f(t)$ 作用下的响应

$$x(t) = \frac{1}{m\omega_d} \int_0^t f(\tau) e^{-\zeta\omega_n(t-\tau)} \sin\omega_d(t-\tau) d\tau$$

$$= \frac{F_0[u(t+T)-u(t-T)]}{m\omega_d} \int_0^t e^{-\zeta\omega_n(t-\tau)} \sin\omega_d(t-\tau) d\tau$$

为求解积分项，令 $s=t-\tau$，则有 $d\tau = -ds$，上式积分下限变为 $s=t-0=t$、上限变为 $s=t-t=0$，利用欧拉公式

$$\sin\omega_d s = \frac{1}{2i}[e^{i\omega_d s} - e^{-i\omega_d s}]$$

将以上变换及单位阶跃函数 $u(t)$ 代入响应中的积分式子

$$g(t) = \int_0^t u(t) e^{-\zeta\omega_n(t-\tau)} \sin\omega_d(t-\tau) d\tau = u(t) \int_0^t e^{-\zeta\omega_n s} \sin\omega_d s\, ds$$

$$= \frac{u(t)}{2i} \int_0^t [e^{(-\zeta\omega_n+i\omega_d)s} - e^{-(\zeta\omega_n+i\omega_d)s}] ds$$

$$= -\frac{1}{2i} \frac{u(t)}{(\zeta\omega_n)^2+\omega_d^2} [e^{-\zeta\omega_n s}(\zeta\omega_n(e^{i\omega_d s}-e^{-i\omega_d s}) + i\omega_d(e^{i\omega_d s}+e^{-i\omega_d s}))]_0^t$$

$$= \frac{-u(t)}{(\zeta\omega_n)^2+\omega_d^2} [e^{-\zeta\omega_n s}(\zeta\omega_n \sin\omega_d s + \omega_d \cos\omega_d s)]_0^t$$

$$
= \frac{u(t)}{\omega_{\mathrm{n}}^2}\big[1 - \mathrm{e}^{-\zeta\omega_{\mathrm{n}}t}(\zeta\omega_{\mathrm{n}}\sin\omega_{\mathrm{d}}t + \omega_{\mathrm{d}}\cos\omega_{\mathrm{d}}t)\big]
$$

故系统的响应为

$$
x(t) = \frac{F_0}{k\omega_{\mathrm{d}}}\big[g(t+T) - g(t-T)\big]
$$

即系统的分时段解为

当 $t < -T$ 时

$$
x(t) = 0
$$

当 $-T < t < T$ 时

$$
x(t) = \frac{F_0}{k\omega_{\mathrm{d}}}\big[1 - \mathrm{e}^{-\zeta\omega_{\mathrm{n}}(t+T)}(\zeta\omega_{\mathrm{n}}\sin\omega_{\mathrm{d}}(t+T) + \omega_{\mathrm{d}}\cos\omega_{\mathrm{d}}(t+T))\big]
$$

当 $t \geqslant T$ 时

$$
\begin{aligned}
x(t) = \frac{F_0}{k\omega_{\mathrm{d}}}\big\{ &\mathrm{e}^{-\zeta\omega_{\mathrm{n}}(t-T)}\big[\zeta\omega_{\mathrm{n}}\sin\omega_{\mathrm{d}}(t-T) + \omega_{\mathrm{d}}\cos\omega_{\mathrm{d}}(t-T)\big] \\
&- \mathrm{e}^{-\zeta\omega_{\mathrm{n}}(t+T)}\big[\zeta\omega_{\mathrm{n}}\sin\omega_{\mathrm{d}}(t+T) + \omega_{\mathrm{d}}\cos\omega_{\mathrm{d}}(t+T)\big]\big\}
\end{aligned}
$$

如果不考虑系统的阻尼,则系统的响应简化为

$$
x(t) = \begin{cases}
0, & t < -T \\
\dfrac{F_0}{k}\big[1 - \cos\omega_{\mathrm{d}}(t+T)\big], & -T < t < T \\
\dfrac{F_0}{k}\big[\cos\omega_{\mathrm{d}}(t-T) - \cos\omega_{\mathrm{d}}(t+T)\big] = \dfrac{2F_0}{k}\sin\omega_{\mathrm{d}}T\sin\omega_{\mathrm{d}}t, & t \geqslant T
\end{cases}
$$

下面利用 MATLAB 程序计算系统在该矩形激振力 $f(t)$ 作用下的响应。首先,考虑有阻尼情况,取 $F_0/k = \Delta_{\mathrm{st}} = 1$、$\zeta = 0.1$、$\omega_{\mathrm{n}} = 3$、$T = \pi/5$。MATLAB 程序如下:

```
%【M_2.6.8】
%计算单自由度系统在矩形激振力 f(t)作用下的响应
clear
kn=input('计算序号 k=');
u=input('输入阻尼比 ζ=');
Dst=1; wn=3;T=pi/5;
wd=sqrt(1-u^2)* wn;
DT=T/100;    %时间增量
t1=-2*T:DT:-T;
N1=length(t1);
x(1:N1)=0;
t2=-T:DT:T;
N2=length(t2);
for i=1:N2
    x1=wd-exp(-u*wn*(t2(i)+T))*[u*wn*sin(wd*(t2(i)+T))+wd*cos(wd*(t2(i)+
    T))];
    x(i+N1)=Dst/wd*x1;
end
t3=T:DT:12*T;
```

N3＝length(t3)；

for i＝1:N3

    x2＝exp(−u * wn * (t3(i)−T)) * [u * wn * sin(wd * (t3(i)−T))＋wd * cos(wd * (t3(i)−T))]；

    x3＝exp(−u * wn * (t3(i)＋T)) * [u * wn * sin(wd * (t3(i)＋T))＋wd * cos(wd * (t3(i)＋T))]；

    x(i＋N1＋N2)＝Dst/wd * (x2−x3)；

end

t＝[t1,t2,t3]；

subplot(2,1,kn)；plot(t,x)；ylabel('{\itx}')；xlabel('{\itt}')；grid on；

set(gca,'XTick',−2 * T:T:12 * T')；

set(gca,'XTickLabel',{'−2T','−T','o','T','2T','3T','4T','5T','6T','7T','8T','9T','10T','11T','12T'})；

    clc

依次取 $\zeta=0.1$ 和 $\zeta=0.0$ 分别计算有阻尼和无阻尼单自由度系统在矩形激振力 $f(t)$ 作用下的响应如图 M_2.6.8(c)所示。

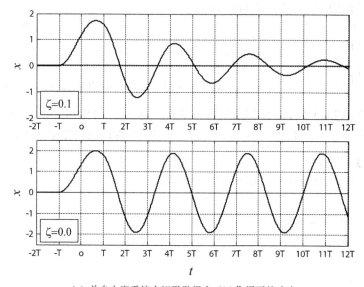

(c) 单自由度系统在矩形激振力 $f(t)$ 作用下的响应

图 M_2.6.8

第 **3** 章

两自由度系统的振动

  振动系统的"自由度"定义为描述振动系统的位置或形状所需要的独立坐标的个数。仅用一个独立坐标即可确定其振动规律的振动系统称为单自由度振动系统,需要用多个独立坐标来描述其运动的振动系统称为多自由度振动系统。前面我们分别讨论了单自由度系统自由振动和强迫振动,但工程中大量的复杂振动系统无法简化为单自由度系统,往往需要简化成多自由度系统才能反映实际问题的力学本质。多自由度振动系统与单自由度振动系统,既有联系又有区别。单自由度是振动系统的特例,其理论也是多自由度振动分析的基础,单自由度系统的基本概念和分析方法会在多自由度系统中得到继续使用或推广。多自由度是振动系统的一般情况,与单自由度系统相比,多自由度系统不仅复杂,而且具有本质上的区别,会出现一些新的概念,需要使用新的方法进行分析。两自由度系统是最简单的多自由度系统,是多自由度系统的一个特例。与单自由度不同,两自由度系统与多自由度系统相比没有本质上的区别,在模型的简化、振动微分方程式、系统响应、振动特性以及基本概念和求解方法等方面完全相同,但在数学处理上相对简单。因此,研究两自由度系统的理论是分析和掌握多自由度系统振动特性的基础,同时本身也有重要的工程应用。

  本章介绍两自由度系统的基本概念、振动特性、微分方程及求解方法等基本理论,为下一章研究一般的多自由度系统奠定理论基础。

3.1 两自由度振动系统的运动微分方程

  图 3.1.1(a)给出一个典型的两自由度振动系统的质阻弹力学模型,其中两个质块的质量分别为 m_1 和 m_2,3 个弹簧的刚度分别为 k_1、k_2 和 k_3,3 个阻尼器的阻尼系数分别为 c_1、c_2 和 c_3,质阻弹 3 参数的物理意义与单自由度系统相同。假设系统受到两个激振力作用,一个激振力 $f_1(t)$ 作用在质块 m_1 上,另一个激振力 $f_2(t)$ 作用在质块 m_2 上。此模型除阻尼器将在质块运动过程中产生黏性阻尼外,不计摩擦阻尼和其他能耗。

  为确定系统的振动规律,选取如图 3.1.1(a) 所示的坐标系。其中 x_1 描述质块 m_1 的运动规律,也表述了弹簧 k_1 和阻尼器 c_1 右端以及弹簧 k_2 和阻尼器 c_2 左端的运动;x_2 描述质块 m_2 的运动规律,也表达了 k_2 和 c_2 右端以及弹簧 k_3 和阻

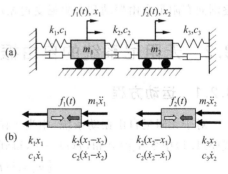

图 3.1.1 两自由度振动系统

尼器 c_3 左端的运动；x_1 和 x_2 完全独立。以质块 m_1 和 m_2 为研究对象取分离体，其动力学受力分析如图 3.1.1(b)所示。

根据动力学平衡方程，得到系统的振动方程，

$$m_1\ddot{x}_1(t)+(c_1+c_2)\dot{x}_1(t)-c_2\dot{x}_2(t)+(k_1+k_2)x_1(t)-k_2x_2(t)=f_1(t)$$

$$m_2\ddot{x}_2(t)-c_2\dot{x}_1(t)+(c_2+c_3)\dot{x}_2(t)-k_2x_1(t)+(k_2+k_3)x_2(t)=f_2(t)$$

或写成矩阵形式

$$[m]\{\ddot{x}(t)\}+[c]\{\dot{x}(t)\}+[k]\{x(t)\}=\{f(t)\}$$

此处

$$\{x(t)\}=\begin{Bmatrix}x_1(t)\\x_2(t)\end{Bmatrix},\qquad\{F(t)\}=\begin{Bmatrix}f_1(t)\\f_2(t)\end{Bmatrix},\qquad[m]=\begin{bmatrix}m_1&0\\0&m_2\end{bmatrix}$$

$$[c]=\begin{bmatrix}c_1+c_2&-c_2\\-c_2&c_2+c_3\end{bmatrix},\qquad[k]=\begin{bmatrix}k_1+k_2&-k_2\\-k_2&k_2+k_3\end{bmatrix}$$

式中 $\{x(t)\}$ 和 $\{f(t)\}$ 分别为**位移列向量**（displacement vector）和**激振力列向量**（excitation vector）；系数矩阵 $[m]$、$[c]$、$[k]$ 为常数矩阵，分别称为**质量矩阵**（mass matrix）、**阻尼矩阵**（damping matrix）和**刚度矩阵**（stiffness matrix）。一般情况下，这 3 个系数矩阵是对称的，但不一定是对角的。当系数矩阵为非对角时，微分方程中将出现交叉项，即描述 m_1 运动的变量出现在第二个方程中，或描述 m_2 运动的变量出现在第一个方程中，这种现象称为**坐标耦合**（coordinate coupling），此时涉及耦合的变量所对应的系数矩阵为非对角矩阵。

两自由度系统振动微分方程的一般表达为

$$[m]\{\ddot{x}(t)\}+[c]\{\dot{x}(t)\}+[k]\{x(t)\}=\{f(t)\}\tag{3.1.1a}$$

其中各常系数矩阵为

$$[m]=\begin{bmatrix}m_{11}&m_{12}\\m_{21}&m_{22}\end{bmatrix},\qquad[c]=\begin{bmatrix}c_{11}&c_{12}\\c_{21}&c_{22}\end{bmatrix},\qquad[k]=\begin{bmatrix}k_{11}&k_{22}\\k_{21}&k_{22}\end{bmatrix}\tag{3.1.1b}$$

式中各元素，需要依据模型的具体情况确定，例如对于图 3.1.1(a)所示的模型有 $m_{12}=m_{21}=0$、$c_{11}=c_1+c_2$、$k_{22}=k_2+k_3$ 等。

为了对多自由振动有一个整体上的概念，以上给出了两自由度振动系统的一般情况。在实际工程问题中有的系统阻尼很小，阻尼对系统运动的影响微乎其微，这时在分析中可以忽略阻尼作用，使问题得到简化。同时，与单自由度情况一样，自由振动是我们研究多自由度系统振动特性的基本运动。为此，以下先从简单的无阻尼自由振动系统开始，由浅入深地逐渐向有阻尼自由振动和有阻尼受迫振动引申。

3.2　无阻尼系统的自由振动

3.2.1　运动方程

对于无阻尼自由振动系统，相当于图 3.1.1 所示的模型中无阻尼器和激励力，于是在式(3.1.1)中令 $[c]=0$ 和 $\{f(t)\}=0$，得到无阻尼自由振动系统的运动微分方程，即

$$[m]\{\ddot{x}(t)\}+[k]\{x(t)\}=0\tag{3.2.1a}$$

式中的质量矩阵、刚度矩阵和位移列向量分别为

$$[m] = \begin{bmatrix} m_1 & 0 \\ 0 & m_2 \end{bmatrix}, \qquad [k] = \begin{bmatrix} k_{11} & k_{12} \\ k_{21} & k_{22} \end{bmatrix}, \qquad \{x(t)\} = \begin{Bmatrix} x_1(t) \\ x_2(t) \end{Bmatrix} \tag{3.2.1b}$$

考虑到我们研究的大多数情况下有 $m_{12} = m_{21} = 0$，所以这里直接把质量矩阵写成上述对角矩阵，以后不加说明时，也通常这样表达。若将矩阵方程式(3.2.1a)展开，有

$$\begin{cases} m_1 \ddot{x}_1(t) + k_{11} x_1(t) + k_{12} x_2(t) = 0 \\ m_2 \ddot{x}_2(t) + k_{21} x_1(t) + k_{22} x_2(t) = 0 \end{cases} \tag{3.2.1c}$$

3.2.2　固有频率和模态

上面给出了无阻尼自由振动系统的运动微分方程(3.2.1)，假设系统以相同的频率 ω_n 和相位角 φ_0 作简谐振动，则令系统的解为

$$\{x(t)\} = \begin{Bmatrix} x_1(t) \\ x_2(t) \end{Bmatrix} = \begin{Bmatrix} X_1 \\ X_2 \end{Bmatrix} \cos(\omega_n t - \varphi_0)$$

$$= \{X\} \cos(\omega_n t - \varphi_0) \tag{3.2.2}$$

式中，X_1 和 X_2 分别为 $x_1(t)$ 和 $x_2(t)$ 的最大值，即 m_1 和 m_2 的振幅；$\{X\}$ 为振幅列向量；ω_n 为系统的自由振动频率，也即振动系统的固有频率；φ_0 为系统自由振动的初相位。将式(3.2.2)代入式(3.2.1)得到

$$([k] - \omega_n^2 [m])\{X\} = 0 \tag{3.2.3a}$$

展开后

$$(k_{11} - m_{11} \omega_n^2) X_1 + k_{12} X_2 = 0$$
$$k_{21} X_1 + (k_{22} - m_{22} \omega_n^2) X_2 = 0 \tag{3.2.3b}$$

此式是关于 $\{X\}$ 的特征值问题方程，是关于 X_1 和 X_2 的两个联立齐次代数方程。可见，$X_1 = X_2 = 0$ 是方程的一组解，但此时意味着系统静止，显然不是我们要研究的振动状态，没有意义，故舍去此组解。因此，对于 X_1 或 X_2 有非零解的必要条件是其系数矩阵的行列式必须为零，即

$$\begin{vmatrix} k_{11} - m_{11} \omega_n^2 & k_{12} \\ k_{21} & k_{22} - m_{22} \omega_n^2 \end{vmatrix} = 0 \tag{3.2.4a}$$

此式实质上是关于固有频率 ω_n 的代数方程组，因此其称为**频率方程**(frequency equation)，数学上又称为**特征方程**(characteristic equation)。

将频率方程(3.2.4a)展开，整理得到

$$\begin{cases} a(\omega_n^2)^2 + b\omega_n^2 + c = 0 \\ a = m_{11} m_{22}, \ b = -(m_{11} k_{22} + m_{22} k_{11}), \ c = k_{11} k_{22} - k_{12} k_{21} \end{cases} \tag{3.2.4b}$$

方程的特征值即固有频率为

$$\omega_{n1,2}^2 = \frac{-b \mp \sqrt{b^2 - 4ac}}{2a} \tag{3.2.4c}$$

舍弃负值后得到的两个根，即为两自由度振动系统的固有频率，依次按照大小排列 $\omega_{n1} \leqslant \omega_{n2}$，其中 ω_{n1} 称为系统的**第一阶固有频率**(first natural frequency)或**基频**(fundamental frequency)，ω_{n2} 称为**第二阶固有频率**(second natural frequency)。可见两自由度的振动系统，存在两个固有频率。一般情况下，两自由度系统的自由振动同时包含 ω_{n1} 和 ω_{n2} 两个振动频率成分，特殊情况下也可能仅以第一阶固有频率 ω_{n1} 或仅以第二阶固有频率 ω_{n2} 为振动频

率作自由振动。

$\{X\}$ 为求解系统的解而设定的振幅向量,是一个待定值。由式(3.2.3)可见,$\{X\}$ 与固有频率有关。当系统仅以第一阶固有频率 ω_{n1} 作自由振动时,令相应的振幅向量为 $\{X^{(1)}\}$ 或 $X_1^{(1)}$ 和 $X_2^{(1)}$;当系统仅以第二阶固有频率 ω_{n2} 作自由振动时,令相应的振幅向量为 $\{X^{(2)}\}$ 或 $X_1^{(2)}$ 和 $X_2^{(2)}$。分别将第一阶固有频率 ω_{n1} 和第二阶固有频率 ω_{n2} 代入特征问题方程(3.2.3),得到两个质量块的第一阶振幅比 r_1 和第二阶振幅比 r_2 如下:

$$\begin{cases} r_1 = \dfrac{X_2^{(1)}}{X_1^{(1)}} = \dfrac{k_{11} - m_{11}\omega_{n1}^2}{-k_{12}} = \dfrac{-k_{21}}{k_{22} - m_{22}\omega_{n1}^2} \\[3mm] r_2 = \dfrac{X_2^{(2)}}{X_1^{(2)}} = \dfrac{k_{11} - m_{11}\omega_{n2}^2}{-k_{12}} = \dfrac{-k_{21}}{k_{22} - m_{22}\omega_{n2}^2} \end{cases} \tag{3.2.5}$$

不难证明,$r_1 > 0$,$r_2 < 0$。

由式(3.2.5)可见,自由振动系统的振幅比只取决于系统本身的物理性质。系统仅以某阶固有频率为振动频率所作的自由振动称为系统对应该阶的**主振动**(principal vibrations),如仅以第一阶固有频率 ω_{n1} 作自由振动称为第一阶主振动 $\{x(t)^{(1)}\}$,如仅以第二阶固有频率 ω_{n2} 作自由振动称为第二阶主振动 $\{x(t)^{(2)}\}$。因此,两自由度系统的主振动可以表示为

$$\begin{cases} \{x^{(1)}(t)\} = \begin{Bmatrix} x_1^{(1)}(t) \\ x_2^{(1)}(t) \end{Bmatrix} = \begin{Bmatrix} X_1^{(1)} \\ X_2^{(1)} \end{Bmatrix} \cos(\omega_{n1}t - \varphi_1) \\[5mm] \{x^{(2)}(t)\} = \begin{Bmatrix} x_1^{(2)}(t) \\ x_2^{(2)}(t) \end{Bmatrix} = \begin{Bmatrix} X_1^{(2)} \\ X_2^{(2)} \end{Bmatrix} \cos(\omega_{n2}t - \varphi_2) \end{cases} \tag{3.2.6}$$

上述的振幅比,是在主振动的前提下定义的。将主振动方程(3.2.6)代入振幅比定义式(3.2.5),可得

$$r_1 = \frac{X_2^{(1)}}{X_1^{(1)}} = \frac{x_2^{(1)}(t)}{x_1^{(1)}(t)}, \qquad r_2 = \frac{X_2^{(2)}}{X_1^{(2)}} = \frac{x_2^{(2)}(t)}{x_1^{(2)}(t)}$$

可见,在主振动状态下,不仅振幅而且整个振动过程都是成比例的。即整个振动过程的运动形态是固定的,而振动形态取决于振幅比。因此,主振动的形态完全可以用振幅向量或振幅比来描述,

$$\{X^{(1)}\} = \begin{Bmatrix} X_1^{(1)} \\ X_2^{(1)} \end{Bmatrix} = X_1^{(1)} \begin{Bmatrix} 1 \\ r_1 \end{Bmatrix} \tag{3.2.7a}$$

$$\{X^{(2)}\} = \begin{Bmatrix} X_1^{(2)} \\ X_2^{(2)} \end{Bmatrix} = X_1^{(2)} \begin{Bmatrix} 1 \\ r_2 \end{Bmatrix}$$

因此,主振动的振幅向量 $\{X\}$ 被称为**模态向量**(modal vector)或**特征向量**(characteristic vector),也称为**主振型**(principal vibration mode)或**固有振型**(natural vibration mode)。

事实上,满足式(3.2.3)的振幅向量有无穷多个。每个振幅向量不受绝对值大小的约束,但每组振幅向量之间的振幅比是固定的,只要满足式(3.2.5)即可。也就是说,模态向量只是反映各个向量之间的比例关系,与各个向量的绝对尺寸无关。因此,在式(3.2.7a)表示的两组振幅向量中消去一个公因子后,仍然是系统主振动的振幅向量,即系统的模态向量也可表示为

$$\{u^{(1)}\} = \begin{Bmatrix} 1 \\ r_1 \end{Bmatrix}, \qquad \{u^{(2)}\} = \begin{Bmatrix} 1 \\ r_2 \end{Bmatrix} \tag{3.2.7b}$$

由于模态向量 $\{u\}$ 是规范化后的向量,使用起来更为方便。

3.2.3　无阻尼系统的自由振动

两自由度振动系统有两个固有频率、两个主振动,一般情况下两个主振动都会被激发出来,即其自由振动中通常并存两个主振动,因此振动中包含 ω_{n1} 和 ω_{n2} 两个频率。为此,可以根据叠加原理,先分别求解每一个主振动,然后再叠加求出全解。根据式(3.2.2),系统的第一主振动为

$$x_1^{(1)}(t) = X_1^{(1)} \cos(\omega_{n1} t - \varphi_1)$$
$$x_2^{(1)}(t) = X_2^{(1)} \cos(\omega_{n1} t - \varphi_1) = r_1 X_1^{(1)} \cos(\omega_{n1} t - \varphi_1)$$

系统的第二主振动为

$$x_1^{(2)}(t) = X_1^{(2)} \cos(\omega_{n2} t - \varphi_2)$$
$$x_2^{(2)}(t) = X_2^{(2)} \cos(\omega_{n2} t - \varphi_2) = r_2 X_1^{(2)} \cos(\omega_{n2} t - \varphi_2)$$

自由振动的全解为

$$\begin{cases} x_1(t) = x_1^{(1)}(t) + x_1^{(2)}(t) = X_1^{(1)} \cos(\omega_{n1} t - \varphi_1) + X_1^{(2)} \cos(\omega_{n2} t - \varphi_2) \\ x_2(t) = x_2^{(1)}(t) + x_2^{(2)}(t) = r_1 X_1^{(1)} \cos(\omega_{n1} t - \varphi_1) + r_2 X_1^{(2)} \cos(\omega_{n2} t - \varphi_2) \end{cases} \tag{3.2.8}$$

可见,两自由度系统的振动一般为两个不同频率主振动的合成振动,振动合成后不再为简谐振动。当两个频率比为有理数时,合成运动仍为周期运动,当为非有理数时,合成运动为非周期运动,如图 3.2.1 所示。在特殊初始条件情况下,某一阶主振动的振幅可能为 0,此时系统将会按照另一阶固有频率振动。

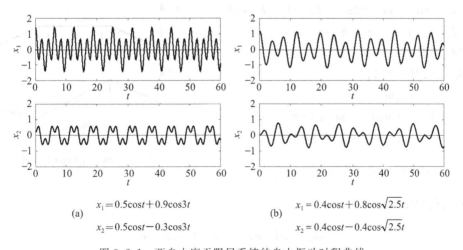

$$(a) \quad \begin{aligned} x_1 &= 0.5\cos t + 0.9\cos 3t \\ x_2 &= 0.5\cos t - 0.3\cos 3t \end{aligned} \qquad (b) \quad \begin{aligned} x_1 &= 0.4\cos t + 0.8\cos\sqrt{2.5}\,t \\ x_2 &= 0.4\cos t - 0.4\cos\sqrt{2.5}\,t \end{aligned}$$

图 3.2.1　两自由度无阻尼系统的自由振动时程曲线

为了方便确定振幅和初相位等待定系数,也可将式(3.2.8)改写成以下形式:

$$\begin{cases} x_1(t) = C_1 \cos\omega_{n1} t + D_1 \sin\omega_{n1} t + C_2 \cos\omega_{n2} t + D_2 \sin\omega_{n2} t \\ x_2(t) = r_1 C_1 \cos\omega_{n1} t + r_1 D_1 \sin\omega_{n1} t + r_2 C_2 \cos\omega_{n2} t + r_2 D_2 \sin\omega_{n2} t \\ C_1 = \dfrac{x_{20} - r_2 x_{10}}{r_1 - r_2}, \quad D_1 = \dfrac{\dot{x}_{20} - r_2 \dot{x}_{10}}{\omega_{n1}(r_1 - r_2)}; \quad C_2 = \dfrac{r_1 x_{10} - x_{20}}{r_1 - r_2}, \quad D_2 = \dfrac{r_1 \dot{x}_{10} - \dot{x}_{20}}{\omega_{n2}(r_1 - r_2)} \\ \varphi_1 = \arctan\dfrac{D_1}{C_1}, \quad \varphi_2 = \arctan\dfrac{D_2}{C_2}; \quad X_1^{(1)} = \sqrt{C_1^2 + D_1^2}, \quad X_1^{(2)} = \sqrt{C_2^2 + D_2^2} \end{cases} \tag{3.2.9}$$

若将解写成向量形式,则系统的全解为

$$\{x(t)\} = \begin{Bmatrix} x_1(t) \\ x_2(t) \end{Bmatrix} = X_1^{(1)} \begin{Bmatrix} 1 \\ r_1 \end{Bmatrix} \cos(\omega_{n1}t - \varphi_1) + X_1^{(2)} \begin{Bmatrix} 1 \\ r_2 \end{Bmatrix} \cos(\omega_{n2}t - \varphi_2) \tag{3.2.10a}$$

式中

$$\begin{cases} X_1^{(1)} = \dfrac{1}{|r_2 - r_1|}\sqrt{(r_2 x_{10} - x_{20})^2 + \dfrac{(r_2 \dot{x}_{10} - \dot{x}_{20})^2}{\omega_{n1}^2}} \\[4mm] X_1^{(2)} = \dfrac{1}{|r_2 - r_1|}\sqrt{(r_1 x_{10} - x_{20})^2 + \dfrac{(r_1 \dot{x}_{10} - \dot{x}_{20})^2}{\omega_{n2}^2}} \\[4mm] \varphi_1 = \arctan\dfrac{r_2 \dot{x}_{10} - \dot{x}_{20}}{\omega_{n1}^2(r_2 x_{10} - x_{20})} \\[4mm] \varphi_2 = \arctan\dfrac{r_1 \dot{x}_{10} - \dot{x}_{20}}{\omega_{n2}^2(r_1 x_{10} - x_{20})} \end{cases} \tag{3.2.10b}$$

【例 3.2.1】 在例 3.2.1 图(a)所示系统中,$m_1 = m$,$m_2 = 2m$,$k_1 = k_2 = k$,$k_3 = 2k$,试求该系统的自然模态。若初始条件为 $x_{10} = 1.2$,$x_{20} = \dot{x}_{10} = \dot{x}_{20} = 0$,试确定系统的响应。

解 (1)系统的模态

由已知条件,得

$$m_{11} = m, \quad m_{22} = 2m, \quad k_{11} = k_1 + k_2 = 2k$$

$$k_{12} = -k_2 = -k, \quad k_{21} = -k_2 = -k$$

$$k_{22} = k_2 + k_3 = 3k$$

代入式(3.2.4b),得到

$$a = m_{11}m_{22} = 2m^2$$

$$b = -(m_{11}k_{22} + m_{22}k_{11}) = -7mk$$

$$c = k_{11}k_{22} - k_{12}k_{21} = 5k^2$$

$$\omega_{n1,2}^2 = \frac{-b \mp \sqrt{b^2 - 4ac}}{2a} = \frac{7 \mp 3}{4}\frac{k}{m}$$

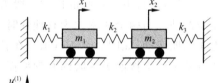

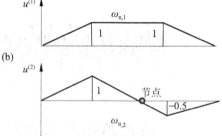

例 3.2.1 图   系统的主振型

系统的固有频率为

$$\omega_{n1} = \sqrt{k/m}, \qquad \omega_{n2} = \sqrt{5k/2m}$$

系统的振幅比为

$$r_1 = \frac{k_{11} - m_{11}\omega_{n1}^2}{-k_{12}} = \frac{2k - m\dfrac{k}{m}}{-(-k)} = 1$$

$$r_2 = \frac{k_{11} - m_{11}\omega_{n2}^2}{-k_{12}} = \frac{2k - m\dfrac{5k}{2m}}{-(-k)} = -0.5$$

系统的模态向量为

$$\{u^{(1)}\}=\begin{Bmatrix}1\\r_1\end{Bmatrix}=\begin{Bmatrix}1\\1\end{Bmatrix},\qquad \{u^{(2)}\}=\begin{Bmatrix}1\\r_2\end{Bmatrix}=\begin{Bmatrix}1\\-0.5\end{Bmatrix}$$

系统的主振型如例 3.2.1 图(b)所示,图(b)中上图为第一主振型,下图为第二主振型。第一振型的两个分量相等,表明系统在作第一阶主振动时,两个质块不仅方向相同且大小也一致,二者完全同步运动。第二阶模态有一个零位移点,在对应的弹簧上存在一个静止点,振动过程中这一点始终保持不动,此点称为**节点**(nodal point)。

（2）系统的响应

已知初始条件为 $x_{10}=1.2,\quad x_{20}=\dot{x}_{10}=\dot{x}_{20}=0$,则利用(3.2.10b)可得

$$X_1^{(1)}=\frac{1}{|r_2-r_1|}\sqrt{(r_2 x_{10}-x_{20})^2+\frac{(r_2 \dot{x}_{10}-\dot{x}_{20})^2}{\omega_{n1}^2}}=0.4$$

$$X_1^{(2)}=\frac{1}{|r_2-r_1|}\sqrt{(r_1 x_{10}-x_{20})^2+\frac{(r_1 \dot{x}_{10}-\dot{x}_{20})^2}{\omega_{n2}^2}}=0.8$$

$$\varphi_1=\arctan\frac{r_2 \dot{x}_{10}-\dot{x}_{20}}{\omega_{n1}^2(r_2 x_{10}-x_{20})}=0,\qquad \varphi_2=\arctan\frac{r_1 \dot{x}_{10}-\dot{x}_{20}}{\omega_{n2}^2(r_1 x_{10}-x_{20})}=0$$

$$x_1(t)=X_1^{(1)}\cos\omega_{n1}t+X_1^{(2)}\cos\omega_{n2}t=0.4\cos(\sqrt{k/mt})+0.8\cos(\sqrt{5k/2mt})$$

$$x_2(t)=r_1 X_1^{(1)}\cos\omega_{n1}t+r_2 X_1^{(2)}\cos\omega_{n2}t=0.4\cos(\sqrt{k/mt})-0.4\cos(\sqrt{5k/2mt})$$

（3）关于系统的响应的进一步讨论

若初始条件为 $x_{10}=x_{20}=1.2,\dot{x}_{10}=\dot{x}_{20}=0$,则系统的响应计算如下:

$$X_1^{(1)}=1.2,\qquad X_1^{(2)}=0,\qquad \varphi_1=\varphi_2=0$$

$$x_1(t)=1.2\cos(\sqrt{k/mt})=1.2\cos\omega_{n1}t$$

$$x_2(t)=1.2\cos(\sqrt{k/mt})=1.2\cos\omega_{n1}t$$

在此初始条件下,系统只有一阶模态振动。同样,当 $x_{10}=1,x_{20}=-0.5,\dot{x}_{10}=\dot{x}_{20}=0$,则系统只有二阶模态振型。可见,初始条件对自由振动系统出现哪一阶的模态振动有直接影响,一般情况为两阶振动模态共存,特殊情况下会出现仅以某一阶模态振动的情形。

3.3 坐标耦合与主坐标

3.3.1 坐标耦合

图 3.1.1 给出的两自由度振动系统的运动方程为

$$m_1 \ddot{x}_1(t)+(c_1+c_2)\dot{x}_1(t)-c_2 \dot{x}_2(t)+(k_1+k_2)x_1(t)-k_2 x_2(t)=F_1(t)$$

$$m_2 \ddot{x}_2(t)-c_2 \dot{x}_1(t)+(c_2+c_3)\dot{x}_2(t)-k_2 x_1(t)+(k_2+k_3)x_2(t)=F_2(t)$$

方程中出现的交叉项,使得阻尼矩阵和刚度矩阵成为非对角矩阵

$$[c]=\begin{bmatrix}c_1+c_2 & -c_2\\-c_2 & c_2+c_3\end{bmatrix},\qquad [k]=\begin{bmatrix}k_1+k_2 & -k_2\\-k_2 & k_2+k_3\end{bmatrix}$$

这种现象称之为方程耦合或坐标耦合。如果刚度矩阵为非对角矩阵,即在弹性恢复力项出现耦合,称为**弹性耦合**(elastic coupling)或**静力耦合**(static coupling);如果阻尼矩阵为非对角矩阵,即在阻尼力项出现耦合,称为**阻尼耦合**(damping coupling);质量矩阵也可能为非

对角矩阵,这时在惯性力项出现耦合,称为**惯性耦合**(inertia coupling)或**动力耦合**(dynamic coupling)。

　　振动系统按其固有的规律运动,本质上与选取的坐标无关。但我们在分析和表达这种振动规律时,又不得不选择一定的坐标系。也就是说,对同一振动规律,我们可以选择不同的坐标系来分析,以不同的坐标来表述。显然,选择不同坐标系,表述运动方程的繁简程度不尽相同。上述坐标耦合的出现,就与坐标系的选取有关,而不是系统本身的固有特性。下面以汽车车身简化的二自由度振动模型为例来说明这一问题,如图 3.1.1 所示。现将车身简化为一质量为 m 的刚性杆,绕质心 c 的转动惯量为 I_c,质心 c 与弹簧 k_1、k_2 的距离分别为 l_1 和 l_2。现先后选用两种不同的坐标系来描述该系统的振动微分方程,以下分别讨论。

1. 弹性耦合坐标系

　　首先以刚体质心 c 的竖向平移 x 和绕质心的转角 θ 为坐标,坐标原点取在系统的静平衡位置,如图 3.3.1(a)所示。在此坐标系下,振动系统的运动方程为

$$\begin{bmatrix} m & 0 \\ 0 & I_c \end{bmatrix} \begin{Bmatrix} \ddot{x} \\ \ddot{\theta} \end{Bmatrix} + \begin{bmatrix} k_1+k_2 & -(k_1 l_1 - k_2 l_2) \\ -(k_1 l_1 - k_2 l_2) & k_1 l_1^2 + k_2 l_2^2 \end{bmatrix} \begin{Bmatrix} x \\ \theta \end{Bmatrix} = \begin{Bmatrix} 0 \\ 0 \end{Bmatrix}$$

式中 I_c 为杆件绕质心 c 的转动惯量。由于刚度矩阵为非对角矩阵,可知在此坐标系下振动系统的运动方程存在弹性耦合。

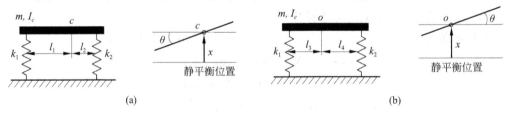

图 3.3.1　两自由度振动系统不同坐标系的选取

2. 惯性耦合坐标系

　　再重选另一组坐标系来建立系统的运动方程,即以弹簧 k_1、k_2 合力作用点 o 的竖向平移 x 和绕 o 转动的转角 θ 为坐标,如图 3.3.1(b)所示,则此时振动系统的运动方程为

$$\begin{bmatrix} m & -me \\ -me & I_o \end{bmatrix} \begin{Bmatrix} \ddot{x} \\ \ddot{\theta} \end{Bmatrix} + \begin{bmatrix} k_1+k_2 & 0 \\ 0 & k_1 l_3^2 + k_2 l_4^2 \end{bmatrix} \begin{Bmatrix} x \\ \theta \end{Bmatrix} = \begin{Bmatrix} 0 \\ 0 \end{Bmatrix}$$

式中,e 为合力作用点 o 与刚体质心 c 的距离;I_o 为杆件对点 o 的转动惯量。在此坐标系下,刚度矩阵变为对角矩阵,说明弹性耦合已经解除,但质量矩阵却由上面的对角矩阵变为非对角矩阵。说明在此坐标系下,虽然静力耦合被解除,但又出现了动力耦合。

　　由此可见,坐标的耦合特性取决于坐标系的选取,不同的坐标系将对应于不同的坐标耦合。也就是说,坐标是否耦合,完全取决于坐标系的选取,而并非振动系统本身的固有特性。由此可以推断,在任意选取的坐标系下,系统一般既存在静力耦合又存在动力耦合;在经过分析后刻意选取的坐标系下,振动系统的某些耦合会被消除掉,如上面的情况 1 就消除了动力耦合,而情况 2 消除了静力耦合。那么是否存在一组特定的坐标,既可以消除静力耦合又可以消除动力耦合,使得刚度矩阵和质量矩阵均成为对角矩阵?答案是肯定的,这组特定的坐标就是我们下面要介绍的自然坐标或主坐标。

3. 无耦合坐标系

在建立振动系统的运动方程时,通常以系统的平衡位置为参考点、以相关的物理量为参数来建立。事实上,也可以用更为一般的广义坐标系来描述系统的空间构型和运动状态。现假设存在一组特定的广义坐标 (q_1, q_2),使得系统在该坐标系下的运动方程既无静力耦合又无动力耦合,即

$$\begin{bmatrix} m_{11} & 0 \\ 0 & m_{22} \end{bmatrix} \begin{Bmatrix} \ddot{q}_1 \\ \ddot{q}_2 \end{Bmatrix} + \begin{bmatrix} k_{11} & 0 \\ 0 & k_{22} \end{bmatrix} \begin{Bmatrix} q_1 \\ q_2 \end{Bmatrix} = \begin{Bmatrix} 0 \\ 0 \end{Bmatrix}$$

或

$$\begin{bmatrix} 1 & 0 \\ 0 & 1 \end{bmatrix} \begin{Bmatrix} \ddot{q}_1 \\ \ddot{q}_2 \end{Bmatrix} + \begin{bmatrix} \omega_{n1}^2 & 0 \\ 0 & \omega_{n2}^2 \end{bmatrix} \begin{Bmatrix} q_1 \\ q_2 \end{Bmatrix} = \begin{Bmatrix} 0 \\ 0 \end{Bmatrix}$$

展开为

$$\ddot{q}_1(t) + \omega_{n1}^2 q_1(t) = 0$$
$$\ddot{q}_2(t) + \omega_{n2}^2 q_2(t) = 0$$

我们把这样一组广义坐标 (q_1, q_2) 称为**主坐标**(principal coordinate)或**自然坐标**(natural coordinate),由于 q_1 和 q_2 是由模态变换而来,故又称为**模态坐标**(modal coordinate)。

3.3.2 物理坐标和模态坐标

1. 物理坐标系

我们在确定物体的空间位置或分析物体的机械运动时,通常都使用物理坐标系。例如选用笛卡儿坐标系,以坐标描述物体或质点的空间位置,以坐标关于时间的一阶导数描述其速度,以坐标关于时间的二阶导数描述其加速度,等等。在图 3.3.1(a)中的物理坐标 x 表示刚体质心的位移,θ 表示刚体绕质心 C 的转动角,而图 3.3.1(b)中的物理坐标 x 又表示弹簧 k_1、k_2 合力作用点 O 的位移,θ 则表示刚体绕 O 点的转动角。由于物理坐标具有明确的物理意义,可以方便地用来建立系统的运动方程,这是最常使用的坐标系。在物理坐标系下建立振动系统运动方程,常用到的方法有:

(1)牛顿定律;

(2)能量法;

(3)拉格朗日方程;

(4)动力学原理。

2. 主坐标系

主坐标(模态坐标)$\{q\} = [q_1, q_2]^{\mathrm{T}}$ 是沿着固有振型方向的正交广义坐标,故也称自然坐标。主坐标系利用了主振型之间的正交性,消除了运动微分方程中的惯性耦合或弹性耦合。主坐标一般无明显的物理意义,难以直接用于运动方程的建立,以主坐标表示的微分方程一般是由物理坐标变换而来的。

可以证明,主坐标系与物理坐标系有如下的变换关系:

$$\{x(t)\} = [u]\{q\} \tag{3.3.1}$$

式中 $[u]$ 为**坐标变换矩阵**(coordinate transformation matrix),它的每一列对应相应阶的模态(特征)向量,故又称为**模态矩阵**(modal matrix)。对于两自由度系统,模态矩阵为

$$[u]=[\{u^{(1)}\},\{u^{(2)}\}]=\begin{bmatrix}1 & 1\\ r_1 & r_2\end{bmatrix} \tag{3.3.2}$$

利用主坐标建立振动系统的运动方程,可以消除坐标耦合,这一过程称为**解耦**(decoupling)。由于不存在坐标耦合,主坐标运动方程中的每个自由度对应的方程是独立的,故可以按照单自由度方程进行求解。利用主坐标系分析振动系统的步骤如下:

(1) 建立物理坐标系;

(2) 用物理坐标建立振动系统的运动方程;

(3) 计算系统的固有频率和振幅比,确定模态矩阵;

(4) 利用模态矩阵,将物理坐标运动方程变换为主坐标运动方程

$$\ddot{q}_1(t)+\omega_{n1}^2 q_1(t)=0, \qquad \ddot{q}_2(t)+\omega_{n2}^2 q_2(t)=0$$

求解 q_1、q_2;

$$q(t)=Q\cos(\omega_n t-\varphi_0)$$

(5) 将 q_1、q_2 代入式(3.3.1),得到系统的物理解 $\{x(t)\}=[u]\{q\}$,即

$$x_1(t)=q_1+q_2, \qquad x_2(t)=q_1 r_1+q_2 r_2 \tag{3.3.3}$$

利用边界条件确定积分常数。

【**例 3.3.1**】 例 3.3.1 图所示均质杆质量 $m=200\text{kg}$,长 $L=1.5\text{m}$,弹簧刚度 $k_1=18\text{kN/m}$,$k_2=22\text{kN/m}$。试确定系统的模态矩阵和系统的解。

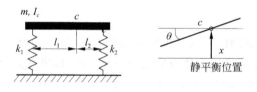

例 3.3.1 图

解 (1)首先建立物理坐标系,确定系统的振动微分方程。

以刚体质心 c 的竖向平移 x 和绕质心的转角 θ 为坐标,坐标原点取在系统的静平衡位置,如图 3.3.1 所示。在此坐标系下,振动系统的运动方程为

$$\begin{bmatrix}m_{11} & 0\\ 0 & m_{22}\end{bmatrix}\begin{Bmatrix}\ddot{x}\\ \ddot{\theta}\end{Bmatrix}+\begin{bmatrix}k_{11} & k_{12}\\ k_{21} & k_{22}\end{bmatrix}\begin{Bmatrix}x\\ \theta\end{Bmatrix}=\begin{Bmatrix}0\\ 0\end{Bmatrix}$$

式中

$$m_{11}=m, \qquad m_{22}=I_c, \qquad k_{11}=k_1+k_2$$
$$k_{12}=k_{21}=-(k_1 l_1-k_2 l_2), \qquad k_{22}=k_1 l_1^2+k_2 l_2^2$$

由于刚杆为均质杆,故 $l_1=l_2=L/2=0.75\text{m}$,绕质心的惯量 $I_c=mL^2/12=37.5\text{kg}\cdot\text{m}^2$,将其余数据代入得到系统的运动方程,

$$\begin{bmatrix}200 & 0\\ 0 & 37.5\end{bmatrix}\begin{Bmatrix}\ddot{x}\\ \ddot{\theta}\end{Bmatrix}+\begin{bmatrix}40 & -3\\ -3 & 22.5\end{bmatrix}\times 10^3\times\begin{Bmatrix}x\\ \theta\end{Bmatrix}=\begin{Bmatrix}0\\ 0\end{Bmatrix}$$

(2)确定系统的固有频率

由式(3.2.4)可得

$$a=m_{11}m_{22}=7500\text{kg}^2$$

$$b = -(m_{11}k_{22} + m_{22}k_{11}) = -6 \times 10^6 \, \text{kg} \cdot \text{N} \cdot \text{m}^{-1}$$

$$c = k_{11}k_{22} - k_{12}k_{21} = 891 \times 10^6 \, (\text{N} \cdot \text{m}^{-1})$$

$$\omega_{n1,2}^2 = \frac{-b \mp \sqrt{b^2 - 4ac}}{2a} = \frac{6.0 \mp 3.045}{2 \times 7500} \times 10^6$$

$$\omega_{n1} = 14.036 \, \text{rad/s}, \qquad \omega_{n2} = 24.556 \, \text{rad/s}$$

（3）确定系统的模态

系统的振幅比为

$$r_1 = \frac{k_{11} - m_{11}\omega_{n1}^2}{-k_{12}} = 0.199 \qquad r_2 = \frac{k_{11} - m_{11}\omega_{n2}^2}{-k_{12}} = -26.880$$

系统的第一阶和第二阶模态向量分别为

$$u^{(1)} = \begin{Bmatrix} 1 \\ r_1 \end{Bmatrix} = \begin{Bmatrix} 1 \\ 0.199 \end{Bmatrix}, \qquad u^{(2)} = \begin{Bmatrix} 1 \\ r_2 \end{Bmatrix} = \begin{Bmatrix} 1 \\ -26.880 \end{Bmatrix}$$

故模态矩阵为

$$[u] = [\{u^{(1)}\}, \{u^{(2)}\}] = \begin{bmatrix} 1 & 1 \\ r_1 & r_2 \end{bmatrix} = \begin{bmatrix} 1 & 1 \\ 0.199 & -26.880 \end{bmatrix}$$

（4）求系统的解

主坐标表示的运动方程为

$$\ddot{q}_1(t) + 14.036^2 q_1(t) = 0$$
$$\ddot{q}_2(t) + 24.556^2 q_2(t) = 0$$

由单自由度的自由振动理论解得

$$q_1(t) = C_1 \cos(14.036t - \varphi_1)$$
$$q_2(t) = C_2 \cos(24.556t - \varphi_2)$$

将主坐标系变换到物理坐标系，即由物理坐标与主坐标间的关系式，得到系统的物理响应

$$\begin{Bmatrix} x \\ \theta \end{Bmatrix} = \begin{bmatrix} 1 & 1 \\ r_1 & r_2 \end{bmatrix} \begin{Bmatrix} q_1 \\ q_2 \end{Bmatrix}$$

$$= C_1 \begin{Bmatrix} 1 \\ 0.199 \end{Bmatrix} \cos(14.036t - \varphi_1) + C_2 \begin{Bmatrix} 1 \\ -26.880 \end{Bmatrix} \cos(24.556t - \varphi_2)$$

C_1、C_2、φ_1、φ_2 由初始条件确定。

【例 3.3.2】 在例 3.3.2 图（a）表示的两层框架中，楼层层高 $h_1 = h_2 = h$，底层质量 $m_1 = 2m$，二层质量 $m_2 = m$，一二层柱抗弯刚度 $EI_1 = EI_2 = EI$。在底层楼板水平面处突然放松静力荷载 $Q_{1,\text{st}}$，所对应的初始条件为 $x_{10} = x_{20} = \Delta$，$\dot{x}_{10} = \dot{x}_{20} = 0$。试确定系统的自然模态和自由振动反应。

解 （1）力学模型简化

一二层的楼层质量简化为集中于楼板处的集中质量 m_1 和 m_2，一二层的柱子简化为刚度为 k_1 和 k_2 的水平弹簧元件，如例 3.3.2 图（b）所示。

（2）确定动力参数，建立动力方程

根据 D 值法，柱的侧移刚度为

$$D = \alpha \frac{12EI}{h^3}$$

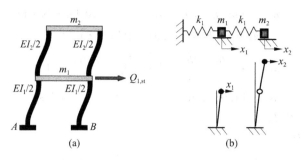

例3.3.2图

假设楼板的刚度远大于柱的刚度,则 $\alpha \rightarrow 1$,故有

$$k_1 = k_2 = \frac{12EI}{h^3}$$

于是,系统的各动力参数为

$$k_{11} = k_1 + k_2 = 24\frac{EI}{h^3}, \qquad k_{12} = k_{21} = -k_2 = -12\frac{EI}{h^3}, \qquad k_{22} = k_2 = 12\frac{EI}{h^3}$$

$$m_{11} = 2m, \qquad m_{22} = m, \qquad m_{12} = m_{21} = 0$$

系统的运动方程为

$$\begin{bmatrix} 2m & 0 \\ 0 & m \end{bmatrix} \begin{Bmatrix} \ddot{x}_1 \\ \ddot{x}_2 \end{Bmatrix} + \frac{12EI}{h^3} \begin{bmatrix} 2 & -1 \\ -1 & 1 \end{bmatrix} \begin{Bmatrix} x_1 \\ x_2 \end{Bmatrix} = \begin{Bmatrix} 0 \\ 0 \end{Bmatrix}$$

(3)计算系统的固有频率

$$a = m_{11} m_{22} = 2m^2$$

$$b = -(m_{11}k_{22} + m_{22}k_{11}) = -48m\frac{EI}{h^3}$$

$$c = k_{11}k_{22} - k_{12}k_{21} = 144\left(\frac{EI}{h^3}\right)^2$$

$$\omega_{n1,2}^2 = \frac{-b \mp \sqrt{b^2 - 4ac}}{2a} = \frac{48 \mp 24\sqrt{2}}{4m}\frac{EI}{h^3}$$

$$\omega_{n1} = 1.8748\sqrt{EI/mh^3}, \qquad \omega_{n2} = 4.5261\sqrt{EI/mh^3}$$

(4)计算系统的振幅比

$$r_1 = \frac{k_{11} - m_{11}\omega_{n1}^2}{-k_{12}} = \sqrt{2}, \qquad r_2 = \frac{k_{11} - m_{11}\omega_{n2}^2}{-k_{12}} = -\sqrt{2}$$

(5)确定系统的模态

系统的第一阶和第二阶模态向量为

$$\{u^{(1)}\} = \begin{Bmatrix} 1 \\ r_1 \end{Bmatrix} = \begin{Bmatrix} 1 \\ \sqrt{2} \end{Bmatrix}, \qquad \{u^{(2)}\} = \begin{Bmatrix} 1 \\ r_2 \end{Bmatrix} = \begin{Bmatrix} 1 \\ -\sqrt{2} \end{Bmatrix}$$

故模态矩阵为

$$[u] = [\{u^{(1)}\}, \{u^{(2)}\}] = \begin{bmatrix} 1 & 1 \\ r_1 & r_2 \end{bmatrix} = \begin{bmatrix} 1 & 1 \\ \sqrt{2} & -\sqrt{2} \end{bmatrix}$$

（6）确定系统的响应

以主坐标表示的运动方程为

$$\ddot{q}_1(t) + \omega_{n,1}^2 q_1(t) = 0$$
$$\ddot{q}_2(t) + \omega_{n,2}^2 q_2(t) = 0$$

主坐标的解为

$$q_1(t) = A\cos(\omega_{n,1}t - \varphi_1) = C_1\cos\omega_{n,1}t + D_1\sin\omega_{n,1}t$$
$$q_2(t) = B\cos(\omega_{n,2}t - \varphi_2) = C_2\cos\omega_{n,2}t + D_2\sin\omega_{n,2}t$$

式中 A、B、C_1、D_1、C_2、D_2 均为积分常数。由物理坐标与主坐标间的关系式可得

$$\begin{Bmatrix} x \\ \theta \end{Bmatrix} = \begin{bmatrix} 1 & 1 \\ r_1 & r_2 \end{bmatrix} \begin{Bmatrix} q_1 \\ q_2 \end{Bmatrix}$$
$$= \begin{Bmatrix} C_1\cos\omega_{n,1}t + D_1\sin\omega_{n,1}t + C_2\cos\omega_{n,2}t + D_2\sin\omega_{n,2}t \\ r_1C_1\cos\omega_{n,1}t + r_1D_1\sin\omega_{n,1}t + r_2C_2\cos\omega_{n,2}t + r_2D_2\sin\omega_{n,2}t \end{Bmatrix}$$

由式(3.2.9)确定积分常数

$$C_1 = \frac{x_{20} - r_2 x_{10}}{r_1 - r_2} = \frac{1+\sqrt{2}}{2\sqrt{2}}\Delta = 0.8536\Delta, \qquad D_1 = \frac{\dot{x}_{20} - r_2\dot{x}_{10}}{\omega_{n1}(r_1 - r_2)} = 0$$

$$C_2 = \frac{r_1 x_{10} - x_{20}}{r_1 - r_2} = \frac{\sqrt{2}-1}{2\sqrt{2}}\Delta = 0.1464\Delta, \qquad D_2 = \frac{r_1\dot{x}_{10} - \dot{x}_{20}}{\omega_{n2}(r_1 - r_2)} = 0$$

代入整理,得到系统的响应为

$$x_1(t) = 0.8536\Delta\cos\omega_{n1}t + 0.1465\Delta\cos\omega_{n2}t$$
$$\theta_2(t) = 1.2072\Delta\cos\omega_{n1}t - 0.2072\Delta\cos\omega_{n2}t$$

3.4 谐波激励下的强迫振动

两自由度强迫振动微分方程的全解也包括两部分,即齐次方程对应的通解 $\{x_1(t)\}$ 和非齐次方程对应的特解 $\{x_2(t)\}$。与单自由度相同,方程的通解 $\{x_1(t)\}$ 为自由振动,对于有阻尼系统这是个衰减振动。方程的特解 $\{x_2(t)\}$ 为系统在外激励下产生的强迫振动,对于简谐力激振它是一种持续的等幅稳态振动。由于实际系统难免存在阻尼,所以自由振动 $\{x_1(t)\}$ 只在振动开始后的很短时间内存在,之后便很快被衰减为零,最终只有稳态振动 $x_2(t)$ 被保留下来。

以下研究两自由度系统在谐波激励下的稳态振动,未加说明时,均以 $\{x(t)\}$ 表示系统的稳态解。

3.4.1 无阻尼系统的强迫振动

当两自由度无阻尼系统受到谐波 $\{f(t)\} = \{F\}\cos\Omega t$ 激励时,系统受迫振动的微分方程(3.1.1)变为

$$[m]\{\ddot{x}(t)\} + [k]\{x(t)\} = \{F\}\cos\Omega t \tag{3.4.1}$$

由于自由振动部分很快衰减掉,只有特解被保留下来成为系统稳定的等幅振动,即系统将按照与激励相同的频率 Ω 作稳态振动。故可设无阻尼系统的强迫振动的稳态解为

$$\{x(t)\} = \{X\}\cos\Omega t \tag{3.4.2}$$

为确定振幅向量,将式(3.4.2)代入式(3.4.1),可得

$$([k] - \Omega^2[m])\{X\} = \{F\} \tag{3.4.3a}$$

在以上各式中

$$\{x(t)\} = \begin{Bmatrix} x_1(t) \\ x_2(t) \end{Bmatrix}, \qquad \{F\} = \begin{Bmatrix} F_1 \\ F_2 \end{Bmatrix}, \qquad \{X\} = \begin{Bmatrix} X_1 \\ X_2 \end{Bmatrix} \tag{3.4.3b}$$

其余符号同前,代入式(3.4.3a)展开

$$\begin{cases} (k_{11} - \Omega^2 m_{11}) X_1 + k_{12} X_2 = F_1 \\ k_{12} X_1 + (k_{22} - \Omega^2 m_{22}) X_2 = F_2 \end{cases} \tag{3.4.3c}$$

联立求解,得到受迫振动的振幅

$$\begin{cases} X_1 = \dfrac{(k_{22} - \Omega^2 m_{22}) F_1 - k_{12} F_2}{(k_{11} - \Omega^2 m_{11})(k_{22} - \Omega^2 m_{22}) - k_{12}^2} \\[3mm] X_2 = \dfrac{-k_{21} F_1 + (k_{11} - \Omega^2 m_{11}) F_2}{(k_{11} - \Omega^2 m_{11})(k_{22} - \Omega^2 m_{22}) - k_{12}^2} \end{cases} \tag{3.4.4}$$

注意,以上2式的分母恰好是频率方程,如假设系统的一、二阶固有频率为 ω_{n1}、ω_{n2},则以上2式分母可表示为

$$\begin{vmatrix} k_{11} - m_{11}\Omega^2 & k_{12} \\ k_{21} & k_{22} - m_{22}\Omega^2 \end{vmatrix} = (k_{11} - \Omega^2 m_{11})(k_{22} - \Omega^2 m_{22}) - k_{12}^2 = m_{11} m_{22}(\Omega^2 - \omega_{n1}^2)(\Omega^2 - \omega_{n2}^2)$$

代入式(3.4.4),则受迫振动的振幅变为

$$\begin{cases} X_1 = \dfrac{(k_{22} - \Omega^2 m_{22}) F_1 - k_{12} F_2}{m_{11} m_{22}(\Omega^2 - \omega_{n1}^2)(\Omega^2 - \omega_{n2}^2)} \\[3mm] X_2 = \dfrac{-k_{21} F_1 + (k_{11} - \Omega^2 m_{11}) F_2}{m_{11} m_{22}(\Omega^2 - \omega_{n1}^2)(\Omega^2 - \omega_{n2}^2)} \end{cases} \tag{3.4.5}$$

将振幅解式(3.4.4)或式(3.4.5)代回式(3.4.2)即得到无阻尼系统在谐波激励下的响应。

无阻尼系统受迫振动的响应表明,受迫振动为简谐运动,且振动频率与激励频率相同;受迫振动的振幅不仅与激励力幅值有关,还与系统的固有特性或固有频率有关,但与初始条件无关。由振幅式(3.4.5)可见,当 $\Omega = \omega_{n1}$ 或者 $\Omega = \omega_{n2}$ 时,分母为零,振幅趋于无穷大,此时系统产生共振。系统的幅频特性曲线如图3.4.1所示。与单自由度不同,无阻尼两自由度受迫振动系统存在两个共振频率。

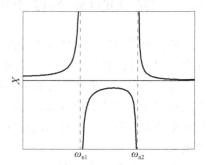

图 3.4.1 两自由度振动系统的
幅频特性曲线

3.4.2 具有粘性阻尼系统的强迫振动解

当两自由度有阻尼系统受到谐波 $\{f(t)\} = \{F\}\cos\Omega t$ 激励时,系统受迫振动的微分方程由式(3.1.1)给出

$$[m]\{\ddot{x}(t)\} + [c]\{\dot{x}(t)\} + [k]\{x(t)\} = \{F\}\cos\Omega t \tag{3.4.6}$$

由于阻尼的作用,自由振动部分很快衰减掉,只有受迫振动被保留下来成为系统的稳态振动。但与无阻尼系统不同,由于阻尼的作用使得系统对激励的响应会出现相对于扰频 Ω 的

相位差。为此,有阻尼系统的强迫振动的稳态解可假设为

$$\begin{cases} x_1(t) = X_1\cos(\Omega t + \varphi_1) = C_1\cos\Omega t - D_1\sin\Omega t \\ x_2(t) = X_2\cos(\Omega t + \varphi_2) = C_2\cos\Omega t - D_2\sin\Omega t \end{cases} \tag{3.4.7}$$

将式(3.4.7)代入式(3.4.6),并利用 $\cos\Omega t$ 和 $\sin\Omega t$ 项系数相等的条件,得到 4 个代数方程,联立求解 C_1、D_1、C_2、D_2 4 个积分常数。

上述求解道理简单,但求解过程比较复杂。下面介绍求解受迫振动稳态解比较简便的一种方法——复数法。

3.4.3　具有粘性阻尼系统强迫振动的复数解法

采用复数解法,首先要将实数振动参数变换为复数参数,代入运动方程后利用复数运算规则进行复数运算,然后将复数解再变换为实数解。

首先,谐波激励力向量可以复数表示为

$$\{f(t)\} = \begin{Bmatrix} F_1 \\ F_2 \end{Bmatrix}(\cos\Omega t + i\sin\Omega t) = \{F\}e^{i\Omega t} \tag{3.4.8a}$$

即实数部分对应余弦激励,虚数部分对应正弦激励。系统振动对应的复响应表示为

$$\begin{cases} \{z(t)\} = \{x(t)\} + i\{y(t)\} \\ \{\dot{z}(t)\} = \{\dot{x}(t)\} + i\{\dot{y}(t)\} \\ \{\ddot{z}(t)\} = \{\ddot{x}(t)\} + i\{\ddot{y}(t)\} \end{cases} \tag{3.4.8b}$$

代入式(3.4.6),得到具有粘性阻尼系统强迫振动的复振动方程

$$[m]\{\ddot{z}(t)\} + [c]\{\dot{z}(t)\} + [k]\{z(t)\} = \{F\}e^{i\Omega t} \tag{3.4.9}$$

如果将式(3.4.8)代入复振动方程,并根据等号两侧实部和虚部分别相等的原则,可以得到

$$[m]\{\ddot{x}\} + [c]\{\dot{x}\} + [k]\{x\} = \{F\}\cos\Omega t$$
$$[m]\{\ddot{y}\} + [c]\{\dot{y}\} + [k]\{y\} = \{F\}\sin\Omega t$$

可见,复振动方程的实部或虚部对应的即为前述三角函数法给出的振动方程,二者完全等价。利用复数方法求解时,可同时得到实部和虚部两部分的解,然后根据激励的情况选取实部或虚部的解即可。其中,复谐响应的实部和虚部分别对应余弦激励和正弦激励下的响应。

下面解复振动方程(3.4.9)以求解具有粘性阻尼系统的强迫振动。为此,令系统式(3.4.9)的解为

$$\{z(t)\} = \{Z\}e^{i\Omega t} \tag{3.4.10a}$$

注意,此处的振幅为复振幅列向量 $\{Z\} = \{Z_1, Z_2\}$,实部和虚部对应的响应分别为

$$\begin{cases} \{x(t)\} = \{Z\}\cos\Omega t \\ \{y(t)\} = \{Z\}\sin\Omega t \end{cases} \tag{3.4.10b}$$

将式(3.4.10a)代入复振动方程(3.4.9),得到

$$(-\Omega^2[m] + i\Omega[c] + [k])\{Z\} = \{F\} \tag{3.4.11}$$

令

$$[R(\Omega)] = [k] - \Omega^2[m] + i\Omega[c] \tag{3.4.12a}$$

$[R(\Omega)]$ 称为**阻抗矩阵**(impedance matrix),其元素为

$$R_{ij} = k_{ij} - \Omega^2 m_{ij} + i\Omega c_{ij} = R_{ji} \tag{3.4.12b}$$

由此得到系统的复振幅向量为

$$\{Z\} = [R(\Omega)]^{-1}\{F\} \tag{3.4.13}$$

式中,阻抗矩阵的逆阵为

$$[R(\Omega)]^{-1} = \begin{bmatrix} R_{11} & R_{12} \\ R_{21} & R_{22} \end{bmatrix}^{-1} = \frac{1}{R_{11}R_{22} - R_{12}^2} \begin{bmatrix} R_{22} & -R_{12} \\ -R_{21} & R_{11} \end{bmatrix} \tag{3.4.14}$$

代回振幅向量方程,得到

$$\{Z\} = \frac{1}{R_{11}R_{22} - R_{12}^2} \begin{bmatrix} R_{22} & -R_{12} \\ -R_{21} & R_{11} \end{bmatrix} \begin{Bmatrix} F_1 \\ F_2 \end{Bmatrix} \tag{3.4.15a}$$

或

$$\begin{cases} Z_1 = \dfrac{R_{22}F_1 - R_{12}F_2}{R_{11}R_{22} - R_{12}^2} \\[3mm] Z_2 = \dfrac{-R_{21}F_1 + R_{11}F_2}{R_{11}R_{22} - R_{12}^2} \end{cases} \tag{3.4.15b}$$

各阻抗元素为

$$\begin{cases} R_{11} = k_{11} - \Omega^2 m_{11} + \mathrm{i}\Omega c_{11} \\ R_{12} = k_{12} + \mathrm{i}\Omega c_{12} = R_{21} \\ R_{22} = k_{22} - \Omega^2 m_{22} + \mathrm{i}\Omega c_{22} \end{cases} \tag{3.4.15c}$$

注意,振幅变量均为复变量。若令

$$Z_1 = C_1 + \mathrm{i}D_1, \qquad Z_2 = C_2 + \mathrm{i}D_2 \tag{3.4.16}$$

代入受迫振动响应式(3.4.10a),有

$$\begin{cases} z_1(t) = Z_1 \mathrm{e}^{\mathrm{i}\Omega t} = (C_1 + \mathrm{i}D_1)(\cos\Omega t + \mathrm{i}\sin\Omega t) \\ \qquad = (C_1\cos\Omega t - D_1\sin\Omega t) + \mathrm{i}(C_1\sin\Omega t + D_1\cos\Omega t) \\ \qquad = X_1\cos(\Omega t + \varphi_1) + \mathrm{i}Y_1\sin(\Omega t + \varphi_1) \\ z_2(t) = Z_2 \mathrm{e}^{\mathrm{i}\Omega t} = (C_2 + \mathrm{i}D_2)(\cos\Omega t + \mathrm{i}\sin\Omega t) \\ \qquad = (C_2\cos\Omega t - D_2\sin\Omega t) + \mathrm{i}(C_2\sin\Omega t + D_2\cos\Omega t) \\ \qquad = X_2\cos(\Omega t + \varphi_2) + \mathrm{i}Y_2\sin(\Omega t + \varphi_2) \end{cases} \tag{3.4.17a}$$

式中

$$\begin{cases} X_1 = Y_1 = \sqrt{C_1^2 + D_1^2}, & \varphi_1 = \arctan\dfrac{D_1}{C_1} \\[3mm] X_2 = Y_2 = \sqrt{C_2^2 + D_2^2}, & \varphi_2 = \arctan\dfrac{D_2}{C_2} \end{cases} \tag{3.4.17b}$$

对于余弦激励,系统的受迫振动响应对应上式的实数部分解,即

$$\begin{cases} x_1(t) = X_1\cos(\Omega t + \varphi_1) = C_1\cos\Omega t - D_1\sin\Omega t \\ x_2(t) = X_2\cos(\Omega t + \varphi_2) = C_2\cos\Omega t - D_2\sin\Omega t \end{cases} \tag{3.4.18}$$

可见,与上一节的余弦激励解式(3.4.7)完全一致。

如果忽略系统阻尼,则阻抗元素为

$$R_{11} = k_{11} - \Omega^2 m_{11}, \qquad R_{22} = k_{22} - \Omega^2 m_{22}, \qquad R_{12} = k_{12} = R_{21}$$

且对于余弦激励,有

$$D_1 = D_2 = 0, \qquad Z_1 = C_1 = X_1, \qquad Z_2 = C_2 = X_2, \qquad \varphi_1 = \varphi_2 = 0$$

代入式(3.4.15),得到受迫振动振幅向量

$$\left\{\begin{matrix}X_1\\X_2\end{matrix}\right\}=\frac{1}{(k_{11}-\Omega^2 m_{11})(k_{22}-\Omega^2 m_{22})-k_{12}^2}\left\{\begin{matrix}(k_{22}-\Omega^2 m_{22})F_1-k_{12}F_2\\-k_{12}F_1+(k_{11}-\Omega^2 m_{11})F_2\end{matrix}\right\}\qquad(3.4.19)$$

可见，与 3.4.1 节的解完全一致。

【例 3.4.1】 两自由度无阻尼振动系统如例 3.4.1 图所示，已知 $m_1=m$，$m_2=2m$，$k_1=k_2=k$，$k_3=2k$，$F_1=F_0 e^{i\Omega t}$。试确定系统的主振型和幅频响应。

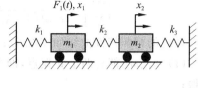

解 （1）系统的振动方程为

$$[m]\{\ddot{x}(t)\}+[c]\{\dot{x}(t)\}+[k]\{x(t)\}=\{F\}e^{i\Omega t}$$

式中

$$\{F\}=\left\{\begin{matrix}F_0\\0\end{matrix}\right\},\qquad [m]=\begin{bmatrix}m&0\\0&2m\end{bmatrix},$$

$$[c]=[0],\qquad [k]=\begin{bmatrix}2k&-k\\-k&3k\end{bmatrix}$$

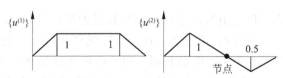

例 3.4.1 图　两自由度振动系统

由系统的频率方程

$$\begin{vmatrix}k_{11}-\omega^2 m_{11}&k_{12}\\k_{21}&k_{22}-\omega^2 m_{22}\end{vmatrix}=\begin{vmatrix}2k-\omega^2 m&-k\\-k&3k-2\omega^2 m\end{vmatrix}=0$$

解得

$$\omega_{n1}=\sqrt{k/m},\qquad \omega_{n2}=\sqrt{2.5k/m}=1.5811\sqrt{k/m}$$

（2）系统的主振型

$$r_1=\frac{X_2^{(1)}}{X_1^{(1)}}=\frac{k_{11}-m_{11}\omega_{n1}^2}{-k_{12}}=\frac{2k-m\omega_{n1}^2}{k}=1$$

$$r_2=\frac{X_2^{(2)}}{X_1^{(2)}}=\frac{k_{11}-m_{11}\omega_{n2}^2}{-k_{12}}=\frac{2k-m\omega_{n2}^2}{k}=-0.5$$

系统的振型向量为 $\{u^{(1)}\}=\left\{\begin{matrix}1\\r_1\end{matrix}\right\}=\left\{\begin{matrix}1\\1\end{matrix}\right\}$，$\{u^{(2)}\}=\left\{\begin{matrix}1\\r_2\end{matrix}\right\}=\left\{\begin{matrix}1\\-0.5\end{matrix}\right\}$，振型图如下所示：

$\{u^{(1)}\}$　　1　　1

$\{u^{(2)}\}$　　1　　0.5　　节点

（3）系统的幅频响应

机械阻抗为

$$R_{11}=k_{11}-\Omega^2 m_{11}+i\Omega c_{11}=2k-\Omega^2 m$$

$$R_{12}=k_{12}-\Omega^2 m_{12}+i\Omega c_{12}=-k=R_{21}$$

$$R_{22}=k_{22}-\Omega^2 m_{22}+i\Omega c_{22}=3k-2\Omega^2 m$$

振幅向量为

$$\left\{\begin{matrix}X_1\\X_2\end{matrix}\right\}=\frac{1}{R_{11}R_{22}-R_{12}^2}\left\{\begin{matrix}R_{22}F_1-R_{21}F_2\\-R_{12}F_1+R_{11}F_2\end{matrix}\right\}$$

$$=\frac{1}{5k[1-(\omega/\omega_{n1})^2][1-(\omega/\omega_{n2})^2]}\left\{\begin{matrix}2F_0\cdot[3/2-(\Omega/\omega_{n1})^2]\\F_0\end{matrix}\right\}$$

其中 $(2k-\Omega^2 m)(3k-2\Omega^2 m)-k^2=(m\Omega^2-k)(2m\Omega^2-5k)$。

令频率比

$$\lambda_1=\Omega/\omega_{n1}, \qquad \lambda_2=\Omega/\omega_{n2}$$

则

$$\begin{Bmatrix} X_1 \\ X_2 \end{Bmatrix} = \frac{F_0}{k} \frac{1}{5k[1-\lambda_1^2][1-\lambda_2^2]} \begin{Bmatrix} 2\cdot[3/2-\lambda_1^2] \\ 1 \end{Bmatrix} = \Delta_{st}H(\Omega)$$

系统的幅频特性曲线如图 3.4.2 所示。由幅频特性曲线可见：

（1）m_1、m_2 都有两个共振点，即当扰频等于系统的第一阶或第二阶固有频率时都发生共振；

（2）当 $[3/2-(\Omega/\omega_{n1})^2]=0$ 时（即 $\Omega/\omega_{n1}=1.2247$ 时），m_1 的振幅为 0，这种现象称为**反共振**或**动力消振**。

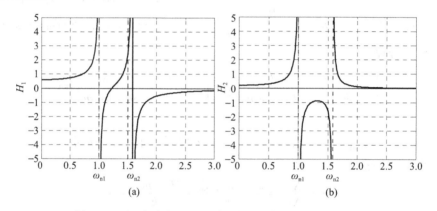

图 3.4.2　两自由度无阻尼受迫振动系统的幅频特性曲线

3.5　动力减振

由例 3.4.1 和两自由度受迫振动系统的幅频特性曲线（见图 3.4.2）可见，当两自由度系统的动态特性满足一定条件时，系统会出现反共振现象，即 m_1 的振动完全消失。**动力减振器**（dynamic vibration absorber）正是利用了两自由度受迫振动的动力消振特点，适当地选取系统参数，使得主系统受迫振动的能量部分或全部被副系统所吸收，从而消除或减小主系统的振动。

动力减振器原理如图 3.5.1 所示，系统本身由 m_1、k_1、c_1 等部分构成，称为主系统；为了减小主系统的振动，在主系统中又附加了一个副系统 m_2、k_2、c_2，用以吸收主系统的振动能量，以减小主系统的振动。副系统对主系统除减振外，并无其他作用，故又称副系统为主系统的减震器。这种通过附加系统运动耦合的办法来减小主系统振动的方法通常称为动力减振，是一种既简便又行之有效的方法。下面我们对减振器的减振原理进行解析分析，分别按照有阻尼和无阻尼两种情况进行讨论。

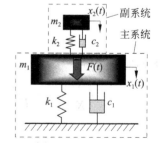

图 3.5.1　动力减振器原理图

1. 有阻尼动力减振器

设某单自由度振动系统的振动参数为 m_1、k_1、c_1，受到简谐力 $F(t) = F_0 e^{i\omega t}$ 的激励。为减小该系统的振动，在系统中安装了副系统即减振器，副系统的振动参数为 m_2、k_2、c_2。主、副系统的力学模型如图 3.5.1 所示，可见为典型的两自由度振动系统，故其运动方程为

$$[m]\{\ddot{x}(t)\} + [c]\{\dot{x}\} + [k]\{x(t)\} = \{F\}e^{i\Omega t} \tag{3.5.1a}$$

式中

$$\begin{cases} \{x(t)\} = \begin{Bmatrix} x_1(t) \\ x_2(t) \end{Bmatrix}, & \{F\} = \begin{Bmatrix} F_0 \\ 0 \end{Bmatrix} \\[3mm] [m] = \begin{bmatrix} m_1 & 0 \\ 0 & m_2 \end{bmatrix}, & [c] = \begin{bmatrix} c_1 + c_2 & -c_2 \\ -c_2 & c_2 \end{bmatrix} \\[3mm] [k] = \begin{bmatrix} k_1 + k_2 & -k_2 \\ -k_2 & k_2 \end{bmatrix} \end{cases} \tag{3.5.1b}$$

系统的机械阻抗由式(3.4.15c)确定

$$R_{11} = k_{11} - \Omega^2 m_{11} + i\Omega c_{11} = (k_1 + k_2) - \Omega^2 m_1 + i\Omega(c_1 + c_2)$$

$$R_{12} = k_{12} - \Omega^2 m_{12} + i\Omega c_{12} = k_{12} + i\Omega c_{12} = -k_2 - i\Omega c_2 = R_{21}$$

$$R_{22} = k_{22} - \Omega^2 m_{22} + i\Omega c_{22} = k_2 - \Omega^2 m_2 + i\Omega c_2$$

代入振幅向量方程得到

$$\begin{Bmatrix} Z_1 \\ Z_2 \end{Bmatrix} = \frac{1}{R_{11} R_{22} - R_{12}^2} \begin{bmatrix} R_{22} & -R_{12} \\ -R_{21} & R_{11} \end{bmatrix} \cdot \begin{Bmatrix} F_1 \\ F_2 \end{Bmatrix} = \frac{F_0}{R_{11} R_{22} - R_{12}^2} \begin{Bmatrix} R_{22} \\ -R_{21} \end{Bmatrix}$$

$$= \frac{F_0}{A + iB} \begin{Bmatrix} a_1 + ib_1 \\ a_2 + ib_2 \end{Bmatrix} = \frac{F_0}{A^2 + B^2} \begin{Bmatrix} (a_1 A + b_1 B) + i(-a_1 B + b_1 A) \\ (a_2 A + b_2 B) + i(-a_2 B + b_2 A) \end{Bmatrix}$$

式中

$$A = (k_1 - m_1 \Omega^2)(k_2 - m_2 \Omega^2) - (k_2 m_2 + c_1 c_2)\Omega^2$$

$$B = (k_1 - m_1 \Omega^2)c_2 \Omega - m_2(c_1 + c_2)\Omega^3 + k_2 c_1 \Omega$$

$$a_1 = k_2 - \Omega^2 m_2, \qquad b_1 = \Omega c_2$$

$$a_2 = k_2, \qquad b_2 = \Omega c_2$$

将上式重写为

$$\begin{Bmatrix} Z_1 \\ Z_2 \end{Bmatrix} = \begin{Bmatrix} C_1 + iD_1 \\ C_2 + iD_2 \end{Bmatrix}$$

式中

$$\begin{Bmatrix} C_1 \\ C_2 \end{Bmatrix} = \frac{F_0}{A^2 + B^2} \begin{Bmatrix} (a_1 A + b_1 B) \\ (a_2 A + b_2 B) \end{Bmatrix}$$

$$\begin{Bmatrix} D_1 \\ D_2 \end{Bmatrix} = \frac{F_0}{A^2 + B^2} \begin{Bmatrix} (-a_1 B + b_1 A) \\ (-a_2 B + b_2 A) \end{Bmatrix}$$

由式(3.4.17)可得系统的振幅为

$$\begin{Bmatrix} |X_1| \\ |X_2| \end{Bmatrix} = \frac{F_0}{\sqrt{A^2 + B^2}} \begin{Bmatrix} \sqrt{a_1^2 + b_1^2} \\ \sqrt{a_2^2 + b_2^2} \end{Bmatrix}$$

整理得到

$$
\begin{cases}
\begin{Bmatrix} |X_1| \\ |X_2| \end{Bmatrix} = \dfrac{F_0 \begin{Bmatrix} \dfrac{\sqrt{(k_2-\Omega^2 m_2)^2+(\Omega c_2)^2}}{\sqrt{k_2^2+(\Omega c_2)^2}} \end{Bmatrix}}{\sqrt{A^2+B^2}} \\
A=(k_1-m_1\Omega^2)(k_2-m_2\Omega^2)-(k_2 m_2+c_1 c_2)\Omega^2 \\
B=(k_1-m_1\Omega^2)c_2\Omega-m_2(c_1+c_2)\Omega^3+k_2 c_1\Omega
\end{cases}
\tag{3.5.2}
$$

如果不计主系统的阻尼,即取 $c_1=0$,则系统的振幅向量变为

$$
\begin{Bmatrix} |X_1| \\ |X_2| \end{Bmatrix} = \frac{F_0 \begin{Bmatrix} \sqrt{(k_2-m_2\Omega^2)^2+(c_2\Omega)^2} \\ \sqrt{k_2^2+(c_2\Omega)^2} \end{Bmatrix}}{\sqrt{[(k_1-m_1\Omega^2)(k_2-m_2\Omega^2)-\Omega^2 k_2 m_2]^2+[(k_1-\Omega^2 m_1-\Omega^2 m_2)c_2\Omega]^2}}
\tag{3.5.3}
$$

引入符号

$$
\begin{cases}
\delta_{st}=F_0/k_1, & \omega_1=\sqrt{k_1/m_1}, & \omega_2=\sqrt{k_2/m_2}, & \lambda_1=\Omega/\omega_1 \\
\alpha=\omega_2/\omega_1, & \mu=m_2/m_1, & \zeta_2=c_2/(2\sqrt{k_2 m_2})
\end{cases}
\tag{3.5.4}
$$

上式简化为

$$
\begin{Bmatrix} |X_1| \\ |X_2| \end{Bmatrix} = \frac{F_0 m_2 \omega_1^2 \begin{Bmatrix} \sqrt{(\alpha^2-\lambda_1^2)^2+(2\zeta_2\alpha\lambda_1)^2} \\ \sqrt{\lambda_1^4+(2\zeta_2\alpha\lambda_1)^2} \end{Bmatrix}}{m_1 m_2 \omega_1^4 \sqrt{[(1-\lambda_1^2)(\alpha^2-\lambda_1^2)-\mu\alpha^2\lambda_1^2]^2+[2\zeta_2\alpha\lambda_1(1-\lambda_1^2-\mu\lambda_1^2)]^2}}
$$

得到无阻尼主系统及其有阻尼副系统的振幅解,即

$$
\begin{Bmatrix} |X_1| \\ |X_2| \end{Bmatrix} = \frac{\delta_{st} \begin{Bmatrix} \sqrt{(\alpha^2-\lambda_1^2)^2+(2\zeta_2\alpha\lambda_1)^2} \\ \sqrt{\lambda_1^4+(2\zeta_2\alpha\lambda_1)^2} \end{Bmatrix}}{\sqrt{[(1-\lambda_1^2)(\alpha^2-\lambda_1^2)-\mu\alpha^2\lambda_1^2]^2+[2\zeta_2\alpha\lambda_1(1-\lambda_1^2-\mu\lambda_1^2)]^2}}
\tag{3.5.5}
$$

2. 无阻尼动力减振器

对于无阻尼减振器,副系统的阻尼为零。故在式(3.5.5)中令 $\zeta_2=0$,即得到主、副系统均无阻尼情况的振幅解

$$
\begin{Bmatrix} |X_1| \\ |X_2| \end{Bmatrix} = \frac{\delta_{st}}{(1-\lambda_1^2)(\alpha^2-\lambda_1^2)-\mu\alpha^2\lambda_1^2} \begin{Bmatrix} \alpha^2-\lambda_1^2 \\ \lambda_1^2 \end{Bmatrix}
\tag{3.5.6}
$$

可见,当 $\alpha=\lambda_1$ 或 $\Omega=\omega_2$ 时,主系统振幅 $X_1=0$。

【例 3.5.1】 已知某系统及其减振器的动特性参数为 $m_1=75\text{kg}, m_2=1.5\text{kg}, k_1=29578800\text{N/m}, k_2=591576\text{N/m}, \Omega=628\ \text{rad/s}$。均不考虑阻尼影响,试确定该系统的振幅。

解 首先确定计算参数

$$\mu=m_2/m_1=1/50, \qquad \omega_1=\sqrt{k_1/m_1}=628\text{rad/s}, \qquad \omega_2=\sqrt{k_2/m_2}=628\text{rad/s}$$

$$\lambda_1=\Omega/\omega_1=1, \qquad \alpha=\omega_2/\omega_1=1$$

由式(3.5.6)得系统的振幅值

$$
\begin{Bmatrix} |X_1| \\ |X_2| \end{Bmatrix} = \frac{\delta_{st}}{\mu} \begin{Bmatrix} 0 \\ 1 \end{Bmatrix} = \begin{Bmatrix} 0 \\ 50\delta_{st} \end{Bmatrix}
$$

可见,主系统的振动被完全消除,付出的代价是副系统振动强烈,其振幅达到静变形的50 倍。

【例 3.5.2】 某系统安放了减振器,已知主、副系统的参数为

$m_1 = 10\text{kg}, m_2 = 1\text{kg}, k_1 = 19600\text{N/m}, k_2 = 1620\text{N/m}, \Omega = 46.6\text{rad/s}, \zeta_2 = 0.168, F(t) = 98\cos\omega t$

不计主系统的阻尼,试确定主系统安装减振器后振幅减小了多少。

解 首先确定参数

$$\mu = m_2/m_1 = 0.1, \qquad \omega_1 = \sqrt{k_1/m_1} = 44.27\text{rad/s}, \qquad \omega_2 = \sqrt{k_2/m_2} = 40.25\text{rad/s}$$

$$\lambda = \Omega/\omega_1 = 1.0524, \qquad \alpha = \omega_2/\omega_1 = 0.9092, \qquad \delta_{st} = F_0/k_1 = 0.5\text{mm}$$

代入式(3.5.6)得系统的振幅值

$$\begin{Bmatrix} |X_1| \\ |X_2| \end{Bmatrix} = \frac{\delta_{st} \begin{Bmatrix} \sqrt{(\alpha^2-\lambda^2)^2 + (2\zeta_2\alpha\lambda)^2} \\ \sqrt{\lambda^4 + (2\zeta_2\alpha\lambda)^2} \end{Bmatrix}}{\sqrt{[(1-\lambda^2)(\alpha^2-\lambda^2) - \mu\alpha^2\lambda^2]^2 + [2\zeta_2\alpha\lambda(1-\lambda^2-\mu\lambda^2)]^2}}$$

$$= \frac{0.5 \times \begin{Bmatrix} 0.4269 \\ 1.1004 \end{Bmatrix}}{0.0932} = \begin{Bmatrix} 2.29 \\ 5.90 \end{Bmatrix} (\text{mm})$$

安装减振器前,主系统为单自由度系统,根据单自由度无阻尼强迫振动系统理论,此时系统固有频率和频率比分别为

$$\omega_n = \omega_1 = \sqrt{k_1/m_1} = 44.27\text{rad/s}, \qquad \lambda = \Omega/\omega_n = 1.0524$$

由式(2.1.5)得到减振器安装前主系统的振幅

$$|X| = \left| \frac{\delta_{st}}{1-\lambda^2} \right| = \left| \frac{0.5}{1-1.0524^2} \right| = 4.65(\text{mm})$$

可见,安装减振器后振幅减为原来的一半左右。

3.6 拍击振动

在 2.1.1 节曾介绍过,当单自由度受到的激振频率 Ω 接近系统的固有频率 ω_n 时,系统在强迫振动的初始过渡阶段会出现拍振现象。而在两自由度振动系统中,当系统的两个固有频率很接近时,系统的自由振动也会出现振幅以一种较低的频率周期变化的拍振现象,如图 3.6.2 所示。下面以双摆振动系统为例,说明两自由度系统的拍振现象。

图 3.6.1 所示为一双摆振动系统。系统中两个摆杆长为 L,质量不计;杆的下端系一小球,其质量为 m;在距摆杆上端 a 处水平放置一弹簧,其刚度系数为 k。取 (θ_1, θ_2) 为系统的独立坐标,θ_1、θ_2 均为微小摆角且以逆时针方向为正。利用刚体定轴转动定律,可得双摆振动系统的运动微分方程为

$$\begin{bmatrix} mL^2 & 0 \\ 0 & mL^2 \end{bmatrix} \begin{Bmatrix} \ddot{\theta}_1 \\ \ddot{\theta}_2 \end{Bmatrix} + \begin{bmatrix} mgL+ka^2 & -ka^2 \\ -ka^2 & mgL+ka^2 \end{bmatrix} \begin{Bmatrix} \theta_1 \\ \theta_2 \end{Bmatrix} = \begin{Bmatrix} 0 \\ 0 \end{Bmatrix}$$

系统的固有频率为

$$\omega_1 = \sqrt{g/L}, \qquad \omega_2 = \sqrt{\frac{g}{L}\left(1 + \frac{2ka^2}{mgL}\right)}$$

当 $\theta_{10} = \theta_0, \theta_{20} = \dot{\theta}_{10} = \dot{\theta}_{20} = 0$ 时,系统的一般响应为

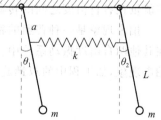

图 3.6.1 双摆系统

$$\theta_1 = \frac{1}{2}\theta_0(\cos\omega_1 t + \cos\omega_2 t) = \left(\theta_0\cos\frac{\Delta\omega}{2}t\right)\cos\omega t = \Theta_1(\Delta\omega)\cos\omega t$$

$$\theta_2 = \frac{1}{2}\theta_0(\cos\omega_1 t - \cos\omega_2 t) = \left(\theta_0\sin\frac{\Delta\omega}{2}t\right)\sin\omega t = \Theta_2(\Delta\omega)\sin\omega t$$

注意,此时角位移的振幅为频率为 $\Delta\omega/2$ 的振动变量,即

$$\Theta_1(\Delta\omega) = \theta_0\cos\frac{\Delta\omega}{2}t$$

$$\Theta_2(\Delta\omega) = \theta_0\sin\frac{\Delta\omega}{2}t$$

当 ω_2 与 ω_1 非常接近时,$\Delta\omega$ 很小,故有

$$\Delta\omega = \frac{\omega_2 - \omega_1}{2} \ll \omega = \frac{\omega_2 + \omega_1}{2}$$

由于 $\Delta\omega/2$ 是振幅的振动频率、ω 是角位移的振动频率,因此振幅的变化将远慢于 θ_1、θ_2 的变化,即形成了拍击现象,如图 3.6.2 所示。

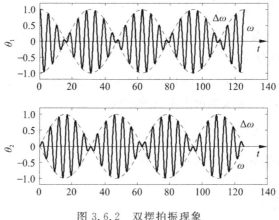

图 3.6.2　双摆拍振现象

由图 3.6.2 可见,左边的摆从最大振幅 θ_0 开始摆动而此时右边的摆处于静止,接着左边的摆的振幅逐渐减小、右边的摆开始摆动且振幅逐渐增大;到 $t = T/2 = \pi/\Delta\omega$ 时,左边摆的振幅降为 0、右边摆的振幅达到最大值;接着左边摆的振幅逐渐增大,而右边摆开始摆动且振幅逐渐减小,到 $t = T = 2\pi/\Delta\omega$ 时,左边摆的振幅又达到最大振幅 θ_0、右边摆振幅降为 0;如此交替循环。两摆运动的交替转换实际上是能量的相互转换,每一个时间间隔 $t = T/2 = \pi/\Delta\omega$ 内,完成两个摆之间的能量转移,使两摆振幅交替地消长,形成了拍击现象。拍击现象形象地说明在多自由度系统的振动过程中,不仅存在着动能与势能之间的转换,而且存在着能量在各自由度之间的转移。

拍击现象是一种普通的物理现象,不仅会出现在上述弱耦合的双摆系统中,也可能出现在其他两自由度振动系统中。事实上,当频率接近的任意两个简谐振动耦合时,都可能产生拍击现象,如工程中的双螺旋桨工作时产生的时强时弱的噪声都是拍击现象。

3.7 半正定系统

首先,我们来研究图 3.7.1(a) 给出的振动问题,其中 m_1 和 m_2 可以看做铁轨上相连的两节车厢,连接弹簧的刚度系数为 k。该系统的动力分析如 3.7.1(b)所示,由此可得该系统的振动微分方程

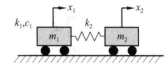

$$\begin{cases} m_1 \ddot{x}_1 + k(x_1 - x_2) = 0 \\ m_2 \ddot{x}_2 + k(x_2 - x_1) = 0 \end{cases} \quad (3.7.1a)$$

或

$$\begin{bmatrix} m_1 & 0 \\ 0 & m_2 \end{bmatrix} \begin{Bmatrix} \ddot{x}_1 \\ \ddot{x}_2 \end{Bmatrix} + \begin{bmatrix} k & -k \\ -k & k \end{bmatrix} \begin{Bmatrix} x_1 \\ x_2 \end{Bmatrix} = \begin{Bmatrix} 0 \\ 0 \end{Bmatrix} \quad (3.7.1b)$$

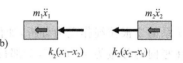

图 3.7.1 半正定系统

由于刚度矩阵的主行列式

$$\det[k] = k > 0, \qquad \det \begin{bmatrix} k & -k \\ -k & k \end{bmatrix} = 0$$

可见该系统的刚度矩阵为半正定,故称该系统为**半正定系统**(semidefinite system)或**退化系统**(degenerate system)。半正定系统是由于缺少约束造成的,故也称为**非约束系统**(unrestrained system)。

下面来研究上述半正定系统的解。对于自由振动,其运动是简谐的,故可令式(3.7.1)的解为

$$\{x\} = \{X\} \cos(\omega t_n + \varphi)$$

代入式(3.7.1),且考虑 X_1 或 X_2 有非零解的情况,得到该系统的频率方程,

$$\omega_n^2 [m_{11} m_{22} \omega_n^2 - k(m_1 + m_2)] = 0$$

由此得到半正定系统的两个固有频率,

$$\omega_{n,1} = 0, \qquad \omega_{n,2} = \sqrt{\frac{k(m_1 + m_2)}{m_1 m_2}} \quad (3.7.2)$$

我们用频率来表示系统振动的快慢,频率越低则表明系统振动得越慢。当系统作自由振动时,其振动频率等于系统的固有频率,上述半正定系统的第一阶固有频率为零,即系统的该阶振动频率为零,说明系统此时并未振动。事实上,此时系统产生的是刚性平移运动,两个质量块没有任何相对运动。系统具有一个零固有频率,表明系统存在刚体位移,这是半正定系统的重要特征。

【例 3.7.1】 例 3.7.1 图(a)所示为一热气球示意图。热气球下系 12 根拉绳,拉绳上端沿热气球周边均匀分布,下端汇结在中轴线上,使得任意直径两端所系拉绳在结点处呈 $90°$。已知热气球的质量为 m,每根拉绳的抗拉刚度为 k,提升重物的质量为 M。试列出该系统竖向振动的运动方程,并确定系统竖向振动的固有频率。

解 该系统在竖向振动的力学模型如例 3.7.1 图(b)所示,式中 k_{eq} 为热气球沿竖向振动时的刚度,该刚度为 12 根拉绳沿竖向振动的等效刚度。为确定 k_{eq},先取出任意直径两端

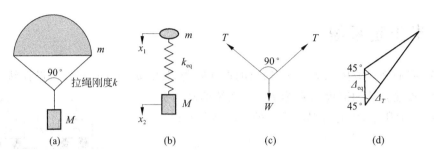

例 3.7.1 图　热气球振动系统

所系的 2 根拉绳作受力分析,如例 3.7.1 图(c)所示。由此受力图可见,每根拉绳的张力 T 在竖向的分量为 $T\cos45°$,全部拉绳在竖向分量之和等于重物的重力 Mg,即

$$12 \times T\cos45° = Mg \tag{a}$$

令拉绳轴向变形为 Δ_T,竖向总变形为 Δ_{eq},则有关系

$$\Delta_T = \frac{T}{k}, \qquad \Delta_{eq} = \frac{Mg}{k_{eq}} \tag{b}$$

拉绳变形 Δ_T 与竖向总变形 Δ_{eq} 的关系,如例 3.7.1 图(d)所示,由图可见

$$\Delta_T = \Delta_{eq}\cos45° \tag{c}$$

由以上(a)、(b)、(c)3 式,可得

$$\Delta_{eq} = \frac{\Delta_T}{\cos45°} = \frac{T}{k\cos45°} = \frac{Mg}{12k(\cos45°)^2} = \frac{Mg}{6k} = \frac{Mg}{k_{eq}}$$

由此得到

$$k_{eq} = 6k \tag{d}$$

由于此问题的力学模型与图 3.7.1 所示的半正定系统力学模型完全等价,故由图 3.7.1 所示系统的分析和式(3.7.1)可知,该系统的竖向振动方程为

$$\begin{bmatrix} m & 0 \\ 0 & M \end{bmatrix} \begin{Bmatrix} \ddot{x}_1 \\ \ddot{x}_2 \end{Bmatrix} + \begin{bmatrix} k_{eq} & -k_{eq} \\ -k_{eq} & k_{eq} \end{bmatrix} \begin{Bmatrix} x_1 \\ x_2 \end{Bmatrix} = \begin{Bmatrix} 0 \\ 0 \end{Bmatrix} \tag{e}$$

由此式(3.7.2)得到该系统的两个固有频率,

$$\omega_{n1} = 0, \qquad \omega_{n2} = \sqrt{\frac{k_{eq}(m+M)}{mM}} = \sqrt{\frac{6k(m+M)}{mM}} \tag{f}$$

可见,该系统竖向运动存在刚体位移,为半正定系统。

3.8　两自由度系统的振动特性

以上对两自由度系统的模型、运动方程、固有特性、自由振动和受迫振动规律,进行了阐述和分析,为便于学习,现将两自由度系统主要的振动特性归纳如下:

1. 频率与振型

(1) 一般有两个大小不同的固有频率(主频率),其值取决于系统固有的物理性质,与初始条件无关。固有频率个数通常等于系统的自由度数。

(2) 主振型取决于系统固有的物理性质,与初始条件无关。当系统作主振动时具有确定的振动形态。主振型的个数一般等于系统的自由度数。

（3）二阶主振型中存在节点，在主振动中始终静止不动。一般来讲，i 阶主振型有 $(i-1)$ 个节点。对于连续体节点变为节线或节面。

2. 运动规律

（1）无阻尼自由振动系统，由频率为 ω_{n1} 和 ω_{n2} 的两个简谐振动合成，一般不再为简谐振动。当两个频率比为有理数时，合成运动仍为周期运动；当为非有理数时，合成运动为非周期运动——准周期运动。

（2）虽然主振型取决于系统的固有参数，但在振动过程中各阶主振型每一瞬时所占比例由初始条件决定。由于低阶振型容易激发，所以一般情况下低阶主振型占优。

（3）两自由度系统受迫振动时，其稳态振动频率与激振力的频率 Ω 相同，仍为简谐振动；无阻尼时二者同步，有阻尼时二者存在相位差。

3. 振动幅度

（1）对于给定的系统，自由振动系统振幅的大小取决于运动的初始条件；受迫振动系统稳态振动的振幅大小与激励幅值成正比。

（2）当外激励的频率 Ω 接近系统的固有频率时，振幅显著增大，等于固有频率时系统产生共振。两自由度系统有两个共振点，共振为主振动，每一阶共振即对应相应阶的主振型。

（3）当系统的两个固有频率接近时，系统自由振动的振幅会出现周期变化的拍振现象。

3.9 MATLAB 算例

【M_3.9.1】 试绘制例 3.2.1 所给系统的位移时程曲线。

解 由例 3.2.1 解得该系统的位移响应为

$$x_1(t)=0.4\cos(\sqrt{k/m}\,t)+0.8\cos(\sqrt{5k/2m}\,t)$$

$$x_2(t)=0.4\cos(\sqrt{k/m}\,t)-0.4\cos(\sqrt{5k/2m}\,t)$$

假设 $\omega_n^2=k/m=1$。计算该系统的位移响应的 MATLAB 程序如下：

```
%【M_3.9.1】
%计算例3.2.1系统的位移响应并绘制时程曲线
wn=1;
t=0:0.01:50;
x1=0.4*cos(wn*t)+0.8*cos((5/2)^0.5*wn*t);
x2=0.4*cos(wn*t)-0.4*cos((5/2)^0.5*wn*t);
subplot(2,1,1);plot(t,x1);ylabel('{\itx}_1');grid on;
subplot(2,1,2);plot(t,x2);ylabel('{\itx}_2');xlabel('{\itt}');grid on;
clc
```

例 3.2.1 所给系统的位移时程曲线如图 M_3.9.1 所示。

【M_3.9.2】 试计算例 3.3.2 系统的特征值和特征向量，并绘制该系统的自由振动位移响应时程曲线。该系统的运动方程为

$$\begin{bmatrix} 2m & 0 \\ 0 & m \end{bmatrix}\{\ddot{x}\}+\frac{12EI}{h^3}\begin{bmatrix} 2 & -1 \\ -1 & 1 \end{bmatrix}\{x\}=\begin{Bmatrix} 0 \\ 0 \end{Bmatrix}$$

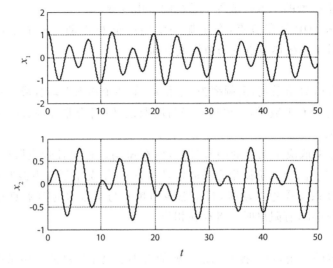

图 M_3.9.1   例 3.2.1 系统的位移响应时程曲线

解   令系统的解为

$$\{x(t)\} = \begin{Bmatrix} x_1(t) \\ x_2(t) \end{Bmatrix} = \begin{Bmatrix} X_1 \\ X_2 \end{Bmatrix} \cos(\omega_n t - \varphi) = \{X\} \cos(\omega_n t - \varphi)$$

代入整理得到系统的特征值问题方程

$$-\omega^2 m[M]\{X\} + k[K]\{X\} = \{0\}$$

其中

$$[M] = \begin{bmatrix} 2 & 0 \\ 0 & 1 \end{bmatrix}, \qquad [K] = 12 \times \begin{bmatrix} 2 & -1 \\ -1 & 1 \end{bmatrix}, \qquad k = \frac{EI}{h^3}$$

令特征值 $\lambda = m\omega^2/k$，等号两边左乘质量矩阵 $[M]$ 的逆阵，特征值问题方程变为

$$[M]^{-1}[K]\{X\} = \lambda\{X\}$$

利用 MATLAB 求解特征值问题的功能函数，可直接求得特征值和特征向量，程序如下：

```
%【M_3.9.2】(1)
%计算两自由度系统的特征值和特征向量
clear
M=[2,0;0,1];
K=[2,-1;-1,1]*12;
A=inv(M)*K;
[V,D]=eig(A)    %特征向量和特征值
```

计算结果直接显示在 MATLAB 的命令窗口，特征向量为

$$\{X\} = \begin{bmatrix} 0.5774 & 0.5774 \\ -0.8165 & 0.8165 \end{bmatrix}$$

或

$$\{X^{(1)}\} = \left\{\begin{array}{c} 0.5774 \\ -0.8165 \end{array}\right\} = 0.5774 \left\{\begin{array}{c} 1 \\ -\sqrt{2} \end{array}\right\}$$

$$\{X^{(2)}\} = \left\{\begin{array}{c} 0.5774 \\ 0.8165 \end{array}\right\} = 0.5774 \left\{\begin{array}{c} 1 \\ \sqrt{2} \end{array}\right\}$$

特征值为

$$\begin{bmatrix} \lambda_1 & 0 \\ 0 & \lambda_2 \end{bmatrix} = \frac{m}{k} \begin{bmatrix} \omega_{n1}^2 & 0 \\ 0 & \omega_{n2}^2 \end{bmatrix} = \begin{bmatrix} 3.5147 & 0 \\ 0 & 20.4853 \end{bmatrix}$$

即

$$\omega_{n1} = 1.8748\sqrt{k/m}$$

$$\omega_{n2} = 4.5261\sqrt{k/m}$$

由例 3.3.2 的解可见二者结果完全一样,但利用 MATLAB 求解特征问题的功能函数非常简便。

下面计算系统的响应。由例 3.3.2 得到系统的响应为

$$x_1(t) = 0.8536\Delta\cos\omega_{n1}t + 0.1465\Delta\cos\omega_{n2}t$$

$$x_2(t) = 1.2072\Delta\cos\omega_{n1}t - 0.2072\Delta\cos\omega_{n2}t$$

设 $k/m=1$、$\Delta=1$,计算该系统的位移响应的 MATLAB 程序如下:

```
%【M_3.9.2】(2)
%计算两自由度自由振动系统的位移响应
clear
D=1;wn1=1.8748;wn2=4.5261;
t=0:0.01:30;
x1=0.8536*D*cos(wn1*t)+0.1465*D*cos(wn2*t);
x2=1.2072*D*cos(wn1*t)-0.2072*D*cos(wn2*t);
subplot(2,1,1);plot(t,x1);ylabel('{\itx}_1');grid on;
subplot(2,1,2);plot(t,x2);ylabel('{\itx}_2');xlabel('{\itt}');grid on;
clc
```

该自由振动系统的位移响应时程曲线如图 M_3.9.2 所示。

【M_3.9.3】 讨论两自由度无阻尼受迫振动系统的幅频特性。

解 首先需要确定系统的参数。不失一般性,假设系统的参数如下:

$$[m] = \begin{bmatrix} 1 & 0 \\ 0 & 2 \end{bmatrix}, \qquad [k] = \begin{bmatrix} 1 & -1 \\ -1 & 3 \end{bmatrix}, \qquad \{f(t)\} = \left\{\begin{array}{c} F_1 \\ F_2 \end{array}\right\}\cos\Omega t = \left\{\begin{array}{c} 1 \\ 3 \end{array}\right\}\cos\Omega t$$

利用 MATLAB 求解特征问题功能函数直接确定系统的固有频率,程序如下:

```
%【M_3.9.3】(1)
%计算两自由度系统的固有频率
clear
M=[1,0;0,2];
K=[1,-1;-1,3];
A=inv(M)*K;
[V,D]=eig(A);   %特征向量和特征值
```

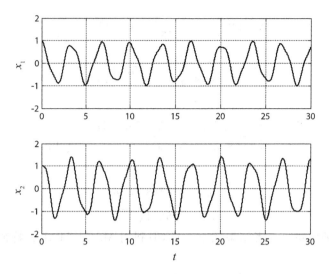

图 M_3.9.2   两自由度系统自由振动的位移响应时程曲线

wn1＝sqrt(D(1,1)); wn2＝sqrt(D(2,2));

if wn1＞ wn2;wn＝wn1;wn1＝wn2;wn2＝wn;end

clc

wn1,wn2

计算结果直接显示在 MATLAB 的命令窗口,两阶固有频率分别为

$$\omega_{n1}=0.7071, \qquad \omega_{n2}=1.4142$$

两自由度无阻尼受迫振动系统的振幅由式(3.4.5)给出

$$X_1=\frac{(k_{22}-\Omega^2 m_{22})F_1-k_{12}F_2}{(\Omega^2-\omega_{n1}^2)(\Omega^2-\omega_{n2}^2)}$$

$$X_2=\frac{-k_{21}F_1+(k_{11}-\Omega^2 m_{11})F_2}{(\Omega^2-\omega_{n1}^2)(\Omega^2-\omega_{n2}^2)}$$

根据以上假设,有

$$m_{11}=1, \quad m_{22}=2, \quad k_{11}=1, \quad k_{12}=k_{21}=-1, \quad k_{22}=3, \quad F_1=1, \quad F_2=3$$

下面利用 MATLAB 计算两自由度系统的幅频特性并绘制幅频特性曲线。为避开奇点,分(d_1,ω_{n1})、$(\omega_{n1},\omega_{n2})$和$(\omega_{n2},d_2)$3 个区间分别计算振幅响应,其中 d_1 和 d_2 分别为计算的起点和终点。计算该系统随扰频 Ω 的振幅响应即幅频特性的 MATLAB 程序如下:

```
%【M_3.9.3】(2)
%计算两自由度系统的幅频特性并绘制幅频特性曲线
clear
M=[1,0;0,2];
K=[1,-1;-1,3];
F=[1;3];
m11=M(1,1);m22=M(2,2);k11=K(1,1);k22=K(2,2);k12= K(1,2); k21= K(2,1);
F1=F(1);F2=F(2);
%求解系统的固有频率
```

```
A=inv(M) * K;
[V,D]=eig(A);
wn1=sqrt(D(1,1));
wn2=sqrt(D(2,2));
if wn1> wn2;wn=wn1;wn1=wn2;wn2=wn;end
%计算该系统振幅随扰频 Ω 变化的响应
N=100;    %计算分析的步数
d1=0.5;d2=2;
DW1=(wn1-d1)/N;DW2=(wn2-wn1)/N;DW3=(d2-wn2)/N;
for i=1:N
    Wi=d1+i * DW1；W1(i)=Wi;
    X11(i)=[(k22-Wi * Wi * m22) * F1-k12 * F2]/[(Wi * Wi-wn1^2) * (Wi * Wi-wn2^2)];
    X21(i)=[(k11-Wi * Wi * m11) * F2-k21 * F1]/[(Wi * Wi-wn1^2) * (Wi * Wi-wn2^2)];
    Wi=wn1+i * DW2； ；W2(i)=Wi;
    X12(i)=[(k22-Wi * Wi * m22) * F1-k12 * F2]/[(Wi * Wi-wn1^2) * (Wi * Wi-wn2^2)];
    X22(i)=[(k11-Wi * Wi * m11) * F2-k21 * F1]/[(Wi * Wi-wn1^2) * (Wi * Wi-wn2^2)];
    Wi=wn2+i * DW3； ；W3(i)=Wi;
    X13(i)=[(k22-Wi * Wi * m22) * F1-k12 * F2]/[(Wi * Wi-wn1^2) * (Wi * Wi-wn2^2)];
    X23(i)=[(k11-Wi * Wi * m11) * F2-k21 * F1]/[(Wi * Wi-wn1^2) * (Wi * Wi-wn2^2)];
end
subplot(1,2,1); grid on;
hold on;plot(W1,X11); plot(W2,X12); plot(W3,X13);ylabel('{\itX}_1');xlabel('{\itt}');
subplot(1,2,2); grid on;
hold on;plot(W1,X21); plot(W2,X22); plot(W3,X23);ylabel('{\itX}_2');xlabel('{\itt}');
clc
```

两自由度无阻尼受迫振动系统的幅频特性曲线如图 M_3.9.3 所示。

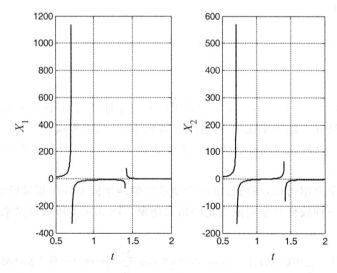

图 M_3.9.3 两自由度无阻尼受迫振动系统的幅频特性曲线

【M_3.9.4】 研究单自由度无阻尼系统安装阻尼减震系统后的减振效果。

解   对安装有阻尼副系统的无阻尼主系统,其振幅解由式(3.5.5)给出

$$
\left\{\begin{matrix}|X_1|\\|X_2|\end{matrix}\right\}=\dfrac{\delta_{\mathrm{st}}\cdot\left\{\dfrac{\sqrt{(\alpha^2-\lambda_1^2)^2+(2\zeta_2\alpha\lambda_1)^2}}{\sqrt{\lambda_1^4+(2\zeta_2\alpha\lambda_1)^2}}\right\}}{\sqrt{[(1-\lambda_1^2)(\alpha^2-\lambda_1^2)-\mu\alpha^2\lambda_1^2]^2+[2\zeta_2\alpha\lambda_1(1-\lambda_1^2-\mu\lambda_1^2)]^2}}
$$

为不失一般性,令频率比 $\alpha=1$、质量比 $\mu=1/20$,上式可以表示为频率比 $\lambda_1=\Omega/\omega_1$ 的函数

$$
K_1=\left|\dfrac{X_1}{\delta_{\mathrm{st}}}\right|=\dfrac{\sqrt{(\alpha^2-\lambda_1^2)^2+(2\zeta_2\alpha\lambda_1)^2}}{\sqrt{[(1-\lambda_1^2)(\alpha^2-\lambda_1^2)-\mu\alpha^2\lambda_1^2]^2+[2\zeta_2\alpha\lambda_1(1-\lambda_1^2-\mu\lambda_1^2)]^2}}
$$

$$
K_2=\left|\dfrac{X_2}{\delta_{\mathrm{st}}}\right|=\dfrac{\sqrt{\lambda_1^4+(2\zeta_2\alpha\lambda_1)^2}}{\sqrt{[(1-\lambda_1^2)(\alpha^2-\lambda_1^2)-\mu\alpha^2\lambda_1^2]^2+[2\zeta_2\alpha\lambda_1(1-\lambda_1^2-\mu\lambda_1^2)]^2}}
$$

式中 K_1、K_2 为主系统减振后的相对幅值,其大小反映了安装阻尼减震系统后的减振效果。下面分别计算相对幅值 K_1 和 K_2。为考虑阻尼的影响,依次取 $\zeta_2=0.05$、0.1、0.5 分别计算该系统随频率比 $\lambda_1=\Omega/\omega_1$ 变化的相对振幅响应,MATLAB程序如下:

```
%【M_3.9.4】
%计算单自由度无阻尼系统安装阻尼减震系统后的减振效果
clear
u=input('输入阻尼比 ζ=');
a=1;um=1/20;   %频率比和质量比
for i=1:100
    la1=0.5+i/100;
    B=sqrt(((1-la1^2)*(a^2-la1^2)-um*(a*la1)^2)^2+(2*u*a*la1*(1-la1^2-um*la1^
        2))^2);
    K1(i)=sqrt((a^2-la1^2)^2+(2*u*a*la1)^2)/B;
    K2(i)=sqrt(la1^4+(2*u*a*la1)^2)/B;
    la(i)=la1;
end
subplot(2,1,1);hold on;plot(la,K1);grid on;
subplot(2,1,2);hold on;plot(la,K2);grid on;
clc
```

依次取 $\zeta_2=0.05$、0.1、0.5,重复3次运用以上程序计算,得到该主系统减振后的相对幅值在不同阻尼比情况下随频率比的变化曲线,如图 M_3.9.4 所示。

【M_3.9.5】 以图 3.6.1 所示的双摆振动系统为例,讨论两自由度自由振动系统的拍振现象。

解   由 3.6 节介绍可知,当两自由度振动系统的两个固有频率很接近时,系统的自由振动会出现振幅以一种较低频率周期变化的拍振现象。图 3.6.1 所示双摆系统的自由振动规律为

$$
\theta_1(t)=\frac{1}{2}\theta_0(\cos\omega_1 t+\cos\omega_2 t)=\left(\theta_0\cos\frac{\Delta\omega}{2}t\right)\cos\omega t=\Theta_1(\Delta\omega)\cos\omega t
$$

$$
\theta_2(t)=\frac{1}{2}\theta_0(\cos\omega_1 t-\cos\omega_2 t)=\left(\theta_0\sin\frac{\Delta\omega}{2}t\right)\sin\omega t=\Theta_2(\Delta\omega)\sin\omega t
$$

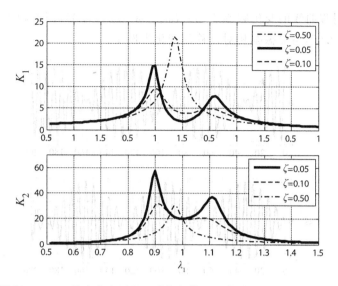

图 M_3.9.4　单自由度无阻尼系统安装阻尼减震系统后的减振效果

为不失一般性，任意取图 3.6.1 所示双摆振动系统的两个固有频率分别为 $\omega_1=1.0$、$\omega_2=1.1$，振幅 $\theta_0=2$，则双摆系统的自由振动规律为

$$\theta_1(t)=\cos t+\cos 1.1t$$

$$\theta_2(t)=\cos t-\cos 1.1t$$

振幅的慢变频率为 $\Delta\omega/2=0.1/2=0.05$，故双摆系统的自由振动振幅 Θ 的变化规律为

$$\Theta_1=\theta_0\cos\frac{\Delta\omega}{2}t=2\cos 0.05t$$

$$\Theta_2=\theta_0\sin\frac{\Delta\omega}{2}t=2\sin 0.05t$$

下面利用 MATLAB 程序计算双摆系统自由振动的位移响应及其振幅的变化规律，并绘制位移的时程曲线及其振幅的变化规律，分析时间取为 200s。程序如下：

```
%【M_3.9.5】
%计算双摆系统自由振动的位移响应及其振幅的变化规律
clear
t=0:0.01:200;
w1=1.0;w2=1.1;Dw=abs(w1-w2);
Y0=2;
y1=Y0/2*[cos(w1*t)+cos(w2*t)];
y2=Y0/2*[cos(w1*t)-cos(w2*t)];
Y11=Y0*cos(Dw/2*t);Y12=-Y11;
Y21=Y0*sin(Dw/2*t);Y22=-Y21;
subplot(2,1,1);plot(t,y1,t,Y11,t,Y12);ylabel('{\it\theta}_1');grid on;
subplot(2,1,2);plot(t,y2,t,Y21,t,Y22);ylabel('{\it\theta}_2');xlabel('{\itt}');grid on;
clc
```

图 3.6.1 所示双摆振动系统的位移时程曲线以及振幅的变化规律如图 M_3.9.5 所示。

由图可见,位移时程曲线的变化频率为 $\omega=(\omega_1+\omega_2)/2=1.05$,而振幅大小的变化频率为 $\Delta\omega/2=0.1/2=0.05$,可见振幅相对位移的变化为慢变。

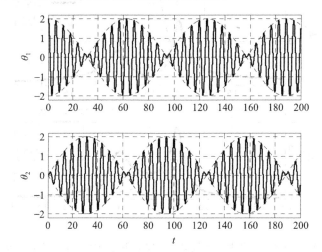

图 M_3.9.5 图 3.6.1 所示双摆振动系统的位移时程及振幅的变化曲线

第 4 章

多自由度系统的振动

　　一般而言,工程实际中的振动系统都是连续实体,其质量与刚度连续分布,理论上具有无限多个自由度,严格来讲需要用连续模型才能加以描述。但是连续体的振动分析涉及偏微分方程理论,求解也十分困难,而且大多偏微分方程不存在解析解。工程实践中许多连续弹性体,往往可通过适当的方法简化为有限多个自由度的模型来分析,类似于第 3 章的两个自由度系统。

　　一个简单的方法是将连续系统分割为有限多个集中质量,这些集中质量之间通过弹性元件和阻尼元件相连接,这一模型称为**集中参数系统**(lumped parameter system)或集中质量系统。每个集中质量的运动可用线性坐标来描述,描述模型中全部集中质量运动所需的最少坐标数目称为系统的自由度数。我们把具有两个和两个以上自由度的系统称为**多自由度系统**,多自由度模型的分析仅涉及常微分方程组,求解相对连续模型要简单很多。因此,为了简化分析,我们经常将连续体简化为多自由度系统。当然,与单自由度相比,多自由度系统要复杂一些,特别是自由度数加大时,对系统的振动分析将变得非常繁杂。为便于多自由度系统的振动分析,需要应用线性代数和矩阵理论。

　　本章着重讨论多自由度系统运动方程的建立、无阻尼情况下的自由振动、多自由度振动系统的特征值问题,介绍自然模态的概念、特性和求法以及自然坐标的概念,最后介绍模态分析并应用于求解多自由度系统的一般响应。

4.1　多自由度系统模型的建立

　　实际系统都是连续的复杂系统,将其简化为离散的多自由度系统有多种方法可用,其中最简便的方法是依据一定原理将连续系统分割为有限多个集中质量或刚体替代系统的分布质量或惯性,这些集中质量之间通过弹性元件和阻尼元件相连接,从而建立起集中参数的多自由度质阻弹模型。

　　多自由度系统中质阻弹元件的简化原则与单自由度相同,尽量将质量集中、变形小的部分简化为集中质量并略去其刚度,将变形大、质量小的部分简化为弹性元件并略去其质量。在实际简化中,会遇到比较复杂的情况,可以根据工程经验进行简化处理。缺少工程经验时,应按照简化前后动能相等的原则来简化集中质量,按照势能相等的原则来简化集中刚度。自由度数目的多少,取决于研究对象的具体情况和精度要求。一般来说,自由度越多分析精度越高,分析也越复杂烦琐,在满足精度的前提下,应尽量减少自由度的数目。以下列举一些将实际系统简化为多自由度模型的工程实例。

　　图 4.1.1(a)所示为一个 6 层框架建筑结构,由框架柱、框架梁和楼板组成。楼面体系由楼板和框架梁组成,楼板面内刚度很大,在研究水平振动时通常假设其刚度无限大。上下楼板之间通过框架柱联系起来,水平振动时柱子变形较大。考虑到框架建筑结构水平振动的特点,将刚度较大的楼面体系(包括框架梁)简化为集中质量,弹性变形较大而质量相对较小的柱子简化为弹簧元件,并将柱和墙的质量集中到楼板处,从而简化成图 4.1.1(b)所示的集中质量多自由度体系。考虑集中质量之间除弹性恢复力外还存在振动阻尼,最终多层框架建筑结构的质阻弹力学模型如图 4.1.1(c)所示。

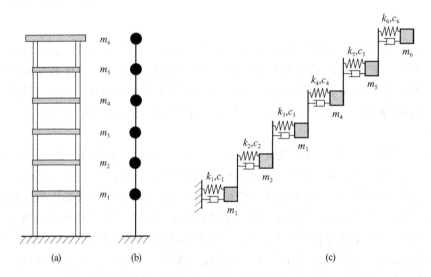

图 4.1.1   多层框架建筑结构及其多自由度力学模型

　　图 4.1.2(a)所示为一货运卡车,为了减小货车在运输中的颠簸震动,在货物下加垫了一个减震垫,对卡车司机座椅也采取了减振措施。现需要分析卡车车体、货物和司机在运输过程中的颠簸或振动情况,则可将车体、货物和司机分别作为集中质量,将轮胎及其减震弹簧简化为支撑车体的弹性元件,将减震垫简化为支撑货物的弹性元件,将座椅及其减震弹簧简化为支撑司机身体的弹性元件,从而建立起如图 4.1.2(b)所示的多自由度力学模型。

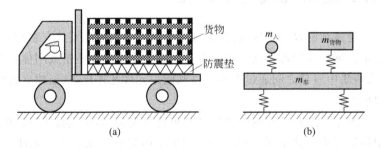

图 4.1.2   卡车结构及其多自由度力学模型

　　图 4.1.3 所示为一简支梁及其集中质量模型的示意图。图 4.1.3(a)所示为简支梁的实际情况,其质量为一连续分布的质量。为建立该连续梁的集中参数质阻弹力学模型,需要将连续梁的分布质量离散为集中质量,从而将无限自由度体系简化为有限个自由度体系。实际处理时,可根据精度的要求,将连续梁的分布质量离散为 1 个或多个集中质量。

图 4.1.3(b)所示离散为 1 个集中质量,形成单自由度体系,其力学模型如图 4.1.4(a)所示;
图 4.1.3(c)所示离散为 2 个集中质量,形成两自由度体系,其力学模型如图 4.1.4(b)所示;
图 4.1.3(d)所示离散为 3 个集中质量,形成三自由度体系,其力学模型如图 4.1.4(c)所示;
还可以离散为更多集中质量的多自由度体系,从而获得更高的计算精度。

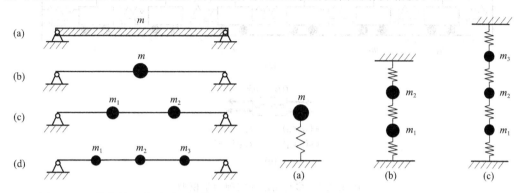

图 4.1.3 简支梁及其质量的离散 　　图 4.1.4 简支梁的单自由度和多自由度力学模型

以上采用的是集中质量法来离散连续系统的质量,除此之外常用的还有广义坐标法、有限元法等。

4.2 多自由度系统运动方程的建立

建立振动系统的运动方程有多种方法,常用的有牛顿法、拉格朗日法和影响系数法等。第一种方法在前面介绍的单自由度和两自由度系统中已经使用过,下面将从多自由度一般情况出发加以总结。本章还将分别介绍建立振动系统运动方程的拉格朗日方法和影响系数方法。

4.2.1 牛顿第二定律法

应用牛顿第二定律建立单自由度振动系统运动方程,是最常用的方法之一。连续系统的集中质量模型确定之后,可按以下步骤运用牛顿第二定律来建立多自由度系统的运动微分方程:

(1)选择适当的坐标系来描述质量块的运动。坐标原点一般设置在静平衡位置。

(2)取分离体,根据牛顿第二定律或达朗伯原理做受力分析。分析时,通常假设被分析的质点沿坐标正向运动。被分析的质点除可能受到激振力作用外,一般还作用有惯性力、阻尼力、弹性恢复力等。

(3)利用力的平衡条件,列出振动方向的动力平衡方程,化简后得到多自由度系统的运动微分方程。

图 4.2.1 所示为一典型的多自由度质阻弹力学模型,设该系统有 n 个离散质量块,系统仅沿水平方向振动,故为 n 个自由度的振动系统。按照以上步骤,分别建立该系统的坐标系 x_i,原点设在静平衡位置,如图 4.2.1(a)所示。现任取第 i 个质量块进行受力分析(见图 4.2.1(b)),其除受到激振力 $f_i(t)$ 作用外,还作用有惯性力 $m_i \ddot{x}_i$、左侧阻尼力

$c_i(\dot{x}_i-\dot{x}_{i-1})$ 和右侧阻尼力 $c_{i+1}(\dot{x}_{i+1}-\dot{x}_i)$、左侧弹性恢复力 $k_i(x_i-x_{i-1})$ 和右侧弹性恢复力 $k_{i+1}(x_{i+1}-x_i)$，其方向如图 4.2.1(b)所示。

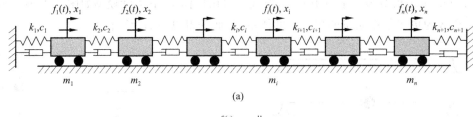

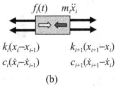

图 4.2.1   多自由度质阻弹力学模型

故第 i 个质量块的动力学平衡方程为

$$f_1(t)-m_i\ddot{x}_i-c_i(\dot{x}_i-\dot{x}_{i-1})+c_{i+1}(\dot{x}_{i+1}-\dot{x}_i)-k_i(x_i-x_{i-1})+k_{i+1}(x_{i+1}-x_i)=0$$

或

$$m_i\ddot{x}_i-c_i\dot{x}_{i-1}+(c_i+c_{i+1})\dot{x}_i-c_{i+1}\dot{x}_{i+1}-k_ix_{i-1}+(k_i+k_{i+1})x_i-k_{i+1}x_{i+1}=f_1(t)$$

式中 $i=1,2,3,\cdots,n$。由此可得该多自由度振动系统的运动方程为

$$\begin{cases}
m_1\ddot{x}_1+(c_1+c_2)\dot{x}_2-c_2\dot{x}_2+(k_1+k_2)x_1-k_2x_2=f_1(t)\\
m_2\ddot{x}_2-c_2\dot{x}_1+(c_2+c_3)\dot{x}_2-c_3\dot{x}_3-k_2x_1+(k_2+k_3)x_2-k_3x_3=f_2(t)\\
\vdots\\
m_i\ddot{x}_i-c_i\dot{x}_{i-1}+(c_i+c_{i+1})\dot{x}_i-c_{i+1}\dot{x}_{i+1}-k_ix_{i-1}+(k_i+k_{i+1})x_i-k_{i+1}x_{i+1}=f_i(t)\\
\vdots\\
m_n\ddot{x}_n-c_n\dot{x}_{n-1}+(c_n+c_{n+1})\dot{x}_n-k_nx_{n-1}+(k_n+k_{n+1})x_n=f_n(t)
\end{cases}$$

$$(4.2.1a)$$

写成矩阵形式

$$[m]\{\ddot{x}\}+[c]\{\dot{x}\}+[k]\{x\}=\{f(t)\} \tag{4.2.1b}$$

式中 $\{x\}$、$\{\dot{x}\}$、$\{\ddot{x}\}$ 和 $f(t)$ 分别表示位移、速度、加速度列向量和激励力列向量，

$$\{x\}=\begin{Bmatrix}x_1(t)\\x_2(t)\\\vdots\\x_n(t)\end{Bmatrix},\quad \{\dot{x}\}=\begin{Bmatrix}\dot{x}_1(t)\\\dot{x}_2(t)\\\vdots\\\dot{x}_n(t)\end{Bmatrix},\quad \{\ddot{x}\}=\begin{Bmatrix}\ddot{x}_1(t)\\\ddot{x}_2(t)\\\vdots\\\ddot{x}_n(t)\end{Bmatrix},\quad \{f(t)\}=\begin{Bmatrix}f_1(t)\\f_2(t)\\\vdots\\f_n(t)\end{Bmatrix} \tag{4.2.1c}$$

图 4.1.1(b)中的质量矩阵 $[m]$、阻尼矩阵 $[c]$ 和刚度矩阵 $[k]$ 分别为

$$[m]=\begin{bmatrix}
m_1 & 0 & 0 & \cdots & 0 & 0\\
0 & m_2 & 0 & \cdots & 0 & 0\\
0 & 0 & m_3 & \cdots & 0 & 0\\
\vdots & \vdots & \vdots & & \vdots & \vdots\\
0 & 0 & 0 & \cdots & 0 & m_n
\end{bmatrix} \tag{4.2.1d}$$

$$[c] = \begin{bmatrix} c_1+c_2 & -c_2 & 0 & \cdots & 0 & 0 \\ -c_2 & c_2+c_3 & -c_3 & \cdots & 0 & 0 \\ 0 & -c_3 & c_3+c_4 & \cdots & 0 & 0 \\ 0 & \vdots & \vdots & & \vdots & \\ 0 & 0 & 0 & \cdots & -c_n & c_n+c_{n+1} \end{bmatrix} \quad (4.2.1\mathrm{e})$$

$$[k] = \begin{bmatrix} k_1+k_2 & -k_2 & 0 & \cdots & 0 & 0 \\ -k_2 & k_2+k_3 & -k_3 & \cdots & 0 & 0 \\ 0 & -k_3 & k_3+k_4 & \cdots & 0 & 0 \\ 0 & \vdots & \vdots & & \vdots & \\ 0 & 0 & 0 & \cdots & -k_n & k_n+k_{n+1} \end{bmatrix} \quad (4.2.1\mathrm{f})$$

由以上可见,质阻弹力学多自由度系统,有以下特点:

(1) 质量矩阵 $[m]$、阻尼矩阵 $[c]$ 和刚度矩阵 $[k]$ 均为对称矩阵;

(2) 质量矩阵 $[m]$、阻尼矩阵 $[c]$ 和刚度矩阵 $[k]$ 均为稀疏的带状矩阵,即非零元素都集中在主对角线两侧,呈现出以主对角线为中心的斜带状分布的特点;

(3) 阻尼矩阵 $[c]$ 和刚度矩阵 $[k]$ 为非对角矩阵,故该系统存在速度耦合和静力耦合,所以每一个方程都不能单独求解,只能通过方程组联立求解。

以上是针对质阻弹模型建立的多自由度系统振动微分方程,对于一般的多自由度系统,其振动方程仍为

$$[m]\{\ddot{x}\} + [c]\{\dot{x}\} + [k]\{x\} = \{f(t)\} \quad (4.2.2\mathrm{a})$$

其质量矩阵 $[m]$、阻尼矩阵 $[c]$ 和刚度矩阵 $[k]$ 一般为

$$[m] = \begin{bmatrix} m_{11} & m_{12} & m_{13} & \cdots & m_{1n} \\ m_{21} & m_{22} & m_{23} & \cdots & m_{2n} \\ \vdots & \vdots & \vdots & & \vdots \\ m_{n1} & m_{n2} & m_{n3} & \cdots & m_{nn} \end{bmatrix} \quad (4.2.2\mathrm{b})$$

$$[c] = \begin{bmatrix} c_{11} & c_{12} & c_{13} & \cdots & c_{1n} \\ c_{21} & c_{22} & c_{23} & \cdots & c_{2n} \\ \vdots & \vdots & \vdots & & \vdots \\ c_{n1} & c_{n2} & c_{n3} & \cdots & c_{nn} \end{bmatrix} \quad (4.2.2\mathrm{c})$$

$$[k] = \begin{bmatrix} k_{11} & k_{12} & k_{13} & \cdots & k_{1n} \\ k_{21} & k_{22} & k_{23} & \cdots & k_{2n} \\ \vdots & \vdots & \vdots & & \vdots \\ k_{n1} & k_{n2} & k_{n3} & \cdots & k_{nn} \end{bmatrix} \quad (4.2.2\mathrm{d})$$

一般的多自由度系统与上述质阻弹多自由度系统的系数矩阵可能不完全相同,但刚度矩阵仍具有对称性、稀疏性的特点。

牛顿法物理概念明确,方法简单,但对于复杂系统运用不够方便。

4.2.2 拉格朗日方程法

利用拉格朗日方程可以比较方便地建立多自由度振动系统的运动方程,特别对于复杂系统具有明显优势。为此,首先介绍拉格朗日方程涉及的广义坐标概念。

1. 广义坐标

物体的机械运动规律可以用不同的坐标系来描述,我们把描述系统位形所需要的独立参数或独立坐标数称为**广义坐标**(generalized coordinates),通常用 $q_1, q_2, \cdots, q_n$ 表示,其中 n 为独立坐标数也即系统的自由度数。广义坐标具有完备性,可以确定系统任意时刻的位置或形状;同一组广义坐标之间相互独立,互无函数关系;一个系统的广义坐标数等于该系统的自由度数目。一个系统的广义坐标一般不是唯一的,每一组广义坐标都可以用以描述振动系统的运动规律,但不同广义坐标建立振动方程的繁简程度或耦合强弱却不尽相同。因此,在进行多自由度系统分析时应选择合适的广义坐标,对于简化分析过程作用显著。下面举一个实例来加以说明。

图 4.2.2 所示为一双摆简图,质量 m_1、m_2 在图示平面内运动,显然该系统为二自由度振动系统。若建立图示的 xOy 直角坐标系,则系统的运动可以用两个质点的坐标 (x_1, y_1)、(x_2, y_2) 来描述,但这 4 个坐标并不是相互独立的,因为它们之间存在如下约束或函数关系:

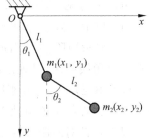

图 4.2.2　双摆及其广义坐标

$$x_1^2 + y_1^2 = l_1^2$$
$$(x_2 - x_1)^2 + (y_2 - y_1)^2 = l_2^2$$

可见,4 个坐标去掉两个约束,只有两个坐标是独立的,如 (x_1, x_2)、(y_1, y_2)、(x_1, y_2)、(y_1, x_2) 等均可以作为独立坐标,显然这些独立坐标加上上述两个约束完全可以确定系统在任意时刻的位形,因此它们都是广义坐标组。显然,选用这些广义坐标时,每个质点位置的另外两个坐标需要使用上述两个二次约束方程来确定。如果我们重新以每个摆杆的摆角 (θ_1, θ_2) 来描述质点的运动,也完全可以确定系统的位形,且 θ_1 和 θ_2 是相互独立的,显然 (θ_1, θ_2) 也是该系统的一组广义坐标。广义坐标 (θ_1, θ_2) 与质点直角坐标的关系为

$$x_1 = l_1 \sin\theta_1, \qquad x_2 = l_1 \sin\theta_1 + l_2 \sin\theta_2$$
$$y_1 = l_1 \cos\theta_1, \qquad y_2 = l_1 \cos\theta_1 + l_2 \cos\theta_2$$

可见,θ_1 和 θ_2 确定后,便可利用此线性方程直接确定系统两个质点的位置。显然,在上述广义坐标组中,选用 (θ_1, θ_2) 比较方便简捷。

2. 广义力

与广义坐标 q_i 对应的力 Q_i 称为**广义力**(generalized force)。广义力的量纲由它与其对应的广义坐标的虚位移的乘积为功的物理量决定,若广义坐标为线位移则广义力为作用力,若广义坐标为角位移则广义力为力矩。若广义力 Q_i 沿广义坐标虚位移 δq_i 所做的功为 U_i,则有关系式

$$Q_i = \frac{U_i}{\delta q_i} \tag{4.2.3}$$

3. 拉格朗日方程

根据拉格朗日理论,振动系统的运动方程可以用动能 T、势能 V 和能量散失函数 D 表示为下面的形式:

$$\frac{\mathrm{d}}{\mathrm{d}t}\left(\frac{\partial T}{\partial \dot{q}_i}\right) - \frac{\partial T}{\partial q_i} + \frac{\partial V}{\partial q_i} + \frac{\partial D}{\partial \dot{q}_i} = Q_i, \qquad i = 1, 2, 3, \cdots, n \tag{4.2.4}$$

式中 q 为广义坐标；Q_i 为对应于势力以外的其他非势力的广义力；D 为**能量散失函数**,定义为系统在振动过程中阻尼力所做的功,即

$$D = \sum_{i=1}^{n} \int_0^{\dot q} c_i \dot q \, \mathrm d \dot q = \frac{1}{2} \sum_{i=1}^{n} c_i \dot q_i^2 \qquad (4.2.5)$$

4. 拉格朗日方程的应用

利用拉格朗日方程建立系统运动微分方程,可以避免未知约束反力的出现,简化推导过程。其求解步骤可归纳如下：

(1) 首先判断系统的自由度数,并选取适当的广义坐标系；

(2) 以广义坐标和广义速度建立系统的动能 T 表达式；

(3) 当主动力是势力时,建立用广义坐标表示的势能 U 的表达式；

(4) 对于有阻尼情况应单独考虑阻尼力,计算相应广义速度对应的能量散失函数 D；

(5) 当存在其他非势力的主动力时,计算相应广义坐标 q_i 对应的广义力 Q_i；

(6) 将求得的 T、V、D 和 Q_i,代入拉格朗日方程中进行运算,即可得到系统的运动微分方程。

【例 4.2.1】 利用拉格朗日方程建立例 4.2.1 图所示三自由度质阻弹振动系统的振动方程。

解 建立坐标系,沿水平振动方向选择广义坐标组 (x_1, x_2, x_3),则系统的动能和势能分别为

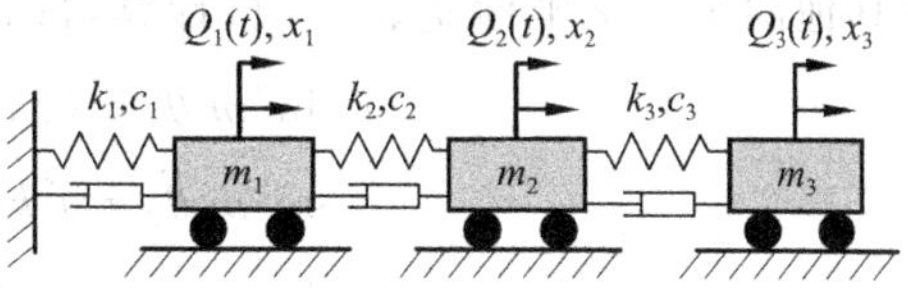

例 4.2.1 图 三自由度质阻弹振动系统

$$T = \frac{1}{2}(m_1 \dot x_1^2 + m_2 \dot x_2^2 + m_3 \dot x_3^2)$$

$$V = \frac{1}{2}[k_1 x_1^2 + k_2 (x_2 - x_1)^2 + k_3 (x_3 - x_2)^2]$$

系统能量散失函数为

$$D = \frac{1}{2}[c_1 \dot x_1^2 + c_2 (\dot x_2 - \dot x_1)^2 + c_3 (\dot x_3 - \dot x_2)^2]$$

代入运动方程(4.2.4),对广义坐标 x_1 有

$$\frac{\mathrm d}{\mathrm d t}\left(\frac{\partial T}{\partial \dot x_1}\right) = \frac{\mathrm d}{\mathrm d t}(m_1 \dot x_1) = m_1 \ddot x_1, \qquad \frac{\partial T}{\partial x_1} = 0$$

$$\frac{\partial V}{\partial x_1} = (k_1 + k_2) x_1 - k_2 x_2, \qquad \frac{\partial D}{\partial \dot x_1} = (c_1 + c_2) \dot x_1 - c_2 \dot x_2$$

$$m_1 \ddot x_1 + (c_1 + c_2) \dot x_1 - c_2 \dot x_2 + (k_1 + k_2) x_1 - k_2 x_2 = Q_1$$

同理,对广义坐标 x_2、x_3,可得另两个方程,整理如下：

$$\begin{bmatrix} m_1 & 0 & 0 \\ 0 & m_2 & 0 \\ 0 & 0 & m_3 \end{bmatrix}\begin{Bmatrix} \ddot x_1 \\ \ddot x_2 \\ \ddot x_3 \end{Bmatrix} + \begin{bmatrix} c_1+c_2 & -c_2 & 0 \\ -c_2 & c_2+c_3 & -c_3 \\ 0 & -c_3 & c_3 \end{bmatrix}\begin{Bmatrix} \dot x_1 \\ \dot x_2 \\ \dot x_3 \end{Bmatrix} + \begin{bmatrix} k_1+k_2 & -k_2 & 0 \\ -k_2 & k_2+k_3 & -k_3 \\ 0 & -k_3 & k_3 \end{bmatrix}\begin{Bmatrix} x_1 \\ x_2 \\ x_3 \end{Bmatrix} = \begin{Bmatrix} Q_1 \\ Q_2 \\ Q_3 \end{Bmatrix}$$

【例 4.2.2】 用拉格朗日方法求解例 4.2.2 图所示摆杆系统的固有频率。已知摆杆处于铅垂位置时各耦合弹簧恰处于松弛状态。

解 取摆杆的摆角 θ_1、θ_2、θ_3 为系统的广义坐标,摆杆在质点处的位移为 $2a\theta_i$,在弹簧处的位移为 $a\theta_i$。

系统的动能为

$$T = \sum_{i=1}^{3} \frac{1}{2} m (2a\,\dot{\theta}_i)^2 = 2a^2 m \sum_{i=1}^{3} \dot{\theta}_i^2$$

系统的动能由重力势能和弹簧变形势能组成

$$V = \sum_{i=1}^{3} 2amg(1-\cos\theta_i) + \sum_{i=1}^{2} \frac{1}{2} k(a\theta_{i+1} - a\theta_i)^2$$

$$\approx amg \sum_{i=1}^{3} \theta_i^2 + \frac{1}{2} a^2 k \sum_{i=1}^{2} (\theta_{i+1} - \theta_i)^2$$

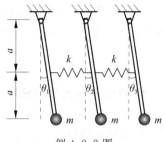

例 4.2.2 图

系统的能量散失函数和非势力广义力恒为零。将以上结果代入拉格朗日方程,则

$$\frac{\mathrm{d}}{\mathrm{d}t}\left(\frac{\partial T}{\partial \dot{q}_i}\right) - \frac{\partial T}{\partial q_i} + \frac{\partial V}{\partial q_i} + \frac{\partial D}{\partial \dot{q}_i} = Q_i, \qquad i = 1, 2, 3, \cdots, n$$

对于第一个广义坐标 θ_1,有

$$\frac{\mathrm{d}}{\mathrm{d}t}\left(\frac{\partial T}{\partial \dot{\theta}_1}\right) = 4a^2 m\,\ddot{\theta}_1, \qquad \frac{\partial T}{\partial \theta_1} = 0, \qquad \frac{\partial D}{\partial \dot{q}_i} = 0$$

$$\frac{\partial V}{\partial \theta_1} = 2amg\theta_1 + a^2 k(\theta_1 - \theta_2), \qquad Q_i = 0$$

对其他两个广义坐标 θ_2、θ_3 进行计算,得到系统的振动方程,整理如下:

$$4a^2 m\,\ddot{\theta}_1 + (2amg + a^2 k)\theta_1 - a^2 k\theta_2 = 0$$

$$4a^2 m\,\ddot{\theta}_2 - a^2 k\theta_1 + (2amg + 2a^2 k)\theta_2 - a^2 k\theta_3 = 0$$

$$4a^2 m\,\ddot{\theta}_3 - a^2 k\theta_2 + (2amg + a^2 k)\theta_3 = 0$$

写成矩阵形式为

$$\begin{bmatrix} 4a^2 m & & \\ & 4a^2 m & \\ & & 4a^2 m \end{bmatrix} \begin{Bmatrix} \ddot{\theta}_1 \\ \ddot{\theta}_2 \\ \ddot{\theta}_3 \end{Bmatrix} + \begin{bmatrix} 2amg + a^2 k & -a^2 k & 0 \\ -a^2 k & 2amg + 2a^2 k & -a^2 k \\ 0 & -a^2 k & 2amg + a^2 k \end{bmatrix} \begin{Bmatrix} \theta_1 \\ \theta_2 \\ \theta_3 \end{Bmatrix} = \{0\}$$

【例 4.2.3】 例 4.2.3 图所示为一偏心转子系统的力学模型,转子的质量为 M;转子的偏心质量为 m_0、偏心距为 e;弹簧刚度依次为 k_1、k_2、k_3;其余参数如图所示。试利用拉格朗日方程建立该系统的振动方程。

解 取系统的广义坐标为 x 和 y,原点位于系统形心处,则偏心质块的坐标为

$$x_m = x + e\cos\omega t$$

$$y_m = y + e\sin\omega t$$

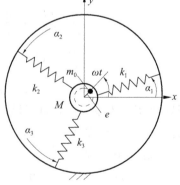

例 4.2.3 图

因此,系统的势能和动能分别为

$$V = \frac{1}{2} \sum_{i=1}^{3} k_i (x\cos\alpha_i + y\sin\alpha_i)^2$$

$$T = \frac{1}{2} \left\{ M(\dot{x}^2 + \dot{y}^2) + m_0 \left[(\dot{x} - e\omega\sin\omega t)^2 + (\dot{y} + e\omega\cos\omega t)^2 \right] \right\}$$

系统的能量散失函数和非势力广义力恒为零。将以上结果代入拉格朗日方程,得到系

统的振动方程为

$$(M+m_0)\ddot{x} + \sum_{i=1}^{3} k_i(x\cos^2\alpha_i + y\sin\alpha_i\cos\alpha_i) = m_0\omega^2 e\cos\omega t$$

$$(M+m_0)\ddot{y} + \sum_{i=1}^{3} k_i(x\sin\alpha_i\cos\alpha_i + y\sin^2\alpha_i) = m_0\omega^2 e\sin\omega t$$

4.2.3 影响系数法

1. 影响系数矩阵

对于多自由度的广义胡克定律,写成矩阵形式为

$$\{F(t)\} = [k]\{x(t)\} \tag{4.2.6a}$$

其中的系数矩阵$[k]$即为**刚度矩阵**(stiffness matrix)

$$[k] = \begin{bmatrix} k_{11} & k_{12} & \cdots & k_{1n} \\ k_{21} & k_{22} & \cdots & k_{2n} \\ \vdots & \vdots & & \vdots \\ k_{n1} & k_{n2} & \cdots & k_{nn} \end{bmatrix} \tag{4.2.6b}$$

刚度矩阵的元素k_{ij}称为刚度影响系数,其量纲为$[M][T]^{-2}$、单位为 N/m。在单自由度情况下,刚度影响系数k即为使物体产生单位变形所需要施加的作用力。

如果不考虑阻尼力,则自由振动系统只有弹性恢复力和惯性力,利用刚度矩阵得到无阻尼系统自由振动的振动微分方程为

$$[m]\{\ddot{x}(t)\} + [k]\{x(t)\} = \{0\} \tag{4.2.7}$$

上述振动运动方程是以刚度矩阵的方式给出的,故称该方法为刚度法。在以上各章中,我们主要采用的是刚度法。

事实上,广义胡克定律也可表达为

$$\{x(t)\} = [\delta]\{F(t)\} \tag{4.2.8a}$$

显然,式中的系数矩阵$[\delta]$为刚度矩阵$[k]$的逆矩阵,称为**柔度矩阵**(flexibility matrix)

$$[\delta] = [k]^{-1} \tag{4.2.8b}$$

其元素为

$$[\delta] = \begin{bmatrix} \delta_{11} & \delta_{12} & \cdots & \delta_{1n} \\ \delta_{21} & \delta_{22} & \cdots & \delta_{2n} \\ \vdots & \vdots & & \vdots \\ \delta_{n1} & \delta_{n2} & \cdots & \delta_{nn} \end{bmatrix} \tag{4.2.8c}$$

其量纲为$[M]^{-1}[T]^2$、单位为 m/N。在单自由度情况下,柔度影响系数δ表示单位力作用使物体产生的变形。

由下面的影响系数的定义可以证明,刚度矩阵与柔度矩阵均为对称矩阵,即

$$k_{ij} = k_{ji}, \qquad \delta_{ij} = \delta_{ji} \tag{4.2.9}$$

引用柔度概念,对方程(4.2.7)两边左乘柔度矩阵即刚度矩阵的逆阵,则得到以柔度矩阵表达的系统的运动方程

$$[\delta][m]\{\ddot{x}(t)\} + \{x(t)\} = \{0\} \tag{4.2.10}$$

该方程是用柔度概念建立的系统振动方程,故称为柔度法。尽管柔度法和刚度法所建立的

运动方程是等价的,但对分析问题的繁简程度往往会有所不同,在很多情况下柔度法可能更为简便。

在上面描述振动系统的运动微分方程中出现的系数矩阵,对系统的运动规律有直接影响,故又称其元素为**影响系数**(influence coefficient),对应的矩阵称为**影响系数矩阵**(influence coefficient matrix)。显然,上述方程中的系数矩阵$[m]$、$[k]$、$[\delta]$均为影响系数矩阵。对于有阻尼系统,还存在阻尼力,同样阻尼矩阵也是影响系数矩阵。

影响系数与相应系统的运动约束存在内在的关系,我们可以通过这种关系来确定相应的影响系数矩阵,从而建立该系统的运动方程。即影响系数法研究系统振动方程中各个系数之间的关系,从而直接确定多自由度振动系统的质量矩阵、阻尼矩阵和刚度矩阵。

2. 影响系数的定义

(1) 刚度影响系数

刚度影响系数(stiffness influence coefficient)表示多自由度系统中某一坐标产生单位位移时与作用在其他坐标上的力之间的关系,即刚度影响系数k_{ij}定义为使第j个坐标产生单位位移而其他坐标的位移恰好为零时需要在第i个坐标上施加的作用力F_i,即

$$k_{ij}=F_i\begin{vmatrix} q_j=1 \\ q_r=0 \end{vmatrix}, \qquad r=1,2,\cdots,n;r\neq j \qquad (4.2.11)$$

式中q_j和q_r分别表示第j个和第r个坐标的位移。对于单自由度系统,刚度影响系数即为弹簧的刚度系数k。

(2) 柔度影响系数

柔度影响系数(flexibility influence coefficient)表示系统上某一坐标作用单位力时与其他坐标产生的位移之间的关系,即柔度影响系数δ_{ij}定义为在第j个坐标上施加单位力而其他坐标上无作用力时在第i个坐标所产生的位移δ_i,即

$$\delta_{ij}=\delta_i\begin{vmatrix} F_j=1 \\ F_r=0 \end{vmatrix}, \qquad r=1,2,\cdots,n;r\neq j \qquad (4.2.12)$$

式中F_j和F_r分别表示第j个和第r个坐标上施加的作用力。对于单自由度系统,柔度影响系数即为弹簧在单位力作用下产生的位移$\delta=1/k$。

(3) 阻尼影响系数

阻尼影响系数(damping influence coefficient)c_{ij}表示多自由度系统中某一坐标获得单位速度时与其他坐标上的作用力之间的关系,即阻尼影响系数c_{ij}定义为使第j个坐标产生单位速度而其他坐标速度为零时需要在第i个坐标上施加的作用力F_i,即

$$c_{ij}=F_i\begin{vmatrix} \dot{q}_j=1 \\ \dot{q}_r=0 \end{vmatrix}, \qquad r=1,2,\cdots,n;r\neq j \qquad (4.2.13)$$

对于单自由度系统,阻尼影响系数即为阻尼器的粘性阻尼系数c。

(4) 惯性影响系数

惯性影响系数(inertia influence coefficient)表示多自由度系统中某一坐标获得单位加速度时与其他坐标上施加的作用力之间的关系,即惯性影响系数m_{ij}定义为使第j个坐标产生单位加速度而其他坐标的加速度为零时需要在第i个坐标施加的作用力F_i,即

$$m_{ij} = F_i \Big|_{\substack{\ddot{q}_j=1 \\ \ddot{q}_r=0}}, \qquad r=1,2,\cdots,n; r \neq j \qquad (4.2.14)$$

对于单自由度系统,惯性影响系数即为质量块的质量 m。

由上述影响系数的定义可见,其满足互易性,即有 $k_{ij}=k_{ji}$、$\delta_{ij}=\delta_{ji}$、$c_{ij}=c_{ji}$、$m_{ij}=m_{ji}$,从而也证明了刚度矩阵、柔度矩阵、阻尼矩阵和质量矩阵的对称性。

3. 影响系数法的应用

【例 4.2.4】 试用影响系数法确定例 4.2.4 图所示系统的刚度矩阵和柔度矩阵。

解 (1) 刚度矩阵

根据刚度影响系数的定义,$k_{i1}(i=1,2,3)$ 为使 m_1 产生单位位移而保证其他质块位移为零时需要在各个质块上施加的力,如例 4.2.4(1) 图所示,其中 k_{11} 为使 m_1 产生单位位移而 m_2 和 m_3 保持静止时需要在 m_1 上施加的作用力(取向左为正),由例 4.2.4(1) 图可见,若取 m_1 为分离体,则由静力平衡关系得到

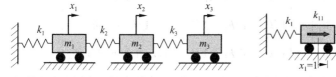 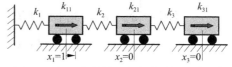

例 4.2.4 图   例 4.2.4(1) 图   刚度影响系数 k_{i1} 的确定

$$k_{11} = k_1 \times 1 + k_2 \times 1 = k_1 + k_2$$

k_{21} 为使 m_1 产生单位位移而保证 m_2 和 m_3 保持静止时所需要在 m_2 上施加的作用力(取向右为正),取 m_2 为分离体,则有

$$k_{21} = -k_2 \times 1 = -k_2$$

k_{31} 为 m_1 产生单位位移而保证 m_2 和 m_3 保持静止时需要在 m_3 上施加的作用力,故有

$$k_{31} = 0$$

对 $k_{i2}(i=1,2,3)$ 和 $k_{i3}(i=1,2,3)$ 同样由其定义和相应的静力平衡关系可得

$$k_{12} = -k_2, \qquad k_{22} = k_2 + k_3, \qquad k_{32} = -k_3$$

$$k_{13} = 0, \qquad k_{23} = -k_3, \qquad k_{33} = k_3$$

故,系统的刚度矩阵为

$$[k] = \begin{bmatrix} k_{11} & k_{12} & k_{13} \\ k_{21} & k_{22} & k_{23} \\ k_{31} & k_{32} & k_{33} \end{bmatrix} = \begin{bmatrix} k_1+k_2 & -k_2 & 0 \\ -k_2 & k_2+k_3 & -k_3 \\ 0 & -k_3 & k_3 \end{bmatrix}$$

(2) 柔度矩阵

根据柔度影响系数的定义,$\delta_{i1}(i=1,2,3)$ 为在 m_1 上施加单位力时各质块对应的位移,如例 4.2.4(2) 图所示。

各质点的位移可由平衡方程求出,也可由例 4.2.4(2) 图所示的受力及位移关系直接确定,

$$\delta_{11} = 1/k_1, \qquad \delta_{21} = \delta_{11} = 1/k_1, \qquad \delta_{31} = \delta_{11} = 1/k_1$$

$\delta_{i2}(i=1,2,3)$ 定义为在 m_2 上施加单位力时各质块对应的位移,如例 4.2.4(3) 图所示。

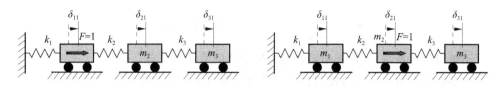

例 4.2.4(2)图 刚度影响系数 δ_{i1} 的确定   例 4.2.4(3)图 刚度影响系数 δ_{i2} 的确定

各质点的位移可由平衡方程求出,也可由例 4.2.4(3)图所示的受力及位移关系直接确定

$$\delta_{21}=1/k_1, \qquad \delta_{22}=1/k_1+1/k_2, \qquad \delta_{32}=\delta_{22}=1/k_1+1/k_2$$

同理可确定 $\delta_{i3}(i=1,2,3)$,分别为

$$\delta_{13}=1/k_1, \qquad \delta_{23}=1/k_1+1/k_2, \qquad \delta_{33}=1/k_1+1/k_2+1/k_3$$

故,系统的柔度矩阵为

$$[\delta]=\begin{bmatrix}\delta_{11} & \delta_{12} & \delta_{13}\\ \delta_{21} & \delta_{22} & \delta_{23}\\ \delta_{31} & \delta_{32} & \delta_{33}\end{bmatrix}=\begin{Bmatrix}1/k_1 & 1/k_1 & 1/k_1\\ 1/k_1 & 1/k_1+1/k_2 & 1/k_1+1/k_2\\ 1/k_1 & 1/k_1+1/k_2 & 1/k_1+1/k_2+1/k_3\end{Bmatrix}$$

由于刚度矩阵和柔度矩阵均为对称矩阵,在上面的推导过程中还可以利用对称性来简化计算。

【例 4.2.5】 试给出例 4.2.5(1)图所示简支梁系统的柔度矩阵和刚度矩阵。

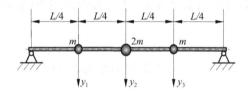
例 4.2.5(1)图

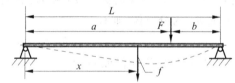
例 4.2.5(2)图 简支梁在集中力作用下挠度计算

解 (1)柔度矩阵

简支梁在集中力作用下(见例 4.2.5(2)图)的挠度方程为

$$f=\frac{Fbx}{6EIL}(L^2-x^2-b^2), \qquad 0\leqslant x\leqslant a$$

$$f=\frac{Fb}{6EIL}\left[\frac{L}{b}(x-a)^3+(L^2-b^2)x-x^3\right], \qquad a\leqslant x\leqslant L$$

根据柔度影响系数定义,$\delta_{ij}(i,j=1,2,3)$ 为在 m_j 上施加单位力时 i 质块对应的位移,如例 4.2.5(3)图所示。其中 $\delta_{i1}(i=1,2,3)$ 为在 m_1 上施加单位力时各个质块对应的位移,如例 4.2.5(3)图(a)所示。此时利用上述第二式,其中 $a=L/4$、$b=3L/4$、$F=1$,得到

$$f=\frac{1\times 3L/4}{6EIL}\left[\frac{L}{3L/4}(x-L/4)^3+(L^2-(3L/4)^2)x-x^3\right]$$

$$=\frac{1}{384EI}\left[(4x-L)^3+21L^2x-48x^3\right]$$

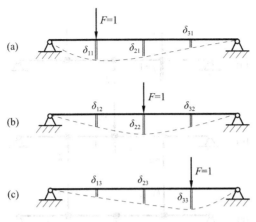

例 4.2.5(3)图　柔度影响系数 δ_{ij} 的定义

式中 x 分别取 $L/4$、$2L/4$、$3L/4$，可得

$$\delta_{11}=f(x=L/4)=\frac{1}{384EI}[(L-L)^3+21L^2\cdot L/4-48\cdot(L/4)^3]=\frac{9L^3}{768EI}$$

$$\delta_{21}=f(x=2L/4)=\frac{1}{384EI}[(2L-L)^3+21L^2\cdot 2L/4-48\cdot(2L/4)^3]=\frac{11L^3}{768EI}$$

$$\delta_{31}=f(x=3L/4)=\frac{1}{384EI}[(3L-L)^3+21L^2\cdot 3L/4-48\cdot(3L/4)^3]=\frac{7L^3}{768EI}$$

$\delta_{i2}(i=2,3)$ 为在 m_2 上施加单位力时各个质块对应的位移，如例 4.2.5(2)图(b)所示。此时有 $a=2L/4$、$b=2L/4$、$F=1$，x 分别取 $2L/4$、$3L/4$，利用上述第二式可得

$$f=\frac{1\times 2L/4}{6EIL}\left[\frac{L}{2L/4}(x-2L/4)^3+(L^2-(2L/4)^2)x-x^3\right]$$

$$=\frac{1}{384EI}[(4x-2L)^3+24L^2x-32x^3]$$

$$\delta_{22}=f(x=2L/4)=\frac{1}{384EI}[(2L-2L)^3+24L^2\cdot 2L/4-32\times(2L/4)^3]=\frac{16L^3}{768EI}$$

$$\delta_{32}=f(x=3L/4)=\frac{1}{384EI}[(3L-2L)^3+24L^2\cdot 3L/4-32\times(3L/4)^3]=\frac{11L^3}{768EI}$$

δ_{33} 为在 m_3 上施加单位力时 m_3 产生的位移，如例 4.2.5(2)图(c)所示。此时有 $x=3L/4$、$a=3L/4$、$b=L/4$、$F=1$，利用上述第一式可得

$$\delta_{33}=f(x=3L/4)=\frac{1\times L/4\times 3L/4}{6EIL}[L^2-(3L/4)^2-(L/4)^2]=\frac{L}{32EIL}\frac{6L}{16}=\frac{9FL^3}{768EI}$$

利用对称性 $\delta_{12}=\delta_{21}$，$\delta_{13}=\delta_{31}$，$\delta_{23}=\delta_{32}$，得到系统的柔度矩阵为

$$[\delta]=\begin{bmatrix}\delta_{11}&\delta_{12}&\delta_{23}\\\delta_{21}&\delta_{22}&\delta_{23}\\\delta_{31}&\delta_{32}&\delta_{33}\end{bmatrix}=\frac{L^3}{768EI}\begin{bmatrix}9&11&7\\11&16&11\\7&11&9\end{bmatrix}$$

（2）刚度矩阵

根据刚度影响系数的定义，k_{ij} 为使 j 点产生单位位移而其他点的位移恰好为零时需要在 i 点施加的作用力 F_{ij}，其受力及位移关系如图例 4.2.5(4)图所示，由图求解出个质点的作用力 k_{ij} 即可得到刚度矩阵元素，最终确定刚度矩阵。但由于求解作用力系 k_{ij} 的过程将非

常复杂,这里不再赘述。

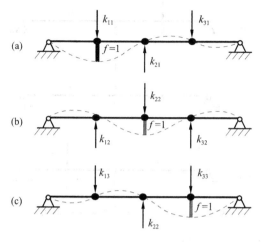

例 4.2.5(4)图   刚度影响系数 k_{ij} 的定义

比较简单的方法是先由柔度法求出系统的柔度矩阵,再通过柔度矩阵来确定刚度矩阵,即由柔度矩阵的逆阵得到系统的刚度矩阵

$$[k] = [\delta]^{-1} = \frac{768EI}{28L^3} \begin{bmatrix} 23 & -22 & 9 \\ -22 & 32 & -22 \\ 9 & -22 & 23 \end{bmatrix}$$

4.2.4   多自由度系统运动方程的矩阵表示方法

多自由度涉及的参数和状态变量较多,用一般方法描述非常繁乱,用矩阵概念来表达最为简捷,且能突出问题的本质。在前述章节中我们已经使用矩阵来表达振动方程了,本节利用矩阵的概念对多自由度振动系统的相关概念和运动方程进行归纳整理,以便记忆和运用。

1. 状态向量

自由度为 n 的多自由度振动系统,其位移、速度和加速度可以使用 n 维广义坐标系 $\{q_i\}$ $(i=1,2,3,\cdots,n)$ 来描述,我们把用广义坐标表述的多自由度系统的位移、速度和加速度分别称为广义位移向量、广义速度向量和广义加速度向量

$$\{q(t)\} = \begin{Bmatrix} q_1(t) \\ q_2(t) \\ \vdots \\ q_n(t) \end{Bmatrix}, \qquad \{\dot{q}(t)\} = \begin{Bmatrix} \dot{q}_1(t) \\ \dot{q}_2(t) \\ \vdots \\ \dot{q}_n(t) \end{Bmatrix}, \qquad \{\ddot{q}(t)\} = \begin{Bmatrix} \ddot{q}_1(t) \\ \ddot{q}_2(t) \\ \vdots \\ \ddot{q}_n(t) \end{Bmatrix} \qquad (4.2.15)$$

在受迫振动系统,每个质点在相应的自由度上可能受到随时间变化的干扰力 $F_i(t)$ 作用。因此,多自由度系统受到的干扰力可以用扰力列向量来表示,

$$\{f(t)\} = \begin{bmatrix} F_1(t) & F_2(t) & \cdots & F_n(t) \end{bmatrix}^{\mathrm{T}} \qquad (4.2.16)$$

当某个质点无干扰力作用时,相应的干扰力元素取为零即可。

2. 势能

在自由度为 n 的多自由度振动系统中,如果作用在 m_i 上沿 q_i 方向的弹性恢复力为 F_i,

则该弹簧的势能为

$$V_i = \frac{1}{2} F_i q_i$$

系统总的势能为

$$V = \sum_{i=1}^{n} V_i = \frac{1}{2} \sum_{i=1}^{n} F_i q_i$$

由于

$$F_i = \sum_{j=1}^{n} k_{ij} q_j$$

故系统总的势能可表达为

$$V = \frac{1}{2} \sum_{i=1}^{n} \left(\sum_{j=1}^{n} k_{ij} q_j \right) q_i = \frac{1}{2} \sum_{i=1}^{n} \sum_{j=1}^{n} k_{ij} q_i q_j \qquad (4.2.17a)$$

写成矩阵的形式

$$V = \frac{1}{2} \{q\}^{\mathrm{T}} [k] \{q\} \qquad (4.2.17b)$$

式中,$\{q\}$为 n 维广义位移列向量;$[k]$为 n 阶刚度矩阵。

3. 动能

在自由度为 n 的多自由度振动系统中,如果质点 m_i 沿 q_i 方向的速度为 $\dot{q}$,则该质点的动能为

$$T_i = \frac{1}{2} m_i \dot{q}_i^2$$

系统总的动能为

$$T = \sum_{i=1}^{n} T_i = \frac{1}{2} \sum_{i=1}^{n} m_i \dot{q}_i^2$$

写成矩阵的形式

$$T = \frac{1}{2} \{\dot{q}\}^{\mathrm{T}} [m] \{\dot{q}\} \qquad (4.2.18a)$$

式中,$\{\dot{q}\}$为 n 维广义速度列向量;$[m]$为 n 阶质量矩阵。

在一般情况下,$[m]$并不一定是对角矩阵,故系统动能展开的一般式为

$$T = \frac{1}{2} \sum_{i=1}^{n} \sum_{j=1}^{n} m_{ij} \dot{q}_i \dot{q}_j \qquad (4.2.18b)$$

4. 作用力振动方程

前面利用牛顿第二定律或 D'Alember 原理,得到多自由度系统的运动微分方程(4.2.2),改用广义坐标则其一般表达式改写为

$$\sum_{j=1}^{n} [m_{ij} \ddot{q}_j(t) + c_{ij} \dot{q}_j(t) + k_{ij} q_j(t)] = Q_i(t), \qquad i,j = 1,2,3,\cdots,n \quad (4.2.19)$$

写成矩阵形式

$$[m]\{\ddot{q}(t)\} + [c]\{\dot{q}(t)\} + [k]\{q(t)\} = \{Q(t)\} \qquad (4.2.20)$$

式中的系数矩阵$[m]$、$[c]$和$[k]$分别为质量矩阵、阻尼矩阵和刚度矩阵,其表达式依次为

$$[m] = \begin{bmatrix} m_{11} & m_{12} & m_{13} & \cdots & m_{1n} \\ m_{21} & m_{22} & m_{23} & \cdots & m_{2n} \\ \vdots & \vdots & \vdots & & \vdots \\ m_{n1} & m_{n2} & m_{n3} & \cdots & m_{nn} \end{bmatrix} \tag{4.2.21}$$

$$[c] = \begin{bmatrix} c_{11} & c_{12} & c_{13} & \cdots & c_{1n} \\ c_{21} & c_{22} & c_{23} & \cdots & c_{2n} \\ \vdots & \vdots & \vdots & & \vdots \\ c_{n1} & c_{n2} & c_{n3} & \cdots & c_{nn} \end{bmatrix} \tag{4.2.22}$$

$$[k] = \begin{bmatrix} k_{11} & k_{12} & k_{13} & \cdots & k_{1n} \\ k_{21} & k_{22} & k_{23} & \cdots & k_{2n} \\ \vdots & \vdots & \vdots & & \vdots \\ k_{n1} & k_{n2} & k_{n3} & \cdots & k_{nn} \end{bmatrix} \tag{4.2.23}$$

在很多情况下,质量矩阵 $[m]$ 为对角矩阵,一般情况下,阻尼矩阵 $[c]$ 和刚度矩阵 $[k]$ 为对称矩阵。式 (4.2.20) 中的 $\{Q(t)\}$ 为广义力列向量为

$$\{Q(t)\} = [Q_1(t) \quad Q_2(t) \quad \cdots \quad Q_n(t)]^{\mathrm{T}} \tag{4.2.24}$$

5. 位移振动方程

振动系统的运动方程可以用作用力形式表示为式 (4.2.20) 的形式,其中每一项均表示为作用力,等号左边依次为惯性力、阻尼力和弹性恢复力,等号右边为广义力。同样,振动系统的运动方程可以表示为位移的形式。为此,在式 (4.2.20) 两边左乘刚度矩阵的逆矩阵 $[k]^{-1}$,则振动系统的运动方程式 (4.2.20) 变为以下形式:

$$\{q\} = [k]^{-1}([Q] - [m]\{\ddot{q}\} - [c]\{\dot{q}\}) \tag{4.2.25}$$

显然,式中每一项变为位移的量纲,因此我们把这种形式表示的运动方程称为位移振动方程。上面我们把刚度矩阵的逆阵 $[k]^{-1}$ 定义为柔度矩阵 $[\delta]$,即

$$[\delta] = [k]^{-1} = \begin{bmatrix} \delta_{11} & \delta_{12} & \cdots & \delta_{1n} \\ \delta_{21} & \delta_{22} & \cdots & \delta_{2n} \\ \vdots & \vdots & & \vdots \\ \delta_{n1} & \delta_{n2} & \cdots & \delta_{nn} \end{bmatrix} \tag{4.2.26}$$

代入式 (4.2.25) 略加整理,得到用位移形式表达的多自由度振动系统的运动方程,即

$$[\delta][m]\{\ddot{q}\} + [\delta][c]\{\dot{q}\} + \{q\} = [\delta][Q] \tag{4.2.27}$$

【例 4.2.6】   例 4.2.6 图 (a) 所示为三转盘扭转系统,三个转盘的转动惯量依次为 J_1、J_2、J_3,三段转轴的扭转刚度由左至右依次为 k_1、k_2、k_3。试确定该系统的运动方程。

解   该系统为三自由度扭转自由振动问题,为此选用广义坐标 $(\theta_1, \theta_2, \theta_3)$,分别描述三个转盘的扭转位移,设转角矢量正方向沿轴线向右。以下,利用刚度法建立系统的振动方程。为此,首先运用影响系数法确定扭转系统的质量矩阵和刚度矩阵。

根据惯性影响系数定义,m_{i1} 为沿 θ_1 坐标产生单位加速度而其他坐标的加速度为零时作用在 i 坐标上的作用力矩,故 m_{i1} 分别为

$$m_{11} = J_1 \cdot 1 = J_1, \qquad m_{21} = J_2 \cdot 0 = 0, \qquad m_{31} = J_3 \cdot 0 = 0$$

同理可得

$$m_{12}=J_1 \cdot 0=0, \qquad m_{22}=J_2 \cdot 1=J_2, \qquad m_{32}=J_3 \cdot 0=0$$
$$m_{13}=J_3 \cdot 0=0, \qquad m_{23}=J_3 \cdot 0=0, \qquad m_{33}=J_3 \cdot 1=J_3$$

得到质量矩阵

$$[m]=\begin{bmatrix} J_1 & 0 & 0 \\ 0 & J_2 & 0 \\ 0 & 0 & J_3 \end{bmatrix}$$

下面,按照刚度影响系数的定义来确定刚度矩阵。刚度影响系数 k_{i1} 定义为使 θ_1 产生单位位移而 θ_2 和 θ_3 为零时需要在各坐标上施加的作用力 F_{i1},如例 4.2.6 图(b)所示。

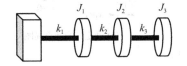 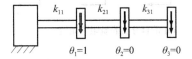

　　　(a) 三转盘扭转系数　　　　　　　(b) 刚度影响系数 k_{i1} 的定义

例 4.2.6 图

由图可得

$$k_{11}=k_1 \cdot 1+k_2 \cdot 1=k_1+k_2, \qquad k_{21}=-k_2 \cdot 1=-k_2, \qquad k_{31}=0$$

同理,可得 k_{12} 和 k_{i3} 分别为

$$k_{12}=-k_2 \cdot 1=-k_2, \qquad k_{22}=k_2 \cdot 1+k_3 \cdot 1=k_2+k_3, \qquad k_{32}=-k_3 \cdot 1=-k_3$$
$$k_{13}=0, \qquad k_{23}=-k_3 \cdot 1=-k_3, \qquad k_{33}=k_3 \cdot 1=k_3$$

得到系统的刚度矩阵为

$$[k]=\begin{bmatrix} k_1+k_2 & -k_2 & 0 \\ -k_2 & k_2+k_3 & -k_3 \\ 0 & -k_3 & k_3 \end{bmatrix}$$

因此,该系统的运动方程为

$$\begin{bmatrix} J_1 & 0 & 0 \\ 0 & J_2 & 0 \\ 0 & 0 & J_3 \end{bmatrix} \begin{Bmatrix} \ddot{\theta}_1 \\ \ddot{\theta}_2 \\ \ddot{\theta}_3 \end{Bmatrix} + \begin{bmatrix} k_1+k_2 & -k_2 & 0 \\ -k_2 & k_2+k_3 & -k_3 \\ 0 & -k_3 & k_3 \end{bmatrix} \begin{Bmatrix} \theta_1 \\ \theta_2 \\ \theta_3 \end{Bmatrix} = \begin{Bmatrix} 0 \\ 0 \\ 0 \end{Bmatrix}$$

【例 4.2.7】 运用影响系数法确定例 4.2.7 图(a)所示的带有分支质阻弹振动系统的运动方程。

　　解　解题思路是,运用影响系数法确定该系统的刚度矩阵、阻尼矩阵和质量矩阵,进而建立系统的振动方程。为此,首先建立广义坐标系。该系统为四自由度平移自由振动,故选用广义坐标 (x_1,x_2,x_3,x_4),分别描述四个质点的位移,设位移正方向水平向右。

　　(1) 确定刚度矩阵

　　按照刚度影响系数的定义来确定刚度系数,k_{i1} 为使 $x_1=1$ 而其他坐标等于零时需要在 i 点施加的作用力 F_i,受力及位移情况如例 4.2.7 图(b)所示,由此可得

$$k_{11} = F_1 = k_1 \cdot 1 + (k_2 + k_4 + k_5) \cdot 1 = k_1 + k_2 + k_4 + k_5, \quad k_{21} = F_2 = -k_2 \cdot 1 = -k_2$$

$$k_{31} = F_3 = -k_4 \cdot 1 = k_4, \qquad k_{41} = F_4 = -k_5 \cdot 1 = -k_5$$

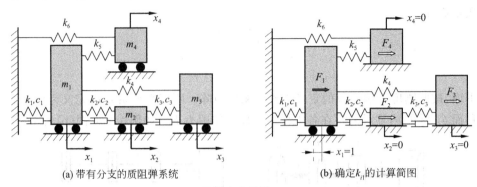

(a) 带有分支的质阻弹系统　　　　　(b) 确定 k_{i1} 的计算简图

例 4.2.7 图

同理，k_{i2} 定义为使 $x_2 = 1$ 而其他坐标等于零时需要在 i 点施加的作用力 F_i，因此有

$$k_{12} = k_{21} = -k_2, \qquad k_{22} = F_2 = k_2 \cdot 1 + k_3 \cdot 1 = k_2 + k_3$$

$$k_{32} = F_3 = -k_3 \cdot 1 = -k_3, \qquad k_{42} = F_4 = 0$$

k_{i3} 和 k_{i4} 分别为使 $x_3 = 1$ 和 $x_4 = 1$ 而其他坐标为零时需要在 i 点施加的作用力 F_i，即

$$k_{13} = k_{31} = -k_4, \qquad k_{23} = k_{32} = -k_3$$

$$k_{33} = F_3 = k_3 \cdot 1 + k_4 \cdot 1 = k_3 + k_4, \qquad k_{43} = F_4 = 0$$

$$k_{14} = k_{41} = -k_5, \qquad k_{24} = k_{42} = 0$$

$$k_{34} = k_{43} = 0, \qquad k_{44} = F_4 = k_5 \cdot 1 + k_6 \cdot 1 = k_5 + k_6$$

故系统的刚度矩阵为

$$[k] = \begin{bmatrix} k_1 + k_2 + k_4 + k_5 & -k_2 & -k_4 & -k_5 \\ -k_2 & k_2 + k_3 & -k_3 & 0 \\ -k_4 & -k_3 & k_3 + k_4 & 0 \\ -k_5 & 0 & 0 & k_5 + k_6 \end{bmatrix}$$

（2）确定阻尼矩阵

阻尼影响系数 c_{ij} 定义为使 x_j 产生单位速度、其他坐标的速度为零时，需要在第 i 个质点上施加的作用力 F_i，c_{i1} 的定义如例 4.2.7 图（c）所示。由例 4.2.7 图（c）得到

$$c_{11} = R_1 = c_1 \cdot 1 + c_2 \cdot 1 = c_1 + c_2, \qquad c_{21} = R_2 = -c_2 \cdot 1 = -c_2,$$

$$c_{31} = R_3 = 0, \qquad c_{41} = R_4 = 0$$

同理，可得

$$c_{12} = c_{21} = -c_2, \quad c_{22} = R_2 = c_2 \times 1 + c_3 \times 1 = c_2 + c_3, \quad c_{32} = R_3 = -c_3 \times 1 = -c_3, \quad c_{42} = R_4 = 0$$

$$c_{13} = c_{31} = 0, \quad c_{23} = c_{32} = -c_3, \quad c_{33} = R_3 = c_3 \times 1 = c_3, \quad c_{43} = R_4 = 0$$

$$c_{14} = k_{41} = 0, \quad c_{24} = k_{42} = 0, \quad c_{34} = c_{43} = 0, \quad c_{44} = R_4 = 0$$

得到系统的阻尼矩阵

$$[c] = \begin{bmatrix} c_1 + c_2 & -c_2 & 0 & 0 \\ -c_2 & c_2 + c_3 & -c_3 & 0 \\ 0 & -c_3 & c_3 & 0 \\ 0 & 0 & 0 & 0 \end{bmatrix}$$

（3）质量矩阵

质量影响系数 m_{ij} 定义为 x_j 产生单位加速度而其他坐标的加速度为零时作用在 i 点上的作用力 F_i，m_{i1} 的定义如例 4.2.7 图(d)所示。由例 4.2.7 图(d)得到

$$m_{11}=F_1=m_1 \cdot 1=m_1, \qquad m_{21}=F_2=0, \qquad m_{31}=F_3=0, \qquad m_{41}=F_4=0$$

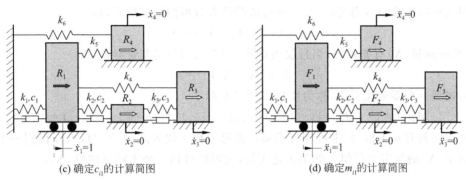

(c) 确定 c_{i1} 的计算简图 　　　　　　　　　　(d) 确定 m_{i1} 的计算简图

例 4.2.7 图

同理可得

$$m_{12}=F_1=0, \qquad m_{22}=F_2=m_2 \cdot 1=m_2, \qquad m_{32}=F_3=0, \qquad m_{42}=F_4=0$$

$$m_{13}=F_1=0, \qquad m_{23}=F_2=0, \qquad m_{33}=F_3=m_3 \cdot 1=m_3, \qquad m_{43}=F_4=0$$

$$m_{14}=F_1=0, \qquad m_{24}=F_2=0, \qquad m_{34}=F_3=0, \qquad m_{44}=F_4=m_4 \cdot 1=m_4$$

故系统的质量矩阵为

$$[m]=\begin{bmatrix} m_1 & 0 & 0 & 0 \\ 0 & m_2 & 0 & 0 \\ 0 & 0 & m_3 & 0 \\ 0 & 0 & 0 & m_4 \end{bmatrix}$$

（4）建立系统的运动方程

将以上系数矩阵代入作用力振动方程(4.2.18)，得到

$$\begin{bmatrix} m_1 & 0 & 0 & 0 \\ 0 & m_2 & 0 & 0 \\ 0 & 0 & m_3 & 0 \\ 0 & 0 & 0 & m_4 \end{bmatrix} \begin{Bmatrix} \ddot{x}_1 \\ \ddot{x}_2 \\ \ddot{x}_3 \\ \ddot{x}_4 \end{Bmatrix} + \begin{bmatrix} c_1+c_2 & -c_2 & 0 & 0 \\ -c_2 & c_2+c_3 & -c_3 & 0 \\ 0 & -c_3 & c_3 & 0 \\ 0 & 0 & 0 & 0 \end{bmatrix} \begin{Bmatrix} \dot{x}_1 \\ \dot{x}_2 \\ \dot{x}_3 \\ \dot{x}_4 \end{Bmatrix}$$

$$+ \begin{bmatrix} k_1+k_2+k_4+k_5 & -k_2 & -k_4 & -k_5 \\ -k_2 & k_2+k_3 & -k_3 & 0 \\ -k_4 & -k_3 & k_3+k_4 & 0 \\ -k_5 & 0 & 0 & k_5+k_6 \end{bmatrix} \begin{Bmatrix} x_1 \\ x_2 \\ x_3 \\ x_4 \end{Bmatrix} = \begin{Bmatrix} 0 \\ 0 \\ 0 \\ 0 \end{Bmatrix}$$

4.3 多自由度系统的固有频率和模态向量

4.3.1 特征值问题

设 $[A]$ 为 $n \times n$ 方阵，$\{X\}$ 为 n 维列向量，乘积 $\{Y\}=[A]\{X\}$ 是 n 维空间内的线性变换。如果有一个标量 λ，使得存在一个非零向量 $\{X\}$，满足

$$[A]\{X\} = \lambda\{X\} \tag{4.3.1}$$

则可认为上述线性变换将$\{X\}$映射为$\lambda\{X\}$,它们形成了$[A]$的一个特征对$(\lambda,\{X\})$,一般情况下λ和$\{X\}$可以是复数。我们把λ称为矩阵$[A]$的一个**特征值**(eigenvalue),称$\{X\}$为矩阵$[A]$对应特征值λ的**特征向量**(characteristic vector)。

引入单位矩阵$[I]$,则式(4.3.1)可写成线性方程组的标准形式,即

$$([A] - \lambda[I])\{X\} = \{0\} \tag{4.3.2}$$

可见,特征向量$\{X\}$有非零解,当且仅当矩阵$([A] - \lambda[I])$是非奇异的,即

$$\det([A] - \lambda[I]) = 0 \tag{4.3.3}$$

展开后得到一个多项式方程,称为特征多项式方程,

$$\det([A] - \lambda[I]) = (-1)^n(\lambda^n + c_1\lambda^{n-1} + c_2\lambda^{n-2} + \cdots + c_{n-1}\lambda + c_n) = 0 \tag{4.3.4}$$

该多项式一共有n个根,其中可能有重根。将每个根λ代入式(4.3.2),可以得到一个有非零解向量$\{X\}$的欠定方程组。如果λ是实数,就可以得到一个实特征向量$\{X\}$。

4.3.2 固有频率与模态向量

无阻尼多自由度系统的自由振动方程为

$$[m]\{\ddot{q}(t)\} + [k]\{q(t)\} = 0 \tag{4.3.5a}$$

展开式为

$$\sum_{j=1}^{n} m_{ij}\ddot{q}_j(t) + \sum_{j=1}^{n} k_{ij}q_j(t) = 0, \qquad i,j = 1,2,3,\cdots,n \tag{4.3.5b}$$

式中n为多自由度系统的自由度数。设系统的同步解为

$$q_j(t) = u_j f(t), \qquad j = 1,2,3,\cdots,n \tag{4.3.6}$$

u_j是一组常数,$f(t)$是依赖于时间的函数。把式(4.3.6)代入式(4.3.5b),可得

$$\ddot{f}(t)\sum_{j=1}^{n} m_{ij}u_j + f(t)\sum_{j=1}^{n} k_{ij}u_j = 0, \qquad i = 1,2,3,\cdots,n \tag{4.3.7}$$

对上式分离变量,可得

$$-\frac{\ddot{f}(t)}{f(t)} = \sum_{j=1}^{n} k_{ij}u_j \bigg/ \sum_{j=1}^{n} m_{ij}u_j, \qquad i = 1,2,3,\cdots,n$$

等号左边与i无关、等号右边与t无关,只有两边同时等于某一常数才能成立,为方便起见假设该常数为ω_n^2,即有

$$-\frac{\ddot{f}(t)}{f(t)} = \sum_{j=1}^{n} k_{ij}u_j \bigg/ \sum_{j=1}^{n} m_{ij}u_j = \omega_n^2, \qquad i = 1,2,3,\cdots,n \tag{4.3.8}$$

故有

$$\ddot{f}(t) + \omega_n^2 f(t) = 0 \tag{4.3.9}$$

和

$$\sum_{j=1}^{n} (k_{ij} - \omega_n^2 m_{ij})u_j = 0, \qquad i = 1,2,3,\cdots,n \tag{4.3.10}$$

由式(4.3.9)解得

$$f(t) = C\cos(\omega_n t - \varphi) \tag{4.3.11}$$

由于u_j是一组常数,故系统的解$q_j(t) = u_j f(t)$也是频率为ω_n的简谐函数,可见式(4.3.8)

中的常数 ω_n 正是系统的固有频率,同步解对应系统的主振动。

将式(4.3.10)写成矩阵形式

$$([k]-\omega_n^2[m])\{u\}=0 \tag{4.3.12}$$

此式定义了一个 n 维广义**特征值问题**(eigenvalue problem),也可以改写成标准特征值问题,即

$$([D]-\lambda[I])\{u\}=\{0\} \tag{4.3.13a}$$

式中的特征值为

$$\lambda=\frac{1}{\omega_n^2} \tag{4.3.13b}$$

$[D]$定义为

$$[D]=[k]^{-1}[m] \tag{4.3.13c}$$

称为**动力矩阵**(dynamic matrix)。由 $u_j(j=1,2,\cdots,n)$ 有非零解的条件,得到系统的特征(频率)方程

$$|[k]-\omega_n^2[m]|=0 \tag{4.3.14}$$

或

$$|[D]-\lambda[I]|=0 \tag{4.3.15}$$

式中 $\lambda=1/\omega_n^2$ 称为方程的**特征根**(eigenvalue),ω_n 称为**固有频率**或**自然频率**(natural frequency);$\{u\}$称为**特征向量**(characteristic vector)或**模态向量**(modal vector),也称为**振型向量**(vibration mode vector)或**主振型**(principal vibration mode)。将上面特征(频率)方程(4.3.15)展开,得到关于特征根 λ 的 n 次代数方程,

$$a_1\lambda^n+a_2\lambda^{n-1}+a_3\lambda^{n-2}+\cdots+a_{n-1}\lambda^1+a_n=0 \tag{4.3.16}$$

如果没有重根,可将 λ 的 n 个根按大小排列依次表示为

$$\lambda_1>\lambda_2>\lambda_3\cdots>\lambda_{n-1}>\lambda_n \tag{4.3.17a}$$

相应的固有频率为

$$\omega_{n1}<\omega_{n2}<\omega_{n3}\cdots<\omega_{nr}\cdots<\omega_n \tag{4.3.17b}$$

式中 ω_{nr} 称为系统的**第 r 阶固有频率**(the r-th natural frequency);其中与最大特征值 λ_1 对应的最小频率 ω_1 称为**基频**(fundamental frequency),这是工程应用中最重要的固有频率。将 ω_{nr} 代入式(4.3.12)或式(4.3.13),即得到**第 r 阶模态向量**(the r-th modal vector)$\{u^{(r)}\}$。自然频率 ω_{nr} 和模态向量$\{u^{(r)}\}$构成第 r 阶自然模态,这是多自由度振动系统的一种基本运动模式,即**第 r 阶主振动**(the r-th principal mode)或同步运动

$$\{q(t)^{(r)}\}=C_r\{u^{(r)}\}\cos(\omega_{nr}t-\varphi_r), \qquad r=1,2,\cdots,n \tag{4.3.18}$$

显然,n 个自由度系统有 n 阶主振动或 n 种同步运动,一般情况下振动时各阶振型均会被激发出来,即 n 个自由度系统自由振动的通解为以上 n 个各阶主振动的线性叠加,即

$$\{q(t)\}=\sum_{r=1}^{n}\{q(t)^{(r)}\}=\sum_{r=1}^{n}C_r\{u^{(r)}\}\cos(\omega_{nr}t-\varphi_r) \tag{4.3.19}$$

式中 ω_{nr}、$\{u^{(r)}\}$为系统的固有特性,由系统的参数决定;C_r、φ_r 为积分常数,由系统振动的初始条件决定。

对于同步运动,由式(4.3.18)可见,任意两坐标的位移在同一阶主振动中始终成比例

$$\frac{q_j^{(r)}}{q_1^{(r)}}=\frac{u_j^{(r)}}{u_1^{(r)}}=\text{const}, \qquad j=2,3,\cdots,n;r=1,2,\cdots,n \tag{4.3.20}$$

即所有的坐标作同步运动,各个坐标之间成比例,振动形态固定。因此,以上把这种固定的振动形态称为模态,模态可以用$\{u^{(r)}\}$来表示,故称$\{u^{(r)}\}$为模态向量或固有振型或主振型。

对于任何给定的系统,其振动形态是固定的,可由模态向量表征。需要说明的是,模态向量只能解决各个分量之间的比例而不能确定其绝对大小值的问题。由式(4.3.20)可知,每一阶向量各个分量之间的比例是一个固定的常数,这一比例常数是由系统的参数和特性确定的,它固化了模态向量各分量之间的比例,决定了振动的具体模式和形态,但它不能确定模态向量的绝对值。事实上,由于定义模态向量的式(4.3.12)或式(4.3.13)为齐次代数方程组,如果$\{u^{(r)}\}$是该方程组的一个解,则$c\{u^{(r)}\}$(c为任一常数)也必是它的另一个解,可见模态向量并不是唯一的。因此,我们在确定振动系统的模态向量$c\{u^{(r)}\}$时,可以有多重选择,即实常数c可以取不同的值。

【例 4.3.1】　试确定例 4.3.1 图(a)所示的三自由度质阻弹振动系统的振动方程、固有频率和主振型,已知 $m_1=m_2=m_3=m$,$k_1=k_4=2k$,$k_2=k_3=k$。

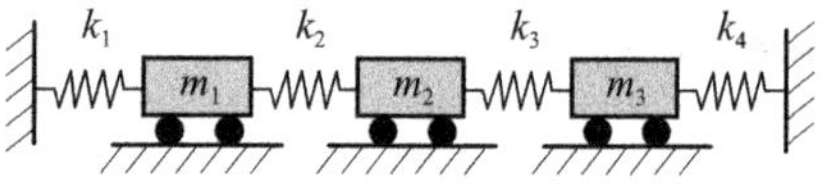

解　建立坐标系,沿水平振动方向选择广义坐标组(x_1,x_2,x_3),则系统的运动方程为

(a) 三自由度质阻弹振动系统

例 4.3.1 图

$$[m]\{\ddot{x}(t)\}+[k]\{x(t)\}=\{0\}$$

式中质量矩阵和刚度矩阵分别为

$$[m]=\begin{bmatrix} m_1 & 0 & 0 \\ 0 & m_2 & 0 \\ 0 & 0 & m_3 \end{bmatrix}=m\begin{bmatrix} 1 & 0 & 0 \\ 0 & 1 & 0 \\ 0 & 0 & 1 \end{bmatrix}$$

$$[k]=\begin{bmatrix} k_1+k_2 & -k_2 & 0 \\ -k_2 & k_2+k_3 & -k_3 \\ 0 & -k_3 & k_3+k_4 \end{bmatrix}=k\begin{bmatrix} 3 & -1 & 0 \\ -1 & 2 & -1 \\ 0 & -1 & 3 \end{bmatrix}$$

系统的特征值问题为

$$\left\{ k\begin{bmatrix} 3 & -1 & 0 \\ -1 & 2 & -1 \\ 0 & -1 & 3 \end{bmatrix}-\omega_n^2 m\begin{bmatrix} 1 & 0 & 0 \\ 0 & 1 & 0 \\ 0 & 0 & 1 \end{bmatrix} \right\}\begin{Bmatrix} u_1 \\ u_2 \\ u_3 \end{Bmatrix}=\begin{Bmatrix} 0 \\ 0 \\ 0 \end{Bmatrix}$$

其特征方程为

$$\left| k\begin{bmatrix} 3 & -1 & 0 \\ -1 & 2 & -1 \\ 0 & -1 & 3 \end{bmatrix}-\omega_n^2 m\begin{bmatrix} 1 & 0 & 0 \\ 0 & 1 & 0 \\ 0 & 0 & 1 \end{bmatrix} \right|=0$$

解得系统的 3 个固有频率为

$$\omega_{n1}=\sqrt{\frac{k}{m}},\qquad \omega_{n2}=\sqrt{\frac{3k}{m}},\qquad \omega_{n3}=2\sqrt{\frac{k}{m}}$$

将第一阶固有频率ω_{n1}代入到特征问题的方案之中,得到

$$k\begin{bmatrix} 2 & -1 & 0 \\ -1 & 1 & -1 \\ 0 & -1 & 2 \end{bmatrix}\begin{Bmatrix} u_1^{(1)} \\ u_2^{(1)} \\ u_3^{(1)} \end{Bmatrix}=\begin{Bmatrix} 0 \\ 0 \\ 0 \end{Bmatrix}$$

由于特征向量只取决于各个向量间的比例而与绝对尺寸无关,故在上述方程中可以人为地选定一个向量值,而其余两个量由方程决定。这里选 $u_1^{(1)}=1$,由方程得到:$u_2^{(1)}=2$,$u_3^{(1)}=1$。同理可得,第二、三阶固有频率 ω_{n2}、ω_{n3} 对应的特征向量。系统的第一、二、三阶特征向量整理如下:

$$\{u^{(1)}\}=\begin{Bmatrix}1\\2\\1\end{Bmatrix},\quad \{u^{(2)}\}=\begin{Bmatrix}1\\0\\-1\end{Bmatrix},\quad \{u^{(3)}\}=\begin{Bmatrix}1\\-1\\1\end{Bmatrix}$$

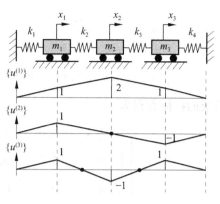

（b）三自由度质阻弹振动系统三阶自然模态
例 4.3.1 图

系统各阶主振型或自然模态如例 4.3.1 图（b）所示,由上至下分别为第一阶模态、第二阶模态和第三阶模态,反映了系统分别以各阶固有频率为振动频率时的振动形态。注意,第二阶模态有一次符号变化,m_2 恰好为零;第二阶模态有两次符号变化,m_1 与 m_2 和 m_2 与 m_3 之间各有一个零点,这些零点称为节点,表示振动始终为零的点。一般而言,第 n 阶模态有 $n-1$ 个节点。

【**例 4.3.2**】 例 4.3.2 图（a）所示为一三层剪切型框架结构,设备层楼面刚度无穷大。已知各层质量分别为 $m_1=m_2=2.5\times10^6$ kg,$m_3=0.5\times10^6$ kg;各层刚度分别为 $k_1=0.5\times10^6$ kN/m,$k_2=0.9\times10^6$ kN/m,$k_3=0.8\times10^6$ kN/m。试确定该系统的固有频率和模态向量。

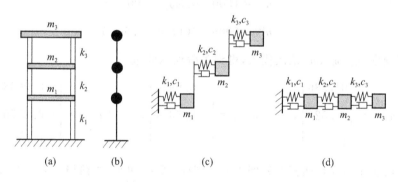

例 4.3.2 图   三层剪切型框架

解 该三层剪切型框架结构可以简化为例 4.3.2 图（b）所示的集中质量体系,其质阻弹学模型如例 4.3.2 图（c）或（d）所示,其运动方程为

$$[m]\{\ddot{x}(t)\}+[k]\{x(t)\}=\{0\}$$

式中质量矩阵和刚度矩阵分别为

$$[m]=\begin{bmatrix}m_1&0&0\\0&m_2&0\\0&0&m_3\end{bmatrix}=\begin{bmatrix}2.5&0&0\\0&2.5&0\\0&0&0.5\end{bmatrix}\times10^6\quad(\text{kg})$$

$$[k]=\begin{bmatrix}k_1+k_2&-k_2&0\\-k_2&k_2+k_3&-k_3\\0&-k_3&k_3\end{bmatrix}=\begin{bmatrix}1.4&-0.9&0\\-0.9&1.7&-0.8\\0&-0.8&0.8\end{bmatrix}\times10^6\quad(\text{kN/m})$$

故系统的特征值问题为

$$\left\{\begin{bmatrix} 1.4 & -0.9 & 0 \\ -0.9 & 1.7 & -0.8 \\ 0 & -0.8 & 0.8 \end{bmatrix} \times 10^3 - \omega_n^2 \begin{bmatrix} 2.5 & 0 & 0 \\ 0 & 2.5 & 0 \\ 0 & 0 & 0.5 \end{bmatrix}\right\} \begin{Bmatrix} u_1 \\ u_2 \\ u_3 \end{Bmatrix} = \begin{Bmatrix} 0 \\ 0 \\ 0 \end{Bmatrix}$$

系统的特征方程为

$$\left| \begin{bmatrix} 1.4 & -0.9 & 0 \\ -0.9 & 1.7 & -0.8 \\ 0 & -0.8 & 0.8 \end{bmatrix} \times 10^3 - \omega_n^2 \begin{bmatrix} 2.5 & 0 & 0 \\ 0 & 2.5 & 0 \\ 0 & 0 & 0.5 \end{bmatrix} \right| = 0$$

解得系统的 3 个固有频率(单位为 rad/s)为

$$\omega_{n1} = \sqrt{76.1535} = 8.73, \qquad \omega_{n2} = \sqrt{751.8509} = 27.42, \qquad \omega_{n3} = \sqrt{2011.9979} = 44.86$$

分别将三阶固有频率代入特征值问题方程,得到

$$\begin{Bmatrix} 1400 - 2.5\omega_{nr}^2 & -900 & 0 \\ -900 & 1700 - 2.5\omega_{nr}^2 & -800 \\ 0 & -800 & 800 - 0.5\omega_{nr}^2 \end{Bmatrix} \begin{Bmatrix} u_1^{(r)} \\ u_2^{(r)} \\ u_3^{(r)} \end{Bmatrix} = \begin{Bmatrix} 0 \\ 0 \\ 0 \end{Bmatrix}$$

式中 r 表示模态的阶数,若取 $u_3^{(r)} = 1$,则有

$$u_2^{(r)} = (800 - 0.5\omega_{nr}^2)/800$$

$$u_1^{(r)} = 900 u_2^{(r)} / (1400 - 2.5\omega_{nr}^2)$$

将各阶固有频率 ω_{n1}、ω_{n2}、ω_{n3} 依次代入,得到各阶模态向量

$$\{u^{(1)}\} = \begin{Bmatrix} 0.7086 \\ 0.9523 \\ 1 \end{Bmatrix}, \qquad \{u^{(2)}\} = \begin{Bmatrix} -0.9946 \\ 0.5301 \\ 1 \end{Bmatrix}, \qquad \{u^{(3)}\} = \begin{Bmatrix} 0.0638 \\ -0.2575 \\ 1 \end{Bmatrix}$$

系统各阶主振型或自然模态如例 4.3.2 图(e)所示,可见,二阶模态有一个节点、三阶模态有两个节点。

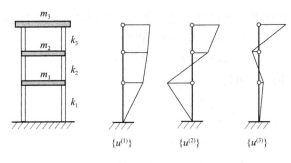

(e) 系统的模态图

例 4.3.2 图

4.4 多自由度系统的模态分析

4.4.1 模态向量的正交性

设 $\{u^{(r)}\}$ 和 $\{u^{(s)}\}$ 分别为系统的两个模态向量,对应的固有频率分别为 ω_r 和 ω_s,且 $\omega_r \neq \omega_s$。则模态向量对于质量和刚度具有正交性,即

$$\{u^{(r)}\}^{\mathrm{T}}[m]\{u^{(s)}\}=0, \qquad \{u^{(r)}\}^{\mathrm{T}}[k]\{u^{(s)}\}=0, \tag{4.4.1}$$
$$r \neq s; r, s = 1, 2, \cdots, n$$

当 $[m]$ 和 $[k]$ 为单位矩阵时,则得到通常意义下的正交性,即

$$\{u^{(r)}\}^{\mathrm{T}}\{u^{(s)}\}=u_1^{(r)}u_1^{(s)}+u_2^{(r)}u_2^{(s)}+\cdots+u_n^{(r)}u_n^{(s)}=0 \tag{4.4.2}$$

【模态向量正交性的证明】由特征问题方程,可得

$$[k]\{u^{(r)}\}=\omega_{\mathrm{n}r}^2[m]\{u^{(r)}\}, \qquad [k]\{u^{(s)}\}=\omega_{\mathrm{n}s}^2[m]\{u^{(s)}\}$$

作如下变换:

$$\{u^{(s)}\}^{\mathrm{T}}[k]\{u^{(r)}\}=\omega_{\mathrm{n}r}^2\{u^{(s)}\}^{\mathrm{T}}[m]\{u^{(r)}\}$$
$$\{u^{(r)}\}^{\mathrm{T}}[k]\{u^{(s)}\}=\omega_{\mathrm{n}s}^2\{u^{(r)}\}^{\mathrm{T}}[m]\{u^{(s)}\}$$

由于 $[m]$ 和 $[k]$ 均为对称矩阵,故对上式第一式取转置有

$$\{u^{(r)}\}^{\mathrm{T}}[k]\{u^{(s)}\}=\omega_{\mathrm{n}r}^2\{u^{(r)}\}^{\mathrm{T}}[m]\{u^{(s)}\}$$

与前面第二式相减,得到

$$(\omega_{\mathrm{n}r}^2-\omega_{\mathrm{n}s}^2)\{u^{(r)}\}^{\mathrm{T}}[m]\{u^{(s)}\}=0$$

因为 $\omega_{\mathrm{n}r} \neq \omega_{\mathrm{n}s}$,故有

$$\{u^{(r)}\}^{\mathrm{T}}[m]\{u^{(s)}\}=0$$

代回 $\{u^{(r)}\}^{\mathrm{T}}[k]\{u^{(s)}\}=\omega_{\mathrm{n}r}^2\{u^{(r)}\}^{\mathrm{T}}[m]\{u^{(s)}\}$,又有

$$\{u^{(r)}\}^{\mathrm{T}}[k]\{u^{(s)}\}=0$$

证毕。

需要注意的是,对于有阻尼系统,模态向量对于阻尼矩阵一般不具有加权正交性。

4.4.2 模态矩阵

1. 模态矩阵

把系统 n 个模态向量即主振型按照阶次顺序排列组成一个 n 阶方阵,这个方阵称为**模态矩阵**(modal matrix)

$$[u]=[\{u^{(1)}\},\{u^{(2)}\},\cdots,\{u^{(n)}\}]=\begin{bmatrix} u_1^{(1)} & u_1^{(2)} & \cdots & u_1^{(n)} \\ u_2^{(1)} & u_2^{(2)} & \cdots & u_2^{(n)} \\ \vdots & \vdots & & \vdots \\ u_n^{(1)} & u_n^{(2)} & \cdots & u_n^{(n)} \end{bmatrix} \tag{4.4.3}$$

2. 模态质量与模态刚度

以上模态向量对于质量矩阵和刚度矩阵具有加权正交性,但对于同阶模态向量即当 $r=s$ 时,式(4.4.1)不再为零,此时设

$$M_r=\{u^{(r)}\}^{\mathrm{T}}[m]\{u^{(r)}\}, \qquad r=1,2,3,\cdots,n \tag{4.4.4}$$

$$K_r = \{u^{(r)}\}^{\mathrm{T}} [k] \{u^{(r)}\}, \qquad r = 1, 2, 3, \cdots, n \tag{4.4.5}$$

M_r 和 K_r 分别称为系统的**第 r 阶模态质量**(the r-th modal mass)和**第 r 阶模态刚度**(the r-th modal stiffness),也分别称为**第 r 阶主质量**(the r-th principal mass)和**第 r 阶主刚度**(the r-th principal stiffness)。由于 $[m]$ 和 $[k]$ 都是正定的,故 M_r 和 K_r 均为正实数。

由特征问题方程可知

$$[k]\{u^{(r)}\} = \omega_{\mathrm{n}r}^2 [m] \{u^{(r)}\}$$

故有

$$\{u^{(r)}\}^{\mathrm{T}} [k] \{u^{(r)}\} = \omega_{\mathrm{n}r}^2 \{u^{(r)}\}^{\mathrm{T}} [m] \{u^{(r)}\}$$

由模态质量和模态刚度的定义,得到

$$K_r = \omega_{\mathrm{n}r}^2 M_r$$

即第 r 阶固有频率 $\omega_{\mathrm{n}r}$ 的平方等于第 r 阶模态质量 M_r 与第 r 阶模态刚度 K_r 之比

$$\omega_{\mathrm{n}r}^2 = \frac{K_r}{M_r} \tag{4.4.6}$$

可见,多自由度固有频率与模态质量和模态刚度的关系,与单自由度振动系统相似。

利用模态矩阵的概念和模态向量的正交性,可以得到

$$[u]^{\mathrm{T}}[m][u] = \begin{Bmatrix} \{u^{(1)}\}^{\mathrm{T}} \\ \{u^{(2)}\}^{\mathrm{T}} \\ \vdots \\ \{u^{(n)}\}^{\mathrm{T}} \end{Bmatrix} [m] [\{u^{(1)}\}, \{u^{(2)}\}, \cdots, \{u^{(n)}\}]$$

$$= \begin{bmatrix} \{u^{(1)}\}^{\mathrm{T}}[m]\{u^{(1)}\} & & & \\ & \{u^{(2)}\}^{\mathrm{T}}[m]\{u^{(2)}\} & & \\ & & \ddots & \\ & & & \{u^{(n)}\}^{\mathrm{T}}[m]\{u^{(n)}\} \end{bmatrix}$$

$$[u]^{\mathrm{T}}[k][u] = \begin{Bmatrix} \{u^{(1)}\}^{\mathrm{T}} \\ \{u^{(2)}\}^{\mathrm{T}} \\ \vdots \\ \{u^{(n)}\}^{\mathrm{T}} \end{Bmatrix} [k] [\{u^{(1)}\}, \{u^{(2)}\}, \cdots, \{u^{(n)}\}]$$

$$= \begin{bmatrix} \{u^{(1)}\}^{\mathrm{T}}[k]\{u^{(1)}\} & & & \\ & \{u^{(2)}\}^{\mathrm{T}}[k]\{u^{(2)}\} & & \\ & & \ddots & \\ & & & \{u^{(n)}\}^{\mathrm{T}}[k]\{u^{(n)}\} \end{bmatrix}$$

结果矩阵对角线上的元素即为各阶对应的模态质量和模态刚度,我们把这两个矩阵依次称为**模态质量矩阵**(modal mass matrix)和**模态刚度矩阵**(modal stiffness matrix),或**主质量矩阵**(principal mass matrix)和**主刚度矩阵**(principal stiffness matrix)。分别记为

$$[M_r] = [u]^{\mathrm{T}}[m][u] = \begin{bmatrix} M_1 & & & \\ & M_2 & & \\ & & \ddots & \\ & & & M_n \end{bmatrix} \tag{4.4.7}$$

$$[K_r] = [u]^{\mathrm{T}}[k][u] = \begin{bmatrix} K_1 & & & \\ & K_2 & & \\ & & \ddots & \\ & & & K_n \end{bmatrix} \qquad (4.4.8)$$

3. 模态阻尼及其对角化

仿照模态质量和模态刚度的形式,把以下矩阵称为**阻尼模态矩阵**

$$[C] = [u]^{\mathrm{T}}[c][u] \qquad (4.4.9)$$

但是与质量矩阵和刚度矩阵不同,模态向量对于阻尼矩阵一般不具有加权正交性。因此,一般情况下阻尼模态矩阵 $[C]$ 并不是对角矩阵,此时系统的模态方程将会通过速度相互耦合,给求解带来困难。考虑到工程实际中一般阻尼较小,采用某些对角化的简化措施不至引起过大误差,实际运用中通常采取某些简化措施。常采用的简化方法有以下两种:

(1) 比例阻尼

假设阻尼与质量和刚度成比例,即阻尼矩阵 $[c]$ 为质量矩阵 $[m]$ 和刚度矩阵 $[k]$ 的某种线性组合

$$[c] = \alpha[m] + \beta[k] \qquad (4.4.10)$$

代入式(4.4.9),可将阻尼模态矩阵化为对角矩阵

$$[C] = \begin{bmatrix} \alpha M_1 + \beta K_1 & & \\ & \ddots & \\ & & \alpha M_n + \beta K_n \end{bmatrix} = \begin{bmatrix} (\alpha + \beta\omega_{n1}^2)M_1 & & \\ & \ddots & \\ & & (\alpha + \beta\omega_{nn}^2)M_n \end{bmatrix}$$

将第 r 阶模态阻尼括号内的项表示为

$$2\zeta_r\omega_{nr} = \alpha + \beta\omega_{nr}^2$$

式中 ζ_r 称为第 r 阶**模态阻尼比**(modal damping ratio),由上式得到

$$\zeta_r = \frac{\alpha + \beta\omega_{nr}^2}{2\omega_{nr}} \qquad (4.4.11)$$

代回式(4.4.9),整理得到

$$[C_r] = [u]^{\mathrm{T}}[c][u] = \begin{bmatrix} C_1 & & \\ & \ddots & \\ & & C_n \end{bmatrix} = \begin{bmatrix} 2\zeta_1\omega_{n1}M_1 & & \\ & \ddots & \\ & & 2\zeta_n\omega_{nn}M_n \end{bmatrix} \qquad (4.4.12)$$

(2) 直接对角化

对于阻尼很小的情况,将阻尼模态矩阵 $[C]$ 中的非对角元素直接取为0。由于 $[C]$ 中非对角元素引起的耦合作用比起其他非耦合项的作用微乎其微,故略去其影响是合理的近似。

4.4.3 模态坐标

1. 模态坐标基

由于存在正交性,n 自由度振动系统的 n 个模态向量 $\{u^{(1)}\}$,$\{u^{(2)}\}$,$\cdots$,$\{u^{(n)}\}$ 中的任何一个都不能用其他向量的线性组合表示,也即各模态向量是线性独立的,正好在 n 维线性空间构成一组坐标基。于是,系统任意时刻 t_0 的位形向量 $\{x_0\}$ 可以由该坐标基表达,即写成诸模态向量的线性组合

$$\{x_0\} = \{x(t_0)\} = c_1\{u^{(1)}\} + c_2\{u^{(2)}\} + \cdots + c_n\{u^{(n)}\}$$

式中系数 c_r 反映在 t_0 时刻构成位形向量 $\{x_0\}$ 沿各模态坐标基的分量或坐标。

2. 展开定理

由于诸模态向量构成了一组坐标基,而系统在任意时刻 t 的位形向量 $x(t)$ 都可以按该坐标基展开,即

$$\{x\} = c_1\{u^{(1)}\} + c_2\{u^{(2)}\} + \cdots + c_n\{u^{(n)}\} = \sum_{s=1}^{n} c_s\{u^{(s)}\} \tag{4.4.13}$$

式中系数 c_r 反映在 t 时刻各阶模态向量构成位形向量 $\{x\}$ 的参与程度。在上式等号两侧乘以 $\{u^{(r)}\}^{\mathrm{T}}[m]$,利用模态向量的正交性,可以得到

$$\{u^{(r)}\}^{\mathrm{T}}[m]\{x\} = \sum_{s=1}^{n} c_s\{u^{(s)}\}^{\mathrm{T}}[m]\{u^{(r)}\} = c_r M_r$$

由此得到

$$c_r = \frac{\{u^{(r)}\}^{\mathrm{T}}[m]\{x\}}{M_r} = \frac{\{u^{(r)}\}^{\mathrm{T}}[m]\{x\}}{\{u^{(r)}\}^{\mathrm{T}}[m]\{u^{(r)}\}} \tag{4.4.14}$$

展开定理告诉我们,振动系统的任何位形向量都可以以唯一的方式表示成为诸模态向量的线性组合。

3. 模态坐标

展开式 (4.4.13) 中的 $\{x\}$ 表达的是系统在某一时刻 t_0 的位形向量,事实上 t_0 时刻是可以任选的,为此可以将 t_0 改写为 t。为了强调这一点特将向量的线性组合系数改写为 $q_r(t)$,于是任意时刻 t 的位形向量 $x(t)$ 用向量坐标基可以表示为

$$\{x(t)\} = q_1(t)\{u^{(1)}\} + q_2(t)\{u^{(2)}\} + \cdots + q_n(t)\{u^{(n)}\} = \sum_{r=1}^{n} q_r(t)\{u^{(r)}\} \tag{4.4.15a}$$

显然,$(q_1, q_2, \cdots, q_n)$ 为 $x(t)$ 在模态向量坐标基上对应的广义坐标,即为**模态坐标**(modal coordinate)或**主坐标**(principal coordinate)。若将模态坐标写成向量形式

$$\{q(t)\} = \{q_1(t), q_2(t), \cdots, q_n(t)\}^{\mathrm{T}} \tag{4.4.16}$$

则系统的位形向量 $x(t)$ 按模态向量坐标基的展开式,可以写成矩阵形式

$$\{x(t)\} = [u]\{q(t)\} \tag{4.4.15b}$$

以上方程给出了物理坐标与模态坐标之间的变换关系,利用这一关系式可以方便地实现物理坐标与模态坐标之间的变换。

模态坐标即主坐标是沿着系统固有振型方向的正交广义坐标,故也称自然坐标。模态坐标一般无明显的物理意义,难以直接用于运动方程的建立,通常是利用式 (4.4.15) 由物理坐标变换而来的。根据展开定理,可见主坐标有如下物理意义:

(1) 当第任意阶模态坐标等于单位长度而其余主坐标均为零,即 $q_r = 1, q_s = 0 (s = 1, 2, \cdots, n, s \neq r)$ 时,系统的物理坐标恰好等于该阶模态向量 $\{x\} = \{u^{(r)}\}$;

(2) 每一个模态坐标值 q_r 相应阶主振型 $\{u^{(r)}\}$ 在系统振动中所占的比例,反映了该阶模态向量对于构成物理坐标 $\{x\}$ 的参与程度。

4.4.4 正则化模态

1. 模态向量的正则化

模态向量 $\{u^{(r)}\}$ 的长度不是固定的,实际应用中可以人为地进行选择。为此,人们常通

过这种选择来获得更大的方便。常用的方法是对于每一阶模态向量$\{u^{(r)}\}$选择一个适当的公因子α_r，构成一个新的模态向量$\{u_N^{(r)}\}$如下：

$$\{u_N^{(r)}\} = \alpha_r\{u^{(r)}\} \tag{4.4.17}$$

其约束条件是，新构成的列向量$\{u_N^{(r)}\}$能够将各阶模态质量化为单位值，即

$$\{u_N^{(r)}\}^{\mathrm{T}}[m]\{u_N^{(r)}\} = 1$$

我们把上述变换过程称为**正规化**或**正则化**（normalization），以上由正规化获得的新的模态向量$\{u_N^{(r)}\}$称为第r阶**正则模态向量**（normalized modal vector）或第r阶**正则振型**（normalized modes）。

2. 正则化因子与正则化矩阵

按照模态质量概念，正则化获得的模态质量M_{Nr}定义为

$$M_{Nr} = \{u_N^{(r)}\}^{\mathrm{T}}[m]\{u_N^{(r)}\} = 1 \tag{4.4.18}$$

M_{Nr}称为第r阶**正则模态质量**（normalized mass）；α_r称为第r阶**正则化因子**（normalized factor），将式（4.4.17）代入式（4.4.18）可得

$$\alpha_r = \frac{1}{\sqrt{M_r}} = \frac{1}{\sqrt{\{u^{(r)}\}^{\mathrm{T}}[m]\{u^{(r)}\}}} \tag{4.4.19}$$

与模态矩阵的定义类似，我们把由系统n个正则模态向量按照阶次排列组成的n阶方阵称为**正则模态矩阵**（normalized mode matrix），即

$$[u_N] = [\{u_N^{(1)}\}, \{u_N^{(2)}\}, \cdots, \{u_N^{(n)}\}] \tag{4.4.20}$$

由正则模态向量的定义式（4.4.17）可知，正则模态矩阵与模态矩阵的关系为

$$[u_N] = [\{u_N^{(1)}\}, \{u_N^{(2)}\}, \cdots, \{u_N^{(n)}\}] = [\alpha_1\{u^{(1)}\}, \alpha_2\{u^{(2)}\}, \cdots, \alpha_n\{u^{(n)}\}]$$

$$= [\{u^{(1)}\}, \{u^{(2)}\}, \cdots, \{u^{(n)}\}]\begin{bmatrix} \alpha_1 & & \\ & \ddots & \\ & & \alpha_n \end{bmatrix}$$

即

$$[u_N] = [u][\alpha_r] \tag{4.4.21}$$

式中$[\alpha_r]$为对角线元素由正则化因子组成的n阶对角矩阵，称为正则化因子矩阵。

按照正则模态质量的形式可以定义**正则模态刚度**（normalized stiffness），即

$$\{u_N^{(r)}\}^{\mathrm{T}}[k]\{u_N^{(r)}\} = K_{Nr} \tag{4.4.22}$$

利用固有频率与模态质量和模态刚度的关系，即第式（4.4.6）可得

$$K_{Nr} = \omega_{nr}^2, \qquad r = 1, 2, \cdots, n \tag{4.4.23}$$

即系统的第r阶正则模态刚度等于系统的第r阶固有频率的平方。

与任意的模态质量和模态刚度相同，用正则模态矩阵定义的模态质量和模态刚度称为**正则模态质量矩阵**（normalized modal mass matrix）和**正则模态刚度矩阵**（normalized modal stiffness matrix），分别记为

$$[M_{Nr}] = [u_N]^{\mathrm{T}}[m][u_N] = \begin{bmatrix} 1 & & & \\ & 1 & & \\ & & \ddots & \\ & & & 1 \end{bmatrix} \tag{4.4.24}$$

$$[K_{Nr}] = [u_N]^T[k][u_N] = \begin{bmatrix} K_{N1} & & & \\ & K_{N2} & & \\ & & \ddots & \\ & & & K_{Nn} \end{bmatrix} = \begin{bmatrix} \omega_{n1}^2 & & & \\ & \omega_{n2}^2 & & \\ & & \ddots & \\ & & & \omega_{nn}^2 \end{bmatrix} \tag{4.4.25}$$

同样,使用第 r 阶正则模态向量定义的模态阻尼称为第 r 阶正则模态阻尼(normalized modal damping),即

$$\{u_N^{(r)}\}^T[c]\{u_N^{(r)}\} = C_{Nr} \tag{4.4.26a}$$

使用正则模态矩阵定义的模态阻尼矩阵称为正则模态阻尼矩阵(normalized modal damping matrix),其性质和对角化方法与模态阻尼矩阵相同,其对角线上的元素为 $C_{Nr} = 2\zeta_r\omega_{nr}$,即

$$[C_{Nr}] = [u_N]^T[c][u_N] = \begin{bmatrix} C_{N1} & & \\ & \ddots & \\ & & C_{Nn} \end{bmatrix} = \begin{bmatrix} 2\zeta_1\omega_{n1} & & \\ & \ddots & \\ & & 2\zeta_n\omega_{nn} \end{bmatrix} \tag{4.4.26b}$$

3. 正则模态坐标

以正则模态矩阵 $\{u_N\}$ 对系统的物理坐标 $\{x\}$ 进行变换,得到的新坐标 $\{q_N\}$ 称为**正则模态坐标**(normalized modal coordinate)或**正则主坐标**(normalized principal coordinate),即

$$\{x(t)\} = [u_N]\{q_N(t)\}, \qquad \{q_N(t)\} = [u_N]^{-1}\{x(t)\} \tag{4.4.27}$$

4.4.5 模态方程

由上述模态质量矩阵和模态刚度矩阵概念可见,由于模态向量之间存在正交性,利用模态向量进行线性变换可以使质量矩阵和刚度矩阵对角化。显然,把这种模态向量的线性变换应用到多自由度振动方程中去,可以解除惯性耦合和静力耦合,使方程的求解大为简化。

我们把利用模态向量进行线性变换获得的解耦、用模态坐标基表达的振动方程称为**模态方程**(modal equation),以下按照模态向量是任意的还是正则化的,分别介绍相应的模态方程。

1. 一般模态方程

无阻尼多自由度系统的运动方程为

$$[m]\{\ddot{x}(t)\} + [k]\{x(t)\} = \{f(t)\} \tag{4.4.28}$$

式中 $\{f(t)\}$ 为扰力列向量,质量矩阵 $[m]$ 和刚度矩阵 $[k]$ 一般情况下为非对角矩阵,以下通过模态向量的线性变换进行解耦,即利用模态质量和模态刚度的定义

$$[M_r] = [u]^T[m][u], \qquad [K_r] = [u]^T[k][u]$$

将质量矩阵和刚度矩阵转化为对角矩阵。为此,首先利用模态矩阵 $[u]$ 对系统的物理坐标进行变换

$$\{x(t)\} = [u]\{q(t)\}$$

将上式代入系统的振动方程,得到以广义坐标 $\{q\}$ 表示的运动方程。然后,在等号两边乘以模态矩阵的转置矩阵 $[u]^T$,即

$$[u]^T([m][u]\{\ddot{q}(t)\} + [k][u]\{q(t)\}) = [u]^T\{f(t)\}$$

乘以 $[u]^T$ 后,等号左边第一项系数矩阵则为模态质量矩阵、第二项系数矩阵为模态刚度矩阵,于是原方程式(4.2.28)变换为

$$[M_r]\{\ddot{q}(t)\} + [K_r]\{q(t)\} = \{Q(t)\} \tag{4.4.29a}$$

式中$\{q\}$为模态坐标或广义坐标；$[M_r]$和$[K_r]$分别为模态质量矩阵和模态刚度矩阵，由于均为对角矩阵，所以该方程的惯性耦合和静力耦合被解除；式中$\{Q(t)\}$为模态坐标下的广义激振力列向量

$$\{Q(t)\} = [u]^{\mathrm{T}}\{f(t)\} = \{Q_1(t), Q_2(t), \cdots, Q_n(t)\}^{\mathrm{T}} \tag{4.4.29b}$$

以上通过模态坐标变化得到的解耦运动方程式(4.4.29)，称为模态运动方程，简称模态方程。

模态方程式(4.4.29)给出的是关于广义坐标$\{q\}$的n个线性微分方程组，展开后的形式为

$$M_r \ddot{q}_r(t) + K_r q_r(t) = Q_r(t), \qquad r = 1, 2, \cdots, n \tag{4.4.30}$$

可见，模态运动方程为非耦方程，每一阶同步解即主振动解都可以化作单自由度运动方程进行求解。

2. 正则化模态方程

对于正则模态坐标$\{q_N\}$，利用正则模态矩阵$[u_N]$对系统的物理坐标进行变换，即

$$\{x(t)\} = [u_N]\{q_N(t)\} \tag{4.4.31}$$

将上式代入原系统的振动方程(4.2.25)，得到以正则广义坐标$\{q_N\}$表示的运动方程，即

$$[u_N]^{\mathrm{T}}([m][u_N]\{\ddot{q}_N(t)\} + [k][u_N]\{q_N(t)\}) = [u_N]^{\mathrm{T}}\{f(t)\}$$

根据正则模态质量矩阵和正则模态刚度矩阵的定义，上述方程变为

$$\{\ddot{q}_N(t)\} + [\omega_{nr}^2]\{q_N(t)\} = \{N(t)\} \tag{4.4.32a}$$

式中$\{q_N\}$为正则模态坐标；$[\omega_{nr}^2]$为正则模态刚度矩阵，其对角元素由各阶固有频率的平方项构成；$\{N(t)\}$为正则模态坐标下的正则广义激振力列向量

$$\{N(t)\} = [u_N]^{\mathrm{T}}\{f(t)\} = \{N_1(t), N_2(t), \cdots, N_n(t)\}^{\mathrm{T}} \tag{4.4.32b}$$

上面通过正则模态坐标变化得到的方程称为**正则模态方程**（normalized modal equation），正则模态方程展开后为

$$\ddot{q}_{Nr}(t) + \omega_{Nr}^2 q_{Nr}(t) = N_r(t), \qquad r = 1, 2, \cdots, n \tag{4.4.33}$$

可见，正则模态方程与任意模态方程(4.4.27)完全一致，只是形式不同而已，前者也可以由后者直接导出。

【例 4.4.1】 试建立图示三自由度振动系统的正则模态方程。已知$m_1 = m_2 = m_3 = m$，$k_1 = k_4 = 2k$，$k_2 = k_3 = k$。

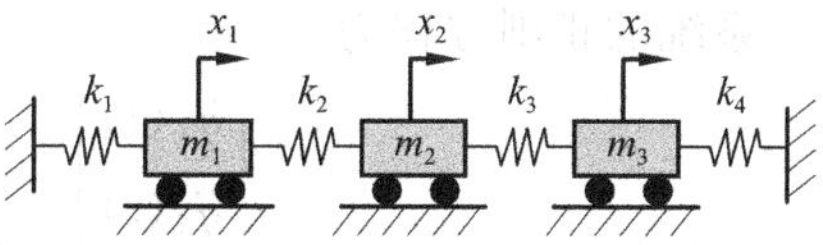

解 系统得质量矩阵和刚度矩阵分别为

$$[m] = m\begin{bmatrix} 1 & & \\ & 1 & \\ & & 1 \end{bmatrix}, \quad [k] = k\begin{bmatrix} 3 & -1 & 0 \\ -1 & 2 & -1 \\ 0 & -1 & 3 \end{bmatrix}$$

例 4.4.1图 三自由度质阻弹振动系统

由例 4.2.1 解得系统的模态向量为

$$\{u^{(1)}\} = \begin{Bmatrix} 1 \\ 2 \\ 1 \end{Bmatrix}, \qquad \{u^{(2)}\} = \begin{Bmatrix} 1 \\ 0 \\ -1 \end{Bmatrix}, \qquad \{u^{(3)}\} = \begin{Bmatrix} 1 \\ -1 \\ 1 \end{Bmatrix}$$

故系统的模态矩阵为

$$[u] = [\{u^{(1)}\}, \{u^{(2)}\}, \{u^{(3)}\}] = \begin{bmatrix} 1 & 1 & 1 \\ 2 & 0 & -1 \\ 1 & 1 & 1 \end{bmatrix}$$

系统的模态质量矩阵为

$$[M] = [u]^{\mathrm{T}}[m][u] = \begin{bmatrix} M_1 & & \\ & M_2 & \\ & & M_3 \end{bmatrix} = m \begin{bmatrix} 6 & & \\ & 2 & \\ & & 3 \end{bmatrix}$$

系统的模态刚度矩阵为

$$[K] = [u]^{\mathrm{T}}[k][u] = \begin{bmatrix} K_1 & & \\ & K_2 & \\ & & K_3 \end{bmatrix} = k \begin{bmatrix} 6 & & \\ & 6 & \\ & & 12 \end{bmatrix}$$

系统的模态方程为

$$m \begin{bmatrix} 6 & & \\ & 2 & \\ & & 3 \end{bmatrix} \begin{Bmatrix} \ddot{q}_1(t) \\ \ddot{q}_2(t) \\ \ddot{q}_3(t) \end{Bmatrix} + k \begin{bmatrix} 6 & & \\ & 6 & \\ & & 12 \end{bmatrix} \begin{Bmatrix} q_1(t) \\ q_2(t) \\ q_3(t) \end{Bmatrix} = \begin{Bmatrix} 0 \\ 0 \\ 0 \end{Bmatrix}$$

正则化因子为

$$\alpha_1 = \frac{1}{\sqrt{M_1}} = \frac{1}{\sqrt{6m}}, \quad \alpha_2 = \frac{1}{\sqrt{M_2}} = \frac{\sqrt{3}}{\sqrt{6m}}, \quad \alpha_3 = \frac{1}{\sqrt{M_3}} = \frac{\sqrt{2}}{\sqrt{6m}}$$

正则模态矩阵为

$$[u_N] = [u][\alpha_r] = \begin{bmatrix} 1 & 1 & 1 \\ 2 & 0 & -1 \\ 1 & -1 & 1 \end{bmatrix} \begin{bmatrix} 1 & & \\ & \sqrt{3} & \\ & & \sqrt{2} \end{bmatrix} \frac{1}{\sqrt{6m}} = \frac{1}{\sqrt{6m}} \begin{bmatrix} 1 & \sqrt{3} & \sqrt{2} \\ 2 & 0 & -\sqrt{2} \\ 1 & -\sqrt{3} & \sqrt{2} \end{bmatrix}$$

正则刚度矩阵为

$$[k_N] = [u_N]^{\mathrm{T}}[k][u_N] = \frac{k}{6m} \begin{bmatrix} 6 & & \\ & 18 & \\ & & 24 \end{bmatrix} = \frac{k}{m} \begin{bmatrix} 1 & & \\ & 3 & \\ & & 4 \end{bmatrix} = \begin{bmatrix} \omega_{\mathrm{n}1}^2 & & \\ & \omega_{\mathrm{n}2}^2 & \\ & & \omega_{\mathrm{n}3}^2 \end{bmatrix}$$

系统的正则方程为

$$\begin{Bmatrix} \ddot{q}_1(t) \\ \ddot{q}_2(t) \\ \ddot{q}_3(t) \end{Bmatrix} + \frac{k}{m} \begin{bmatrix} 1 & & \\ & 3 & \\ & & 4 \end{bmatrix} \begin{Bmatrix} q_1(t) \\ q_2(t) \\ q_3(t) \end{Bmatrix} = \begin{Bmatrix} 0 \\ 0 \\ 0 \end{Bmatrix}$$

4.5　无阻尼多自由度系统的振动

4.5.1　自由振动

无阻尼多自由度系统自由振动的微分方程为

$$[m]\{\ddot{x}(t)\} + [k]\{x(t)\} = \{0\} \tag{4.5.1a}$$

式中$\{x\}$为物理坐标系下的广义坐标向量即广义位移向量,运动的初始条件为

$$\{x_0\}=\{x(t=0)\}, \qquad \{\dot{x}_0\}=\{\dot{x}(t=0)\} \tag{4.5.1b}$$

显然,可以通过$2n$个方程联立确定多自由度系统自由振动通解中的$2n$个待定常数,最终获得多自由度无阻尼系统自由振动的解。但是,这样求解方程的做法工作较大。下面采用模态分析的方法,将系统原来在物理坐标下的方程变换到模态坐标系中,使方程解耦,求解模态方程后再变换到物理坐标系下,从而避免利用联立方程进行求解的烦琐。

利用式(4.4.29),多自由度无阻尼自由振动系统变换到模态坐标系下的模态方程为

$$[M_r]\{\ddot{q}(t)\}+[K_r]\{q(t)\}=\{0\} \tag{4.5.2a}$$

展开后为

$$M_r \ddot{q}_r(t)+K_r q_r(t)=0, \qquad r=1,2,\cdots,n \tag{4.5.2b}$$

根据单自由度振动系统的理论,其解为

$$q_r(t)=Q_r\cos(\omega_{nr}t-\theta_r) \tag{4.5.3a}$$

式中ω_{nr}为第r阶固有频率;Q_r为第r阶模态主振动的振幅,θ_r为第r阶模态主振动的初相位,二者由初始条件确定:

$$\begin{cases} Q_r=\sqrt{q_{r0}^2+\left(\dfrac{\dot{q}_{r0}}{\omega_{nr}}\right)^2} \\[4mm] \theta_r=\arctan\dfrac{\dot{q}_{r0}}{\omega_{nr}q_{r0}} \end{cases} \tag{4.5.3b}$$

式中q_{r0}和$\dot{q}_{r0}$为模态坐标系下第r阶主振动的初始位移和初始速度。根据展开定理式(4.4.14),模态坐标系下的初始条件为

$$\begin{cases} q_{r0}=\dfrac{\{u^{(r)}\}^{\mathrm{T}}[m]\{x_0\}}{M_r} \\[4mm] \dot{q}_{r0}=\dfrac{\{u^{(r)}\}^{\mathrm{T}}[m]\{\dot{x}_0\}}{M_r} \end{cases} \tag{4.5.4}$$

最后,利用变换方程式(4.4.15b),得到系统在物理坐标下的位形向量解

$$\{x(t)\}=[u]\{q(t)\} \tag{4.5.5a}$$

其中任意位形解为

$$x_r(t)=q_1 u_r^{(1)}+q_2 u_r^{(2)}+\cdots+q_n u_r^{(n)}=\sum_{i=1}^{n}q_i(t)u_r^{(i)} \tag{4.5.5b}$$

由式(4.5.5)可见,物理坐标下的位形为所有模态向量或主振型的线性组合,因此该方法也称为**振型叠加法**(modal superposition method)。同时可见,模态坐标$q_r(t)$反映了各阶模态向量参与程度。

【**例4.5.1**】　例4.5.1图所示为一无阻尼三自由度振动系统,已知$m_1=m,m_2=2m,$
$m_3=3m,k_1=3k,k_2=2k,k_3=k$;初始条件为$\dot{x}_i(0)=0(i=1,2,3),x_1(0)=1,x_2(0)=x_3(0)=0$。
试:(1)建立系统的模态方程;(2)建立系统的正则模态方程;(3)确定系统在以下初激励下自由振动的响应。

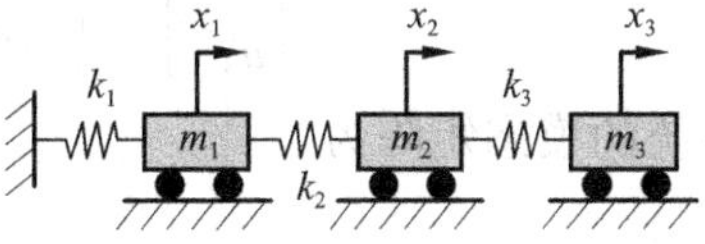

解　(1)建立系统的模态方程
系统的质量矩阵和刚度矩阵分别为

例4.5.1图　三自由度自由振动系统

$$[m] = \begin{bmatrix} m_1 & & \\ & m_2 & \\ & & m_3 \end{bmatrix} = m \begin{bmatrix} 1 & & \\ & 2 & \\ & & 3 \end{bmatrix}$$

$$[k] = \begin{bmatrix} k_1+k_2 & -k_2 & 0 \\ -k_2 & k_2+k_3 & -k_3 \\ 0 & -k_3 & k_3 \end{bmatrix} = k \begin{bmatrix} 5 & -2 & 0 \\ -2 & 3 & -1 \\ 0 & -1 & 1 \end{bmatrix}$$

系统的特征方程为

$$\left| [k] - \omega_n^2[m] \right| = \begin{vmatrix} 5k-m\omega_n^2 & -2k & 0 \\ -2k & 3k-2m\omega_n^2 & -k \\ 0 & -k & k-3m\omega_n^2 \end{vmatrix} = 0$$

展开化简后得到

$$(\omega_n^2)^3 - 6.8333\frac{k}{m}(\omega_n^2)^2 + 7.5000\left(\frac{k}{m}\right)^2\omega_n^2 - \left(\frac{k}{m}\right)^3 = 0$$

由数值法,解得系统的特征根

$$\omega_{n1}^2 = 0.1546\frac{k}{m}, \qquad \omega_{n2}^2 = 1.1751\frac{k}{m}, \qquad \omega_{n3}^2 = 5.5036\frac{k}{m}$$

即

$$\omega_{n1} = 0.3932\sqrt{\frac{k}{m}}, \qquad \omega_{n2} = 1.0840\sqrt{\frac{k}{m}}, \qquad \omega_{n3} = 2.3460\sqrt{\frac{k}{m}}$$

将 ω_{n1} 代入系统的特征问题方程

$$([k] - \omega_n^2[m])\{u\} = 0$$

$$\left[k\begin{bmatrix} 5 & -2 & 0 \\ -2 & 3 & -1 \\ 0 & -1 & 1 \end{bmatrix} - 0.1546k\begin{bmatrix} 1 & & \\ & 2 & \\ & & 3 \end{bmatrix} \right]\begin{Bmatrix} u_1^{(1)} \\ u_2^{(1)} \\ u_3^{(1)} \end{Bmatrix} = \begin{Bmatrix} 0 \\ 0 \\ 0 \end{Bmatrix}$$

$$\begin{bmatrix} 4.8454 & -2 & 0 \\ -2 & 2.6908 & -1 \\ 0 & -1 & 0.5362 \end{bmatrix}\begin{Bmatrix} u_1^{(1)} \\ u_2^{(1)} \\ u_3^{(1)} \end{Bmatrix} = \begin{Bmatrix} 0 \\ 0 \\ 0 \end{Bmatrix}$$

取 $u_1^{(1)} = 1$,则有

$$\{u^{(1)}\} = \begin{Bmatrix} u_1^{(1)} \\ u_2^{(1)} \\ u_3^{(1)} \end{Bmatrix} = \begin{Bmatrix} 1 \\ 2.4232 \\ 4.5193 \end{Bmatrix}$$

同理,解得系统的第二阶和第三阶模态向量分别为

$$\{u^{(2)}\} = \begin{Bmatrix} u_1^{(2)} \\ u_2^{(2)} \\ u_3^{(2)} \end{Bmatrix} = \begin{Bmatrix} 1 \\ 1.9126 \\ -0.7573 \end{Bmatrix}, \qquad \{u^{(3)}\} = \begin{Bmatrix} u_1^{(3)} \\ u_2^{(3)} \\ u_3^{(3)} \end{Bmatrix} = \begin{Bmatrix} 1 \\ -0.2518 \\ 0.0162 \end{Bmatrix}$$

故系统的模态矩阵为

$$[u] = [\{u^{(1)}\}, \{u^{(2)}\}, \{u^{(3)}\}] = \begin{bmatrix} 1 & 1 & 1 \\ 2.4232 & 1.9126 & -0.2518 \\ 4.5193 & -0.7573 & 0.0162 \end{bmatrix}$$

系统的模态质量矩阵为

$$[M] = [u]^T[m][u] = \begin{bmatrix} M_1 & & \\ & M_2 & \\ & & M_3 \end{bmatrix} = m \begin{bmatrix} 74.0168 & & \\ & 10.0369 & \\ & & 1.1275 \end{bmatrix}$$

系统的模态刚度矩阵为

$$[K] = [u]^T[k][u] = \begin{bmatrix} K_1 & & \\ & K_2 & \\ & & K_3 \end{bmatrix} = k \begin{bmatrix} 11.4448 & & \\ & 11.7944 & \\ & & 6.2056 \end{bmatrix}$$

系统的模态方程为

$$m \begin{bmatrix} 74.0168 & & \\ & 10.0369 & \\ & & 1.1275 \end{bmatrix} \begin{Bmatrix} \ddot{q}_1(t) \\ \ddot{q}_2(t) \\ \ddot{q}_3(t) \end{Bmatrix} + k \begin{bmatrix} 11.4448 & & \\ & 11.7944 & \\ & & 6.2056 \end{bmatrix} \begin{Bmatrix} q_1(t) \\ q_2(t) \\ q_3(t) \end{Bmatrix} = \begin{Bmatrix} 0 \\ 0 \\ 0 \end{Bmatrix}$$

(2) 建立系统的正则模态方程

利用模态质量确定系统的正则化因子

$$\alpha_1 = \frac{1}{\sqrt{M_1}} = \frac{1}{\sqrt{74.0168}} = \frac{0.1162}{\sqrt{m}}$$

$$\alpha_2 = \frac{1}{\sqrt{M_2}} = \frac{1}{\sqrt{10.0369}} = \frac{0.3157}{\sqrt{m}}$$

$$\alpha_3 = \frac{1}{\sqrt{M_{31}}} = \frac{1}{\sqrt{1.1275}} = \frac{0.9417}{\sqrt{m}}$$

正则模态矩阵为

$$[u_N] = [u][\alpha_r] = \begin{bmatrix} 1 & 1 & 1 \\ 2.4232 & 1.9126 & -0.2518 \\ 4.5193 & -0.7573 & 0.0162 \end{bmatrix} \begin{bmatrix} 0.1162 & & \\ & 0.3157 & \\ & & 0.9417 \end{bmatrix} \frac{1}{\sqrt{m}}$$

$$= \frac{1}{\sqrt{m}} \begin{bmatrix} 0.9417 & 0.3157 & 0.1162 \\ -0.2371 & 0.6037 & 0.2817 \\ 0.0152 & -0.2390 & 0.5253 \end{bmatrix}$$

正则刚度矩阵为

$$[k_N] = [u_N]^T[k][u_N] = \frac{k}{m} \begin{bmatrix} 0.1546 & & \\ & 1.1751 & \\ & & 5.5036 \end{bmatrix} = \begin{bmatrix} \omega_{n1}^2 & & \\ & \omega_{n2}^2 & \\ & & \omega_{n3}^2 \end{bmatrix}$$

系统的正则方程为

$$\begin{Bmatrix} \ddot{q}_{N1}(t) \\ \ddot{q}_{N2}(t) \\ \ddot{q}_{N3}(t) \end{Bmatrix} + \frac{k}{m} \begin{bmatrix} 0.1546 & & \\ & 1.1751 & \\ & & 5.5036 \end{bmatrix} \begin{Bmatrix} q_{N1}(t) \\ q_{N2}(t) \\ q_{N3}(t) \end{Bmatrix} = \begin{Bmatrix} 0 \\ 0 \\ 0 \end{Bmatrix}$$

(3) 确定系统在以下初激励下自由振动的响应

模态坐标系下的初始条件为

$$q_{10} = \frac{\{u^{(1)}\}^{\mathrm{T}}[m]\{x_0\}}{M_1} = \frac{m}{74.0168} \left\{ \begin{array}{c} 1 \\ 2.4232 \\ 4.5193 \end{array} \right\}^{\mathrm{T}} \left[\begin{array}{ccc} 1 & & \\ & 2 & \\ & & 3 \end{array} \right] \left\{ \begin{array}{c} 1 \\ 0 \\ 0 \end{array} \right\} = \frac{m}{M_1}$$

$$\dot{q}_{10} = \frac{\{u^{(1)}\}^{\mathrm{T}}[m]\{\dot{x}_0\}}{M_1} = \frac{1}{M_1} = \{u^{(1)}\}^{\mathrm{T}}[m]\{0\} = 0$$

代入式(4.5.3a)

$$Q_1 = \sqrt{q_{10}^2 + \left(\frac{\dot{q}_{10}}{\omega_{\mathrm{nr}}}\right)^2} = q_{10} = \frac{m}{M_1}$$

$$\theta_1 = \arctan \frac{\dot{q}_{10}}{\omega_{\mathrm{n1}} q_{10}} = \arctan(0) = 0$$

同理可得

$$Q_2 = \frac{m}{M_2}, \qquad \theta_2 = 0; \qquad Q_3 = \frac{m}{M_3}, \qquad \theta_3 = 0$$

因此,其模态坐标解为

$$\{q(t)\} = \left\{ \begin{array}{c} q_1(t) \\ q_2(t) \\ q_3(t) \end{array} \right\} = \left\{ \begin{array}{c} Q_1 \cos(\omega_{\mathrm{n1}} t - \theta_1) \\ Q_2 \cos(\omega_{\mathrm{n2}} t - \theta_2) \\ Q_3 \cos(\omega_{\mathrm{n3}} t - \theta_3) \end{array} \right\} = \left\{ \begin{array}{c} \dfrac{m}{M_1}\cos(\omega_{\mathrm{n1}} t) \\[2mm] \dfrac{m}{M_2}\cos(\omega_{\mathrm{n2}} t) \\[2mm] \dfrac{m}{M_3}\cos(\omega_{\mathrm{n3}} t) \end{array} \right\}$$

根据变换公式(4.4.15b)并将以上计算得到的各数据代入,得到系统在物理坐标下的位移向量解

$$\{x(t)\} = [u]\{q(t)\} = \left[\begin{array}{ccc} 1 & 1 & 1 \\ 2.4232 & 1.9126 & -0.2518 \\ 4.5193 & -0.7573 & 0.0162 \end{array} \right] \left\{ \begin{array}{c} \dfrac{m}{M_1}\cos(\omega_{\mathrm{n1}} t) \\[2mm] \dfrac{m}{M_2}\cos(\omega_{\mathrm{n2}} t) \\[2mm] \dfrac{m}{M_3}\cos(\omega_{\mathrm{n3}} t) \end{array} \right\}$$

$$= \left\{ \begin{array}{l} 0.0135\cos\left(0.3932\sqrt{\dfrac{k}{m}}t\right) + 0.0996\cos\left(1.0840\sqrt{\dfrac{k}{m}}t\right) + 0.8869\cos\left(2.3460\sqrt{\dfrac{k}{m}}t\right) \\[3mm] 0.0327\cos\left(0.3932\sqrt{\dfrac{k}{m}}t\right) + 0.1905\cos\left(1.0840\sqrt{\dfrac{k}{m}}t\right) - 0.2233\cos\left(2.3460\sqrt{\dfrac{k}{m}}t\right) \\[3mm] 0.0610\cos\left(0.3932\sqrt{\dfrac{k}{m}}t\right) - 0.0754\cos\left(1.0840\sqrt{\dfrac{k}{m}}t\right) + 0.0144\cos\left(2.3460\sqrt{\dfrac{k}{m}}t\right) \end{array} \right\} m$$

4.5.2　受迫振动

无阻尼多自由度系统受迫振动的微分方程为

$$\left\{ \begin{array}{l} [m]\{\ddot{x}(t)\} + [k]\{x(t)\} = \{f(t)\} \\ \{f(t)\} = \{f_1(t) \quad f_2(t) \quad \cdots \quad f_n(t)\}^{\mathrm{T}} \end{array} \right. \tag{4.5.6}$$

式中$\{f(t)\}$为扰力列向量。对于具有 n 个自由度的振动系统,其运动方程为 n 个耦合的二阶常微分方程组,直接求解非常困难。为此,这里也采用模态分析方法求解,即先通过模态

变换建立解耦的模态运动方程,然后求解相应的模态坐标,最后再利用坐标变换求得系统的物理坐标解。

为此,引用坐标变换方程

$$\{x(t)\} = [u]\{q(t)\} \tag{4.5.7a}$$

或

$$x_r(t) = q_1 u_r^{(1)} + q_2 u_r^{(2)} + \cdots + q_n u_r^{(n)} = \sum_{i=1}^{n} q_i(t) u_r^{(i)} \tag{4.5.7b}$$

并注意模态向量的正交性,可得无阻尼多自由度系统受迫振动的模态运动方程为

$$[M_r]\{\ddot{q}(t)\} + [K_r]\{q(t)\} = \{Q(t)\} \tag{4.5.8}$$
$$\{Q(t)\} = [u]^{\mathrm{T}}\{f(t)\} = \{Q_1(t), Q_2(t), \cdots, Q_n(t)\}^{\mathrm{T}}$$

展开后为

$$M_r \ddot{q}_r(t) + K_r q_r(t) = Q_r(t), \qquad r = 1, 2, \cdots, n \tag{4.5.9a}$$

式中广义力为

$$Q_r(t) = \{u^{(r)}\}^{\mathrm{T}}\{f(t)\} = f_1(t) u_1^{(r)} + f_2(t) u_2^{(r)} + \cdots + f_n(t) u_n^{(r)}$$
$$= \sum_{i=1}^{n} f_i(t) u_i^{(r)}, \qquad r = 1, 2, \cdots, n \tag{4.5.9b}$$

如果采用正则模态变换

$$\{x(t)\} = [u_N]\{q_N(t)\} \tag{4.5.10a}$$

或

$$x_r(t) = q_{N1} u_{Nr}^{(1)} + q_{N2} u_{Nr}^{(2)} + \cdots + q_{Nn} u_{Nr}^{(n)} = \sum_{i=1}^{n} q_{Ni}(t) u_{Nr}^{(i)} \tag{4.5.10b}$$

利用正则模态变换,得到无阻尼多自由度系统受迫振动的正则模态运动方程

$$\begin{cases} \{\ddot{q}_N(t)\} + [\omega_{nr}^2]\{q_N(t)\} = \{N(t)\} \\ \{N(t)\} = [u_N]^{\mathrm{T}}\{f(t)\} = \{N_1(t), N_2(t), \cdots, N_n(t)\}^{\mathrm{T}} \end{cases} \tag{4.5.11}$$

展开后为

$$\ddot{q}_{Nr}(t) + \omega_{nr}^2 q_{Nr}(t) = N_r(t), \qquad r = 1, 2, \cdots, n \tag{4.5.12a}$$

式中广义力为

$$N_r(t) = \{u_N^{(r)}\}^{\mathrm{T}}\{f(t)\} = f_1(t) u_{N1}^{(r)} + f_2(t) u_{N2}^{(r)} + \cdots + f_n(t) u_{Nn}^{(r)}$$
$$= \sum_{i=1}^{n} f_i(t) u_{Nr}^{(r)}, \quad r = 1, 2, \cdots, n \tag{4.5.12b}$$

根据以上模态方程(4.5.9)或(4.5.12),确定模态坐标解$\{q_r(t)\}$或$\{q_{Nr}(t)\}$,然后再代回变换方程(4.5.7a)或(4.5.10a),得到系统在物理坐标下的解。但是,系统的响应解与激励力向量的具体形式相关,下面分简谐激振力和一般激振力两种情况分别讨论无阻尼多自由度系统受迫振动的响应。以下只考虑稳态振动解,对于系统响应的全解,可以按照上节方法求出自由振动解之后叠加上即可,这里不再赘述。

(1) 简谐激振的响应

不失一般性,设激振力为余弦简谐力,即

$$f_r(t) = f_r \cos\Omega_r t \tag{4.5.13}$$

式中f_r为第r个扰力的力幅,则广义力为

$$Q_r(t) = \{u^{(r)}\}^{\mathrm{T}}\{f(t)\} = f_1 u_1^{(r)}\cos\Omega_1 t + f_2 u_2^{(r)}\cos\Omega_2 t + \cdots + f_n u_n^{(r)}\cos\Omega_n t$$

$$= \sum_{i=1}^{n} f_i u_i^{(r)}\cos\Omega_i t, \quad r = 1,2,\cdots,n \tag{4.5.14}$$

则系统对应的简谐激振的模态方程变为

$$M_r \ddot{q}_r(t) + K_r q_r(t) = \sum_{i=1}^{n} f_i u_i^{(r)}\cos\Omega_i t, \qquad r = 1,2,\cdots,n \tag{4.5.15}$$

可见,简谐激励系统的模态方程变为多频简谐激励,可由单自由度理论按照不同扰频依次求其解然后叠加得到其全解,即

$$q_r(t) = \frac{1}{M_r}\sum_{i=1}^{n} \frac{f_i u_i^{(r)}\cos(\Omega_i t)}{\omega_{nr}^2 - \Omega_i^2}, \qquad r = 1,2,\cdots,n \tag{4.5.16}$$

如果采用正则模态坐标,系统(4.5.12a)对应的简谐激振的解为

$$q_{Nr}(t) = \sum_{i=1}^{n} \frac{f_i u_{Ni}^{(r)}\cos(\Omega_i t)}{\omega_{nr}^2 - \Omega_i^2}, \qquad r = 1,2,\cdots,n \tag{4.5.17}$$

(2) 一般激振的响应

对于一般的激励力,需要应用杜哈梅积分或卷积积分进行求解,详见本书2.5节。对于无阻尼单自由度系统

$$m\ddot{x}(t) + k(t) = f(t)$$

杜哈梅积分为

$$x(t) = \frac{1}{m\omega_n}\int_0^t f(\tau)\sin\omega_n(t-\tau)\,\mathrm{d}\tau$$

积分式中 τ 为积分内变量,对 τ 积分时将 t 视为常量。对于多自由度系统(4.5.9a),杜哈梅积分变为

$$q_r(t) = \frac{1}{M_r\omega_{nr}}\int_0^t Q_r(\tau)\sin\omega_{nr}(t-\tau)\,\mathrm{d}\tau \tag{4.5.18}$$

如果采用正则模态坐标,系统(4.5.12a)对应的杜哈梅积分为

$$q_{Nr}(t) = \frac{1}{\omega_{nr}}\int_0^t N_r(\tau)\sin\omega_{nr}(t-\tau)\,\mathrm{d}\tau \tag{4.5.19}$$

【例 4.5.2】 假设在例 4.5.1 中,质量块 m_2 上作用一个激振力 $f_2(t) = f_0\cos\Omega t$。试确定该系统的稳态响应。

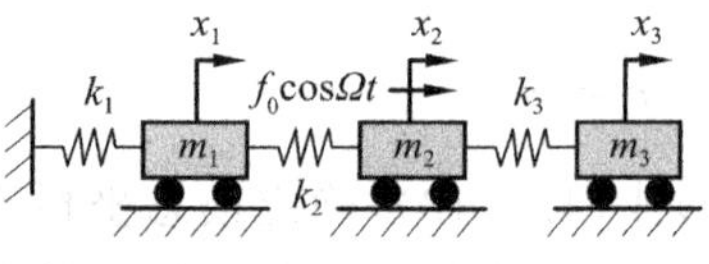

例 4.5.2图　三自由度受迫振动系统

解　利用例 4.5.1 的结果,可知系统的受迫振动方程为

$$m\begin{bmatrix} 1 & & \\ & 2 & \\ & & 3 \end{bmatrix}\begin{Bmatrix} \ddot{x}_1(t) \\ \ddot{x}_2(t) \\ \ddot{x}_3(t) \end{Bmatrix} + k\begin{bmatrix} 5 & -2 & 0 \\ -2 & 3 & -1 \\ 0 & -1 & 1 \end{bmatrix}\begin{Bmatrix} x_1(t) \\ x_2(t) \\ x_3(t) \end{Bmatrix} = \begin{Bmatrix} 0 \\ f_0 \\ 0 \end{Bmatrix}\cos\Omega t$$

系统的模态运动方程为

$$M_r\ddot{q}_r(t) + K_r q_r(t) = Q_r(t) \qquad (r = 1,2,3)$$

式中广义力为

$$
\{Q(t)\} = [u]^{\mathrm{T}}\{f(t)\} = \begin{bmatrix} 1 & 1 & 1 \\ 2.4232 & 1.9126 & -0.2518 \\ 4.5193 & -0.7573 & 0.0162 \end{bmatrix}^{\mathrm{T}} \begin{Bmatrix} 0 \\ f_0 \\ 0 \end{Bmatrix} \cos\Omega t
$$

$$
= \begin{Bmatrix} 2.4232 \\ 1.9126 \\ -0.2518 \end{Bmatrix} f_0 \cos\Omega t
$$

式中模态矩阵 $[u]$ 由例 4.5.1 给出。可见此模态方程为单频简谐激励,故可由单自由度理论得到其解

$$
q_1(t) = \frac{Q_1}{M_1}\frac{1}{\omega_{n1}^2 - \Omega^2} = \frac{0.0327}{\omega_{n1}^2 - \Omega^2}\frac{f_0}{m}\cos\Omega t
$$

$$
q_2(t) = \frac{Q_2}{M_2}\frac{1}{\omega_{n2}^2 - \Omega^2} = \frac{0.1905}{\omega_{n2}^2 - \Omega^2}\frac{f_0}{m}\cos\Omega t
$$

$$
q_3(t) = \frac{Q_{31}}{M_3}\frac{1}{\omega_{n3}^2 - \Omega^2} = \frac{-0.2233}{\omega_{n3}^2 - \Omega^2}\frac{f_0}{m}\cos\Omega t
$$

式中的主质量和主刚度已由例 4.5.1 确定,分别为

$$
M_1 = 74.0168m, \qquad M_2 = 10.0369m, \qquad M_3 = 1.1275m
$$

上述模态坐标解也可利用式(4.5.16)求得,将已知条件

$$
f_1 = f_3 = 0, \qquad f_2 = f_0, \qquad \Omega_2 = \Omega
$$

代入式(4.5.16)即可得到模态方程对简谐激振的解

$$
q_r(t) = \frac{1}{M_r}\sum_{i=1}^{n}\frac{f_i u_i^{(r)}\cos\Omega_i t}{\omega_{nr}^2 - \Omega_i^2} = \frac{u_2^{(r)}}{M_r}\frac{1}{\omega_{nr}^2 - \Omega^2}f_0\cos\Omega t
$$

由变换方程,得到系统物理坐标解

$$
\{x(t)\} = [u]\{q(t)\}
$$

$$
= \begin{bmatrix} 1 & 1 & 1 \\ 2.4232 & 1.9126 & -0.2518 \\ 4.5193 & -0.7573 & 0.0162 \end{bmatrix} \begin{Bmatrix} \dfrac{0.0327}{\omega_{n1}^2 - \Omega^2} \\[2mm] \dfrac{0.1905}{\omega_{n2}^2 - \Omega^2} \\[2mm] -\dfrac{0.2233}{\omega_{n3}^2 - \Omega^2} \end{Bmatrix} \frac{f_0}{m}\cos\Omega t
$$

$$
= \begin{Bmatrix} \dfrac{0.0327}{\omega_{n1}^2 - \Omega^2} + \dfrac{0.1905}{\omega_{n2}^2 - \Omega^2} - \dfrac{0.2233}{\omega_{n3}^2 - \Omega^2} \\[3mm] \dfrac{0.0792}{\omega_{n1}^2 - \Omega^2} + \dfrac{0.3644}{\omega_{n2}^2 - \Omega^2} + \dfrac{0.0562}{\omega_{n3}^2 - \Omega^2} \\[3mm] \dfrac{0.1478}{\omega_{n1}^2 - \Omega^2} - \dfrac{0.1443}{\omega_{n2}^2 - \Omega^2} - \dfrac{0.0036}{\omega_{n3}^2 - \Omega^2} \end{Bmatrix} \frac{f_0}{m}\cos\Omega t
$$

【**例 4.5.3**】 例 4.5.3 图(a)所示为某锻床设备的力学模型。已知设备执行部分及工

件的质量为 $m_2 = 200 \times 10^3 \, \text{kg}$,基础的质量为 $m_1 = 250 \times 10^3 \, \text{kg}$,弹簧垫的刚度为 $k_2 = 150 \times 10^3 \, \text{kN/m}$,地基的刚度为 $k_1 = 75 \times 10^3 \, \text{kN/m}$。锻锤作用于工件的冲击力近似为矩形脉冲力,如例 4.5.3 图(b)所示。假设系统各质量块的初始位移和初始速度均为零,试确定系统的运动规律。

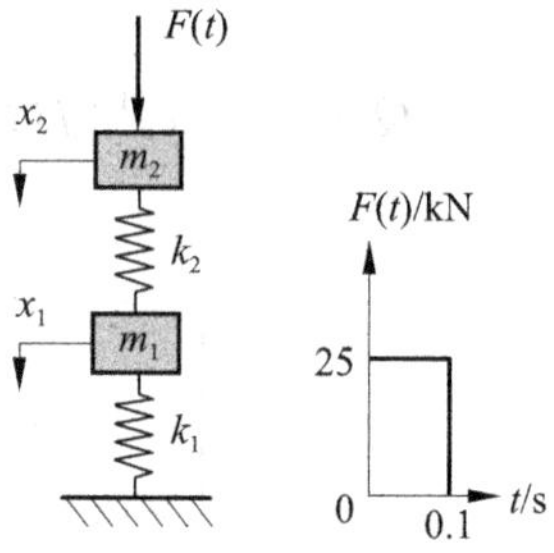

解　该问题为无阻尼二自由度振动系统在矩形脉冲作用下的响应问题。系统的微分方程为

$$[m]\{\ddot{x}(t)\} + [k]\{x(t)\} = \{f(t)\}$$

其中

例 4.5.3 图　锻床受迫振动系统

$$[m] = \begin{bmatrix} m_1 & 0 \\ 0 & m_2 \end{bmatrix} = \begin{bmatrix} 250 & 0 \\ 0 & 200 \end{bmatrix} \times 10^3 (\text{kg})$$

$$[k] = \begin{bmatrix} k_1 + k_2 & -k_2 \\ -k_2 & k_2 \end{bmatrix} = \begin{bmatrix} 225 & -150 \\ -150 & 150 \end{bmatrix} \times 10^3 (\text{kN/m})$$

$$\{f(t)\} = \{0 \quad F(t)\}^{\text{T}}$$

可见方程为静力耦合,为此以下采用模态分析方法求解。

首先,确定系统的固有频率和模态向量。系统的频率方程为

$$\left| [k] - \omega_{\text{n}}^2 [m] \right| = \begin{vmatrix} 225 - 2.5\omega_{\text{n}}^2 & -150 \\ -150 & 150 - 2\omega_{\text{n}}^2 \end{vmatrix} \times 10^6 = 0$$

解得

$$\omega_{\text{n},1} = \sqrt{150} = 12.2474 \, (\text{rad/s}), \qquad \omega_{\text{n},2} = \sqrt{1500} = 38.7298 \, (\text{rad/s})$$

分别代入特征问题方程

$$\left[[k] - \omega_{\text{n}}^2 [m] \right]\{u\} = \begin{bmatrix} 225 - 2.5\omega_{\text{n}}^2 & -150 \\ -150 & 150 - 2\omega_{\text{n}}^2 \end{bmatrix} \begin{Bmatrix} u_1 \\ u_2 \end{Bmatrix} \times 10^6 = 0$$

得到模态向量分别为

$$\{u^{(1)}\} = \begin{Bmatrix} u_1^{(1)} \\ u_2^{(1)} \end{Bmatrix} = \begin{Bmatrix} 1 \\ 1.2500 \end{Bmatrix}, \qquad \{u^{(2)}\} = \begin{Bmatrix} u_1^{(2)} \\ u_2^{(2)} \end{Bmatrix} = \begin{Bmatrix} 1 \\ -1 \end{Bmatrix}$$

模态矩阵为

$$[u] = \begin{bmatrix} 1 & 1 \\ 1.2500 & -1 \end{bmatrix}$$

系统的主质量分别为

$$M_1 = \{u^{(1)}\}^{\text{T}} [m]\{u^{(1)}\} = 562490 (\text{kg})$$
$$M_2 = \{u^{(2)}\}^{\text{T}} [m]\{u^{(2)}\} = 450010 (\text{kg})$$

系统的广义力为

$$Q_1(t) = \{u^{(1)}\}^{\text{T}} \{f(t)\} = 1.25 F(t)$$
$$Q_2(t) = \{u^{(2)}\}^{\text{T}} \{f(t)\} = -F(t)$$

代入杜哈梅积分式(4.5.18),并注意当 $t \leqslant 0.1 \, \text{s}$ 时 $F(t) = 25 \, \text{kN}$,$t > 0.1 \, \text{s}$ 时 $F(t) = 0$,得到

$$q_1(t) = \frac{1}{M_1 \omega_{\text{n}1}} \int_0^t Q_1(\tau) \sin\omega_{\text{n}1}(t - \tau) \text{d}\tau$$

$$= \frac{1}{562490 \times 12.2474} \int_0^t 1.25 F(t) \sin\omega_{n1}(t-\tau) d\tau$$

$$= \frac{1.25 \times 25000}{562490 \times 12.2474} \int_0^t \sin\omega_{n1}(t-\tau) d\tau$$

$$= 3.7038(1 - \cos 12.2474t) \times 10^{-4}$$

$$q_2(t) = \frac{1}{M_2 \omega_{n2}} \int_0^t Q_2(\tau) \sin\omega_{n2}(t-\tau) d\tau$$

$$= \frac{-1}{450010 \times 38.7298} \int_0^t F(t) \sin\omega_{n2}(t-\tau) d\tau$$

$$= -3.7036(1 - \cos 38.7298t) \times 10^{-4}$$

最后由变换方程求得系统的物理坐标相应解

$$\{x(t)\} = [u]\{q(t)\} = \begin{bmatrix} 1 & 1 \\ 1.2500 & -1 \end{bmatrix} \begin{Bmatrix} q_1(t) \\ q_2(t) \end{Bmatrix} = \begin{Bmatrix} q_1(t) - q_2(t) \\ 1.25 q_1(t) - q_2(t) \end{Bmatrix}$$

即

$$x_1(t) = 3.7038 \times 10^{-4} (1 - \cos 12.2474t) - 3.7036 \times 10^{-4} (1 - \cos 38.7298t)$$

$$x_2(t) = 4.6298 \times 10^{-4} (1 - \cos 12.2474t) + 3.7036 \times 10^{-4} (1 - \cos 38.7298t)$$

当 $t > 0.1s$ 后外力消失，系统将作自由振动，其初始条件为

$$q_{10} = q_1(0.1), \qquad \dot{q}_{10} = \dot{q}_1(0.1)$$

$$q_{210} = q_1(0.1), \qquad \dot{q}_{20} = \dot{q}_2(0.1)$$

可按照单自由度自由振动理论求解。

4.6 一般多自由度系统的模态分析

一般多自由度振动系统运动微分方程的形式为

$$[m]\{\ddot{x}(t)\} + [c]\{\dot{x}(t)\} + [k]\{x(t)\} = \{f(t)\} \tag{4.6.1}$$

质量矩阵 $[m]$、阻尼矩阵 $[c]$ 和刚度矩阵 $[k]$ 均为实对称矩阵，并假设这些矩阵均是正定的，且为小阻尼问题。一般情况下，这些系数矩阵为非对角矩阵，即方程存在坐标耦合。为此，以下用模态分析的方法求解系统的响应。

一般多自由度振动系统具有普遍性，其中的很多问题在上述章节已经涉及。为便于学习与查找，把上述模态分析过程以及涉及的公式重新整理列出，既作为一般多自由度振动系统的模态分析，也作为本章的小结。

(1) 固有频率

系统的固有频率，由系统的特征方程

$$\left| [k] - \omega_n^2 [m] \right| = 0 \tag{4.6.2}$$

确定，求解出系统的 r 阶固有频率按大小依次为

$$\omega_{n1} < \omega_{n2} < \omega_{n3} \cdots < \omega_{nn} \tag{4.6.3}$$

(2) 模态向量与模态矩阵

将 r 阶固有频率依次代入系统的特征值问题方程

$$[k]\{u\} = \omega_n^2 [m]\{u\} \tag{4.6.4}$$

并人为指定模态向量中的任一项，例如取 $\{u_1^{(r)}\} = \{1\}$，求解出系统其他所有 r 阶模态向量

$$\{u^{(r)}\}=\begin{bmatrix} u_1^{(r)} & u_2^{(r)} & \cdots & u_n^{(r)} \end{bmatrix}^{\mathrm{T}} \tag{4.6.5}$$

式中 $r=1,2,3,\cdots,n$，以下均相同，不再赘述。

系统的模态矩阵为

$$[u]=[\{u^{(1)}\},\{u^{(2)}\},\cdots,\{u^{(n)}\}]=\begin{bmatrix} u_1^{(1)} & u_1^{(2)} & \cdots & u_1^{(n)} \\ u_2^{(1)} & u_2^{(2)} & \cdots & u_2^{(n)} \\ \vdots & \vdots & & \vdots \\ u_n^{(1)} & u_n^{(2)} & \cdots & u_n^{(n)} \end{bmatrix} \tag{4.6.6}$$

系统的转置模态矩阵为

$$[u]^{\mathrm{T}}=\begin{Bmatrix} \{u^{(1)}\}^{\mathrm{T}} \\ \{u^{(2)}\}^{\mathrm{T}} \\ \vdots \\ \{u^{(n)}\}^{\mathrm{T}} \end{Bmatrix}=\begin{bmatrix} u_1^{(1)} & u_2^{(1)} & \cdots & u_n^{(1)} \\ u_1^{(2)} & u_2^{(2)} & \cdots & u_n^{(2)} \\ \vdots & \vdots & & \vdots \\ u_1^{(n)} & u_2^{(n)} & \cdots & u_n^{(n)} \end{bmatrix} \tag{4.6.7}$$

（3）模态质量、模态刚度和模态阻尼

模态质量矩阵定义为

$$[M_r]=[u]^{\mathrm{T}}[m][u]=\begin{Bmatrix} \{u^{(1)}\}^{\mathrm{T}} \\ \{u^{(2)}\}^{\mathrm{T}} \\ \vdots \\ \{u^{(n)}\}^{\mathrm{T}} \end{Bmatrix}[m][\{u^{(1)}\},\{u^{(2)}\},\cdots,\{u^{(n)}\}]$$

$$=\begin{bmatrix} \{u^{(1)}\}^{\mathrm{T}}[m]\{u^{(1)}\} & & & \\ & \{u^{(2)}\}^{\mathrm{T}}[m]\{u^{(2)}\} & & \\ & & \ddots & \\ & & & \{u^{(n)}\}^{\mathrm{T}}[m]\{u^{(n)}\} \end{bmatrix} \tag{4.6.8}$$

模态刚度矩阵定义为

$$[K_r]=[u]^{\mathrm{T}}[k][u]=\begin{Bmatrix} \{u^{(1)}\}^{\mathrm{T}} \\ \{u^{(2)}\}^{\mathrm{T}} \\ \vdots \\ \{u^{(n)}\}^{\mathrm{T}} \end{Bmatrix}[k][\{u^{(1)}\},\{u^{(2)}\},\cdots,\{u^{(n)}\}]$$

$$=\begin{bmatrix} \{u^{(1)}\}^{\mathrm{T}}[k]\{u^{(1)}\} & & & \\ & \{u^{(2)}\}^{\mathrm{T}}[k]\{u^{(2)}\} & & \\ & & \ddots & \\ & & & \{u^{(n)}\}^{\mathrm{T}}[k]\{u^{(n)}\} \end{bmatrix} \tag{4.6.9}$$

模态质量 M_r 与模态刚度 K_r 之比等于同阶固有频率 $\omega_{\mathrm{n}r}$ 的平方

$$\omega_{\mathrm{n}r}^2=\frac{K_r}{M_r} \tag{4.6.10}$$

若采用比例阻尼，即假设阻尼为质量和刚度的线性组合

$$[c]=\alpha[m]+\beta[k] \tag{4.6.11a}$$

则第 r 阶模态阻尼比 ζ_r 为

$$\zeta_r=\frac{\alpha+\beta\omega_{\mathrm{n}r}^2}{2\omega_{\mathrm{n}r}} \tag{4.6.11b}$$

模态阻尼矩阵定义为

$$[C_r] = [u]^T[c][u] = \begin{Bmatrix} \{u^{(1)}\}^T \\ \{u^{(2)}\}^T \\ \vdots \\ \{u^{(n)}\}^T \end{Bmatrix} [c] [\{u^{(1)}\}, \{u^{(2)}\}, \cdots, \{u^{(n)}\}]$$

$$= \begin{bmatrix} \{u^{(1)}\}^T[c]\{u^{(1)}\} & & & \\ & \{u^{(2)}\}^T[c]\{u^{(2)}\} & & \\ & & \ddots & \\ & & & \{u^{(n)}\}^T[c]\{u^{(n)}\} \end{bmatrix}$$

$$= \begin{bmatrix} 2\zeta_1\omega_{n1}M_1 & & & \\ & 2\zeta_2\omega_{n2}M_2 & & \\ & & \ddots & \\ & & & 2\zeta_n\omega_{nn}M_n \end{bmatrix} \quad (4.6.11c)$$

（4）正则模态

第 r 阶正则化因子定义为

$$\alpha_r = \frac{1}{\sqrt{M_r}} = \frac{1}{\sqrt{\{u^{(r)}\}^T[m]\{u^{(r)}\}}} \quad (4.6.12a)$$

正则化因子矩阵为

$$[\alpha_r] = \begin{bmatrix} \alpha_1 & & & \\ & \alpha_2 & & \\ & & \ddots & \\ & & & \alpha_n \end{bmatrix} \quad (4.6.12b)$$

第 r 阶正则模态向量定义为

$$\{u_N^{(r)}\} = \alpha_r\{u^{(r)}\} \quad (4.6.13a)$$

正则模态矩阵为

$$[u_N] = [\{u_N^{(1)}\}, \{u_N^{(2)}\}, \cdots, \{u_N^{(n)}\}] = [u][\alpha_r] \quad (4.6.13b)$$

正则模态质量 M_{Nr} 定义为

$$M_{Nr} = \{u_N^{(r)}\}^T[m]\{u_N^{(r)}\} = 1 \quad (4.6.14)$$

则正则模态刚度为

$$K_{Nr} = \{u_N^{(r)}\}^T[k]\{u_N^{(r)}\} = \omega_{nr}^2 \quad (4.6.15)$$

（5）模态方程

利用模态矩阵 $[u]$ 对系统的物理坐标进行变换

$$\{x(t)\} = [u]\{q(t)\} \quad (4.6.16)$$

代入一般多自由度系统振动方程式（4.6.1），利用模态向量的正交性将物理方程变换为模态方程

$$[M_r]\{\ddot{q}(t)\} + [C_r]\{\dot{q}(t)\} + [K_r]\{q(t)\} = \{Q(t)\} \quad (4.6.17a)$$

式中 $\{q\}$ 为模态坐标，$[M_r]$ 和 $[K_r]$ 分别为模态质量矩阵和模态刚度矩阵，$\{Q(t)\}$ 为模态坐标下的广义激振力列向量

$$\{Q(t)\} = [u]^T\{f(t)\} = \{Q_1(t), Q_2(t), \cdots, Q_n(t)\}^T \quad (4.6.17b)$$

模态方程展开为

$$M_r \ddot{q}_r(t) + C_r \dot{q}_r(t) + K_r q_r(t) = Q_r(t), \qquad r = 1, 2, \cdots, n \qquad (4.6.18a)$$

式中广义力为

$$Q_r(t) = \{u^{(r)}\}^{\mathrm{T}}\{f(t)\}$$

$$= f_1(t)u_1^{(r)} + f_2(t)u_2^{(r)} + \cdots + f_n(t)u_n^{(r)} = \sum_{i=1}^{n} f_i(t)u_i^{(r)} \qquad (4.6.18b)$$

（6）正则模态方程

利用正则模态矩阵 $[u_N]$ 对系统的物理坐标进行变换

$$\{x(t)\} = [u_N]\{q_N(t)\} \qquad (4.6.19)$$

将一般多自由度系统振动方程（4.6.1）变换为正则模态方程

$$\{\ddot{q}_N(t)\} + [2\zeta_r \omega_{nr}]\{\dot{q}_N(t)\} + [\omega_{nr}^2]\{q_N(t)\} = \{N(t)\} \qquad (4.6.20a)$$

式中 $\{q_N(t)\}$ 为正则模态坐标，阻尼矩阵和刚度矩阵中的元素均表示对角线上的任意元素，$\{N(t)\}$ 为正则模态广义激振力列向量

$$\{N(t)\} = [u_N]^{\mathrm{T}}\{f(t)\} = \{N_1(t), N_2(t), \cdots, N_n(t)\}^{\mathrm{T}} \qquad (4.6.20b)$$

正则模态方程展开为

$$\ddot{q}_{Nr}(t) + 2\zeta_r \omega_{nr} \dot{q}_{Nr}(t) + \omega_{nr}^2 q_{Nr}(t) = N_r(t), \qquad r = 1, 2, \cdots, n \qquad (4.6.21a)$$

式中的正则广义力为

$$N_r(t) = \{u_N^{(r)}\}^{\mathrm{T}}\{f(t)\}$$

$$= f_1(t)u_{N1}^{(r)} + f_2(t)u_{N2}^{(r)} + \cdots + f_n(t)u_{Nn}^{(r)} = \sum_{i=1}^{n} f_i(t)u_{Ni}^{(r)} \qquad (4.6.21b)$$

（7）一般多自由度振动系统模态分析步骤

① 建立系统在物理坐标系下的微分运动方程

依据系统的物理意义，选择物理坐标系统，确定系统的质量矩阵、刚度矩阵和阻尼矩阵，建立系统的振动方程（4.6.1）。

② 确定系统的固有特性

利用系统的特征方程（4.6.2）确定系统的各阶固有频率，将每一阶固有频率分别代入系统的特征问题方程组（4.6.4）中分别确定各阶模态向量（4.6.5），进而获得模态矩阵（4.6.6）；

依据模态质量定义（4.6.8）、模态刚度定义（4.6.9）和模态阻尼定义（4.6.11），分别确定模态质量矩阵、模态刚度矩阵和模态阻尼矩阵，并使用式（4.6.11b）确定系统的模态阻尼比；

若需使用正则模态，则可利用式（4.6.12）确定正则化因子矩阵，进而运用式（4.6.13）确定系统的正则模态向量和正则模态矩阵。

③ 建立系统的模态运动方程

通过模态分析，把系统的振动方程简化为解耦的模态运动方程式（4.6.17a）或式（4.6.18a），使用（4.6.18b）确定模态方程中的广义激振力；

若使用正则模态分析，系统的振动方程化为解耦的正则模态运动方程式（4.6.20a）或式（4.6.21a），使用式（4.6.21b）确定正则模态方程中的正则广义激振力。

④ 求解模态方程

模态方程全部解耦，每个方程均为相应模态坐标的独立方程，完全等同于单自由度。因

此,对于模态方程,无论是初始激励或简谐过程激励,还是周期过程激励或非周期过程激励,均可依据单自由度理论对模态方程进行求解。

⑤ 确定系统的物理坐标解

得到系统的模态坐标解后,利用变换公式(4.6.16)或式(4.6.19),将系统的模态坐标解变换到物理坐标系,最终得到系统在物理坐标下的解。

4.7 MATLAB 算例

【M_4.7.1】 试确定例4.2.7分支质阻弹振动系统的固有频率和模态向量,确定系统的模态方程和系统的自由振动位移响应。设系统的所有刚度系数均为1,阻尼不计,质量依次为 $m_1=4, m_2=1, m_3=3, m_4=2$;设系统的初始位移为 $\{x_0\}=\begin{bmatrix}1 & 1 & 1 & 1\end{bmatrix}^\mathrm{T}$,初始速度为 $\{v_0\}=\begin{bmatrix}10 & 10 & 10 & 10\end{bmatrix}^\mathrm{T}$。

解 (1)确定系统的固有频率和模态向量

由例4.2.8可知,系统的质量和刚度矩阵分别为

$$[m]=\begin{bmatrix} m_1 & & & \\ & m_2 & & \\ & & m_3 & \\ & & & m_4 \end{bmatrix}=\begin{bmatrix} 4 & & & \\ & 1 & & \\ & & 3 & \\ & & & 2 \end{bmatrix}$$

$$[k]=\begin{bmatrix} k_1+k_2+k_4+k_5 & -k_2 & -k_4 & -k_5 \\ -k_2 & k_2+k_3 & -k_3 & 0 \\ -k_4 & -k_3 & k_3+k_4 & 0 \\ -k_5 & 0 & 0 & k_5+k_6 \end{bmatrix}=\begin{bmatrix} 4 & -1 & -1 & -1 \\ -1 & 2 & -1 & 0 \\ -1 & -1 & 2 & 0 \\ -1 & 0 & 0 & 2 \end{bmatrix}$$

系统的特征值问题方程为

$$[A]\{X\}=\lambda\{X\}, \qquad [A]=[m]^{-1}[k]$$

式中 $\{X\}$ 为模态向量、$\lambda=\omega^2$ 为特征值,利用 MATLAB 求解特征问题的功能函数,可直接求得该系统的特征值和特征向量,程序如下:

```
%【M_4.7.1】(1)
%计算多自由度系统的特征值和特征向量
clear
M=diag([4,1,3,2]);
K=[4,-1,-1,-1;-1,2,-1,0;-1,-1,2,0;-1,0,0,2];
A=inv(M)*K;
[V,D]=eig(A);          %特征向量和特征值
%计算固有频率并排序
la=diag(D);            %提取特征值
ww=sqrt(la);           %提取固有频率
w=sort(ww);            %固有频率按阶次排序的向量
%提取特征向量并按阶次排序
N=length(M);
```

```
ki=0;　　%变换序列矩阵,模态向量{X}按阶次从小至大排序,所在列数字为原列数
    for j=1:N
    for i=1:N
    if w(j)==ww(i);X(:,j)=V(:,i)/max(abs(V(:,i)));ki(j)=i;end
end
end
clc
```

在 MATLAB 命令窗口直接输入上述程序计算,可使用以下命令显示固有频率、模态向量和结果变换序列矩阵:

```
%显示固有频率和模态向量结果
w,X
%显示变换序列矩阵
ki
```

分别得到各阶固有频率、模态向量和结果变换序列矩阵

$$\omega_{n1}=0.3795, \qquad \omega_{n2}=0.8989, \qquad \omega_{n3}=1.1748, \qquad \omega_{n4}=1.5278$$

$$[X]=[\{X^{(1)}\} \quad \{X^{(2)}\} \quad \{X^{(3)}\} \quad \{X^{(4)}\}]=\begin{bmatrix} 0.6688 & 0.3838 & -0.7605 & -0.1680 \\ 0.8991 & -0.1467 & -0.3728 & 1.0000 \\ 1.0000 & -0.5587 & 0.5294 & -0.1663 \\ 0.3907 & 1.0000 & 1.0000 & 0.0630 \end{bmatrix}$$

$$[k_i]=[2 \quad 4 \quad 3 \quad 1]$$

计算得到的模态向量$\{X^{(r)}\}$已按阶次 r 从小至大排序,$[k_i]$给出了$\{X^{(r)}\}$阶序调整前所在的列数,例如$\{X^{(1)}\}$排序前在第二列,以此类推。

(2) 确定系统的模态方程

首先,根据式(4.6.8)和式(4.6.9)求解系统的模态质量矩阵和模态刚度矩阵,

$$[M_r]=[X]^{\mathrm{T}}[m][X]$$

$$[K_r]=[X]^{\mathrm{T}}[k][X]$$

系统的正则模态矩阵为

$$[u_N]=[u][\alpha_r]$$

式中的正则化因子为

$$\alpha_r=\frac{1}{\sqrt{M_r}}=\frac{1}{\sqrt{\{u^{(r)}\}^{\mathrm{T}}[m]\{u^{(r)}\}}}$$

系统的正则模态方程为

$$\{\ddot{q}_N(t)\}+[\omega_{nr}^2]\{q_N(t)\}=\{0\}$$

利用以上计算结果,计算系统的模态质量矩阵、模态刚度矩阵、正则化因子矩阵和正则模态矩阵,MATLAB 程序如下:

```
%【M_4.7.1】(2)
%计算多自由度系统的模态质量矩阵、模态刚度矩阵、正则模态矩阵
Mr=X′*M*X;
```

```
Kr=X′*K*X;
for i=1:N;ar(i)=1/sqrt(Mr(i,i));end
Ar= diag(ar);
XN=X*Ar;
clc
```

使用以下命令可以显示模态质量矩阵、模态刚度矩阵、正则化因子矩阵和正则模态矩阵：

```
%显示模态质量矩阵、模态刚度矩阵、正则化因子矩阵和正则模态矩阵
Mr,Kr,Ar,XN
```

得到系统的模态质量\模态刚度和正则化因子为

$$M_1=5.9027, \quad M_2=3.5471, \quad M_3=5.2929, \quad M_4=1.2038$$
$$K_1=0.8502, \quad K_2=2.8664, \quad K_3=7.3055, \quad K_4=2.8100$$
$$\alpha_1=0.4116, \quad \alpha_2=0.5310, \quad \alpha_3=0.43475, \quad \alpha_4=0.9114$$

正则模态矩阵为

$$[X_N]=\begin{bmatrix} 0.2753 & 0.2038 & -0.3305 & -0.1531 \\ 0.3701 & -0.0779 & -0.1620 & 0.9114 \\ 0.4116 & -0.2966 & 0.2301 & -0.1516 \\ 0.1608 & 0.5310 & 0.4347 & 0.0574 \end{bmatrix}$$

（3）确定系统的响应

根据单自由度系统自由振动理论，第 r 个自由度的正则模态方程的解为

$$q_{Nr}(t)=C_r\cos\omega_{nr}t+D_r\sin\omega_{nr}t$$

式中 C_r、D_r 为积分常数，由初始条件确定。代入变换方程，得到系统在物理坐标下的位移响应

$$\{x(t)\}=[u_N]\{q_N(t)\}=[u_N]\left\{\begin{matrix} C_1\cos\omega_{n1}t \\ C_2\cos\omega_{n2}t \\ C_3\cos\omega_{n3}t \\ C_4\cos\omega_{n4}t \end{matrix}\right\}+\left\{\begin{matrix} D_1\sin\omega_{n1}t \\ D_2\sin\omega_{n2}t \\ D_3\sin\omega_{n3}t \\ D_4\sin\omega_{n4}t \end{matrix}\right\}$$

速度响应为

$$\{v(t)\}=[u_N]\left\{-\left\{\begin{matrix} C_1\omega_{n1}\sin\omega_{n1}t \\ C_2\omega_{n2}\sin\omega_{n2}t \\ C_3\omega_{n3}\sin\omega_{n3}t \\ C_4\omega_{n4}\sin\omega_{n4}t \end{matrix}\right\}+\left\{\begin{matrix} D_1\omega_{n1}\cos\omega_{n1}t \\ D_2\omega_{n2}\cos\omega_{n2}t \\ D_3\omega_{n3}\cos\omega_{n3}t \\ D_4\omega_{n4}\cos\omega_{n4}t \end{matrix}\right\}\right\}$$

代入系统的初始位移 $\{x_0\}=[1,1,1,1]^T$ 和初始速度 $\{v_0\}=[10,10,10,10]^T$，得到

$$\{x_0\}=\{x(t=0)\}=[u_N]\left\{\begin{matrix} C_1 \\ C_2 \\ C_3 \\ C_4 \end{matrix}\right\}=\left\{\begin{matrix} 1 \\ 1 \\ 1 \\ 1 \end{matrix}\right\}, \quad \{v_0\}=\{v(t=0)\}=[u_N]\left\{\begin{matrix} D_1\omega_{n1} \\ D_2\omega_{n2} \\ D_3\omega_{n3} \\ D_4\omega_{n4} \end{matrix}\right\}=\left\{\begin{matrix} 10 \\ 10 \\ 10 \\ 10 \end{matrix}\right\}$$

接续以上计算结果，计算系统的自由振动响应，MATLAB程序如下：

```
%【M_4.7.1】(3)
%计算多自由度系统自由振动的位移响应
```

```
x0=[1;1;1;1]; v0=[10;10;10;10];
%利用克莱姆法则确定系数向量{C}和{D}
U=det(XN);
XNX1=XN;XNX1(:,1)=x0; UX1=det(XNX1);
XNX2=XN;XNX2(:,2)=x0; UX2=det(XNX2);
XNX3=XN;XNX3(:,3)=x0; UX3=det(XNX3);
XNX4=XN;XNX4(:,4)=x0; UX4=det(XNX4);
C=[UX1/U; UX2/U; UX3/U; UX4/U];
XNV1=XN;XNV1(:,1)=v0; UV1=det(XNV1);
XNV2=XN;XNV2(:,2)=v0; UV2=det(XNV2);
XNV3=XN;XNV3(:,3)=v0; UV3=det(XNV3);
XNV4=XN;XNV4(:,4)=v0; UV4=det(XNV4);
D=[UV1/U/w(1); UV2/U/w(2); UV3/U/w(3); UV4/U/w(4)];
t=0:0.01:50;
xr=XN*([C(1)*cos(w(1)*t);C(2)*cos(w(2)*t);C(3)*cos(w(3)*t);C(4)*cos(w(4)*t)]...
+[D(1)*sin(w(1)*t);D(2)*sin(w(2)*t);D(3)*sin(w(3)*t);D(4)*sin(w(4)*t)]);
subplot(4,1,1);plot(t,xr(1,:));
subplot(4,1,2);plot(t,xr(2,:));
subplot(4,1,3);plot(t,xr(3,:));
subplot(4,1,4);plot(t,xr(4,:));
clc
```

将以上三部分程序陆续输入 MATLAB 的命令窗口,完成以上各部分计算,并绘制出该四自由度系统自由振动的位移时程曲线如图 M_4.7.1 所示。

为了验证以上理论计算的正确性,下面利用 MATLAB 的微分方程求解函数进行该系统自由振动位移响应的数值分析,并绘制各质点位移的散点图。首先利用 MATLAB 语言编写以下函数,即建立 M 文件,该文件命名为 M471.m:

```
%【M_4.7.1】(4)
%建立多自由度系统自由振动微分方程数值计算函数:M471.m
function dy=M471(t,y)
%    矩阵形式
A=[1.0,-0.25,-0.25,-0.25;-1.0,2.0,-1.0,0;-0.3333,-0.3333,0.6667,0;-0.5,0.0,
0.0,1.0];
dy=zeros(8,1);
dy(1:2:7)=y(2:2:8);
dy(2:2:8)=-A*y(1:2:7);
```

在 MATLAB 命令窗口使用以下命令调用微分方程求解函数 M471.m 进行数值计算,命令如下:

```
%【M_4.7.1】(5)
%调用微分方程求解函数 M471.m 进行多自由度系统自由振动数值计算
clear
y0=[1;10;1;10;1;10;1;10];
```

```
[t,y]=ode45('M471',[0 50],y0);
subplot(4,1,1);hold on; plot(t(1:10:end),y(1:10:end,1),'o');
subplot(4,1,2);hold on; plot(t(1:10:end),y(1:10:end,3),'o');
subplot(4,1,3);hold on; plot(t(1:10:end),y(1:10:end,5),'o');
subplot(4,1,4);hold on; plot(t(1:10:end),y(1:10:end,7),'o');
clc
```

该系统自由振动的数值仿真计算结果,如图 M_4.7.1 中的圆点所示。为了清晰起见,数值计算结果每间隔 10 个数据画出计算点。可见,理论计算与数值结果符合得非常好。

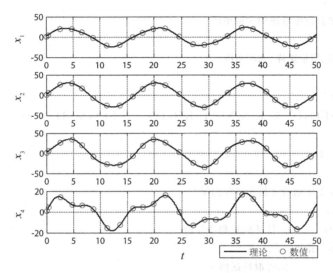

图 M_4.7.1　例 4.2.7 的四自由度系统自由振动的
位移时程曲线及其数值计算结果

【M_4.7.2】　图 M_4.7.2(a)所示为一 10 层框架建筑结构,已知 $m_1 = 2m$,其余各楼层质量均为 m,底层柱子 $k_1 = 2k$,其余各层柱子的抗侧移刚度均为 k。若按剪切串联模型简化,试画出该建筑结构前 6 阶主振型简图。

解　该建筑结构的剪切串联模型如图 M_4.7.2(b)所示,其质量矩阵为对角矩阵,主对角元素为

$$m_{11} = 2m, \quad m_{rr} = m, \quad r = 2,3,4,\cdots,10$$

该建筑结构的刚度矩阵为

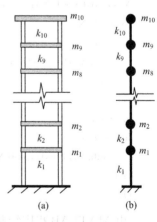

$$[k] = k \begin{bmatrix} 3 & -1 & 0 & 0 & 0 & 0 & 0 & 0 & 0 & 0 \\ -1 & 2 & -1 & 0 & 0 & 0 & 0 & 0 & 0 & 0 \\ 0 & -1 & 2 & -1 & 0 & 0 & 0 & 0 & 0 & 0 \\ 0 & 0 & -1 & 2 & -1 & 0 & 0 & 0 & 0 & 0 \\ 0 & 0 & 0 & -1 & 2 & -1 & 0 & 0 & 0 & 0 \\ 0 & 0 & 0 & 0 & -1 & 2 & -1 & 0 & 0 & 0 \\ 0 & 0 & 0 & 0 & 0 & -1 & 2 & -1 & 0 & 0 \\ 0 & 0 & 0 & 0 & 0 & 0 & -1 & 2 & -1 & 0 \\ 0 & 0 & 0 & 0 & 0 & 0 & 0 & -1 & 2 & -1 \\ 0 & 0 & 0 & 0 & 0 & 0 & 0 & 0 & -1 & 1 \end{bmatrix}$$

图 M_4.7.2

系统的特征值问题方程为

$$[A]\{X\} = \lambda\{X\}, \qquad [A] = [m]^{-1}[k]$$

同 M_4.7.1 一样,利用 MATLAB 求解特征问题的功能函数可直接求得该系统的特征值和特征向量,为此将【M_4.7.1】(1)程序略加改造即可用于该系统的特征向量求解。在绘制振型图时,取纵坐标为楼层,横坐标为规范化后的振型,并取顶层位移为正。MATLAB 的程序如下:

```
%【M_4.7.2】(1)
%计算并绘制多自由度系统的主振型图
clear
%输入矩阵维数、质量矩阵、刚度矩阵
N=10;
M=eye(N);M(1,1)=2;
K=eye(N)*2;K(1,1)=3;K(N,N)=1;K(1,2)=-1;K(N,N-1)=-1;
for i=2:N-1
    K(i,i-1)=-1;K(i,i+1)=-1;
end
%计算多自由度系统的特征值和特征向量
A=inv(M)*K;
[V,D]=eig(A);        %特征向量和特征值
%计算固有频率并排序
la=diag(D);          %提取特征值
ww=sqrt(la);         %提取固有频率
w=sort(ww);          %固有频率按阶次排序的向量
%提取特征向量并按阶次排序
X=zeros(N+1,N);      %特征向量扩展1行,对应0层(即地面)位移。
for j=1:N
    for i=1:N
        if w(j)==ww(i);X(2:end,j)=V(:,i)/max(abs(V(:,i)))*sign(V(end,i));end
    end
end
ci=0:N;
for i=1:6
    subplot(1,6,i),plot(X(:,i),ci);grid on
end
clc
```

由 MATLAB 程序绘制的该建筑结构前 6 阶主振型简图如图 M_4.7.2(c)所示。

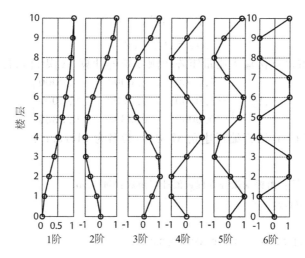

（c）10 层剪切型建筑结构前 6 阶主振型

图 M_4.7.2

【M_4.7.3】 利用 MATLAB 程序绘制例 4.5.1 的位移时程曲线，并与数值计算结果进行比较。假设例 4.5.1 的参数 $k=1, m=1$。

解 （1）由例 4.5.1 得到该三自由度系统的自由振动位移响应为

$$\{x(t)\}=\begin{Bmatrix} 0.0135\cos(0.3932t)+0.0996\cos(1.0840t)+0.8869\cos(2.3460t) \\ 0.0327\cos(0.3932t)+0.1905\cos(1.0840t)-0.2233\cos(2.3460t) \\ 0.0610\cos(0.3932t)-0.0754\cos(1.0840t)+0.0144\cos(2.3460t) \end{Bmatrix}$$

利用 MATLAB 的程序绘制各质点的位移时程图。MATLAB 程序如下：

```
%【M_4.7.3】(1)
%计算多自由度系统自由振动位移时程图
clear
t=0:0.01:20;
x1=0.0135*cos(0.3932*t)+0.0996*cos(1.0840*t)+0.8869*cos(2.3460*t);
x2=0.0327*cos(0.3932*t)+0.1905*cos(1.0840*t)-0.2233*cos(2.3460*t);
x3=0.0610*cos(0.3932*t)-0.0754*cos(1.0840*t)+0.0144*cos(2.3460*t);
subplot(3,1,1); plot(t,x1); ylabel('{\itx}_1');
subplot(3,1,2); plot(t,x2); ylabel('{\itx}_2');
subplot(3,1,3); plot(t,x3); ylabel('{\itx}_3'); xlabel('{\itt}');
clc
```

在 MATLAB 的命令窗口执行上述程序，完成以上 3 个质点自由振动的位移时程曲线的绘制，如图 M_4.7.3 实线所示。

（2）基于 MATLAB 的微分方程求解函数进行该系统自由振动位移响应的数值分析，并绘制各质点位移的散点图。系统的质量矩阵和刚度矩阵分别为

$$[m]=\begin{bmatrix} 1 & & \\ & 2 & \\ & & 3 \end{bmatrix}, \quad [k]=\begin{bmatrix} 5 & -2 & 0 \\ -2 & 3 & -1 \\ 0 & -1 & 1 \end{bmatrix}$$

将系统的方程变换为

$$\{\ddot{x}\}+[A]\{x\}=\{0\}$$
$$[A]=[m]^{-1}[k]$$

在 MATLAB 命令窗口直接输入质量矩阵和刚度矩阵计算 $[A]$ 矩阵,得到

$$[A]=\begin{bmatrix} 5.0000 & -2.0000 & 0.0000 \\ -1.0000 & 1.5000 & -0.5000 \\ 0.0000 & -0.3333 & 0.3333 \end{bmatrix}$$

然后利用 MATLAB 语言编写建立 M 文件,命名为 M473.m:

```
%【M_4.7.3】(2)
%建立多自由度系统自由振动微分方程数值计算函数:M473.m
function dy=M473(t,y)
%   矩阵形式
A=[5,-2,0;-1,1.5,-0.5;0,-0.3333,0.3333];
dy=zeros(6,1);
dy(1:2:7)=y(2:2:6);
dy(2:2:8)=-A*y(1:2:5);
```

在 MATLAB 命令窗口调用 M473.m 进行数值计算,命令如下:

```
%【M_4.7.3】(3)
%调用 M473.m 进行多自由度系统自由振动数值计算
clear
y0=[1;0;0;0;0;0];
[t,y]=ode45('M473',[0 20],y0);
subplot(3,1,1);hold on; plot(t(1:5:end),y(1:5:end,1),'o');
subplot(3,1,2);hold on; plot(t(1:10:end),y(1:10:end,3),'o');
subplot(3,1,3);hold on; plot(t(1:10:end),y(1:10:end,5),'o');
clc
```

该系统自由振动的数值仿真计算结果如图 M_4.7.3 所示,散点图每间隔 10 个数据绘制一个计算点,理论计算与数值结果符合得非常好。

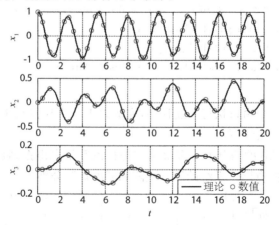

图 M_4.7.3   例 4.5.1 的三自由度自由振动系统的
位移时程曲线及其数值计算结果

【M_4.7.4】 已知某有阻尼三自由度受迫振动系统,其质量和刚度矩阵为

$$[m]=\begin{bmatrix} 3 & & \\ & 1 & \\ & & 2 \end{bmatrix}, \qquad [k]=\begin{bmatrix} 2 & -1 & 0 \\ -1 & 2 & -1 \\ 0 & -1 & 1 \end{bmatrix}$$

按瑞利阻尼计算系统的阻尼,已知第一、二阶模态阻尼比分别为

$$\zeta_1=0.05, \qquad \zeta_2=0.07$$

系统受到简谐力激励$\{f(t)\}=\{F_0\}\cos\Omega t$作用,其中扰频$\Omega=1.75$,力幅向量$\{F_0\}$为

$$\{F_0\}=[3 \quad 2 \quad 1]$$

试确定该系统的稳态响应。

解 (1) 计算系统的固有特性

系统的特征值问题方程为

$$[A]\{X\}=\lambda\{X\}, \qquad [A]=[m]^{-1}[k]$$

式中$\{X\}$为模态向量、$\lambda=\omega^2$为特征值,利用 MATLAB 求解特征问题的功能函数,可直接求得该系统的特征值和特征向量。

系统的正则模态广义激振力列向量为

$$\{N(t)\}=[X_N]^{\mathrm{T}}\{f(t)\}=\{N_1,N_2,N_3\}^{\mathrm{T}}\times\cos\Omega t$$

正则模态方程展开式为

$$\ddot{q}_{Nr}(t)+2\zeta_r\omega_{nr}\dot{q}_{Nr}(t)+\omega_{nr}^2 q_{Nr}(t)=N_r\cos\Omega t, \qquad r=1,2,3$$

其解为

$$q_{Nr}(t)=Q_r\cos(\Omega t-\varphi_i)$$

式中

$$Q_r=\frac{N_r}{\sqrt{(\omega_{nr}^2-\Omega^2)^2+(2\zeta_r\omega_{nr}\Omega)^2}}$$

$$\varphi_r=\arctan\frac{2\zeta_r\Omega/\omega_{nr}}{1-(\Omega/\omega_{nr})^2}$$

由变换方程确定系统的位移响应

$$\{x(t)\}=[u_N]\{q_N(t)\}$$

本题近似采用瑞利阻尼即比例阻尼,高阶模态阻尼比可由(4.4.11)计算

$$\zeta_r=\frac{\alpha+\beta\omega_{nr}^2}{2\omega_{nr}}$$

式中系数定义如下

$$[c]=\alpha[m]+\beta[k]$$

$$\alpha=\frac{2\omega_{n1}\omega_{n2}(\zeta_1\omega_{n2}-\zeta_2\omega_{n1})}{\omega_{n2}^2-\omega_{n1}^2}$$

$$\beta=\frac{2(\zeta_2\omega_{n2}-\zeta_1\omega_{n1})}{\omega_{n2}^2-\omega_{n1}^2}$$

下面编制 MATLAB 程序,计算该有阻尼多自由度系统的受迫振动响应并绘制位移时程曲线,MATLAB 程序如下:

```
%【M_4.7.4】(1)
%计算多自由度系统的特征值和特征向量
```

```
clear
M＝diag([3,1,2]);
K＝[2,-1,0;-1,2,-1;0,-1,1];
A＝inv(M)*K;
[V,D]＝eig(A);        %特征向量和特征值
%计算固有频率并排序
la＝diag(D);          %提取特征值
ww＝sqrt(la);         %提取固有频率
w＝sort(ww);          %固有频率按阶次排序的向量
%提取特征向量并按阶次排序
N＝length(M);
for j＝1:N
    for i＝1:N
    if w(j)＝＝ww(i); X(:,j)＝V(:,i)/max(V(:,i)); end
    end
end
%计算系统的模态质量、模态刚度矩阵、正则模态向量
Mr＝X'*M*X;
Kr＝X'*K*X;
for i＝1:N;ar(i)＝1/sqrt(Mr(i,i));end
Ar＝ diag(ar);
XN＝X*Ar;
%计算系统的阻尼
u1＝0.05;u2＝0.07;
a＝2*w(1)*w(2)*[u1*w(2)-u2*w(1)]/[w(2)*w(2)-w(1)*w(1)];
b＝2*[u2*w(2)-u1*w(1)]/[w(2)*w(2)-w(1)*w(1)];
u3＝(a/w(3)+b*w(3))/2;
C＝a*M+b*K;
%计算有阻尼多自由度系统的受迫振动响应
W＝1.75;
ur＝[u1;u2;u3];
F＝[3;2;1];
Nr＝XN'*F;
t＝190:0.01:200;
for i＝1:3
    Q＝Nr(i)/[(w(i)*w(i)-W*W)^2+(2*ur(i)*w(i)*W)^2]^0.5;
    phi＝atan([2*ur(i)*W/w(i)]/[1-(W/w(i))^2]);
    if [1-(W/w(i))^2]<0; phi＝phi+pi;end
    qr(i,:)＝Q*cos(W*t-phi);
end
x＝XN*qr;
subplot(3,1,1); plot(t,x(1,:)); ylabel('{\itx}_1');
subplot(3,1,2); plot(t,x(2,:)); ylabel('{\itx}_2');
```

```
subplot(3,1,3); plot(t,x(3,:)); ylabel('{\itx}_3'); xlabel('{\itt}');
clc
```

MATLAB 的命令窗口执行上述程序,完成以上 3 个质点自由振动的位移计算,其位移时程曲线如图 M_4.7.4 中实线所示。

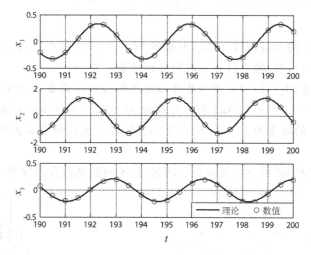

图 M_4.7.4　三自由度有阻尼受迫振动系统的
位移时程曲线及其数值计算结果

为验证上述理论计算的正确性,运用 MATLAB 的微分方程求解函数进行该系统受迫振动位移响应的数值计算。为了消除过渡过程的影响,取 190s 后的 10s 内位移时程分析,并绘制计算散点图进行比较。首先建立 M 文件,命名为 M474.m:

```
%【M_4.7.4】(2)
%建立多自由度系统受迫振动微分方程数值计算函数:M474.m
function dy=M474(t,y)
M=diag([3,1,2]);
K=[2,-1,0;-1,2,-1;0,-1,1];
A=inv(M)*K;
a =0.0164; b=0.1523;
C=inv(M)*(a*M+b*K);
F=inv(M)*[3;2;1]*cos(1.75*t);
dy=zeros(6,1);
dy(1:3)=[y(4);y(5);y(6)];
dy(4:6)=F-C*[y(4);y(5);y(6)]-A*[y(1);y(2);y(3)];
```

在 MATLAB 命令窗口输入调用 M474.m 进行数值计算的命令:

```
%【M_4.7.4】(3)
%调用 M474.m 进行多自由度系统自由振动数值计算
clear
y0=[0;0;0;0;0;0];
[t,y]=ode45('M474',[0:0.01:200],y0);
```

```
tt=t(19001:end);
x1=y(19001:end,1);x2=y(19001:end,2);x3=y(19001:end,3);
subplot(3,1,1);hold on; plot(tt(1:50:end),x1(1:50:end),'o');
subplot(3,1,2);hold on; plot(tt(1:50:end),x2(1:50:end),'o');
subplot(3,1,3);hold on; plot(tt(1:50:end),x3(1:50:end),'o');
clc
```

该系统自由振动的数值仿真计算结果如图 M_4.7.4 中圆点所示,每间隔 50 个数据绘制一个计算点。由图可见,理论计算与数值分析结果一致。

【M_4.7.5】 图 M_4.7.5(a)所示两自由度系统为锻锤设备的力学模型。已知设备及工件的总质量为 $m_1 = 200 \times 10^3$ kg,基础的质量为 $m_2 = 250 \times 10^3$ kg,弹簧垫的刚度为 $k_1 = 150 \times 10^6$ N/m,地基的刚度为 $k_2 = 75 \times 10^6$ N/m。假定系统从静止状态开始工作,试确定系统的振动规律。

解 该题为非周期激励下的强迫振动问题,系统的振动微分方程为

$$[m]\{\ddot{x}\} + [k]\{x\} = \{f(t)\}$$

式中

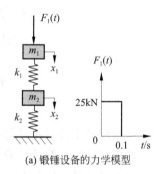

(a) 锻锤设备的力学模型

图 M_4.7.5

$$[m] = \begin{bmatrix} m_1 & 0 \\ 0 & m_2 \end{bmatrix} = \begin{bmatrix} 2 & 0 \\ 0 & 2.5 \end{bmatrix} \times 10^5$$

$$[k] = \begin{bmatrix} k_1 & -k_1 \\ -k_1 & k_1+k_2 \end{bmatrix} = \begin{bmatrix} 1.5 & -1.5 \\ -1.5 & 2.25 \end{bmatrix} \times 10^8$$

$$\{f(t)\} = [F_1(t) \quad 0]^T = [25000 \quad 0]^T$$

系统的特征值问题方程为

$$[A]\{X\} = \lambda\{X\}, \qquad [A] = [m]^{-1}[k]$$

式中$\{X\}$为模态向量、$\lambda = \omega^2$为特征值。系统的模态质量矩阵和模态刚度矩阵分别为

$$[M_r] = [X]^T[m][X]$$

$$[K_r] = [X]^T[k][X]$$

系统的正则模态矩阵为

$$[u_N] = [u][\alpha_r]$$

$$\alpha_r = \frac{1}{\sqrt{M_r}} = \frac{1}{\sqrt{\{u^{(r)}\}^T[m]\{u^{(r)}\}}}$$

系统的正则模态广义激振力列向量为

$$\{N(t)\} = [X_N]^T\{f(t)\} = \{N_1(t), N_2(t)\}^T$$

系统的正则模态方程展开式为

$$\ddot{q}_{N1}(t) + \omega_{n1}^2 q_{N1}(t) = N_1(t)$$

$$\ddot{q}_{N2}(t) + \omega_{n2}^2 q_{N2}(t) = N_2(t)$$

系统初始静止状态,$0 \leqslant t \leqslant 0.1$s 时段内的解为

$$q_{Nr}(t) = \frac{1}{\omega_{nr}}\int_0^t N_r \sin\omega_{nr}(t-\tau)d\tau = \frac{N_r}{\omega_{nr}^2}[1 - \cos\omega_{nr}t]$$

当 $t > 0.1\text{s}$ 后,系统作自由振动,其初始条件为 0.1s 时刻的位移和速度。

$$q_{Nr}(t) = Q_r \cos(\omega_{nr}t - \varphi_{0r})$$

$$Q_r = \sqrt{q_{Nr}^2(0.1) + \left(\frac{\dot{q}_{Nr}(0.1)}{\omega_{nr}}\right)^2}$$

$$\varphi_{0r} = \arctan\frac{\dot{q}_{Nr}(0.1)}{\omega_{nr}q_{Nr}(0.1)}$$

锻锤系统的振动位移响应为

$$\{x(t)\} = [u_N]\{q_N(t)\}$$

下面编制 MATLAB 程序,计算该有阻尼多自由度系统的受迫振动响应并绘制位移时程曲线,MATLAB 程序如下:

```
%【M_4.7.5】(1)
%计算多自由度系统的特征值和特征向量
clear
M=diag([2,2.5]*1E+5);
K=[1.5,-1.5;-1.5,2.25]*1E+8;
A=inv(M)*K;
[V,D]=eig(A);          %特征向量和特征值
%计算固有频率并排序
la=diag(D);            %提取特征值
ww=sqrt(la);           %提取固有频率
w=sort(ww);            %固有频率按阶次排序的向量
%提取特征向量并按阶次排序
N=length(M);
for j=1:N
    for i=1:N
        if w(j)==ww(i); X(:,j)=V(:,i)/max(V(:,i)); end
    end
end
%计算系统的模态质量、模态刚度矩阵、正则模态向量
Mr=X'*M*X;
Kr=X'*K*X;
for i=1:N;ar(i)=1/sqrt(Mr(i,i));end
Ar= diag(ar);
XN=X*Ar;
F=[25000;0];
Nr=XN'*F;
t1=0:0.001:0.1;
t2=0:0.001:0.9;
for   i=1:N
    q1(i,:)=Nr(i)*[1-cos(w(i)*t1)]/w(i)^2;
    dq1(i,:)= Nr(i)*sin(w(i)*t1)/w(i);
    q10=q1(i,end); dq10=dq1(i,end);
```

```
        Q＝sqrt(q10^2＋(dq10/w(i))^2);
        phi＝atan(dq10/w(i)/q10);
        q2(i,:)＝Q * cos(w(i) * t2－phi);
        i
    end
x1＝XN * q1;
x2＝XN * q2;
subplot(2,1,1); plot(t1,x1(1,:),t2＋0.1,x2(1,:)); ylabel('{\itx}_1');
subplot(2,1,2); plot(t1,x1(2,:),t2＋0.1,x2(2,:)); ylabel('{\itx}_2'); xlabel('{\itt}');
clc
```

该有阻尼多自由度系统的受迫振动响应位移时程曲线如图 M_4.7.5(b)所示,在 0～0.1s 时段内为锻锤系统在阶跃激励下的受迫振动(如粗线所示),0.1s 之后的运动为锻锤系统对应 0.1s 时刻初始激励的自由振动。

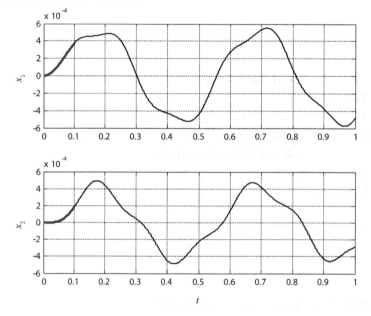

(b) 锻锤设备的振动位移时程曲线

图 M_4.7.5

运用 MATLAB 的微分方程求解函数很容易进行该系统振动位移响应的数值计算。为此对上述 M 文件【M_4.7.4】(2)进行简单修改即可,命名为 M475.m:

```
%【M_4.7.5】(2)
%建立多自由度系统在阶跃力激励下的振动微分方程数值计算函数:M475.m
function dy＝M475(t,y)
M＝diag([2,2.5] * 1E＋5);
K＝[1.5,－1.5;－1.5,2.25] * 1E＋8;
A＝inv(M) * K;
F1＝25000 * (stepfun(t,0)－stepfun(t,0.1));
F＝inv(M) * [F1;0];
```

```
dy=zeros(4,1);
dy(1:2)=[y(3);y(4)];
dy(3:4)=F-A*[y(1);y(2)];
```

在 MATLAB 命令窗口输入调用 M475.m 进行数值计算的命令:

```
%【M_4.7.5】(3)
%调用 M475.m 进行多自由度系统自由振动数值计算
clear
y0=[0;0;0;0];
[t,y]=ode45('M475',[0:0.001:10],y0);
figure
subplot(2,1,1); plot(t,y(:,1)); ylabel('{\itx}_1');grid on;
subplot(2,1,2); plot(t,y(:,2)); ylabel('{\itx}_2'); xlabel('{\itt}'); grid on;
clc
```

该系统 10s 数值仿真计算结果如图 M_4.7.5(c)所示,其中前 1s 的粗线为上面的理论计算曲线,可见理论计算与数值分析完全结果一致。

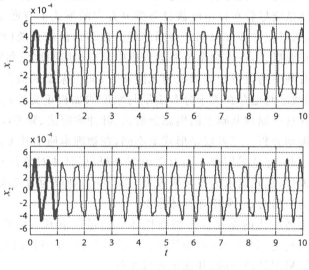

(c) 锻锤设备的振动位移曲线

图 M_4.7.5

第 5 章

连续系统的振动

>>>

连续系统(continuous systems)又称分布参数系统,是指时间和各个组成部分的变量都具有连续变化形式的系统。实际的工程结构,如板壳、梁、轴等的质量及弹性,均是连续分布的,描述其运动状态需要使用时间和坐标的函数,所得到的系统运动方程是偏微分方程。对于连续系统的振动偏微分方程,仅在一些比较简单的特殊情况下才能求得解析解,大部分的结构体系比较复杂,求其解析解比较困难。为了能够分析或者便于分析,往往通过适当的准则将分布参数凝聚成有限个离散参数,这样连续系统就成为离散系统;反之,离散系统的质点趋于无穷多的极限情况时,就是连续系统,也可以称为无限自由度系统。

离散系统与连续系统尽管在自由度数目与微分方程的形式上有所不同,但由于它们描述的都是振动现象,所以在许多方面都有共同之处。在多自由度系统(离散系统)振动分析中所形成的一系列重要概念,在连续系统振动分析中都有相应的地位和发展。例如,在连续系统振动分析中固有频率的数目相应增大为无限多个;而主振型的概念发展为固有振型函数,而且这些振型函数之间也存在关于分布质量与刚度的加权正交性;在线性振动问题中,叠加原理以及建立在这一原理基础上的模态分析法、脉冲响应法、频率响应法等也同样适用于连续系统的线性振动分析。二者仅是形式上不同,在物理本质上并无区别。

在分析振动问题时,究竟采用哪一类力学模型,应根据具体对象作具体处理。如,飞机蒙皮一般取为薄板模型,涡轮盘取为厚圆板模型,涡轮叶片则取为薄壳或厚壳模型等。当研究振动体内弹性波的传播时,应采用弹性体模型。

本章只讨论理想弹性体的振动。理想弹性体应满足以下基本假设:材料是均匀连续的;材料各向同性;材料是完全弹性的,服从胡克定律。另外,本章仅研究线性问题,因此,假定任一点的位移和变形都是微小的,并满足连续条件。

5.1 弦的横向振动

5.1.1 弦的振动方程

1. 按离散系统模型建立振动微分方程

如图 5.1.1(a)所示的弦,两端固定、承受张力 T,同时弦上还受到横向干扰力 F_i。现分别按离散系统和连续系统两种模型建立振动微分方程。

将弦任意分成 $n+1$ 段,每段弦的质量分成两半缩聚到每段的两端。以 $m_i(i=1,2,\cdots,n)$ 表示各点质量,各质量 m_i 之间为无质量、具有张力 T 的弦段,该系统成为一个 n 自由度系统。图中 F_i 表示各质点上的作用力。下面按多自由度系统来推导其振动微分方程。

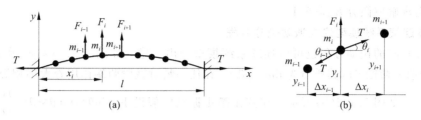

图 5.1.1   弦横向振动的离散系统模型

取第 i 个质点为研究对象,其受力如图 5.1.1(b)所示。$y_i(i=1,2,\cdots,n)$ 表示各质点 m_i 偏离平衡位置的位移。由于是微振动,各质点的位移很小,弦伸长引起的张力变化可忽略不计,即在整个运动过程中 T 保持不变。根据牛顿第二定律,可列出质点横向振动的微分方程为

$$m_i\ddot{y}_i = T\sin\theta_i - T\sin\theta_{i-1} + F_i \tag{5.1.1}$$

且有

$$T\cos\theta_i - T\cos\theta_{i-1} = 0 \tag{5.1.2}$$

由于质点位移微小,因而有 $\sin\theta_i \approx \tan\theta_i = \dfrac{\Delta y_i}{\Delta x_i} = \dfrac{y_{i+1}-y_i}{x_{i+1}-x_i}$,$\sin\theta_{i-1} \approx \tan\theta_{i-1} = \dfrac{\Delta y_{i-1}}{\Delta x_{i-1}} = \dfrac{y_i - y_{i-1}}{x_i - x_{i-1}}$,$\cos\theta_i \approx \cos\theta_{i-1} \approx 1$,因此,式(5.1.1)可写为

$$m_i\ddot{y}_i - \frac{T}{\Delta x_{i-1}}y_{i-1} + T\left(\frac{1}{\Delta x_i} + \frac{1}{\Delta x_{i-1}}\right)y_i - \frac{T}{\Delta x_i}y_{i+1} = F_i \tag{5.1.3}$$

若令 $k_{i,i-1} = -\dfrac{T}{\Delta x_{i-1}}$,$k_{i,i} = T\left(\dfrac{1}{\Delta x_i} + \dfrac{1}{\Delta x_{i-1}}\right)$,$k_{i,i+1} = -\dfrac{T}{\Delta x_i}$,则式(5.1.3)可写成

$$m_i\ddot{y}_i + k_{i,i-1}y_{i-1} + k_{i,i}y_i + k_{i,i+1}y_{i+1} = F_i \tag{5.1.4}$$

这就是以刚度系数表达的 n 个二阶常微分方程组,写成矩阵形式为

$$[M]\{\ddot{y}\} + [K]\{y\} = \{F\} \tag{5.1.5}$$

注意到 $\Delta y_i = y_{i+1} - y_i$,$\Delta y_{i-1} = y_i - y_{i-1}$,则式(5.1.1)也可以写成如下形式

$$m_i\ddot{y}_i = T\Delta\left(\frac{\Delta y_i}{\Delta x_i}\right) + F_i \tag{5.1.6}$$

将式(5.1.6)两端同除以 Δx_i,则

$$m_i\frac{\ddot{y}_i}{\Delta x_i} = T\frac{\Delta}{\Delta x_i}\left(\frac{\Delta y_i}{\Delta x_i}\right) + \frac{F_i}{\Delta x_i} \tag{5.1.7}$$

随着质点数目 n 的增加,质点间的距离 Δx_i 越来越小,弦上各质点的位移 $y_i(t)$ 将趋于一连续函数 $y(x,t)$。同时,$\lim\limits_{\Delta x_i \to 0}\dfrac{m_i}{\Delta x_i} = \rho$,$\lim\limits_{\Delta x_i \to 0}\dfrac{F_i}{\Delta x_i} = p(x,t)$,而 ρ 和 $p(x,t)$ 分别是弦上单位长度的质量和作用在弦上单位长度上的荷载。于是,方程(5.1.7)将演化为一阶偏微分方程

$$\rho\frac{\partial^2 y}{\partial t^2} = T\frac{\partial^2 y}{\partial x^2} + p(x,t) \tag{5.1.8}$$

其边界条件为:$y(0,t) = y(l,t) = 0$。

由以上分析可见,对连续体若用方程(5.1.4)来代替(5.1.8),可近似确定系统在外激励作用下的响应,这种做法在实际问题中常常用到。若把弦作为连续系统,精确地确定系统的

响应,则需求解偏微分方程(5.1.8)。

2. 按连续系统模型建立振动微分方程

式(5.1.8)的振动方程也可由连续系统模型导出。建立如图 5.1.2(a)所示坐标系,在弦上 x 处取一微段 $\mathrm{d}x$,其质量为 $\mathrm{d}m=\rho\mathrm{d}x$。在任一瞬时微段两端作用着大小相等但方向不同的张力 T,如图 5.1.2(b)所示。在弦作微小振动的假设下,$\sin\theta\approx\tan\theta\approx\theta=\dfrac{\partial y}{\partial x}$,$\mathrm{d}s=\mathrm{d}x$。于是,微元段的运动微分方程为

$$\rho\mathrm{d}x\frac{\partial^2 y}{\partial t^2}=T\left(\theta+\frac{\partial\theta}{\partial x}\mathrm{d}x\right)-T\theta+p(x,t)\mathrm{d}x=T\frac{\partial^2 y}{\partial x^2}\mathrm{d}x+p(x,t)\mathrm{d}x$$

整理后得到与方程(5.1.8)完全相同的形式。可见,采用两个不同的模型得到相同的结果,它们之间并无本质区别。

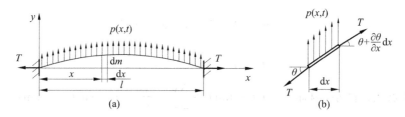

图 5.1.2   弦横向振动的连续系统模型

5.1.2   弦自由振动方程的解

当系统无阻尼自由振动时,$p(x,t)=0$,于是方程(5.1.8)可写成

$$\frac{\partial^2 y}{\partial t^2}=c^2\frac{\partial^2 y}{\partial x^2} \tag{5.1.9}$$

其中,$c=\sqrt{\dfrac{T}{\rho}}$,它具有速度的量纲,表示弹性波沿弦长度方向的传播速度。方程(5.1.9)是弦作横向自由振动的微分方程,数学上称为**一维波动方程**(one-dimensional wave equation)。

如给出系统的边界条件

$$y(0,t)=y(l,t)=0 \tag{5.1.10}$$

和初始条件

$$y(x,0)=f(x),\qquad \frac{\partial y}{\partial t}(x,0)=g(x) \tag{5.1.11}$$

那么式(5.1.9)的解可表示成两种形式,一种是**波动解**(wave solution),另一种是**振动解**(vibration solution)。前者将弦的运动表示为

$$y(x,t)=f_1(x-ct)+f_2(x+ct) \tag{5.1.12}$$

即把弦的运动看成是由两个相同形式的反向行进波的叠加;而后者则将弦的运动表示成各横向同步运动的叠加,各点的振幅在空间按特定的模式分布。这两种解从不同的角度描述了弦的运动,各有其特点。波动解能形象直观地描述波动过程,给出任何时刻清晰的波形,但求解比较复杂;而振动解揭示了弦的运动由无穷多个简谐运动叠加而成。对特定的动力分析过程,选择什么形式的解要视实际问题的需要来决定。这既取决于扰动源的性质,又取决于所考虑物体的相对尺寸,同时还与所关心的问题等因素有关。一般情况下,直接进行振

动分析更为简单可行,下面就介绍式(5.1.9)的振动解。

根据以前有限自由度系统的分析,各质点作相同频率和相位的运动,各点同时经过静平衡位置和到达最大偏离位置,即系统具有一定的、与时间无关的振型,连续系统也同样具有这种特性。观察弦的自由振动可发现,弦的运动呈现同步振动,即在运动中弦的各点同时达到最大幅值,又同时通过静平衡位置,而整个弦的振动形态不随时间而改变。用数学语言来说,描述弦振动的函数 $y(x,t)$ 可分解为空间函数与时间函数的乘积,即

$$y(x,t)=Y(x)T(t) \tag{5.1.13}$$

式中,$Y(x)$ 为弦的**振型函数**(mode functions),仅与 x 有关;$T(t)$ 表示弦的振动方式,仅为 t 的函数。

将式(5.1.13)代入运动方程,得

$$\frac{c^2}{Y}\frac{\mathrm{d}^2 y}{\mathrm{d}x^2}=\frac{1}{T}\frac{\mathrm{d}^2 T}{\mathrm{d}t^2} \tag{5.1.14}$$

式(5.1.14)中,左边仅是 x 的函数,右边仅是 t 的函数,两个变量已经分离,故称**分离变量法**(variable separation method)。经过分离变量,偏微分方程可转变为常微分方程。由于上式左边与 t 无关,而右边与 x 无关,要使上式对任意 x、t 均成立,只有两者都等于同一常数。设这一常数为 $-\omega^2$,则可得到二阶常微分方程式

$$\frac{\mathrm{d}^2 T}{\mathrm{d}t^2}+\omega^2 T=0 \tag{5.1.15a}$$

$$\frac{\mathrm{d}^2 Y}{\mathrm{d}x^2}+\frac{\omega^2}{c^2}Y=0 \tag{5.1.15b}$$

式(5.1.14)中只有把常数设为负值才可能得到满足端点条件的非零解,同时得到和单自由度系统形式相同的式(5.1.15a)的简谐振动方程。显然,ω 即为系统的固有频率。式(5.1.15a)、(5.1.15b)的解分别为

$$T(t)=C_1\sin\omega t+C_2\cos\omega t \tag{5.1.16}$$

$$Y(x)=C_3\sin\frac{\omega}{c}x+C_4\cos\frac{\omega}{c}x \tag{5.1.17}$$

其中,C_1、C_2、C_3、C_4 为积分常数。

式(5.1.17)的振型函数描绘了弦以固有频率 ω 作简谐振动时的振动形态,即主振型。将式(5.1.16)、式(5.1.17)代回式(5.1.13),得

$$y(x,t)=\left(C_3\sin\frac{\omega}{c}x+C_4\cos\frac{\omega}{c}x\right)(C_1\sin\omega t+C_2\cos\omega t) \tag{5.1.18}$$

由边界条件 $y(0,t)=y(l,t)=0$ 可得

$$C_4=0,\quad C_3\sin\frac{\omega l}{c}=0 \tag{5.1.19}$$

式中,$C_3=0$ 显然不是振动解,因此

$$\sin\frac{\omega l}{c}=0 \tag{5.1.20}$$

式(5.1.20)称为弦振动的**特征方程**(characteristic equation),即**频率方程**(frequency equation),因其为**超越方程**(transcendental equation),故可求得无穷多阶固有频率

$$\frac{\omega l}{c}=n\pi,\quad n=1,2,3,\cdots$$

$$\omega_n = \frac{n\pi c}{l} = \frac{n\pi}{l}\sqrt{\frac{T}{\rho}}, \quad n = 1, 2, 3, \cdots \tag{5.1.21}$$

与其相应的**特征函数**(characteristic functions),亦称**振型函数**(mode functions)为

$$Y_n(x) = \sin\frac{n\pi}{l}x, \quad n = 1, 2, 3, \cdots \tag{5.1.22}$$

弦对应于各阶固有频率 ω_n 的主振动为

$$y_n(x, t) = Y_n(x)T_n(t) = \sin\frac{\omega_n}{c}x(C_1\sin\omega_n t + C_2\cos\omega_n t)$$

$$= \sin\frac{n\pi}{l}x(C_1\sin\omega_n t + C_2\cos\omega_n t) \tag{5.1.23}$$

弦的自由振动可表示为各阶主振动的叠加,即有

$$y(x, t) = \sum_{n=1}^{\infty}\sin\frac{n\pi}{l}x(C_{1n}\sin\omega_n t + C_{2n}\cos\omega_n t) \tag{5.1.24}$$

其中,C_{1n}、C_{2n} 由运动的初始条件确定。

将初始条件式(5.1.11)代入式(5.1.24),得

$$f(x) = \sum_{n=1}^{\infty}C_{2n}\sin\frac{n\pi}{l}x; \qquad g(x) = \sum_{n=1}^{\infty}C_{1n}\omega_n\sin\frac{n\pi}{l}x$$

三角函数具有正交性,即

$$\int_0^l \sin\frac{i\pi x}{l}\sin\frac{j\pi x}{l}dx = \begin{cases} \dfrac{l}{2}, & i = j \\ 0, & i \neq j \end{cases}$$

由此可得

$$C_{2n} = \frac{2}{l}\int_0^l f(x)\sin\frac{n\pi x}{l}dx, \quad C_{1n} = \frac{2}{\omega_n l}\int_0^l g(x)\sin\frac{n\pi x}{l}dx, \quad n = 1, 2, 3, \cdots \tag{5.1.25}$$

由以上讨论可见,两端固定的弦的横向自由振动除了**基频**(最低频率 ω_1)振动外,还可以包括含频率为基频整数倍的振动,这种**倍频振动**也称**谐波振动**(harmonic wave vibrations)。在音乐上,正是这种频率之间的整数倍关系,使谐波与基波组成各种悦耳的谐音结构。像提琴、钢琴、吉他、二胡等乐器都是用弦的振动作为声源。弦的振动中基波起主要作用,各高阶谐波的出现取决于激励条件。出色的演奏家能够激发出合适的谐波,产生优美动听的声音。另外,由式(5.1.21)可见,调整弦支点间的跨度或弦的张力,可以校正弦的基本音调。

【例 5.1.1】 求例 5.1.1 图(a)所示弦的前 3 阶固有频率和相应的振型函数。若将弦分成 4 段聚缩成三自由度系统,比较其固有频率和相应的主振型。

解 将 $n = 1, 2, 3$ 分别代入式(5.1.21)、式(5.1.22)中,可得

$$\omega_1 = \frac{\pi}{l}\sqrt{\frac{T}{\rho}}, \qquad \omega_2 = \frac{2\pi}{l}\sqrt{\frac{T}{\rho}}, \qquad \omega_3 = \frac{3\pi}{l}\sqrt{\frac{T}{\rho}}$$

$$Y_1(x) = \sin\frac{\pi}{l}x, \quad Y_2(x) = \sin\frac{2\pi}{l}x, \quad Y_3(x) = \sin\frac{3\pi}{l}x$$

系统的前 3 阶振型函数如例 5.1.1 图(a)所示。

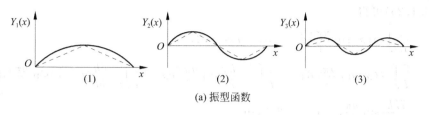

(a) 振型函数

例 5.1.1 图

再将系统聚缩成三自由度系统,如例 5.1.1 图(b)所示。

(b) 离散化模型

例 5.1.1 图

$$m_i = \rho l/4, \quad \Delta x_i = l/4, \quad k_{11} = k_{22} = k_{33} = 8T/l, \quad k_{12} = k_{21} = k_{23} = k_{32} = -4T/l$$

故关于振型的齐次方程组为

$$\begin{bmatrix} \dfrac{8T}{l} - \dfrac{\rho l}{4}\omega^2 & -\dfrac{4T}{l} & 0 \\[3mm] -\dfrac{4T}{l} & \dfrac{8T}{l} - \dfrac{\rho l}{4}\omega^2 & -\dfrac{4T}{l} \\[3mm] 0 & -\dfrac{4T}{l} & \dfrac{8T}{l} - \dfrac{\rho l}{4}\omega^2 \end{bmatrix} \begin{Bmatrix} 1 \\ \varphi_2 \\ \varphi_3 \end{Bmatrix} = \begin{Bmatrix} 0 \\ 0 \\ 0 \end{Bmatrix}$$

由上式有非零解的条件求出 3 个固有频率为

$$\omega_1 = \frac{3.06}{l}\sqrt{\frac{T}{\rho}}, \quad \omega_2 = \frac{5.66}{l}\sqrt{\frac{T}{\rho}}, \quad \omega_3 = \frac{7.39}{l}\sqrt{\frac{T}{\rho}}$$

结果表明,基频的误差约为 5%,随着阶次的增高,误差加大。所以为了得到较精确的固有频率值,应将离散系统的自由度数增多。

相应的主振型为

$$\{\varphi\}_1 = \begin{Bmatrix} 1.000 \\ 1.414 \\ 1.000 \end{Bmatrix}, \quad \{\varphi\}_2 = \begin{Bmatrix} 1.000 \\ 0 \\ -1.000 \end{Bmatrix}, \quad \{\varphi\}_3 = \begin{Bmatrix} 1.000 \\ -1.414 \\ 1.000 \end{Bmatrix}$$

近似的主振型用折线画在例 5.1.1 图(a)中,与实际的主振型相比较,低阶的主振型比较接近,随着阶数的增高,误差逐渐增加。

【例 5.1.2】 设张紧的弦在初始时刻被拨到例 5.1.2 图所示位置,然后无初速度地释放,求弦的自由振动。

解 按题设,此弦振动的初始条件为

$$y(x,0) = f(x) = \begin{cases} \dfrac{6h}{l}x, & 0 \leqslant x \leqslant \dfrac{l}{6} \\[3mm] \dfrac{6h}{5l}(l-x), & \dfrac{l}{6} \leqslant x \leqslant l \end{cases}$$

$$\frac{\partial y}{\partial t}(x,0) = g(x) = 0$$

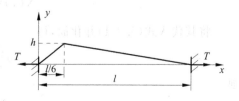

例 5.1.2 图　弦的初始状态

故由式(5.1.25)可得

$$C_{1n} = \frac{2}{\omega_n l} \int_0^l g(x) \sin \frac{n\pi x}{l} \mathrm{d}x = 0, \quad n = 1, 2, 3, \cdots$$

$$C_{2n} = \frac{2}{l} \int_0^l f(x) \sin \frac{n\pi x}{l} \mathrm{d}x = \frac{2}{l} \int_0^{l/6} \frac{6hx}{l} \sin \frac{n\pi x}{l} \mathrm{d}x + \frac{2}{l} \int_{l/6}^l \frac{6h}{5l}(l-x) \sin \frac{n\pi x}{l} \mathrm{d}x$$

$$= \frac{72h}{5n^2\pi^2} \sin \frac{n\pi}{6}, \quad n = 1, 2, 3, \cdots$$

因而,弦的自由振动可表示为

$$y(x,t) = \frac{72h}{5\pi^2} \left\{ \frac{1}{2} \sin \frac{\pi x}{l} \cos \frac{\pi}{l} \sqrt{\frac{T}{\rho}} t + \frac{0.866}{4} \sin \frac{2\pi x}{l} \cos \frac{2\pi}{l} \sqrt{\frac{T}{\rho}} t + \frac{1}{9} \sin \frac{3\pi x}{l} \cos \frac{3\pi}{l} \sqrt{\frac{T}{\rho}} t \right.$$

$$\left. + \frac{0.866}{16} \sin \frac{4\pi x}{l} \cos \frac{4\pi}{l} \sqrt{\frac{T}{\rho}} t + \cdots \right\}$$

本例中,弦在 $l/6$ 处(三次谐波的波腹处)被拨动。尽管如此,基波的振幅约为三次谐波振幅的 4 倍。

5.2   杆的纵向振动

杆纵向振动的微分方程也为一维波动方程,本节将讨论这一问题。

如图 5.2.1(a)所示,杆长为 l,杆单位体积质量为 ρ,横截面积为 A,材料的弹性模量为 E。假定杆的横截面在振动中始终保持为平面,并且略去杆的纵向伸缩而引起的横向变形,即同一横截面上各点仅在 x 方向产生相等的位移,以 $u(x,t)$ 表示杆上距原点 x 处在 t 时刻的纵向位移。在杆上 x 截面处取微元段 $\mathrm{d}x$,它的受力如图 5.2.1(b)所示。根据牛顿第二定律,它的运动方程为

$$\rho A \mathrm{d}x \frac{\partial^2 u}{\partial t^2} = N + \frac{\partial N}{\partial x} \mathrm{d}x - N \tag{5.2.1}$$

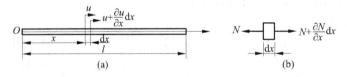

图 5.2.1   杆纵向振动

由图 5.2.1(a)可见,$\mathrm{d}x$ 段的变形为 $\dfrac{\partial u}{\partial x} \mathrm{d}x$,所以 x 处的应变 $\varepsilon(x) = \dfrac{\partial u}{\partial x}$,对应的轴向内力 $N(x)$ 为

$$N(x) = AE\varepsilon = AE \frac{\partial u}{\partial x} \tag{5.2.2}$$

将其代入式(5.2.1)并化简,得

$$\rho \frac{\partial^2 u}{\partial t^2} = E \frac{\partial^2 u}{\partial x^2} \tag{5.2.3}$$

或

$$\frac{\partial^2 u}{\partial t^2} = c^2 \frac{\partial^2 u}{\partial x^2} \tag{5.2.4}$$

式中，$c = \sqrt{\dfrac{E}{\rho}}$，表示弹性纵波沿杆轴向的传播速度。从该式也可看出，杆的纵向振动的运动微分方程也是一维波动方程。

因为波的传播方向与质点的振动方向一致，所以细长杆纵向振动时传播的是纵波（也称压缩波）。而5.1节中弦的横向振动的情况下，波的传播方向与质点的振动方向垂直，因此，传播的是横波（也称剪切波）。

式（5.2.4）的求解，仍采用分离变量法，将 $u(x,t)$ 表示为

$$u(x,t) = U(x)T(t) \tag{5.2.5}$$

可得类似于式（5.1.15a）、式（5.1.15b）的常微分方程组，由此解得

$$T(t) = C_1 \sin\omega t + C_2 \cos\omega t \tag{5.2.6}$$

$$U(x) = C_3 \sin\frac{\omega}{c}x + C_4 \cos\frac{\omega}{c}x \tag{5.2.7}$$

其中，C_1、C_2、C_3、C_4 为积分常数。

因此，式（5.2.5）可以写成

$$
\begin{aligned}
u(x,t) = U(x)T(t) &= \left(C_3 \sin\frac{\omega}{c}x + C_4 \cos\frac{\omega}{c}x\right)(C_1 \sin\omega t + C_2 \cos\omega t) \\
&= C_5\left(C_3 \sin\frac{\omega}{c}x + C_4 \cos\frac{\omega}{c}x\right)\sin(\omega t + \alpha) \\
&= \left(A\sin\frac{\omega}{c}x + B\cos\frac{\omega}{c}x\right)\sin(\omega t + \alpha)
\end{aligned}
\tag{5.2.8}
$$

杆的纵向自由振动仍可表示为各阶主振动的叠加，即有

$$u(x,t) = \sum_{n=1}^{\infty}\left(A_n \sin\frac{\omega_n}{c}x + B_n \cos\frac{\omega_n}{c}x\right)\sin(\omega_n t + \alpha_n) \tag{5.2.9}$$

式中，固有频率 ω_n 和参数 A_n、B_n、α_n 等由边界条件和初始条件确定。典型的边界条件有以下几种。

1. 固定端

该处纵向位移为零，即有

$$u(\xi,t) = 0, \quad \xi = 0 \text{ 或 } \xi = l \tag{5.2.10}$$

2. 自由端

该处轴向内力为零，即有

$$\frac{\partial u}{\partial x}(\xi,t) = 0, \quad \xi = 0 \text{ 或 } \xi = l \tag{5.2.11}$$

3. 弹性支承

设杆的右端为弹性支承，如图5.2.2(a)所示。该处轴向内力为零，即有

$$ku(l,t) = -EA\frac{\partial u}{\partial x}(l,t) \tag{5.2.12}$$

4. 惯性载荷

设杆的右端附一集中质量块，如图5.2.2(b)所示。此处杆的轴向内力等于质量块的惯性力，即

$$M\frac{\partial^2 u}{\partial t^2}(l,t) = -EA\frac{\partial u}{\partial x}(l,t) \tag{5.2.13}$$

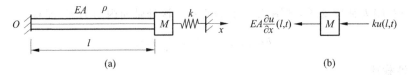

图 5.2.2　二类边界条件

【例 5.2.1】　求图 5.2.1(a)所示的两端自由杆纵向振动的固有频率和主振型。

解　两端自由杆作纵向振动时无位移边界条件,力的边界条件为

$$N(0,t)=N(l,t)=0$$

即 $EA\dfrac{\partial u}{\partial x}(0,t)=EA\dfrac{\partial u}{\partial x}(l,t)=0$,也就是

$$\left.\frac{\partial U}{\partial x}\right|_{x=0}=\left.\frac{\partial U}{\partial x}\right|_{x=l}=0$$

根据此条件式中第一项,再由式(5.2.8)可得

$$A=0,U(x)=B\cos\frac{\omega}{c}x$$

根据此条件式中第二项,并结合上式,得

$$B\frac{\omega}{c}\sin\frac{\omega l}{c}=0$$

若 $B=0$,则不代表振动,因此有

$$\sin\frac{\omega l}{c}=0$$

这和两端张紧弦的横向振动的频率方程形式上完全相同,但两端自由杆可有刚体振动频率,即有

$$\frac{\omega l}{c}=n\pi,\quad n=0,1,2,\cdots$$

则杆的固有频率为

$$\omega=\frac{n\pi c}{l},\quad n=0,1,2,\cdots$$

主振型函数为

$$U(x)=\cos\frac{n\pi}{l}x,\quad n=0,1,2,\cdots$$

当 $n=0$ 时,$\omega=0,U(x)=1$,是杆的刚体振型,对应于杆沿轴向的刚体位移。

【例 5.2.2】　求例 5.2.2(1)图(a)所示的等截面杆,左端固定,右端连有集中质量 M 和弹簧,试导出系统的频率方程,并讨论系统的自由振动情况。

例 5.2.2(1)图

解　杆左端的位移边界条件为 $u(l,t)=0$,即

$$U(0)=B=0$$

因此，$U(x) = A\sin\dfrac{\omega}{c}x$。

再将右端的集中质量取出作为隔离体，其受力如例 5.2.2(1) 图所示。由牛顿第二定律可得

$$M\frac{\partial^2 u}{\partial t^2}(l,t) = -EA\frac{\partial u}{\partial x}(l,t) - ku(l,t)$$

即

$$M\omega^2 A\sin\frac{\omega l}{c} - EA\cdot\frac{\omega}{c}A\cos\frac{\omega l}{c} - kA\sin\frac{\omega l}{c} = 0$$

由于 $B=0$，因此参数 A 不能为零，故

$$M\omega^2\sin\frac{\omega l}{c} - EA\cdot\frac{\omega}{c}\cos\frac{\omega l}{c} - k\sin\frac{\omega l}{c} = 0$$

将上式化简得到系统的频率方程为

$$\tan\frac{\omega l}{c} = \frac{EA\cdot\dfrac{\omega}{c}}{M\omega^2 - k} = \frac{\dfrac{EA}{lk}\cdot\left(\dfrac{\omega l}{c}\right)}{\left(\dfrac{Mc^2}{kl^2}\right)\left(\dfrac{\omega l}{c}\right)^2 - 1} = \frac{\alpha\left(\dfrac{\omega l}{c}\right)}{\dfrac{\alpha}{\beta}\left(\dfrac{\omega l}{c}\right)^2 - 1} \tag{5.2.14}$$

式中，$\alpha = \dfrac{EA}{lk}$ 为杆的拉压刚度与右端弹簧刚度的比值；$\beta = \dfrac{\rho A l}{M}$ 为杆的质量与右端集中质量的比值。

从式(5.2.14)可得到以下 4 种情况：

1. $M=0$，$k\neq 0$

如例 5.2.2(2)图(a)所示。此时，右端具有弹簧，$\beta\to\infty$，频率方程变为

$$\tan\frac{\omega l}{c} = -\alpha\frac{\omega l}{c} \tag{5.2.15}$$

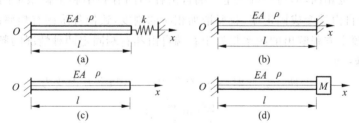

例 5.2.2(2)图　不同边界条件

2. $M=0$，$k=0$

如例 5.2.2(2)图(b)所示。此时，右端为自由端，频率方程变为

$$\cos\frac{\omega l}{c} = 0 \tag{5.2.16}$$

解出固有频率为

$$\omega_n = \frac{(2n-1)\pi}{2}\frac{c}{l} = \frac{(2n-1)\pi}{2l}\sqrt{\frac{E}{\rho}}, \qquad n=1,2,3,\cdots \tag{5.2.17}$$

相应的主振型函数为

$$U_n(x)=\sin\frac{(2n-1)\pi}{2l}x,\quad n=1,2,3,\cdots \tag{5.2.18}$$

前三阶主振型如例 5.2.2(3)图所示。

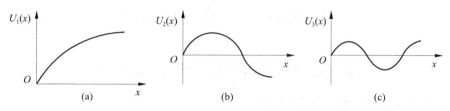

例 5.2.2(3)图　前三阶主振型

3. $M=0,k\to\infty$

如例 5.2.2(2)图(c)所示。此时,右端为固定端,频率方程变为

$$\sin\frac{\omega l}{c}=0 \tag{5.2.19}$$

解出固有频率为

$$\omega_n=\frac{n\pi c}{l}=\frac{n\pi}{l}\sqrt{\frac{E}{\rho}},\quad n=1,2,3,\cdots \tag{5.2.20}$$

相应的主振型函数为

$$U(x)=\sin\frac{n\pi}{l}x,\quad n=1,2,3,\cdots \tag{5.2.21}$$

由此可见,两端固定杆与两端张紧弦的频率方程和振型形式完全一样,因为二者的控制方程都是波动方程,对位移变量的边界约束也相同。另外,两端固定杆与两端自由杆的非零频率和弹性振型也相同,但与一端固定一端自由杆的固有频率和主振型不同。左端固定的情况下,右端由自由端变成固定端,就要增加相应的刚度,致使各阶固有频率都有提高,右端为弹簧情况下频率方程解出的频率将处于右端自由和右端固定两种情况的频率之间。

4. $M\neq0,k=0$

如例 5.2.2(2)图(d)所示。此时,右端有集中质量,频率方程变为

$$\frac{\omega l}{c}\tan\frac{\omega l}{c}=\beta \tag{5.2.22}$$

设质量比 $\beta=1$,并令 $\frac{\omega l}{c}=\mu$,则

$$\tan\mu=\frac{1}{\mu} \tag{5.2.23}$$

然后作出 $\tan\mu$ 和 $\frac{1}{\mu}$ 两个函数的图形,得到两个图形的交点 $\mu_1,\mu_2,\mu_3,\cdots$,便可求出各阶固有频率。前两阶频率的结果为

$$\mu_1=0.86,\qquad \mu_2=3.43$$

$$\omega_1=\frac{\mu_1 c}{l}=\frac{0.86}{l}\sqrt{\frac{E}{\rho}},\qquad \omega_2=\frac{\mu_2 c}{l}=\frac{3.43}{l}\sqrt{\frac{E}{\rho}}$$

与前面情况 2 中的频率相比较,显然由于右端有了附加质量,而使固有频率明显降低。

如果杆的质量相对于右端的集中质量很小，即 $\beta = \dfrac{\rho A l}{M} \ll 1$，可取 $\tan \dfrac{\omega_1 l}{c} \approx \dfrac{\omega_1 l}{c}$，式(5.2.22)简化为

$$\left(\frac{\omega_1 l}{c}\right)^2 = \frac{\rho A l}{M} \tag{5.2.24}$$

由此计算得到基频为

$$\omega_1 = \sqrt{\frac{\rho A l}{M}} \cdot \frac{c}{l} = \sqrt{\frac{EA}{Ml}} = \sqrt{\frac{K}{M}} \tag{5.2.25}$$

式中，$K = \dfrac{EA}{l}$ 为不计本身质量时杆的拉压刚度。这一结果与单自由度系统的结果相同，说明在计算基频时，如杆本身质量与端部附加的质量相比很小就可以忽略不计。例如 $\beta = \dfrac{\rho A l}{M} = \dfrac{1}{10}$ 时，精确解 $\omega_1 = 0.32 \dfrac{c}{l}$，而忽略杆的质量后按单自由度系统计算得 $\omega_1 = 0.316 \dfrac{c}{l}$，误差仅为 1.25%。如果杆的质量与端部附加质量差不多，可用等效质量的方法，将 $1/3$ 杆的质量加到 M 上，再按单自由度系统计算基频，可得到较好的近似值。例如杆的质量等于右端质量 M 时

$$\omega_1 = \sqrt{\frac{EA}{(M + M/3)l}} = \frac{0.866}{l}\sqrt{\frac{E}{\rho}}$$

与前面计算的精确解比较误差为 0.7%。

【例 5.2.3】 求例 5.2.3 图所示的阶梯杆纵向振动时的频率方程。

解 对两段杆取坐标系如例 5.2.3 图所示。由于两段杆的弹性模量和密度都相同，因此，有相同的波速 $c = \sqrt{\dfrac{E}{\rho}}$。系统作某阶主振动时，两段杆的轴向位移可表示为

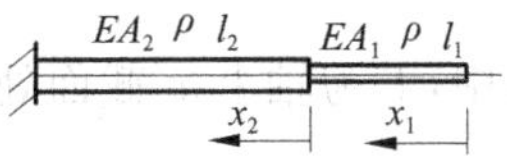

例 5.2.3 图

$$u_1(x_1, t) = \left(C_1 \sin\frac{\omega}{c}x_1 + D_1 \cos\frac{\omega}{c}x_1\right)\sin(\omega t + \alpha) \tag{5.2.26}$$

$$u_2(x_2, t) = \left(C_2 \sin\frac{\omega}{c}x_2 + D_2 \cos\frac{\omega}{c}x_2\right)\sin(\omega t + \alpha) \tag{5.2.27}$$

当 $x_1 = 0$ 时，有

$$EA_1 \frac{\partial u_1}{\partial x_1}(0, t) = 0$$

将式(5.2.26)代入后，可知 $C_1 = 0$，则

$$u_1(x_1, t) = D_1 \cos\frac{\omega}{c}x_1 \sin(\omega t + \alpha)$$

当 $x_1 = l_1$，$x_2 = 0$ 时，有连续条件

$$u_1(l_1, t) = u_2(0, t), \quad EA_1 \frac{\partial u_1}{\partial x_1}(l_1, t) = EA_2 \frac{\partial u_2}{\partial x_2}(0, t)$$

将式(5.2.26)、式(5.2.27)代入，得

$$\begin{cases} D_2 = D_1 \cos\dfrac{\omega}{c}l_1 \\[2mm] C_2 = -D_1 \dfrac{A_1}{A_2}\sin\dfrac{\omega}{c}l_1 \end{cases} \tag{5.2.28}$$

当 $x_2 = l_2$ 时，有

$$u_2(l_2, t) = 0$$

将式(5.2.27)代入上式，得

$$C_2 \sin \frac{\omega l_2}{c} + D_2 \cos \frac{\omega l_2}{c} = 0 \qquad (5.2.29)$$

将式(5.2.28)代入式(5.2.29)，得频率方程为

$$-\frac{A_1}{A_2} \sin \frac{\omega}{c} l_1 \sin \frac{\omega}{c} l_2 + \cos \frac{\omega}{c} l_1 \cos \frac{\omega}{c} l_2 = 0$$

即

$$\tan \frac{\omega}{c} l_1 \tan \frac{\omega}{c} l_2 = \frac{A_2}{A_1}$$

5.3   杆的扭转振动

图 5.3.1(a)所示为一长度为 l 的等截面直圆轴。设轴单位体积的质量为 ρ，圆截面对其中心的极惯性矩为 I_p，材料的剪切弹性模量为 G。假定轴的横截面在扭转振动中仍保持平面并作整体转动，以 $\theta(x, t)$ 表示轴上 x 截面处在 t 时刻相对左端面的扭转角。为推导轴扭转振动的微分方程，从其中截取一微元段 $\mathrm{d}x$，受力如图 5.3.1(b)所示，由此可列出运动微分方程为

$$\rho I_p \mathrm{d}x \frac{\partial^2 \theta}{\partial t^2} = T + \frac{\partial T}{\partial x} \mathrm{d}x - T \qquad (5.3.1)$$

其中，T 为轴上 x 截面处的扭矩。由材料力学知，$T = GI_p \dfrac{\partial \theta}{\partial x}$，代入式(5.3.1)，并整理可得

$$\frac{\partial^2 \theta}{\partial t^2} = c^2 \frac{\partial^2 \theta}{\partial x^2} \qquad (5.3.2)$$

式中，$c = \sqrt{\dfrac{G}{\rho}}$，为弹性剪切波(横波)沿圆轴轴向的传播速度。

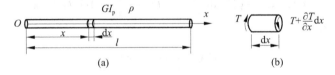

图 5.3.1   轴的扭转振动

由上式可见，轴的扭转振动微分方程仍可归结为一维波动方程。上式的解与式(5.2.8)相似，只需将 u 代以 θ，即

$$\theta(x, t) = \left(A \sin \frac{\omega}{c} x + B \cos \frac{\omega}{c} x \right) \sin(\omega t + \alpha) \qquad (5.3.3)$$

杆的纵向自由振动仍可表示为各阶主振动的叠加，即有

$$\theta(x, t) = \sum_{n=1}^{\infty} \left(A_n \sin \frac{\omega_n}{c} x + B_n \cos \frac{\omega_n}{c} x \right) \sin(\omega_n t + \alpha_n) \qquad (5.3.4)$$

式中，固有频率 ω_n 和参数 A_n、B_n、α_n 等由边界条件和初始条件确定。常见轴的边界条件有

以下几种：

1. 固定端

该处转角为零，即有

$$\theta(\xi,t)=0, \quad \xi=0 \text{ 或 } \xi=l \tag{5.3.5}$$

2. 自由端

该处扭矩为零，即有

$$\frac{\partial\theta}{\partial x}(\xi,t)=0, \quad \xi=0 \text{ 或 } \xi=l \tag{5.3.6}$$

3. 弹性支承

设轴的右端通过刚度为 K_t 的扭簧与固定点相连，则有

$$K_t\theta(l,t)=-I_pG\frac{\partial\theta}{\partial x}(l,t) \tag{5.3.7}$$

4. 惯性载荷

若轴的右端附一圆盘，则有

$$J_0\frac{\partial^2\theta}{\partial t^2}(l,t)=-I_pG\frac{\partial\theta}{\partial x}(l,t) \tag{5.3.8}$$

其中，J_0 为圆盘对转轴的转动惯量。

【例 5.3.1】 如例 5.3.1 图所示，轴的左端固定，右端附有一圆盘。圆盘对转轴的转动惯量为 J_0，试求这一系统的扭振固有频率与振型函数。

解 设轴的扭转振动可表示为

$$\theta(x,t)=\Theta(x)T(t)$$

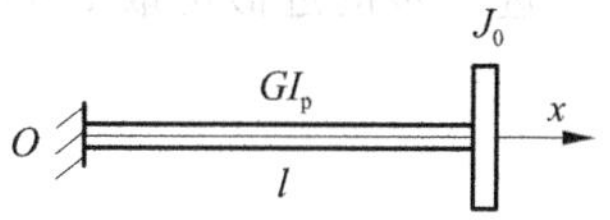

且有

$$T(t)=C_1\sin\omega t+C_2\cos\omega t$$

$$\Theta(x)=C_3\sin\frac{\omega}{c}x+C_4\cos\frac{\omega}{c}x$$

例 5.3.1 图　带圆盘的轴

轴在左端有 $\theta(0,t)=0$，轴的右端有

$$J_0\frac{\partial^2\theta}{\partial t^2}(l,t)=-I_pG\frac{\partial\theta}{\partial x}(l,t)$$

以上边界条件可表示为

$$\Theta(0)=0 \tag{a}$$

$$J_0\omega^2\Theta(l)=I_pG\frac{\partial\Theta}{\partial x}(l) \tag{b}$$

由式(a)得

$$C_4=0$$

由式(b)得

$$J_0\omega^2\sin\frac{\omega l}{c}=I_pG\frac{\omega}{c}\cos\frac{\omega l}{c}$$

或写成

$$\beta\tan\beta=\alpha \tag{c}$$

式中，$\beta=\dfrac{\omega l}{c}$，$\alpha=\dfrac{I_p\rho l}{J_0}$。

式(c)即轴系的特征方程。α 的物理意义为轴的转动惯量与圆盘转动惯量之比。对于给定的 α 值,不难找出轴系固有频率的数值解。实用中,通常基频振动最为重要。表 5.3.1 给出了对应于各个不同的 α 值时,基本特征值 β_1 的值。

表 5.3.1   对应于不同 α 值的 β_1 值

α	0.01	0.10	0.30	0.50	0.70	0.90	1.00	1.50
β_1	0.10	0.32	0.52	0.65	0.75	0.82	0.86	0.98
α	2.00	3.00	4.00	5.00	10.0	20.0	100	∞
β_1	1.08	1.20	1.27	1.32	1.42	1.52	1.57	$\pi/2$

注意,当 α 取小值时,β_1 亦为小值。如近似地取 $\tan\beta \approx \beta$,则式(c)化简为

$$\beta^2 = \alpha \tag{d}$$

或写为

$$\omega^2 = \frac{c^2 \rho I_p}{J_0 l} = \frac{G I_p}{J_0 l}$$

注意,$\dfrac{G I_p}{l}$ 就是轴的扭转弹簧常数,上式也就是略去轴的质量后所得单自由度系统的固有频率公式。可以看到,当 $\alpha = 0.3$ 时,由上式给出的固有频率近似值的误差约为 5%。

进一步的近似可取 $\tan\beta \approx \beta + \dfrac{\beta^3}{3}$,这时有

$$\beta\left(\beta + \frac{\beta^3}{3}\right) = \alpha$$

即有

$$\beta = \sqrt{\frac{\alpha}{1 + \beta^2/3}}$$

再将式(d)代入上式,则

$$\beta = \sqrt{\frac{\alpha}{1 + \alpha/3}}$$

或写为

$$\omega = \sqrt{\frac{G I_p/l}{J_0(1 + \alpha/3)}} \tag{e}$$

上式也就是将轴的转动惯量的 1/3 加到圆盘上后所得单自由度扭转系统的固有频率公式。它和瑞利能量法所得的结果相一致。可以看到,当 $\alpha = 1$ 时,用公式(e)所得的基频近似值的误差还不到 1%。所以说,只要轴的转动惯量不大于圆盘的转动惯量,那么计算基频的近似式(e)在实用上已足够准确了。

5.4   梁的弯曲振动

本节讨论均质等截面细直梁的横向弯曲振动。假定梁具有纵向对称平面,所受的外力也在此对称平面内,因此,梁在此平面内作弯曲振动;另外,还假定梁的长度与截面高度之比

大于 10。根据材料力学中"简单梁理论",忽略剪切变形和转动惯量的影响,这种梁称作欧拉-伯努利梁。于是,梁上各点的运动只需用梁轴线的横向位移表示。

5.4.1　梁弯曲振动的运动方程

设梁长为 l,单位长度的质量 ρ 及抗弯刚度 EI 均为常数,建立如图 5.4.1(a)所示的坐标系。在梁上距左端 x 处取微元段 $\mathrm{d}x$,在任意瞬时 t,剪力为 $Q(x,t)$,弯矩为 $M(x,t)$,分布干扰力为 $p(x,t)$,此微元段的横向位移可用 $y(x,t)$ 表示。按其受力情况,微元段沿 y 方向的运动方程为

$$\rho\mathrm{d}x\frac{\partial^2 y}{\partial t^2}=Q-\left(Q+\frac{\partial Q}{\partial x}\mathrm{d}x\right)+p(x,t)\mathrm{d}x=p(x,t)\mathrm{d}x-\frac{\partial Q}{\partial x}\mathrm{d}x \tag{5.4.1}$$

即

$$\rho\frac{\partial^2 y}{\partial t^2}=p(x,t)-\frac{\partial Q}{\partial x} \tag{5.4.2}$$

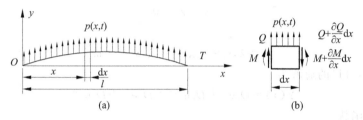

图 5.4.1　梁的弯曲振动

由微元右端截面形心的力矩平衡方程可以得到

$$M+\frac{\partial M}{\partial x}\mathrm{d}x-M-Q\mathrm{d}x-p(x,t)\mathrm{d}x\frac{\mathrm{d}x}{2}+\rho\mathrm{d}x\frac{\partial^2 y}{\partial t^2}\frac{\mathrm{d}x}{2}=0 \tag{5.4.3}$$

略去二阶微量,则有

$$\frac{\partial M}{\partial x}=Q \tag{5.4.4}$$

由材料力学中的平面假设条件,可以得到弯矩与挠度曲线的关系,即

$$M=EI\frac{\partial^2 y}{\partial x^2} \tag{5.4.5}$$

将式(5.4.4)及式(5.4.5)代入式(5.4.2),得

$$\rho\frac{\partial^2 y}{\partial t^2}=p(x,t)-\frac{\partial^2 y}{\partial x^2}\left(EI\frac{\partial^2 y}{\partial x^2}\right) \tag{5.4.6}$$

此式即为梁弯曲振动的运动微分方程。如 $p(x,t)=0$,梁作自由振动,其运动微分方程为

$$\rho\frac{\partial^2 y}{\partial t^2}=-\frac{\partial^2 y}{\partial x^2}\left(EI\frac{\partial^2 y}{\partial x^2}\right) \tag{5.4.7}$$

或写成

$$\frac{\partial^2 y}{\partial t^2}+c^2\frac{\partial^4 y}{\partial x^4}=0 \tag{5.4.8}$$

其中,$c^2=\dfrac{EI}{\rho}$。

5.4.2   梁自由振动的解

梁弯曲自由振动方程(5.4.8)为四阶偏微分方程。为求其振动解,仍可采用分离变量法,即假定方程(5.4.8)的解有下列形式

$$y(x,t)=Y(x)T(t) \tag{5.4.9}$$

根据以前的分析,可知 $T(t)$ 为简谐函数,则

$$y(x,t)=Y(x)\sin(\omega t+\alpha) \tag{5.4.10}$$

式中,ω 为系统的固有频率。

将式(5.4.10)代入式(5.4.8),得

$$\frac{\mathrm{d}^4 Y}{\mathrm{d}x^4}-\lambda^4 Y=0 \tag{5.4.11}$$

式中,$\lambda^4=\dfrac{\omega^2}{c^2}$。此式为一个四阶常系数线性微分方程,它的特征方程是

$$s^4-\lambda^4=0 \tag{5.4.12}$$

其特征根为

$$s_1=\lambda, s_2=-\lambda, s_3=\mathrm{i}\lambda, s_4=-\mathrm{i}\lambda \tag{5.4.13}$$

因此,方程(5.4.11)的通解为

$$Y(x)=D_1 \mathrm{e}^{\lambda x}+D_2 \mathrm{e}^{-\lambda x}+D_3 \mathrm{e}^{\mathrm{i}\lambda x}+D_4 \mathrm{e}^{-\mathrm{i}\lambda x} \tag{5.4.14}$$

引用双曲函数

$$\sinh x=\frac{\mathrm{e}^x-\mathrm{e}^{-x}}{2}, \quad \cosh x=\frac{\mathrm{e}^x+\mathrm{e}^{-x}}{2}$$

并利用欧拉公式,式(5.4.14)可改写为

$$Y(x)=C_1 \cosh\lambda x+C_2 \sinh\lambda x+C_3 \cos\lambda x+C_4 \sin\lambda x \tag{5.4.15}$$

将式(5.4.15)代回式(5.4.10),则方程(5.4.8)的解为

$$y(x,t)=(C_1 \cosh\lambda x+C_2 \sinh\lambda x+C_3 \cos\lambda x+C_4 \sin\lambda x)\sin(\omega t+\alpha) \tag{5.4.16}$$

式中,有 C_1、C_2、C_3、C_4、ω 及 α 共 6 个待定常数,可以由梁的每端 2 个共 4 个边界条件及 2 个振动的初始条件来确定。

对于梁的弯曲振动,基本的边界条件有以下几种:

1. 固定端

该处挠度和转角都为零,即

$$\begin{cases} y(\xi,t)=0 \\ \dfrac{\partial y(\xi,t)}{\partial t}=0 \end{cases}, \quad \xi=0 \text{ 或 } \xi=l \tag{5.4.17}$$

2. 简支端

该处挠度与弯矩都为零,即

$$\begin{cases} y(\xi,t)=0 \\ EI\dfrac{\partial^2 y(\xi,t)}{\partial x^2}=0 \end{cases}, \quad \xi=0 \text{ 或 } \xi=l \tag{5.4.18}$$

3. 自由端

自由端的弯矩与剪力都为零,即

$$\begin{cases} EI \dfrac{\partial^2 y(\xi,t)}{\partial x^2} = 0 \\[2mm] EI \dfrac{\partial^3 y(\xi,t)}{\partial x^3} = 0 \end{cases}, \quad \xi=0 \text{ 或 } \xi=l \tag{5.4.19}$$

除了以上基本边界条件以外,还有其他一些边界条件。如梁端具有弹性支承或附有集中质量,如图 5.4.2 所示。

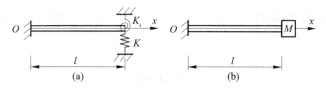

图 5.4.2　梁的二类边界条件

图 5.4.2(a)所示梁右端的边界条件为

$$\begin{cases} EI \dfrac{\partial^2 y(l,t)}{\partial x^2} = -K_t \dfrac{\partial y(l,t)}{\partial x} \\[2mm] EI \dfrac{\partial^3 y(l,t)}{\partial x^3} = K y(l,t) \end{cases} \tag{5.4.20}$$

图 5.4.2(b)所示梁右端的边界条件为

$$\begin{cases} EI \dfrac{\partial^2 y(l,t)}{\partial x^2} = 0 \\[2mm] EI \dfrac{\partial^3 y(l,t)}{\partial x^3} = M \dfrac{\partial^2 y(l,t)}{\partial t^2} \end{cases} \tag{5.4.21}$$

在所有这些边界条件中,反映对端点位移或转角的约束条件称为几何边界条件,反映对弯矩或剪力的约束条件称为力边界条件。

根据梁的边界条件,可确定梁的无限多个固有频率 ω_n 和相应的振型函数 $Y_n(x)$,因而梁弯曲自由振动的一般表达式为

$$y(x,t) = \sum_{n=1}^{\infty} (C_{1n}\cosh\lambda_n x + C_{2n}\sinh\lambda_n x + C_{3n}\cos\lambda_n x + C_{4n}\sin\lambda_n x)\sin(\omega_n t + \alpha_n) \tag{5.4.22}$$

5.4.3　固有频率与振型函数

在具体考察各种支承情况下梁弯曲振动固有频率和振型函数之前,先将边界条件中要用到的 $Y(x)$ 的各阶导数列出如下

$$Y'(x) = \lambda [C_1 \sinh\lambda x + C_2 \cosh\lambda x - C_3 \sin\lambda x + C_4 \cos\lambda x] \tag{5.4.23}$$

$$Y''(x) = \lambda^2 [C_1 \cosh\lambda x + C_2 \sinh\lambda x - C_3 \cos\lambda x - C_4 \sin\lambda x] \tag{5.4.24}$$

$$Y'''(x) = \lambda^3 [C_1 \sinh\lambda x + C_2 \cosh\lambda x + C_3 \sin\lambda x - C_4 \cos\lambda x] \tag{5.4.25}$$

下面讨论几种常见梁的情形。

1. 简支梁

如图 5.4.3 所示的简支梁,其边界由式(5.4.18)可知

$$Y(0) = 0, \quad Y''(0) = 0 \tag{5.4.26}$$

$$Y(l) = 0, \quad Y''(l) = 0 \tag{5.4.27}$$

由式(5.4.26),有

$$C_1 + C_3 = 0, C_1 - C_3 = 0$$

故有

$$C_1 = C_3 = 0$$

由式(5.4.27),有

$$C_2 \sinh\lambda l + C_4 \sin\lambda l = 0, C_2 \sinh\lambda l - C_4 \sin\lambda l = 0$$

因为 $\lambda l \neq 0$ 时,$\sinh\lambda l \neq 0$,故得

$$C_2 = 0$$

于是,特征方程为

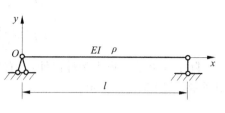

图 5.4.3   简支梁

$$\sin\lambda l = 0 \qquad\qquad (5.4.28)$$

由此,得特征根为

$$\lambda_n = \frac{n\pi}{l}, \qquad n = 1, 2, 3, \cdots \qquad\qquad (5.4.29)$$

又因 $\lambda^2 = \dfrac{\omega}{c}$,所以系统的固有频率为

$$\omega_n = \frac{(n\pi)^2}{l^2}c = (n\pi)^2\sqrt{\frac{EI}{\rho l^4}}, \qquad n = 1, 2, 3, \cdots \qquad\qquad (5.4.30)$$

相应的振型函数为

$$Y_n(x) = \sin\frac{n\pi x}{l}, \qquad n = 1, 2, 3, \cdots \qquad\qquad (5.4.31)$$

2. 固支梁

如图 5.4.4 所示的固支梁,由边界条件(5.4.17)可知

$$Y(0) = 0, \qquad Y'(0) = 0 \qquad (5.4.32)$$
$$Y(l) = 0, \qquad Y'(l) = 0 \qquad (5.4.33)$$

由式(5.4.32)可得

$$C_1 + C_3 = 0, \qquad C_2 + C_4 = 0$$

故有

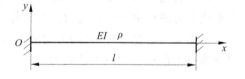

图 5.4.4   固支梁

$$C_1 = -C_3, \qquad C_2 = -C_4$$

由式(5.4.33)可得

$$\begin{cases} C_1(\cosh\lambda l - \cos\lambda l) + C_2(\sinh\lambda l - \sin\lambda l) = 0 \\ C_1(\sinh\lambda l + \sin\lambda l) + C_2(\cosh\lambda l - \cos\lambda l) = 0 \end{cases} \qquad (5.4.34)$$

要使 C_1、C_2 有非零解,上式的系数行列式必须为零,即

$$\begin{vmatrix} \cosh\lambda l - \cos\lambda l & \sinh\lambda l - \sin\lambda l \\ \sinh\lambda l + \sin\lambda l & \cosh\lambda l - \cos\lambda l \end{vmatrix} = 0 \qquad (5.4.35)$$

考虑到

$$\cosh^2\lambda l - \sinh^2\lambda l = 1, \cos^2\lambda l + \sin^2\lambda l = 1$$

式(5.4.35)可化简为

$$\cos\lambda l \cosh\lambda l = 1 \qquad\qquad (5.4.36)$$

这就是两端固支梁的特征方程。用数值解法可以求得一系列 $\lambda_n(n = 1, 2, 3, \cdots)$,前 5 阶的特征根如表 5.4.1 所示。

表 5.4.1　固支梁的特征根

n	1	2	3	4	5
$\lambda_n l$	4.730	7.853	10.996	14.137	17.279

其中,对应于 $n \geqslant 2$ 的各个特征根可足够准确地取为

$$\lambda_n l = \left(n + \frac{1}{2}\right)\pi, \qquad n = 2,3,\cdots$$

梁的固有频率相应地取为

$$\omega_n = \lambda_n^2 \sqrt{\frac{EI}{\rho}}, \qquad n = 1,2,3,\cdots \tag{5.4.37}$$

求得各特征根后,由式(5.4.35)可确定系数 C_1 与 C_2 的比值

$$\gamma_n = \frac{C_{2n}}{C_{1n}} = -\frac{\cosh\lambda_n l - \cos\lambda_n l}{\sinh\lambda_n l - \sin\lambda_n l} = -\frac{\sinh\lambda_n l + \sin\lambda_n l}{\cosh\lambda_n l - \cos\lambda_n l} \tag{5.4.38}$$

因此,各个主振型函数可写为

$$Y_n(x) = \cosh\lambda_n x - \cos\lambda_n x + \gamma_n(\sinh\lambda_n x - \sin\lambda_n x) \tag{5.4.39}$$

3. 悬壁梁

如图 5.4.5 所示的悬壁梁,由边界条件(5.4.17)、(5.4.19)可知

$$Y(0) = 0, \quad Y'(0) = 0 \tag{5.4.40}$$

$$Y''(l) = 0, \quad Y'''(l) = 0 \tag{5.4.41}$$

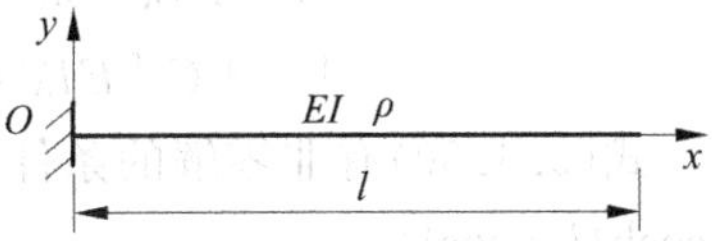

由式(5.4.40),可得

$$C_1 = -C_3, \quad C_2 = -C_4$$

图 5.4.5　悬壁梁

利用这一结果与式(5.4.41),可得

$$\begin{cases} C_1(\cosh\lambda l + \cos\lambda l) + C_2(\sinh\lambda l + \sin\lambda l) = 0 \\ C_1(\sinh\lambda l - \sin\lambda l) + C_2(\cosh\lambda l + \cos\lambda l) = 0 \end{cases} \tag{5.4.42}$$

方程(5.4.42)有非零解的条件为

$$\begin{vmatrix} \cosh\lambda l + \cos\lambda l & \sinh\lambda l + \sin\lambda l \\ \sinh\lambda l - \sin\lambda l & \cosh\lambda l + \cos\lambda l \end{vmatrix} = 0 \tag{5.4.43}$$

上式展开并化简后可得

$$\cos\lambda l \cosh\lambda l = -1 \tag{5.4.44}$$

即悬壁梁弯曲振动的特征方程。它的前 5 阶特征根可由数值方法求得,其值如表 5.4.2 所示。

表 5.4.2　悬壁梁的特征根

n	1	2	3	4	5
$\lambda_n l$	1.875	4.694	7.855	10.996	14.137

其中,对应于 $n \geqslant 3$ 的各个特征根可足够准确地取为

$$\lambda_n l = \left(n - \frac{1}{2}\right)\pi, \qquad n = 3,4,\cdots$$

悬壁梁的各阶固有频率相应地取为

$$\omega_n = \lambda_n^2 \sqrt{\frac{EI}{\rho}}, \qquad n = 1, 2, 3, \cdots \tag{5.4.45}$$

求得各特征根后,由式(5.4.42)可确定系数 C_1 与 C_2 的比值

$$\gamma_n = \frac{C_{2n}}{C_{1n}} = -\frac{\cosh\lambda_n l + \cos\lambda_n l}{\sinh\lambda_n l + \sin\lambda_n l} = -\frac{\sinh\lambda_n l - \sin\lambda_n l}{\cosh\lambda_n l + \cos\lambda_n l} \tag{5.4.46}$$

因此,各个主振型函数可写为

$$Y_n(x) = \cosh\lambda_n x - \cos\lambda_n x + \gamma_n(\sinh\lambda_n x - \sin\lambda_n x) \tag{5.4.47}$$

4. 弹支梁

如图 5.4.6 所示,在悬壁梁的自由端加上横向弹性支承,其弹簧刚度系数为 K。

由边界条件式(5.4.17)、式(5.4.20)可知

$$Y(0) = 0, \quad Y'(0) = 0 \tag{5.4.48}$$

$$Y''(l) = 0, \quad EIY'''(l) = KY(l) \tag{5.4.49}$$

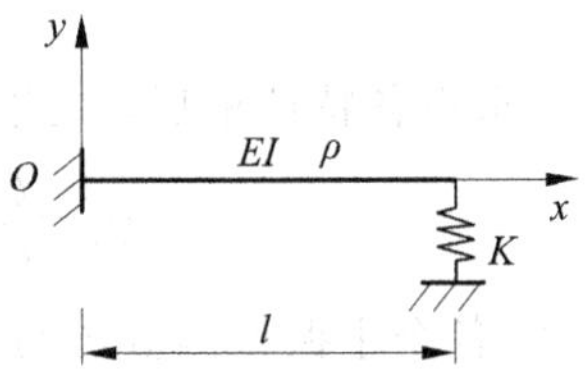

由式(5.4.48),可得

$$C_1 = -C_3, \quad C_2 = -C_4$$

由式(5.4.49),可得

$$\begin{cases} C_1(\cosh\lambda l + \cos\lambda l) + C_2(\sinh\lambda l + \sin\lambda l) = 0 \\ C_1[EI\lambda^3(\sinh\lambda l - \sin\lambda l) - K(\cosh\lambda l - \cos\lambda l)] \\ \quad + C_2[EI\lambda^3(\cosh\lambda l + \cos\lambda l) - K(\sinh\lambda l - \sin\lambda l)] = 0 \end{cases} \tag{5.4.50}$$

图 5.4.6 弹支梁

式(5.4.50)有非零解的条件为

$$\begin{vmatrix} \cosh\lambda l + \cos\lambda l & \sinh\lambda l + \sin\lambda l \\ EI\lambda^3(\sinh\lambda l - \sin\lambda l) - K(\cosh\lambda l - \cos\lambda l) & EI\lambda^3(\cosh\lambda l + \cos\lambda l) - K(\sinh\lambda l - \sin\lambda l) \end{vmatrix} = 0 \tag{5.4.51}$$

展开化简后得

$$EI\lambda^3(1 + \cosh\lambda l\cos\lambda l) + K(\cosh\lambda l\sin\lambda l - \sinh\lambda l\cos\lambda l) = 0$$

或写成

$$-\frac{K}{EI} = \lambda^3 \frac{1 + \cosh\lambda l\cos\lambda l}{\cosh\lambda l\sin\lambda l - \sinh\lambda l\cos\lambda l} \tag{5.4.52}$$

上式即为一端固定,一端具有横向弹性支承梁的特征方程。

两种极端情形:

(1) 当 $K = 0$ 时,式(5.4.52)转化为

$$1 + \cosh\lambda l\cos\lambda l = 0 \tag{5.4.53}$$

即得到悬壁梁的特征方程。

(2) 当 $K = \infty$ 时,弹性支承就相当于简支,式(5.4.52)转化为

$$\cosh\lambda l\sin\lambda l - \sinh\lambda l\cos\lambda l = 0 \tag{5.4.54}$$

即

$$\tanh\lambda l = \tan\lambda l \tag{5.4.55}$$

即得到一端固定、一端简支情形下的特征方程。

【**例 5.4.1**】 例 5.4.1(a) 图所示,放置在弹性基础上的简支梁,弹性基础的反力系数为 K,求其横向弯曲振动的固有频率和振型函数。

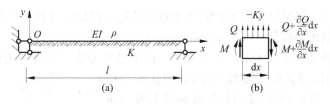

例 5.4.1 图　弹性基础梁

解　弹性基础梁受到的基础反力与梁的挠度成正比,在弹性基础梁中取出 $\mathrm{d}x$ 微段,其受力如例 5.4.1(b) 图所示。

在式(5.4.6)中,$p(x,t)$ 代之以 $-Ky$,则得到等截面弹性基础梁的运动方程为

$$EI\frac{\partial^4 y}{\partial x^4}+Ky+\rho\frac{\partial^2 y}{\partial t^2}=0$$

此方程仍可用分离变量法求解,只是关于振型函数的方程将成为

$$\frac{\mathrm{d}^4 Y}{\mathrm{d}x^4}-\frac{1}{EI}(\rho\omega^2-K)Y=0$$

令 $\tilde{\lambda}^4=\dfrac{1}{EI}(\rho\omega^2-K)$,则上式成为

$$\frac{\mathrm{d}^4 Y}{\mathrm{d}x^4}-\tilde{\lambda}^4 Y=0$$

此方程的形式与式(5.4.11)完全相同。而且弹性基础反力的存在,并不影响 $\dfrac{\partial M}{\partial x}=Q$ 和 $M=EI\dfrac{\partial^2 y}{\partial x^2}$ 这两个基本关系式,也就是说弹性基础反力不影响边界条件。因此,对各种边界条件的弹性基础梁来说,其频率参数 $\tilde{\lambda}$ 就等于相应的无弹性基础的梁的频率参数 λ,其固有频率为

$$\omega=\sqrt{\frac{EI}{\rho}\tilde{\lambda}^4+\frac{K}{\rho}}=\sqrt{\frac{EI}{\rho}\lambda^4+\frac{K}{\rho}}\sqrt{\omega_0^2+\frac{K}{\rho}}$$

式中,ω_0 为相应的无弹性基础的梁的固有频率。

可见弹性基础增加了系统的刚度,弹性基础梁的固有频率比相应的无弹性基础的梁的固有频率要高。弹性基础梁的主振型函数与相应的无弹性基础的梁的主振型函数相同。

对搁置在弹性基础上的简支梁来说,其固有频率为

$$\omega_\mathrm{n}=\sqrt{\frac{EI}{\rho}\left(\frac{n\pi}{l}\right)^4+\frac{K}{\rho}},\qquad n=1,2,3,\cdots$$

其主振型函数为

$$Y_n(x)=\sin\tilde{\lambda}x=\sin\frac{n\pi x}{l},\qquad n=1,2,3,\cdots$$

5.5　剪切变形、转动惯量与轴向力的影响

5.5.1　剪切变形与转动惯量的影响

5.4 节所讨论的梁的振动问题是以简单梁理论为基础的,即所研究的梁为均质等截面细直梁。当梁截面与长度之比较大或者研究系统的高阶振型时,梁的平面假设不再成立,剪

切变形增大，回转运动的影响不能忽略，本节将讨论这一问题。这种考虑剪切变形和转动惯量影响的梁称为**铁木辛柯梁**(Timoshenko beam)。

在梁上取一微元段 $\mathrm{d}x$，如图 5.5.1 所示。图上已经考虑了微元段的转动和剪切变形。当忽略剪切变形时，微元段为虚线所示，截面法线与梁轴线的切线重合。设由弯矩 M 引起的截面转角为 θ；由于剪力 Q 的作用，矩形单元变成平行四边形单元，但横截面没有发生转动。因此，由弯矩 M 和剪力 Q 共同作用引起的梁轴线的实际转角 $\dfrac{\partial y}{\partial x}$ 为

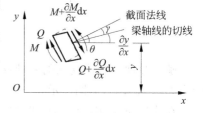

图 5.5.1   剪切变形与
转动惯量的影响

$$\frac{\partial y}{\partial x}=\theta-\gamma \tag{5.5.1}$$

其中，γ 是剪切角。由材料力学知

$$\gamma=\frac{Q}{\mu AG} \tag{5.5.2}$$

式中，μ 为取决于截面形状的常数因子，如矩形截面的 $\mu=\dfrac{2}{3}$；A 为横截面面积；G 为剪切弹性模量。

根据图 5.5.1，可列出微元段沿 y 方向的平衡方程，即

$$\rho\mathrm{d}x\frac{\partial^2 y}{\partial t^2}-Q+Q+\frac{\partial Q}{\partial x}\mathrm{d}x=0$$

整理得

$$\rho\frac{\partial^2 y}{\partial t^2}+\frac{\partial Q}{\partial x}=0 \tag{5.5.3}$$

式中，ρ 为梁单位长度的质量。

考虑梁的转动惯性力矩，并对微元段左端截面形心取力矩平衡，则可以得到

$$M+\frac{\partial M}{\partial x}\mathrm{d}x-M-\left(Q+\frac{\partial Q}{\partial x}\right)\mathrm{d}x-\rho\mathrm{d}x\frac{\partial^2 y}{\partial t^2}\frac{\mathrm{d}x}{2}-J\mathrm{d}x\frac{\partial^2\theta}{\partial t^2}=0$$

略去二阶微量，则有

$$\frac{\partial M}{\partial x}-Q-J\frac{\partial^2\theta}{\partial t^2}=0 \tag{5.5.4}$$

式中，J 为单位长度的梁对截面中性轴的转动惯量。

将式(5.5.1)和式(5.5.2)代入式(5.5.3)和式(5.5.4)，并考虑到材料力学中梁的公式

$$EI\frac{\partial\theta}{\partial x}=M$$

可以得到

$$\rho\frac{\partial^2 y}{\partial t^2}+\frac{\partial}{\partial x}\left[\mu AG\left(\theta-\frac{\partial y}{\partial x}\right)\right]=0 \tag{5.5.5}$$

$$J\frac{\partial^2\theta}{\partial t^2}-EI\frac{\partial^2\theta}{\partial x^2}+\mu AG\left(\theta-\frac{\partial y}{\partial x}\right)=0 \tag{5.5.6}$$

对等截面均匀梁，从方程(5.5.5)、(5.5.6)中消去 θ，得到

$$EI\frac{\partial^4 y}{\partial x^4}+\rho\frac{\partial^2 y}{\partial t^2}-J\frac{\partial^4 y}{\partial x^2\partial t^2}-\frac{\rho EI}{\mu AG}\frac{\partial^4 y}{\partial x^2\partial t^2}+\frac{\rho J}{\mu AG}\frac{\partial^4 y}{\partial t^4}=0 \tag{5.5.7}$$

这就是考虑剪切变形和转动惯量影响时,等截面均匀梁的自由振动方程。式中,前两项与上一节相同,第三项体现了转动惯量的影响,第四项体现了剪切变形的影响,第五项则表示剪切变形和转动惯量的综合影响。

【例 5.5.1】 试说明转动惯量和剪切变形对均匀简支梁固有频率的影响。

解 由于剪切变形和转动惯量不影响边界条件,故它们对梁的振型函数无影响,因此可设简支梁的第 n 阶主振动为

$$y_n(x,t) = C_{4n} \sin \frac{n\pi x}{l} \sin(\omega_n t + \alpha_n), \qquad n = 1,2,3,\cdots \qquad (5.5.8)$$

它显然满足简支梁的边界。将它代入方程(5.5.7),约去非零的 C_{4n} 和时间因子 $\sin(\omega_n t + \alpha_n)$,可得频率方程为

$$\frac{EI}{\rho}\left(\frac{n\pi}{l}\right)^4 - \left[1 + \left(\frac{J}{\rho} + \frac{EI}{\mu AG}\right)\left(\frac{n\pi}{l}\right)^2\right]\omega_n^2 + \frac{J}{\mu AG}\omega_n^4 = 0 \qquad (5.5.9)$$

由于上式中 ω_n^4 的系数比其他各项的系数要小得多,因而可略去不计,则梁固有频率的近似值为

$$\omega_n \approx \frac{\left(\frac{n\pi}{l}\right)^2 \sqrt{\frac{EI}{\rho}}}{\sqrt{1 + \left(\frac{J}{\rho} + \frac{EI}{\mu AG}\right)\left(\frac{n\pi}{l}\right)^2}} \qquad (5.5.10)$$

引入关系式 $\rho = A\rho'$,$J = \rho'I = \rho'Ar^2$,r 是截面对中性轴的惯性半径,ρ' 是单位体积的质量,于是式(5.5.10)可改写为

$$\omega_n \approx \frac{\left(\frac{n\pi}{l}\right)^2 \sqrt{\frac{EI}{\rho}}}{\sqrt{1 + r^2\left(1 + \frac{E}{\mu G}\right)\left(\frac{n\pi}{l}\right)^2}} \qquad (5.5.11)$$

式中,$\left(\frac{n\pi}{l}\right)^2 \sqrt{\frac{EI}{\rho}}$ 是不考虑剪切变形和转动惯量影响时的简支梁的固有频率。从上式可见,剪切变形和转动惯量的影响将使简支梁的固有频率降低,而且固有频率的阶数 n 越高,这种影响越大;另外,随着梁的细长比 $\frac{r}{l}$ 的增加,这种影响也将增长。

5.5.2 轴向力的影响

如果梁在两端轴向拉力作用下作自由振动,则微元段 dx 上的内力除了弯矩 M 和剪力 Q 外,还将有轴向力 N 的作用,如图 5.5.2 所示。在微小振动的情形下,假定轴向力 N 是常量,并且不考虑剪切变形和转动惯量的影响。

微元段 dx 沿 y 方向的平衡方程为

$$\rho\,dx\,\frac{\partial^2 y}{\partial t^2} - Q + \left(Q + \frac{\partial Q}{\partial x}dx\right) + N\theta - N\left(\theta + \frac{\partial\theta}{\partial x}dx\right) = 0$$

即

$$\rho\,\frac{\partial^2 y}{\partial t^2} + \frac{\partial Q}{\partial x} - N\,\frac{\partial\theta}{\partial x} = 0 \qquad (5.5.12)$$

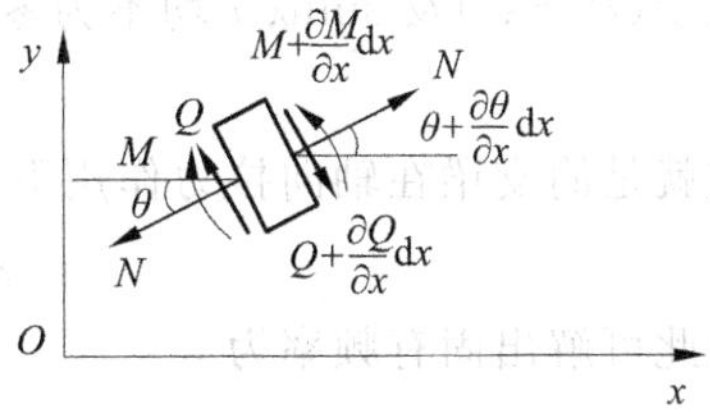

图 5.5.2 轴向力的影响

将 $\theta=\dfrac{\partial y}{\partial x}$，$Q=\dfrac{\partial M}{\partial x}$，$M=EI\dfrac{\partial^2 y}{\partial x^2}$ 等关系式代入上式，化简后即得在轴向力作用下梁自由振动的微分方程

$$\rho\frac{\partial^2 y}{\partial t^2}+EI\frac{\partial^4 y}{\partial x^4}-N\frac{\partial^2 y}{\partial x^2}=0 \tag{5.5.13}$$

上式左边第三项体现了轴向力的影响。

由于常量轴力不影响自由振动的简谐性质，故仍采用分离变量法，设解为

$$y(x,t)=Y(x)\sin(\omega t+\alpha) \tag{5.5.14}$$

代入运动方程式(5.5.13)，得

$$\frac{\mathrm{d}^4 Y}{\mathrm{d}x^4}-\alpha^2\frac{\mathrm{d}^2 Y}{\mathrm{d}x^2}-k^4 Y=0 \tag{5.5.15}$$

式中，$\alpha=\sqrt{\dfrac{N}{EI}}$，$k^2=\omega\sqrt{\dfrac{\rho}{EI}}$。

式(5.5.15)的特征方程为

$$s^4-\alpha^2 s^2-k^4=0 \tag{5.5.16}$$

其特征根为

$$s_{1,2}=\pm\mathrm{i}\lambda_1=\pm\mathrm{i}\sqrt{-\frac{\alpha^2}{2}+\sqrt{\frac{\alpha^4}{4}+k^4}}\,,\qquad s_{3,4}=\pm\lambda_2=\pm\sqrt{\frac{\alpha^2}{2}+\sqrt{\frac{\alpha^4}{4}+k^4}} \tag{5.5.17}$$

则式(5.5.15)的通解为

$$Y(x)=C_1\cosh\lambda_2 x+C_2\sinh\lambda_2 x+C_3\cos\lambda_1 x+C_4\sin\lambda_1 x \tag{5.5.18}$$

式中系数可通过边界条件确定。

下面以等截面均匀简支梁为例，讨论轴向力对梁弯曲振动固有频率的影响。将简支梁的边界条件 $Y(0)=0$，$Y''(0)=0$，$Y(l)=0$，$Y''(l)=0$ 代入式(5.5.18)，得

$$\begin{cases} C_1+C_3=0 \\ C_1\lambda_2^2-C_3\lambda_1^2=0 \\ C_1\cosh\lambda_2 l+C_2\sinh\lambda_2 l+C_3\cos\lambda_1 l+C_4\sin\lambda_1 l=0 \\ C_1\lambda_2^2\cosh\lambda_2 l+C_2\lambda_2^2\sinh\lambda_2 l-C_3\lambda_1^2\cos\lambda_1 l-C_4\lambda_1^2\sin\lambda_1 l=0 \end{cases} \tag{5.5.19}$$

由式(5.5.19)中前 2 式得 $C_1=C_3=0$，则后 2 式成为

$$C_2\sinh\lambda_2 l+C_4\sin\lambda_1 l=0$$
$$C_2\lambda_2^2\sinh\lambda_2 l-C_4\lambda_1^2\sin\lambda_1 l=0 \tag{5.5.20}$$

由关于 C_2，C_4 的系数行列式等于零，得

$$(\lambda_1^2+\lambda_2^2)\sin\lambda_1 l\sinh\lambda_2 l=0 \tag{5.5.21}$$

由于 $(\lambda_1^2+\lambda_2^2)$ 及 $\sinh\lambda_2 l$ 均不为零，故

$$\sin\lambda_1 l=0 \tag{5.5.22}$$

这就是简支梁在轴向拉力作用下横向弯曲自由振动的频率方程，它的根为

$$\lambda_1 l=n\pi,\qquad n=1,2,3,\cdots \tag{5.5.23}$$

由此可解出固有频率为

$$\omega_{\mathrm{n}}=\left(\frac{n\pi}{l}\right)^2\sqrt{\frac{EI}{\rho}}\sqrt{1+\frac{Nl^2}{EIn^2\pi^2}},\qquad n=1,2,3,\cdots \tag{5.5.24}$$

上式当 $EI=0$ 时,即转变为两端张紧弦横向振动的固有频率表达式。而当 $N=0$ 时,即为 5.4 节中简支梁的固有频率表达式。从上式可以看出,轴向拉力的存在,使得系统的固有频率有所提高,而且随着频率阶数的增加,这种影响将减小。这是由于轴向拉力的作用,将使梁的挠度减小,相当于增加了梁的刚度。

上面的讨论中轴向力假定为拉力,如果轴向力为压力时,则梁的固有频率表达式成为

$$\omega_n = \left(\frac{n\pi}{l}\right)^2 \sqrt{\frac{EI}{\rho}} \sqrt{1 - \frac{Nl^2}{EIn^2\pi^2}}, \qquad n=1,2,3,\cdots \tag{5.5.25}$$

梁的固有频率将有所降低。同时注意到,$\dfrac{n^2\pi^2 EI}{l^2}$ 就是简支梁在轴向力作用下失稳的临界压力值,所以必须 $N < \dfrac{n^2\pi^2 EI}{l^2}$,否则梁将失稳而破坏。

将式(5.5.22)代回(5.5.20),得 $C_2=0$,即轴向力作用下简支梁的主振型函数仍然为

$$Y_n(x) = \sin\lambda_{1n}x = \sin\frac{n\pi x}{l}, \qquad n=1,2,3,\cdots \tag{5.5.26}$$

这是因为轴向力不影响简支梁的边界条件,振型函数并不改变。

5.6 振型函数的正交性

在第 4 章中讨论过多自由度系统主振型的正交性,这种正交性是模态分析法的基础。对于连续系统振动具有相似的特性。从前几节的讨论中可以看到,一些简单情形下的振型函数是三角函数,它们的正交性是比较熟悉的;而在另一些情形下得到的振型函数含有双曲函数,它们的正交性以及更一般情形下振型函数的正交性尚待进一步说明。

下面仅就梁的弯曲振动的振型函数论证其正交性,对波动方程所表示的弦的横向振动、杆的纵向振动及圆轴的扭转振动的情况,可类似地进行讨论。因为在讨论正交性时,不必涉及振型函数的具体形式,所以我们稍微放宽一些假设条件,考察变截面梁的情形。这时梁单位长度的质量 $\rho(x)$ 以及截面刚度 $EI(x)$ 都是 x 的已知函数,而不必为常数。故梁的自由弯曲振动微分方程为

$$\rho(x)\frac{\partial^2 y}{\partial t^2} = -\frac{\partial^2}{\partial t^2}\left(EI(x)\frac{\partial^2 y}{\partial x^2}\right) \tag{5.6.1}$$

采用分离变量法,将 $y(x,t)$ 表示为

$$y(x,t) = Y(x)T(t) \tag{5.6.2}$$

将它代入方程式(5.6.1)后进行变量分离后,得

$$\frac{d^2 T}{dt^2} + \omega^2 T = 0 \tag{5.6.3a}$$

$$\frac{d^2}{dx^2}\left(EI(x)\frac{d^2 Y}{dx^2}\right) = \omega^2 \rho(x) Y \tag{5.6.3b}$$

下面分 2 种情形进行讨论。

1. 以基本边界条件组合的梁的情形

当梁的边界条件为基本边界条件时,与式(5.4.17)、式(5.4.18)、式(5.4.19)相对应的边界条件分别为

（1）固定端

$$\begin{cases} Y(\xi) = 0 \\ Y'(\xi) = 0 \end{cases}, \quad \xi = 0 \text{ 或 } \xi = l \tag{5.6.4}$$

（2）简支端

$$\begin{cases} Y(\xi) = 0 \\ EI(\xi) Y''(\xi) = 0 \end{cases}, \quad \xi = 0 \text{ 或 } \xi = l \tag{5.6.5}$$

（3）自由端

$$\begin{cases} EI(\xi) Y''(\xi) = 0 \\ [EI(\xi) Y''(\xi)]' = 0 \end{cases}, \quad \xi = 0 \text{ 或 } \xi = l \tag{5.6.6}$$

现假设方程(5.6.3b)在一定的边界条件下，对应于任意两个不同的特征值 ω_i 和 ω_j 的振型函数分别为 $Y_i(x)$ 与 $Y_j(x)$，于是有

$$[EI(x) Y''_i(x)]'' = \omega_i^2 \rho(x) Y_i(x), \quad 0 < x < l \tag{5.6.7a}$$

$$[EI(x) Y''_j(x)]'' = \omega_j^2 \rho(x) Y_j(x), \quad 0 < x < l \tag{5.6.7b}$$

对式(5.6.7a)乘以 $Y_j(x) \mathrm{d}x$，然后在 $0 < x < l$ 对 x 进行积分，得

$$\int_0^l Y_j(x) [EI(x) Y''_i(x)]'' \mathrm{d}x$$

$$= Y_j(x) [EI(x) Y''_i(x)]' \big|_0^l - Y'_j(x) [EI(x) Y''_i(x)] \big|_0^l + \int_0^l EI(x) Y''_j(x) Y''_i(x) \mathrm{d}x$$

$$= \omega_i^2 \int_0^l \rho(x) Y_i(x) Y_j(x) \mathrm{d}x \tag{5.6.8a}$$

同样地，对式(5.6.7b)乘以 $Y_i(x) \mathrm{d}x$，然后在 $0 < x < l$ 对 x 进行积分，得

$$\int_0^l Y_i(x) [EI(x) Y''_j(x)]'' \mathrm{d}x$$

$$= Y_i(x) [EI(x) Y''_j(x)]' \big|_0^l - Y'_i(x) [EI(x) Y''_j(x)] \big|_0^l + \int_0^l EI(x) Y''_i(x) Y''_j(x) \mathrm{d}x$$

$$= \omega_j^2 \int_0^l \rho(x) Y_j(x) Y_i(x) \mathrm{d}x \tag{5.6.8b}$$

将式(5.6.8a)与式(5.6.8b)相减，可得

$$(\omega_i^2 - \omega_j^2) \int_0^l \rho(x) Y_j(x) Y_i(x) \mathrm{d}x$$

$$= Y_j(x) [EI(x) Y''_i(x)]' \big|_0^l - Y'_j(x) [EI(x) Y''_i(x)] \big|_0^l - Y_i(x) [EI(x) Y''_j(x)]' \big|_0^l$$
$$+ Y'_i(x) [EI(x) Y''_j(x)] \big|_0^l \tag{5.6.9}$$

可以看到，如果以式(5.6.4)～式(5.6.6)中任意两个式子组合成梁的边界条件，那么式(5.6.9)右端都将等于零。所以，在这些情形下，就有

$$(\omega_i^2 - \omega_j^2) \int_0^l \rho(x) Y_j(x) Y_i(x) \mathrm{d}x = 0 \tag{5.6.10}$$

由于前面已经假设 $\omega_i \neq \omega_j$，故有

$$\int_0^l \rho(x) Y_i(x) Y_j(x) \mathrm{d}x = 0, \quad i \neq j \tag{5.6.11}$$

正是在这一意义上，我们称振型函数 $Y_i(x)$ 与 $Y_j(x)$ 关于质量密度 $\rho(x)$ 正交。数学上，亦称以 $\rho(x)$ 为权的加权正交，以区别于 $\rho(x)$ 等于常数时，$Y_i(x)$ 与 $Y_j(x)$ 所具有的通常意义下的正交性

$$\int_0^l Y_i(x)Y_j(x)\mathrm{d}x = 0, \quad i \neq j \tag{5.6.12}$$

考虑到式(5.6.11),从式(5.6.8a)或式(5.6.8b)都可以看出,在上述边界条件下,有

$$\int_0^l EI(x)Y''_i(x)Y''_j(x)\mathrm{d}x = 0, \quad i \neq j \tag{5.6.13}$$

由此可见,梁弯曲振动振型函数关于刚度 $EI(x)$ 的正交性,实际上是振型函数的二阶导数所具有的正交性。

当 $i=j$ 时,式(5.6.9)自然满足。这时,可记下列积分为

$$\begin{cases} \displaystyle\int_0^l \rho(x)Y_i^2(x)\mathrm{d}x \equiv M_i \\ \displaystyle\int_0^l EI(x)[Y''_i(x)]^2\mathrm{d}x \equiv K_i \end{cases} \tag{5.6.14}$$

M_i 称为第 i 阶振型的广义质量,K_i 称为第 i 阶振型的广义刚度。由式(5.6.8a)或式(5.6.8b)不难看出,有

$$\omega_i^2 = \frac{K_i}{M_i} \tag{5.6.15}$$

2. 梁的边界条件中含有非基本边界条件的情形

当梁的边界条件中含有非基本边界条件时,振型函数的正交关系需要修正,下面分别讨论。

(1) 弹性支承端

当梁的 l 端为弹性支承时,边界条件为

$$EI(l)Y''(l)=0; [EI(x)Y''(x)]'\big|_{x=l}=KY(l)$$

将它代入式(5.6.9)可得

$$\int_0^l \rho(x)Y_i(x)Y_j(x)\mathrm{d}x = 0, \quad i \neq j \tag{5.6.16}$$

由式(5.6.16)和式(5.6.8a)或式(5.6.8b),得

$$\int_0^l EI(x)Y''_i(x)Y''_j(x)\mathrm{d}x + KY_i(l)Y_j(l) = 0, \quad i \neq j \tag{5.6.17}$$

(2) 右端附加质量

当梁的 l 端具有附加质量时,边界条件为

$$EI(l)Y''(l)=0; [EI(x)Y''(x)]'\big|_{x=l}=-m\omega^2 Y(l)$$

将它代入式(5.6.9),可得

$$\int_0^l \rho(x)Y_j(x)Y_i(x)\mathrm{d}x + mY_i(l)Y_j(l) = 0, \quad i \neq j \tag{5.6.18}$$

由式(5.6.18)和式(5.6.8a)(或式(5.6.8b)),得

$$\int_0^l EI(x)Y''_i(x)Y''_j(x)\mathrm{d}x = 0 \tag{5.6.19}$$

由此可见,在弹簧支座的情形下,梁的振型函数关于刚度的正交性与齐次边界条件的梁不同;而在端部有集中质量的情形,梁的振型函数关于质量的正交性则有所改变。

下面讨论正交性的物理意义。设第 i 阶与第 j 阶主振动可分别表示为

$$y_i(x,t)=Y_i(x)T_i(t) \tag{5.6.20a}$$

$$y_j(x,t)=Y_j(x)T_j(t) \tag{5.6.20b}$$

对应于 $y_i(x,t)$，梁的微段 $\mathrm{d}x$ 的惯性力为

$$\mathrm{d}I_i = -\rho(x)\,\mathrm{d}x\,Y_i(x)\ddot{T}_i(t) \tag{5.6.21}$$

则第 i 阶主振型的惯性力在第 j 阶主振型上所做的功为

$$W_{ji}^i = \int_0^l \mathrm{d}I_i \cdot y_i = -\ddot{T}_i(t)T_j(t)\int_0^l \rho(x)Y_i(x)Y_j(x)\mathrm{d}x = 0, \quad i \neq j \tag{5.6.22}$$

在弯曲振动中，关于弹性力的功，只需考虑截面弯矩所做的功。梁对应于 $y_i(x,t)$ 的截面弯矩为

$$M(x) = EI(x)Y_i''(x)T_i(x) \tag{5.6.23}$$

而对应于 $y_j(x,t)$，梁的微段 $\mathrm{d}x$ 的截面转角微元 $\mathrm{d}\theta$ 为

$$\mathrm{d}\theta = \frac{\mathrm{d}\theta}{\mathrm{d}x}\mathrm{d}x = \frac{\mathrm{d}}{\mathrm{d}x}\left(\frac{\mathrm{d}y}{\mathrm{d}x}\right)\mathrm{d}x = Y_j''(x)T_j(t)\mathrm{d}x \tag{5.6.24}$$

故整个梁对应于 $y_i(x,t)$ 的弯矩在 $y_j(x,t)$ 的转角上所做的功为

$$W_{ji}^i = \int_0^l M_i(x)\mathrm{d}\theta_j = T_i(x)T_j(t)\int_0^l EI(x)Y_i''(x)Y_j''(x)\mathrm{d}x = 0, \quad i \neq j \tag{5.6.25}$$

可见，由于振型函数的正交性，当 $i \neq j$ 时，主振动 $y_i(x,t)$ 不会激起主振动 $y_j(x,t)$。换句话说，振型函数的正交性反映了各阶主振动之间既无惯性耦合，也不弹性耦合。上述讨论同样适用于有弹性支承与附加质量端的情形。

5.7   连续系统的强迫振动

本节以等截面细长梁为例讨论连续系统受一般激励作用的有阻尼强迫振动。

在离散系统的振动分析中，我们利用主振型的正交性，使微分方程解耦，从而使多自由度系统的动力响应分析转化为多个单自由度系统的模态响应问题。在求得各模态的响应后，再进行叠加，就可以得到原系统的响应。这种模态分析方法也称为**振型叠加法**（modal superposition method）。

对于具有无限自由度的连续系统，也可以用这种方法来求系统的动力响应。只需把连续系统的位移表示成振型函数的级数，利用振型函数的正交性，就可将系统的几何坐标偏微分方程变换成一系列广义坐标的二阶常微分方程组。这样就可按一系列单自由度系统的问题来处理了。

5.7.1   有阻尼运动的微分方程

在建立运动微分方程时，关键是把阻尼机理表述清楚，其余部分可参照无阻尼情况建立。考虑以下两种形式的分布粘滞阻尼，即与绝对速度有关的外阻尼力 F_d 以及材料应变的粘性阻尼力 σ_d。

1. 与绝对速度有关的外阻尼力 F_d

当梁各点以 $y(x,t)$ 横向位移作弯曲振动时，设分布的黏性外阻尼系数为 $c(x)$，则分布的外阻尼力 F_d 为

$$F_\mathrm{d} = c(x)\frac{\partial y}{\partial t} \tag{5.7.1}$$

2. 材料应变的黏性阻尼力 σ_d

假定 σ_d 与梁截面的应变速度成比例。若用 c_s 表示应变速度内阻尼系数,则 σ_d 可表示为

$$\sigma_\mathrm{d} = c_\mathrm{s}\frac{\partial \varepsilon}{\partial t} \tag{5.7.2}$$

则梁的横截面上此分布阻尼力对中性轴的矩为

$$M_\mathrm{d} = \int_A \sigma_\mathrm{d} z \mathrm{d}A = \int_A c_\mathrm{s}\frac{\partial \varepsilon}{\partial t} z \mathrm{d}A \tag{5.7.3}$$

根据材料力学梁的弯曲理论,应变为 $\varepsilon = z\dfrac{\partial^2 y}{\partial x^2}$,代入式(5.7.3)则得

$$M_\mathrm{d} = \int_A c_\mathrm{s} z^2 \frac{\partial^3 y}{\partial x^2 \partial t} \mathrm{d}A = c_\mathrm{s} I(x)\frac{\partial^3 y}{\partial x^2 \partial t} \tag{5.7.4}$$

于是,平衡方程式(5.4.2)变成

$$\frac{\partial Q}{\partial x} = -\rho\frac{\partial^2 y}{\partial t^2} - c(x)\frac{\partial y}{\partial t} + p(x,t) \tag{5.7.5}$$

式(5.4.5)变成

$$M = EI(x)\frac{\partial^2 y}{\partial x^2} + c_\mathrm{s} I(x)\frac{\partial^3 y}{\partial x^2 \partial t} \tag{5.7.6}$$

将式(5.7.6)对 x 求导后,代入式(5.7.5),得运动方程

$$\frac{\partial^2}{\partial x^2}\left[EI(x)\frac{\partial^2 y}{\partial x^2} + c_\mathrm{s} I(x)\frac{\partial^3 y}{\partial x^2 \partial t}\right] = -\rho\frac{\partial^2 y}{\partial t^2} - c(x)\frac{\partial y}{\partial t} + p(x,t) \tag{5.7.7}$$

即

$$EI\frac{\partial^4 y}{\partial x^4} + c_\mathrm{s} I\frac{\partial^5 y}{\partial x^4 \partial t} + \rho\frac{\partial^2 y}{\partial t^2} + c\frac{\partial y}{\partial t} = p(x,t) \tag{5.7.8}$$

5.7.2　广义坐标的运动微分方程及其解

用振型叠加法求解时,与多自由度体系一样,采用广义坐标表示位移曲线。梁的位移可表示为

$$y(x,t) = \sum_{i=1}^{\infty} Y_i(x) q_i(t) \tag{5.7.9}$$

式中,$Y_i(x)$ 为梁的第 i 个主振型函数,$q_i(t)$ 为第 i 个广义坐标(权函数)。

将式(5.7.9)代入运动方程(5.7.8),得

$$\sum_{i=1}^{\infty} \rho Y_i(x)\,\ddot{q}_i(t) + \sum_{i=1}^{\infty}\left[c_\mathrm{s} I Y''''_i(x) + c Y_i(x)\right]\dot{q}_i(t) + \sum_{i=1}^{\infty} EI Y''''_i(x) q_i(t)$$
$$= p(x,t) \tag{5.7.10}$$

对式(5.7.10)两边各项乘以 $Y_j(x)$,沿梁的全长积分,并利用主振型函数对质量和刚度的正交性,可得

$$M_j^*\ddot{q}_j(t) + \sum_{i=1}^{\infty}\dot{q}_j(t)\int_0^l Y_j(x)\left[c_\mathrm{s} I Y''''_i(x) + c Y_i(x)\right]\mathrm{d}x + \omega_j^2 M_j^* q_j(t) = p_j^*(t) \tag{5.7.11}$$

式中

$$\omega_j^2 = \frac{K_j^*}{M_j^*} \tag{5.7.12a}$$

$$M_j^* = \int_0^l \rho [Y_i(x)]^2 \, \mathrm{d}x \qquad (5.7.12\mathrm{b})$$

$$K_j^* = \int_0^l Y_j(x) [EIY''_j(x)]'' \, \mathrm{d}x \qquad (5.7.12\mathrm{c})$$

$$p_j^*(t) = \int_0^l Y_j(x) p(x,t) \, \mathrm{d}x \qquad (5.7.12\mathrm{d})$$

M_j^*、K_j^*、$p_j^*(t)$ 分别称为第 j 振型对应的广义质量、广义刚度和广义荷载。对简支、固定和自由端的梁,广义刚度 K_j^* 还有如下公式

$$K_j^* = \int_0^l EI [Y''_j(x)]^2 \, \mathrm{d}x \qquad (5.7.13)$$

由式(5.7.11)看出,左边第二项是与阻尼有关的项,要使运动微分方程解耦,应设法使阻尼满足关于振型函数的正交性条件。一种常用作法是假设阻尼作用与质量、刚度成正比,即

$$c = a\rho, \quad c_s = bE \qquad (5.7.14)$$

式中,a、b 为比例常数;E 为弹性模量。

将式(5.7.14)代入式(5.7.11),并利用正交性条件,可得

$$M_j^* \ddot{q}_j(t) + (aM_j^* + bM_j^* \omega_j^2) \dot{q}_j(t) + \omega_j^2 M_j^* q_j(t) = p_j^*(t) \qquad (5.7.15)$$

用 ζ_j 代表第 j 振型的阻尼比,且令

$$\zeta_j = \frac{a}{2\omega_j} + \frac{b\omega_j}{2} \qquad (5.7.16)$$

显然,上式与多自由度体系中比例阻尼表达式相同。实际上,式(5.7.10)也为比例阻尼假定。

最后,由式(5.7.15)、式(5.7.16),可得第 j 振型对应的运动方程,即

$$\ddot{q}_j(t) + 2\zeta_j \omega_j \dot{q}_j(t) + \omega_j^2 q_j(t) = p_j^*(t)/M_j^* \qquad (5.7.17)$$

式(5.7.17)完全与有阻尼单自由度体系强迫振动运动微分方程相似,只包含一个广义坐标 $q_j(t)$,这在单自由度和多自由度体系中都已详细讨论过它的解法,此处不再赘述。当求得了各个振型对应的 $q_j(t)$ 之后,即可用式(5.7.9)计算位移 $y(x,t)$,且在实际问题中,通常只要取前面几个广义坐标就足够了。

若要计算梁中的内力,可以利用材料力学中弯矩、剪力与位移的微分关系求得,即

$$M(x,t) = EI \frac{\partial^2 y(x,t)}{\partial x^2} \qquad (5.7.18)$$

$$Q(x,t) = EI \frac{\partial^3 y(x,t)}{\partial x^3} \qquad (5.7.19)$$

【例 5.7.1】　如例 5.7.1 图所示的等截面简支梁,在其 1/4 跨长处作用一干扰力 $P_0 \sin\theta t$,已知 $\theta = 0.75\omega_1$,ω_1 为简支梁的基频,且阻尼比 $\zeta_1 = \zeta_2 = 0.05$,试求梁的位移和弯矩。

解　(1) 主振型及坐标变换关系

前面已经讨论过简支梁的主振型函数为

$Y_n(x) = \sin\dfrac{n\pi x}{l}$,$n = 1, 2, 3, \cdots$,则梁的动位移与广义坐标的关系为

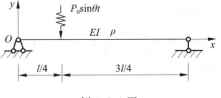

例 5.7.1 图

$$y(x,t) = \sum_{i=1}^{\infty} Y_i(x)q_i(t) = \sum_{i=1}^{\infty} \sin\frac{i\pi x}{l}q_i(t) \tag{a}$$

（2）广义质量和广义荷载

由式（5.7.12b）可得广义质量为

$$M_j^* = \int_0^l \rho\big[Y_i(x)\big]^2 \mathrm{d}x = \int_0^l \rho\Big[\sin\frac{i\pi x}{l}\Big]^2 \mathrm{d}x = \frac{\rho l}{2} \tag{b}$$

因在 1/4 跨长处作用一集中干扰力 $P_0\sin\theta t$，求广义荷载时，用 δ 函数表达较为方便，具体地，按式（5.7.12d）有

$$\begin{aligned}
p_j^*(t) &= \int_0^l Y_j(x)p(x,t)\mathrm{d}x = \int_0^l Y_j(x)P_0\sin\theta t \cdot \delta\Big(x-\frac{1}{4}l\Big)\mathrm{d}x \\
&= \int_0^l \sin\frac{j\pi x}{l}P_0\sin\theta t \cdot \delta\Big(x-\frac{1}{4}l\Big)\mathrm{d}x \\
&= P_0\sin\theta t \cdot \sin\frac{j\pi}{4} = p_j^*\sin\theta t
\end{aligned} \tag{c}$$

式中，$p_j^* = P_0\sin\dfrac{j\pi}{4}$。

（3）各阶振型阻尼比 ζ_j

由式（5.4.30）可知，$\omega_1 = \Big(\dfrac{\pi}{l}\Big)^2\sqrt{\dfrac{EI}{\rho}}$，$\omega_2 = \Big(\dfrac{2\pi}{l}\Big)^2\sqrt{\dfrac{EI}{\rho}}$，且由已知条件知 $\zeta_1 = \zeta_2 = 0.05$，代入式（5.7.16），可解得

$$a = \frac{2\omega_1\omega_2(\zeta_1\omega_2 - \zeta_2\omega_1)}{\omega_2^2 - \omega_1^2} = 0.08\frac{\pi^2}{l^2}\sqrt{\frac{EI}{\rho}} \tag{d}$$

$$b = \frac{2(\zeta_2\omega_2 - \zeta_1\omega_1)}{\omega_2^2 - \omega_1^2} = 0.02\frac{l^2}{\pi^2}\sqrt{\frac{\rho}{EI}} \tag{e}$$

故按式（5.7.16），并考虑式（5.4.30），得

$$\zeta_j = \frac{a}{2\omega_j} + \frac{b\omega_j}{2} = 0.01j^2 + \frac{0.04}{j^2} \tag{f}$$

（4）计算广义坐标 $q_j(t)$

由第 j 振型对应的运动方程（5.7.17），可参照单自由度体系的结果得

$$q_j(t) = \frac{p_j^*}{M_j^*\omega_j^2} \times \frac{1}{\sqrt{\Big(1-\dfrac{\theta^2}{\omega_j^2}\Big)^2 + \Big(2\zeta_j\dfrac{\theta}{\omega_j}\Big)^2}}\sin(\theta t - \alpha_j) \tag{g}$$

$$\tan\alpha_j = \frac{2\zeta_j\dfrac{\theta}{\omega_j}}{\Big(1-\dfrac{\theta^2}{\omega_j^2}\Big)} \tag{h}$$

① 计算 $q_1(t)$

将 $p_1^* = P_0\sin\dfrac{\pi}{4} = \dfrac{\sqrt{2}}{2}P_0$，$M_1^* = \dfrac{\rho l}{2}$，$\omega_1 = \Big(\dfrac{\pi}{l}\Big)^2\sqrt{\dfrac{EI}{\rho}}$，$\dfrac{\theta}{\omega_1} = 0.75$，$\zeta_1 = 0.05$ 代入式（g）、式（h）得

$$q_1(t) = \frac{\frac{\sqrt{2}}{2}P_0}{\frac{\rho l}{2}\left(\left(\frac{\pi}{l}\right)^2\sqrt{\frac{EI}{\rho}}\right)^2} \times \frac{1}{\sqrt{(1-0.75^2)^2+(2\times0.75\times0.05)^2}}\sin(\theta t - \alpha_1)$$

$$= 3.182\frac{P_0 l^3}{\pi^4 EI}\sin(\theta t - \alpha_1)$$

$$\tan\alpha_1 = \frac{2\times0.05\times0.75}{1-0.75^2} = 0.1713, \alpha_1 = 9°43'$$

② 计算 $q_2(t)$

将 $p_2^* = P_0\sin\frac{2\pi}{4} = P_0, M_2^* = \frac{\rho l}{2}, \frac{\theta}{\omega_2} = \frac{\theta}{\omega_1}\cdot\frac{\omega_1}{\omega_2} = 0.75\times\frac{1}{2^2} = 0.1875, \omega_2 = \left(\frac{2\pi}{l}\right)^2\sqrt{\frac{EI}{\rho}}$,

$\zeta_2 = 0.05$ 代入式(g)、(h)得

$$q_2(t) = \frac{P_0}{\frac{\rho l}{2}\left(\left(\frac{2\pi}{l}\right)^2\sqrt{\frac{EI}{\rho}}\right)^2} \times \frac{1}{\sqrt{(1-0.1875^2)^2+(2\times0.1875\times0.05)^2}}\sin(\theta t - \alpha_2)$$

$$= 0.1294\frac{P_0 l^3}{\pi^4 EI}\sin(\theta t - \alpha_2)$$

$$\tan\alpha_2 = \frac{2\times0.05\times0.1875}{1-0.1875^2} = 0.01945, \alpha_2 = 1°7'$$

③ 计算 $q_3(t)$

将 $p_3^* = P_0\sin\frac{3\pi}{4} = \frac{\sqrt{2}}{2}P_0, M_3^* = \frac{\rho l}{2}, \frac{\theta}{\omega_3} = \frac{\theta}{\omega_1}\cdot\frac{\omega_1}{\omega_3} = 0.75\times\frac{1}{3^2} = 0.0833, \omega_2 = \left(\frac{3\pi}{l}\right)^2\sqrt{\frac{EI}{\rho}}$,

$\zeta_3 = 0.01\times3^2 + \frac{0.04}{3^2} = 0.0945$ 代入式(g)、(h)得

$$q_3(t) = \frac{\frac{\sqrt{2}}{2}P_0}{\frac{\rho l}{2}\left(\left(\frac{3\pi}{l}\right)^2\sqrt{\frac{EI}{\rho}}\right)^2} \times \frac{1}{\sqrt{(1-0.0833^2)^2+(2\times0.0833\times0.0945)^2}}\sin(\theta t - \alpha_3)$$

$$= 0.0175\frac{P_0 l^3}{\pi^4 EI}\sin(\theta t - \alpha_3)$$

$$\tan\alpha_3 = \frac{2\times0.0945\times0.0833}{1-0.0833^2} = 0.0159, \quad \alpha_3 = 0°55'$$

④ 计算 $q_4(t)$

$p_4^* = P_0\sin\frac{4\pi}{4} = 0$，故 $q_4(t) = 0$，说明位移中不包含第四振型的分量。

⑤ 计算 $q_5(t)$

将 $p_5^* = P_0\sin\frac{5\pi}{4} = -\frac{\sqrt{2}}{2}P_0, M_5^* = \frac{\rho l}{2}, \frac{\theta}{\omega_5} = 0.03, \omega_5 = \left(\frac{5\pi}{l}\right)^2\sqrt{\frac{EI}{\rho}}, \zeta_5 = 0.01\times5^2 + \frac{0.04}{5^2} = 0.2516$ 代入式(g)、式(h)得

$$q_5(t) = \frac{-\frac{\sqrt{2}}{2}P_0}{\frac{\rho l}{2}\left(\left(\frac{5\pi}{l}\right)^2\sqrt{\frac{EI}{\rho}}\right)^2} \times \frac{1}{\sqrt{(1-0.03^2)^2+(2\times0.03\times0.2516)^2}}\sin(\theta t - \alpha_5)$$

$$= -0.0023 \frac{P_0 l^3}{\pi^4 EI} \sin(\theta t - \alpha_5)$$

$$\tan\alpha_5 = \frac{2 \times 0.03 \times 0.2516}{1 - 0.03^2} = 0.0151, \quad \alpha_5 = 0°52'$$

由以上所得广义坐标可知,到 $q_5(t)$ 为止,已满足精确度,可不再继续计算。

(5) 计算动位移和弯矩

将以上所得广义坐标代入式(a)中,可得梁的动位移为

$$y(x,t) = \sum_{i=1}^{\infty} \sin\frac{i\pi x}{l} q_i(t)$$

$$= \frac{P_0 l^3}{\pi^4 EI} \left[3.182\sin(\theta t - 9°43')\sin\frac{\pi x}{l} + 0.1294\sin(\theta t - 1°7')\sin\frac{2\pi x}{l} \right.$$

$$\left. + 0.0175\sin(\theta t - 0°55')\sin\frac{3\pi x}{l} - 0.0023\sin(\theta t - 0°52')\sin\frac{5\pi x}{l} \right] \quad (i)$$

梁的动弯矩由式

$$M(x,t) = EI\frac{\partial^2 y(x,t)}{\partial x^2}$$

$$= \frac{P_0 l}{\pi^2} \left[-3.182\sin(\theta t - 9°43')\sin\frac{\pi x}{l} - 0.1294 \times 2^2 \sin(\theta t - 1°7')\sin\frac{2\pi x}{l} \right.$$

$$\left. - 0.0175 \times 3^2 \sin(\theta t - 0°55')\sin\frac{3\pi x}{l} + 0.0023 \times 5^2 \sin(\theta t - 0°52')\sin\frac{5\pi x}{l} \right] \quad (j)$$

① 荷载作用点的位移

将 $x = l/4$ 代入式(i),得

$$y\left(\frac{l}{4}, t\right) = \frac{P_0 l^3}{\pi^4 EI} \left[2.25\sin(\theta t - 9°43') + 0.1294\sin(\theta t - 1°7') \right.$$

$$\left. + 0.0124\sin(\theta t - 0°55') + 0.0016\sin(\theta t - 0°52') \right]$$

将上式右边中括号内 4 项合并,其计算方法如下:

设右边 4 项合并后为 $A\sin(\theta t - \varphi)$,即

$$A\sin(\theta t - \varphi) = 2.25\sin(\theta t - 9°43') + 0.1294\sin(\theta t - 1°7') + 0.0124\sin(\theta t - 0°55')$$

$$+ 0.0016\sin(\theta t - 0°52')$$

左边 $= A\sin(\theta t - \varphi) = A\sin\theta t\cos\varphi - A\cos\theta t\sin\varphi$

右边 $= 2.25\sin\theta t\cos 9°43' - 2.25\cos\theta t\sin 9°43' + 0.1294\sin\theta t\cos 1°7'$

$$- 0.1294\cos\theta t\sin 1°7' + 0.0124\sin\theta t\cos 0°55' - 0.0124\cos\theta t\sin 0°55'$$

$$+ 0.0016\sin\theta t\cos 0°52' - 0.0016\cos\theta t\sin 0°52'$$

整理得

$$A\cos\varphi = 2.25\cos 9°43' + 0.1294\cos 1°7' + 0.0124\cos 0°55' + 0.0016\cos 0°52' = 2.357$$

$$A\sin\varphi = 2.25\sin 9°43' + 0.1294\sin 1°7' + 0.0124\sin 0°55' + 0.0016\sin 0°52' = 0.378$$

所以

$$A = \sqrt{2.357^2 + 0.378^2} = 2.387, \qquad \tan\varphi = \frac{0.378}{2.357} = 0.160, \varphi = 9°8'$$

故

$$y\left(\frac{l}{4}, t\right) = \frac{2.387}{\pi^4}\frac{P_0 l^3}{EI}\sin(\theta t - 9°8') = 0.0243\frac{P_0 l^3}{EI}\sin(\theta t - 9°8') \quad (k)$$

② 荷载作用点的弯矩

将 $x=l/4$ 代入式(j),得

$$M\left(\frac{l}{4},t\right)=\frac{-P_0 l}{\pi^2}\left[2.25\sin(\theta t-9°43')+0.5176\sin(\theta t-1°7')\right.$$
$$\left.+0.1113\sin(\theta t-0°55')+0.0407\sin(\theta t-0°52')\right]$$

再将上式右边方括号内 4 项合并为 1 项,得

$$M\left(\frac{l}{4},t\right)=-2.91\frac{P_0 l}{\pi^2}\sin(\theta t-7°43')=-0.295P_0 l\sin(\theta t-7°43')$$

(6) $\theta=\omega_1$ 时的动位移

其计算方法与前述相同,仍计算至 $q_5(t)$ 为止,最后得

$$y(x,t)=\frac{P_0 l^3}{\pi^4 EI}\left[14.14\sin(\theta t-90°)\sin\frac{\pi x}{l}+0.1325\sin(\theta t-1°32')\sin\frac{2\pi x}{l}\right.$$
$$\left.+0.0177\sin(\theta t-1°13')\sin\frac{3\pi x}{l}-0.0023\sin(\theta t-1°10')\sin\frac{5\pi x}{l}\right]\tag{l}$$

(7) $\theta=\omega_2$ 时的动位移

计算结果为

$$y(x,t)=\frac{P_0 l^3}{\pi^4 EI}\left[0.0924\sin(\theta t-178°28')\sin\frac{\pi x}{l}+1.25\sin(\theta t-90°)\sin\frac{2\pi x}{l}\right.$$
$$\left.+0.0216\sin(\theta t-5°58')\sin\frac{3\pi x}{l}-0.0023\sin(\theta t-4°44')\sin\frac{5\pi x}{l}\right]\tag{m}$$

(8) 讨论

本题中梁的振动处于第一共振区,由式(i)看出,第一振型的位移曲线占最大成分,而高振型的成分较小。再由式(j)的弯矩看,高振型的影响较位移时有所增加,例如,假设式(i)中第 j 项与第 1 项的位移幅值之比为 γ,则在式(j)中第 j 项与第 1 项的位移幅值之比为 $j^2\gamma$,因此,为了获得同样的精确度,与位移相比,计算内力时就要取较多的项数。这一结论同样适用于一般动荷载情况。

不考虑阻尼时,当干扰力频率 θ 等于某一自振频率时,位移成为无限大,若考虑阻尼时,则位移仍为有限值,但这时比共振区以外的值迅速增大很多。此外,有阻尼共振时,高振型影响减小。例如,由式(l)和式(m)看出,$\theta=\omega_2$ 时的位移峰值要比 $\theta=\omega_1$ 时的位移峰值低很多。

当 $\theta=\omega_j$ 时,不论干扰力作用于何处,在总位移中,第 j 个共振的振型分量将占绝大部分。例如,当 $\theta=\omega_1$ 时,式(l)中的第 1 项的值最大;当 $\theta=\omega_2$ 时,式(m)中的第 2 项的值最大。可以认为,总的位移曲线是与第 j 振型的位移曲线基本重合的,根据这一理由,可通过实验的方法,利用共振原理测定振型曲线。

5.8   MATLAB 算例

连续系统的运动状态需要用偏微分方程来描述,这种系统的振动方程的求解在数学上可归结为偏微分方程的求解,MATLAB 可以求解常见的偏微分方程。MATLAB 提供了两种方法求解偏微分方程问题,一是采用 pdepe() 函数,它可以求解一般的抛物线型和椭圆型

偏微分方程,但只支持命令行形式调用。二是采用偏微分方程工具箱(PDE toolbox),可以求解常见的二阶偏微分方程。工具箱有较大的局限性,比如只能求解二阶问题,并且不能解决偏微分方程组,但是它提供了 GUI 界面,可以让使用者从繁杂的编程中解脱出来,同时还可以通过 File→Save As 直接生成 M 代码。

本节将首先介绍一般偏微分方程的 MATLAB 语法规则,然后给出算例,供大家参考。

5.8.1　pdepe()函数

MATLAB 语言提供了 pdepe()函数,可以利用它直接求解一般偏微分方程组。该函数的调用格式为

sol＝pdepe(m,@pdefun,@pdeic,@pdebc,x,t)

其中,@pdefun 是偏微分方程的描述函数,它必须采用下面的标准形式

$$c\left(x,t,\boldsymbol{u},\frac{\partial \boldsymbol{u}}{\partial x}\right)\frac{\partial \boldsymbol{u}}{\partial t}=x^{-m}\frac{\partial}{\partial x}\left[x^m \boldsymbol{f}\left(x,t,\boldsymbol{u},\frac{\partial \boldsymbol{u}}{\partial x}\right)\right]+\boldsymbol{s}\left(x,t,\boldsymbol{u},\frac{\partial \boldsymbol{u}}{\partial x}\right) \tag{5.8.1}$$

其中,$m=0,1$ 或 2。

这样,偏微分方程就可以编写下面的入口函数

$[\boldsymbol{c},\boldsymbol{f},\boldsymbol{s}]=$pdefun(x,t,$\boldsymbol{u}$,$\boldsymbol{ux}$)

ux 是 $\boldsymbol{u}$ 对 x 的一阶导数,由给定的输入变量可表示出 $\boldsymbol{c},\boldsymbol{f},\boldsymbol{s}$ 这 3 个函数。

@pdeic 是偏微分方程的初始条件,初始条件的描述为 $\boldsymbol{u}(x,t_0)=\boldsymbol{u}_0$,这样,可以使用的函数描述为:u0＝pdeic(x)。

@pdebc 是偏微分方程的边界条件,它的标准形式为

$$\boldsymbol{p}(x,t,\boldsymbol{u})+\boldsymbol{q}(x,t,\boldsymbol{u}).*\boldsymbol{f}\left(x,t,\boldsymbol{u},\frac{\partial \boldsymbol{u}}{\partial x}\right)=0 \tag{5.8.2}$$

于是,这样的边界条件可以编写一个如下的 MATLAB 函数描述为

$[p_a,q_a,p_b,q_b]=$pdebc(x,t,u,ux)

其中,a 和 b 分别表示下边界和上边界。

5.8.2　pde toolbox 工具箱

1. 偏微分方程的形式

MATLAB 偏微分方程工具箱可以求解椭圆型、抛物线型、双曲型偏微分方程,这几种方程的一般表示形式为:

(1) 椭圆型偏微分方程

椭圆型偏微分方程的一般表示形式为

$$-\mathrm{div}(c\,\nabla u)+au=f(\boldsymbol{x},t) \tag{5.8.3}$$

其中,若 $u=u(x_1,x_2,\cdots,x_n,t)=u(x,t)$,$\nabla u$ 为 u 的梯度,则其定义为

$$\nabla u=\left[\frac{\partial}{\partial x_1},\frac{\partial}{\partial x_2},\cdots,\frac{\partial}{\partial x_n}\right]u \tag{5.8.4}$$

div(v)为 v 的散度,其定义为

$$\mathrm{div}(v)=\left(\frac{\partial}{\partial x_1}+\frac{\partial}{\partial x_2}+\cdots+\frac{\partial}{\partial x_n}\right)v \tag{5.8.5}$$

这样，$\mathrm{div}(c\nabla u)$ 可以表示成

$$\mathrm{div}(c\,\nabla\,u)=\left[\frac{\partial}{\partial x_1}\left(c\,\frac{\partial u}{\partial x_1}\right)+\frac{\partial}{\partial x_2}\left(c\,\frac{\partial u}{\partial x_2}\right)+\cdots+\frac{\partial}{\partial x_n}\left(c\,\frac{\partial u}{\partial x_n}\right)\right] \tag{5.8.6}$$

若 c 为常数，则上式可以进一步写为

$$\mathrm{div}(c\,\nabla\,u)=c\left(\frac{\partial^2}{\partial x_1^2}+\frac{\partial^2}{\partial x_2^2}+\cdots+\frac{\partial^2}{\partial x_n^2}\right)u=c\Delta u \tag{5.8.7}$$

其中，$\Delta=\dfrac{\partial^2}{\partial x_1^2}+\dfrac{\partial^2}{\partial x_2^2}+\cdots+\dfrac{\partial^2}{\partial x_n^2}$ 为 Laplace 算子。这样，椭圆型偏微分方程可以更简单地写成

$$-c\left(\frac{\partial^2}{\partial x_1^2}+\frac{\partial^2}{\partial x_2^2}+\cdots+\frac{\partial^2}{\partial x_n^2}\right)u+au=f(\boldsymbol{x},t) \tag{5.8.8}$$

（2）抛物线型偏微分方程

抛物线型偏微分方程的一般表示形式为

$$\mathrm{d}\,\frac{\partial u}{\partial t}-\mathrm{div}(c\,\nabla\,u)+au=f(\boldsymbol{x},t) \tag{5.8.9}$$

若 c 为常数，则上式可以进一步写为

$$\mathrm{d}\,\frac{\partial u}{\partial t}-c\left(\frac{\partial^2}{\partial x_1^2}+\frac{\partial^2}{\partial x_2^2}+\cdots+\frac{\partial^2}{\partial x_n^2}\right)u+au=f(\boldsymbol{x},t) \tag{5.8.10}$$

（3）双曲型偏微分方程

双曲型偏微分方程的一般表示形式为

$$\mathrm{d}\,\frac{\partial^2 u}{\partial^2 t}-\mathrm{div}(c\,\nabla\,u)+au=f(\boldsymbol{x},t) \tag{5.8.11}$$

若 c 为常数，则上式可以进一步写为

$$\mathrm{d}\,\frac{\partial^2 u}{\partial^2 t}-c\left(\frac{\partial^2}{\partial x_1^2}+\frac{\partial^2}{\partial x_2^2}+\cdots+\frac{\partial^2}{\partial x_n^2}\right)u+au=f(\boldsymbol{x},t) \tag{5.8.12}$$

这 3 种类型的偏微分方程，它们直接的区别在于 u 函数对 t 的导数阶次，如果 u 对 t 没有求导，则可以理解为其值为常数，故称为椭圆型偏微分方程；如果 u 对 t 取一阶导数，则该一阶导数与 u 对 x 的二阶导数直接构成了抛物线关系，故称为抛物线型偏微分方程；如果 u 对 t 取二阶导数，则可以称之为双曲型偏微分方程。

MATLAB 的偏微分方程工具箱采用有限元方法求解各种偏微分方程，椭圆型偏微分方程求解中，c、a、d、f 均可以为给定函数的形式，但其他类型偏微分方程求解时，它们必须为常数。

2. 偏微分方程工具箱求解界面

在 MATLAB 提示符下输入 pdetool，将启动偏微分方程求解界面，如图 5.8.1 所示。

偏微分方程求解界面包括以下几个部分：

（1）菜单系统

偏微分方程工具箱有较全面的菜单系统，其中大部分实用功能均可以由工具栏实现。

（2）工具栏

工具栏内各个按钮的详细内容如图 5.8.2 所示，工具栏能实现从求解区域设定、微分方程参数描述、求解到结果显示在内的一整套实际功能。工具栏右侧的列表框还给出了

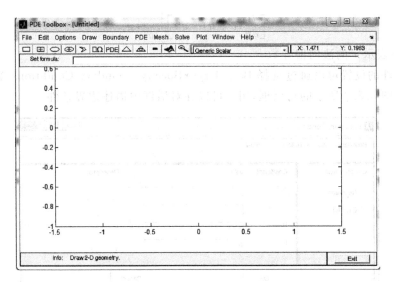

图 5.8.1 偏微分方程求解界面

MATLAB 能直接求解的一些常用微分方程的类型。

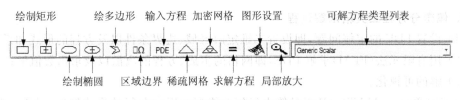

图 5.8.2 偏微分方程求解工具栏

（3）集合编辑

用户可以在求解区域用不同的几何形状画出若干集合,而集合编辑区域允许用户用加减法等表示集合的并、交和差集运算,更精确地描述求解区域。

（4）求解区域

求解区域为界面下部的区域,用户可以在该部分绘制出问题的求解区域,微分方程的解也可以在这个区域内用二维的形式表示出来。另外,MATLAB 还支持三维表示,但需要打开新的图形窗口。

3. 偏微分方程边界条件描述

一般在 PDE 中边界条件包括狄利克雷条件和纽曼(Neumann)条件:

（1）狄利克雷条件

一般描述为

$$h\left(\boldsymbol{x},t,u,\frac{\partial u}{\partial \boldsymbol{x}}\right)u\mid_{\partial\Omega}=r\left(\boldsymbol{x},t,u,\frac{\partial u}{\partial \boldsymbol{x}}\right) \tag{5.8.13}$$

其中,$\partial\Omega$ 表示求解区域的边界。假设在边界上满足该方程,则只需给出 r 和 h 函数即可,这两个参数可以为常数,也可以是 x 的函数,甚至可以是 u、$\partial u/\partial x$ 的函数。

（2）纽曼条件

一般描述为

$$\left[\frac{\partial u}{\partial \boldsymbol{n}}(c\nabla u)+qu \right]\Bigg|_{\partial\Omega}=g \qquad (5.8.14)$$

其中，$\partial u/\partial\boldsymbol{n}$ 表示 u 的法向偏导数。

　　边界条件的设置可以通过选择 Boundary→Specify Boundary Conditions 菜单进行，将打开一个如图 5.8.3 所示的对话框，用户可以在对话框中描述边界条件。

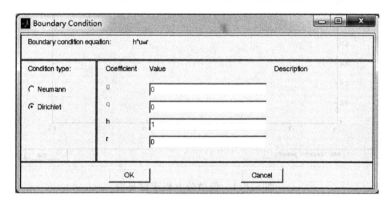

图 5.8.3　边界条件设置对话框

4. 偏微分方程工具箱求解过程

（1）设置 PDE 的定解问题，即设置二维定解区域、边界条件以及方程的形式和系数；

（2）用有限元法（FEM）求解 PDE，即网格的生成、方程的离散以及求出数值解；

（3）解的可视化。

　　应该注意的是，MATLAB 工具箱中任何功能都能用命令行的形式解决，对于一些复杂的问题，GUI 形式是解决不了的，这时就必须用命令行形式自己编程来解决，这一问题可参阅例 M_5.8.2。

5.8.3　例题

【M_5.8.1】　试求解下面的偏微分方程

$$\begin{cases} \dfrac{\partial u_1}{\partial t}=0.024\,\dfrac{\partial^2 u_1}{\partial x^2}-F(u_1-u_2) \\[3mm] \dfrac{\partial u_2}{\partial t}=0.17\,\dfrac{\partial^2 u_2}{\partial x^2}+F(u_1-u_2) \end{cases}$$

其中，$F(x)=\mathrm{e}^{5.73x}-\mathrm{e}^{-11.46x}$，且满足初始条件 $u_1(x,0)=1, u_2(x,0)=0$ 及边界条件 $\dfrac{\partial u_1}{\partial x}(0,t)=0, u_2(0,t)=0, u_1(1,t)=1, \dfrac{\partial u_2}{\partial x}(1,t)=0$。

　　解　（1）偏微分方程的描述

对照给出的偏微分及标准形式（5.8.1），可将原方程改写为

$$\begin{bmatrix} 1 \\ 1 \end{bmatrix}.*\frac{\partial}{\partial t}\begin{bmatrix} u_1 \\ u_2 \end{bmatrix}=\frac{\partial}{\partial x}\begin{bmatrix} 0.024\,\dfrac{\partial u_1}{\partial x} \\[3mm] 0.17\,\dfrac{\partial u_2}{\partial x} \end{bmatrix}+\begin{bmatrix} -F(u_1-u_2) \\ +F(u_1-u_2) \end{bmatrix}$$

可见,$m=0$,且

$$c=\begin{bmatrix}1\\1\end{bmatrix}, \quad f=\begin{bmatrix}0.024\ \dfrac{\partial u_1}{\partial x}\\[2mm]0.17\ \dfrac{\partial u_2}{\partial x}\end{bmatrix}, \quad s=\begin{bmatrix}-F(u_1-u_2)\\+F(u_1-u_2)\end{bmatrix}$$

这样,可编写出描述偏微分方程的 MATLAB 函数为:

```
function [c,f,s]=pdefun_581(x,t,u,du)          %建立偏微分方程描述函数
c=[1;1];
y=u(1)-u(2); F=exp(5.73*y)-exp(-11.46*y);
s=F*[-1;1]
f=[0.024*du(1);0.017*du(2)];
```

（2）边界条件

边界条件改写为:

$$左边界:\begin{bmatrix}0\\u_2\end{bmatrix}+\begin{bmatrix}1\\0\end{bmatrix}.*f=\begin{bmatrix}0\\0\end{bmatrix}$$

$$右边界:\begin{bmatrix}u_1-1\\0\end{bmatrix}+\begin{bmatrix}0\\1\end{bmatrix}.*f=\begin{bmatrix}0\\0\end{bmatrix}$$

可以编写出如下的描述边界条件的 MATLAB 函数。

```
function [pa,qa,pb,qb]=pdebc_581(xa,ua,xb,ub,t)          %建立偏微分方程边界条件函数
pa=[0;ua(2)];qa=[1;0];
pb=[ub(1)-1;0];qb=[0;1];
```

（3）初始条件

初始条件改写为

$$\begin{bmatrix}u_1\\u_2\end{bmatrix}=\begin{bmatrix}1\\0\end{bmatrix}$$

可以编写出如下的描述初始条件的 MATLAB 函数:

```
function [u0]=pdeic_581(x)          %建立偏微分方程初始条件函数
u0=[1;0];
```

（4）偏微分方程求解

有了以上 3 个函数,选定 x 和 t 向量,则可以由下面的语句直接求解偏微分方程,得出解 u_1、u_2,如图 M_5.8.1 所示,程序如下:

```
>>x=0:0.05:1;t=0:0.05:2;m=0;
    sol=pdepe(m,@pdefun_581,@pdeic_581,@pdebc_581,x,t);
    u1=sol(:,:,1);
    u2=sol(:,:,2);
    figure;
    surf(x,t,u1)
    xlabel('Distance x')
    ylabel('Time t')
```

```
figure；
surf(x,t,u2)
title('u2(x,t)')
xlabel('Distance x')
ylabel('Time t')
```

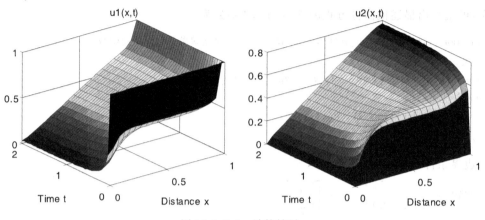

图 M_5.8.1　计算结果

【M_5.8.2】　设张紧的弦在初始时刻被拨到图 M_5.8.2(a)所示位置，然后无初速度地释放，不考虑阻尼，利用 PDETOOL 求弦的自由振动，并与理论分析结果进行对比。

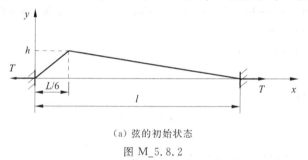

（a）弦的初始状态

图 M_5.8.2

解

（1）偏微分方程的描述

由式(5.1.8)，弦无阻尼自由振动的方程可以写为

$$\frac{\partial^2 y}{\partial t^2} = c^2 \frac{\partial^2 y}{\partial x^2}$$

（2）其边界条件为

$$y(0,t) = y(l,t) = 0$$

（3）其初始条件为

$$y(x,0) = f(x) = \begin{cases} \dfrac{6h}{l}x, & 0 \leqslant x \leqslant \dfrac{l}{6} \\[3mm] \dfrac{6h}{5l}(l-x), & \dfrac{l}{6} \leqslant x \leqslant l \end{cases}$$

$$\frac{\partial y}{\partial t}(x,0) = g(x) = 0$$

（4）偏微分方程求解

由于初始条件较为复杂,采用图形用户界面较难解决,因此,本例采用命令行方式。另外,由于 PDETOOL 的求解区域为 x-y 平面,本例将一维的弦假定为单位宽度,从而求解区域与工具箱匹配。$h=0.2, l=1.0, c=1$。图 M_5.8.2(b)所示为 $t=5$s 时,弦所处的状态。程序如下:

```
clc;clear;
h=0.2;
l=1.0;
c=1;a=0;f=0;d=1;
[p,e,t]=initmesh('mygeom');
[p,e,t]=refinemesh('mygeom',p,e,t);%细化网格
x=p(1,:)'; y=p(2,:)';
u0=6*h/l*x.*(x>=0 & x<=l/6)+6*h/l/5*(l-x).*(x>l/6 & x<=l);%初始条件
ut0=0;
n=31;
tlist=linspace(0,5,n); %0~5s 时间向量
uu=hyperbolic(u0,ut0,tlist,'squareb3',p,e,t,1,0,0,1);
pdeplot(p,e,t,'xydata',uu,'zdata',uu,'mesh','off')
delta=0:0.05:1;
[uxy,tn,a2,a3]=tri2grid(p,t,uu(:,1),delta,delta);%为加速绘图,把三角形网格转化成矩形网格
gp=[tn;a2;a3];
h=newplot;hf=get(h,'parent');
M=moviein(n,hf);
umax=max(max(uu));
umin=min(min(uu));
for i=1:n,
    pdeplot(p,e,t,'xydata',uu(:,i),'zdata',uu(:,i)...
        'mesh','on','xygrid','on','gridparam',gp...
        'colorbar','off','zstyle','continuous');
    axis([0 1 0 1 umin umax]); caxis([umin umax]);
    M(:,i)=getframe;
end
movie(M,10);
```

程序中用到的 mygeom() 函数定义如下:

```
function [x,y]=mygeom(bs,s)
nbs=4;                  % 表示边界的段数
if nargin==0,
x=nbs; % 不给定输入变量时,输出表示几何区域边界的线段数
return
end
d=[
0 0 0 0               % 表示每条线段起始值的参量值 t(四条边界,所以有四列)
```

```
1 1 1 1                    % 表示每条线段的终点值参量值 t
0 0 0 0                    % 沿线段方向左边区域的标识值,如果是1,表示选定左边区域,如果是0,
                          % 表示不选定左边区域
1 1 1 1                    % 沿线段方向右边区域的标识值,规则同上。
];
bs1=bs(:)';
if find(bs1<1 | bs1>nbs),
error('PDE:squareg:InvalidBs','Non existent boundary segment number.')
end
if nargin==1,
x=d(:,bs1);                % 给定一个输入变量时,输出区域边界数据的矩阵
return
end
x=zeros(size(s));
y=zeros(size(s));
[m,n]=size(bs);
if m==1 && n==1,
bs=bs*ones(size(s)); % expand bs
elseif m~=size(s,1) || n~=size(s,2),
error('PDE:squareg:SizeBs','bs must be scalar or of same size as s.');
end
if ~isempty(s),
% 第一段边界
ii=find(bs==1);
if length(ii)
x(ii)=interp1([d(1,1),d(2,1)],[0 1],s(ii));% 通过参量来确定边界上的值
y(ii)=interp1([d(1,1),d(2,1)],[1 1],s(ii));%
end
% 第二段边界
ii=find(bs==2);
if length(ii)
x(ii)=interp1([d(1,2),d(2,2)],[1 1],s(ii));
y(ii)=interp1([d(1,2),d(2,2)],[1 0],s(ii));
end
% 第三段边界
ii=find(bs==3);
if length(ii)
x(ii)=interp1([d(1,3),d(2,3)],[1 0],s(ii));
y(ii)=interp1([d(1,3),d(2,3)],[0 0],s(ii));
end
% 第四段边界
ii=find(bs==4);
if length(ii)
```

```
x(ii)=interp1([d(1,4),d(2,4)],[0 0],s(ii));
y(ii)=interp1([d(1,4),d(2,4)],[0 1],s(ii));
end
end
```

（5）与理论解的对比分析

由例 5.1.2 可知，弦自由振动的解为

$$y(x,t)=\frac{72h}{5\pi^2}\left\{\frac{1}{2}\sin\frac{\pi x}{l}\cos\frac{\pi}{l}\sqrt{\frac{T}{\rho}}t+\frac{0.866}{4}\sin\frac{2\pi x}{l}\cos\frac{2\pi}{l}\sqrt{\frac{T}{\rho}}t+\frac{1}{9}\sin\frac{3\pi x}{l}\cos\frac{3\pi}{l}\sqrt{\frac{T}{\rho}}t\right.$$

$$\left.+\frac{0.866}{16}\sin\frac{4\pi x}{l}\cos\frac{4\pi}{l}\sqrt{\frac{T}{\rho}}t+\cdots\right\}$$

本例中，$\sqrt{\frac{T}{\rho}}=1.0,x=0.2$。理论解与数值解的对比如图 M_5.8.2(c)所示。程序如下：

```
temp=find(p(1,:)==0.2);  %提取 x=0.2 所对应的矩阵下标
x2=0.2;
t=tlist;
y2=72*h1/5/(pi^2)*(1/2*sin(pi*x2/l)*cos(c*pi/l*t)…
            +0.866/4*sin(2*pi*x2/l)*cos(2*c*pi/l*t)…
            +1/9*sin(3*pi*x2/l)*cos(3*c*pi/l*t));
figure(3)
plot(t,uu(temp,:),t,y2)
legend('数值解','理论解')
```

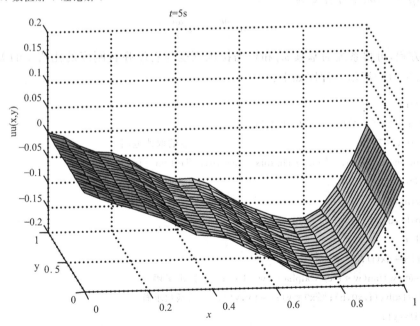

(b) $t=5s$ 时弦的振动状态

图 M_5.8.2

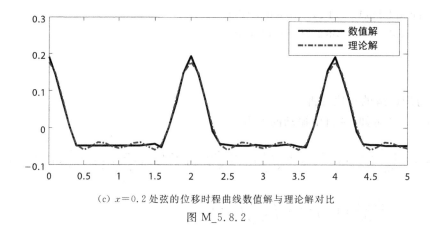

（c）$x=0.2$ 处弦的位移时程曲线数值解与理论解对比

图 M_5.8.2

【M_5.8.3】 研究例 5.2.2 中系统频率的变化规律。

解   由例 5.2.2 可知，系统的频率方程为

$$\tan\frac{\omega l}{c}=\frac{EA\dfrac{\omega}{c}}{M\omega^2-k}=\frac{\dfrac{EA}{lk}\left(\dfrac{\omega l}{c}\right)}{\left(\dfrac{Mc^2}{k}\,\dfrac{1}{l^2}\right)\left(\dfrac{\omega l}{c}\right)^2-1}=\frac{\alpha\left(\dfrac{\omega l}{c}\right)}{\dfrac{\alpha}{\beta}\left(\dfrac{\omega l}{c}\right)^2-1}$$

式中，$\alpha=\dfrac{EA}{lk}$ 为杆的拉压刚度与右端弹簧刚度的比值；$\beta=\dfrac{\rho Al}{M}$ 为杆的质量与右端集中质量的比值。

（1）$M=0,k\neq0$

此时，$\beta\rightarrow\infty$，频率方程变为

$$\tan\frac{\omega l}{c}=-\alpha\frac{\omega l}{c}$$

解此方程，可得系统的基频 ω_1 和杆的拉压刚度与右端弹簧刚度的比值 α 的关系曲线，如图 M_5.8.3(a)所示。程序如下：

```
clear;clc;
c=4000;l=2;%参数取值,c 取 4000,l 取 2
xx=0.01:0.05:20;                        %α 的取值范围
h=optimset;h. Display='notify';h. tolx=1e−10;h. TolFun=1e−12;
x0=4000;                                %选取 ω1 初值
n=length(xx);
y=zeros(1,n);
for i=1:n
    alpha=xx(i);
    f=@(w)tan(w*l/c)+alpha*(w*l/c);      %定义函数
    y1=fsolve(f,x0,h);%x0=y1;y=[y,y1];   %函数求解
    y(i)=y1;
    x0=y1;                               %把本次结果作为下次计算的初值
end
```

```
plot(xx,y,'b')
```

应注意的是,在程序中,函数初值的选取应根据 $\tan\dfrac{\omega l}{c}=-\alpha\dfrac{\omega l}{c}$ 的特点,判断出等式右边项为负数,因此 $\dfrac{\omega l}{c}$ 应在第二象限,由此可大致判断出基频 ω_1 的大致范围,并按此确定初值从而确保求解结果正确。

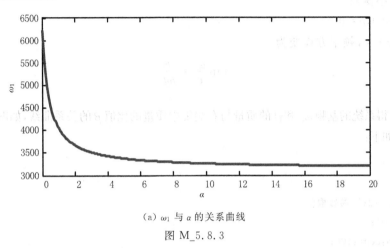

(a) ω_1 与 α 的关系曲线

图 M_5.8.3

(2) $M=0,k=0$

此时,杆的拉压刚度与右端弹簧刚度的比值 $\alpha=\dfrac{EA}{lk}\rightarrow\infty$,由例 5.2.2 中式(5.2.17)可知,此时基频的理论解为

$$\omega_1=\frac{(2n-1)\pi}{2}\frac{c}{l}=\frac{(2\times1-1)\pi}{2}\frac{4000}{2}=3141.6\text{rad/s}$$

由图 M_5.8.3(a)可知,当 $\alpha=20$ 时,$\omega_1=3204\text{rad/s}$,而且随着 α 的增大,ω_1 趋于稳定。ω_1 值可在上一步程序执行后,直接在 MATLAB 命令窗口中输入:

```
y(end)
得到
ans =
  3.2040e+003
```

对比可知,$\alpha=20$ 时数值计算所得结果与理论值偏差仅为 3.13%。程序中,增大 α 值可进一步减小偏差。

(3) $M=0,k\rightarrow\infty$

此时,杆的拉压刚度与右端弹簧刚度的比值 $\alpha=\dfrac{EA}{lk}\rightarrow0$,由例 5.2.2 中式(5.2.20)可知,此时基频的理论解为

$$\omega_1=\frac{n\pi c}{l}=\frac{1\times\pi\times4000}{2}=6283.2\text{rad/s}$$

由图 M_5.8.3(a)可知,当 $\alpha=0.01$ 时,$\omega_1=6221\text{rad/s}$,而且随着 α 的减小,ω_1 趋于稳定。ω_1 值可在上一步程序执行后,直接在 MATLAB 命令窗口中输入:

```
y(1)
```

得到

```
ans =
    6.2210e+003
```

对比可知,$\alpha=0.01$ 时数值计算所得结果与理论值偏差仅为 0.99%。程序中,减小 α 值可进一步减小偏差。

（4）$M \neq 0, k = 0$

此时,$\alpha \to \infty$,频率方程变为

$$\tan \frac{\omega l}{c} = \frac{\beta}{\dfrac{\omega l}{c}}$$

解此方程,可得系统的基频 ω_1 和杆的质量与右端集中质量的比值 β 的关系曲线,如图 M_5.8.3(b) 所示。程序如下:

```
clear;
clc;
c=4000;l=2;%参数取值
delta=0.01;
xx=delta:delta:100;
h=optimset;h. Display='notify';h. tolx=1e-10;h. TolFun=1e-12;
x0=2000;%给定初值
n=length(xx);
y=zeros(1,n);
for i=1:n
    beta=xx(i);
    f=@(w)tan(w*l/c)-beta/(w*l/c);
    y1=fsolve(f,x0,h);% x0=y1;y=[y,y1];
    y(i)=y1;
    x0=y1;%把本次结果作为下次计算的初值
end
plot(xx,y,'b')
```

当质量比 $\beta = 1$ 时,由式(5.2.23)可求得基频为

$$\omega_1 = \frac{\mu_1 c}{l} = \frac{0.86c}{l} = \frac{0.86 \times 4000}{2} = 1720 \text{rad/s}$$

利用上面的程序也可得出基本相同的数值计算结果。在上一步程序执行后,直接在 MATLAB 命令窗口中输入:

```
temp=find(xx(1,:)==1);%提取 β=1 对应的矩阵下标
y(temp)
```

得到

```
ans =
    1.7207e+003
```

当质量比 $\beta \ll 1$ 时，由图 M_5.8.3(b) 可见，系统基频下降。当取 $\beta = 0.1$ 时，在 MATLAB 命令窗口中输入：

```
y(0.1/delta)
```

得到

```
ans =
   622.1057
```

该计算结果与例 5.2.1 中的 $\omega_1 = 0.32 \dfrac{c}{l} = \dfrac{0.32 \times 4000}{2} = 640 \text{rad/s}$ 基本一致，误差为 2.8%，也验证了程序的正确性。

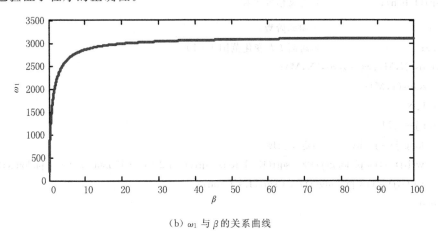

(b) ω_1 与 β 的关系曲线

图 M_5.8.3

【M_5.8.4】 剪切变形、转动惯量对简支梁固有频率的影响。

解 由例 5.5.1 可知，梁固有频率的近似值为

$$\omega_n \approx \frac{\left(\dfrac{n\pi}{l}\right)^2 \sqrt{\dfrac{EI}{\rho}}}{\sqrt{1 + \left(\dfrac{J}{\rho} + \dfrac{EI}{\mu AG}\right)\left(\dfrac{n\pi}{l}\right)^2}}$$

其中，$\rho = A\rho'$，$J = \rho' I = \rho' A r^2$，$r$ 是截面对中性轴的惯性半径，ρ' 是单位体积的质量，于是上式可改写为

$$\omega_n \approx \frac{\left(\dfrac{n\pi}{l}\right)^2 \sqrt{\dfrac{EI}{\rho}}}{\sqrt{1 + r^2\left(1 + \dfrac{E}{\mu G}\right)\left(\dfrac{n\pi}{l}\right)^2}}$$

式中，分子 $\left(\dfrac{n\pi}{l}\right)^2 \sqrt{\dfrac{EI}{\rho}}$ 是不考虑剪切变形和转动惯量影响时的简支梁的固有频率。

假定截面为矩形截面，$A = b \times h = 2 \times 5 \text{mm}^2$，$\rho' = 7.85 \times 10^3 \text{kg/m}^3$，$E = 2.06 \times 10^5 \text{N/mm}^2$，$\mu = 1.2$，$G = \dfrac{E}{2(1+\nu)}$，$\nu = 0.3$，长细比 l/r 的变化范围为 1～10。

各阶频率随跨高比变化的规律如图 M_5.8.4 所示。程序如下：

```
clc;clear;
```

```
%定义材料常数
miu=1.2;niu=0.3;              %定义截面形状系数 1.2,泊松比 0.3
E=2.06 * 10^11;              %定义弹性模量
G=E/(1+niu)/2;              %定义剪切模量
rou1=7.85 * 10^3;           %定义体密度
b=2/10^3;                   %定义截面宽度
h=5/10^3;                   %定义截面高度
rou=rou1 * b * h;           %定义线密度
I=b * h^3/12;               %定义惯性矩
r=sqrt(I/b/h);              %定义惯性半径

N=4;                        %频率阶数
M=10;                       %跨高 l/h 变化范围 1~10
w=zeros(N,M);w0=zeros(N,M);
long=zeros(1,M);
for i=1:N
    for j=1:M
        long(j)=j * h;       %定义长度
        w(i,j)=(i * pi/long(j))^2 * sqrt(E * I/rou)/sqrt(1+r^2 * (1+E/miu/G) * (i * pi/long(j))^2);
        w0(i,j)=(i * pi/long(j))^2 * sqrt(E * I/rou);
    end
end

subplot(2,2,1);plot(1:M,w(1,:),1:M,w0(1,:))
subplot(2,2,2);plot(1:M,w(2,:),1:M,w0(2,:))
subplot(2,2,3);plot(1:M,w(3,:),1:M,w0(3,:))
subplot(2,2,4);plot(1:M,w(4,:),1:M,w0(4,:))
legend('考虑剪切和转动影响','不考虑剪切和转动影响')
```

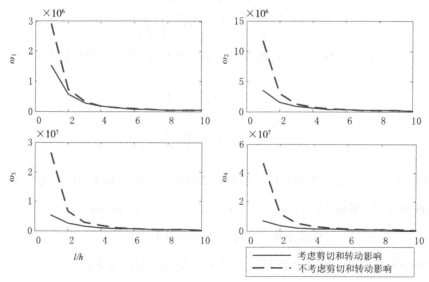

图 M_5.8.4   各阶频率随跨高比的变化规律曲线

从图 M_5.8.4 中可以看出,剪切变形和转动惯量的影响使简支梁的固有频率降低,而且固有频率的阶数 n 越高,这种影响越大;另外,随着梁的跨高比 l/h 的增加,剪切变形和转动惯量对简支梁固有频率的影响越来越小,如图中所示,当跨高比 $l/h=10$ 时,考虑剪切和转动惯量、不考虑剪切和转动惯量这 2 种情况下的固有频率基本相等,梁转化为欧拉-伯努利(Euler-Bernouli)梁。

在命令窗口中,直接输入:

```
f1＝w(1,end),f10＝w0(1,end)
f2＝w(2,end),f20＝w0(2,end)
f3＝w(3,end),f30＝w0(3,end)
f4＝w(4,end),f40＝w0(4,end)
```

可得到:

```
f1＝
    2.8817e＋004
f10＝
    2.9190e＋004
f2＝
    1.1112e＋005
f20＝
    1.1676e＋005
f3＝
    2.3646e＋005
f30＝
    2.6271e＋005
f4＝
    3.9239e＋005
f40＝
    4.6704e＋005
```

【**M_5.8.5**】　等截面细长梁的有阻尼强迫振动。

如图 M_5.8.5(a)所示的等截面简支梁,在其 1/4 跨长处作用一干扰力 $P_0\sin\theta t$,阻尼比 $\zeta_1=\zeta_2=0.05$,试求当 θ 变化时梁的位移变化规律。

解　(1)理论分析

由例 5.7.1 可知,等截面简支梁的固有频率为

$$\omega_n=\frac{(n\pi)^2}{l^2}c=(n\pi)^2\sqrt{\frac{EI}{\rho l^4}},\quad n=1,2,3,\cdots$$

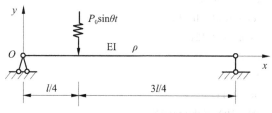

(a) 等截面细长梁的有阻尼强迫振动系统

图 M_5.8.5

相应的振型函数为

$$Y_n(x)=\sin\frac{n\pi x}{l},\quad n=1,2,3,\cdots$$

梁的挠度为

$$y(x,t) = \sum_{i=1}^{\infty} Y_i(x)q_i(t) = \sum_{i=1}^{\infty} \sin\frac{i\pi x}{l}q_i(t)$$

广义质量为

$$M_j^* = \int_0^l \rho[Y_i(x)]^2 \, \mathrm{d}x = \int_0^l \rho\left[\sin\frac{i\pi x}{l}\right]^2 \mathrm{d}x = \frac{\rho l}{2}$$

广义力为

$$p_j^*(t) = P_0 \sin\theta t \cdot \sin\frac{j\pi}{4}$$

各阶振型阻尼比为

$$\zeta_j = \frac{a}{2\omega_j} + \frac{b\omega_j}{2} = 0.01j^2 + \frac{0.04}{j^2}$$

广义坐标 $q_j(t)$ 为

$$q_j(t) = \frac{p_j^*}{M_j^*\omega_j^2} \times \frac{1}{\sqrt{\left(1 - \frac{\theta^2}{\omega_j^2}\right)^2 + \left(2\zeta_j\frac{\theta}{\omega_j}\right)^2}} \sin(\theta t - \alpha_j)$$

其中，α_j 为

$$\alpha_j = \arctan\frac{2\zeta_j\dfrac{\theta}{\omega_j}}{1 - \dfrac{\theta^2}{\omega_j^2}}$$

（2）程序分析

假定截面为矩形截面，$A = b \times h = 4 \times 10\,\mathrm{mm}^2$，$\rho' = 7.85 \times 10^3\,\mathrm{kg/m^3}$，$\rho = A \times \rho'$，$E = 2.06 \times 10^5\,\mathrm{N/mm^2}$，梁长 $l = 2000\,\mathrm{mm}$，$P_0 = 100\,\mathrm{N}$，当 θ 分别为 $0.95\omega_i$ 时梁 $l/4$ 处的振动位移如图 M_5.8.5(b)所示。

程序如下：

```
clc;clear;
%定义材料常数
E=2.06*10^11;
rou1=7.85*10^3;
b=4/10^3;
h=10/10^3;
rou=rou1*b*h;
I=b*h^3/12;
l=1;
x=l/4;
dt=0.1;
P0=100;%P0=100N
N=6;%频率阶数
M=50;
w=zeros(1,N);
zeta=zeros(1,N);
alpha=zeros(1,N);
q=zeros(N,M);
```

```
y=zeros(N,M);
y_temp=zeros(N,M);
y_s=zeros(N,M);
for i=1:N
    w(i)=(i*pi/l)^2*sqrt(E*I/rou);
    zeta(i)=0.04/i^2+0.01*i^2;
end

for k=1:N
    theta=w(k)*0.95;
    for i=1:N
        alpha(i)=atan(2*zeta(i)*theta/w(i)/(1-theta^2/w(i)^2));
        for j=1:1:M
            q(i,j)=P0*sin(i*pi*x/l)/(rou*l/2)/w(i)^2*…
((1-theta^2/w(i)^2)^2+(2*zeta(i)*theta/w(i))^2)^(-1/2)*sin(theta*j*dt-alpha(i));
            y(i,j)=1000*sin(i*pi*x/l)*q(i,j);        %乘1000是把m换成mm
        end
        y_s(k,:)=y(i,:)+y_s(k,:);                    %总位移
    end
    y_temp(k,:)=y(k,:);                              %提取第i振型位移
    subplot(3,2,k);plot(dt:dt:M*dt,y_temp(k,:),'b',dt:dt:M*dt,y_s(k,:),'r')
end
```

图 M_5.8.5(b)中,实线表示第 i 振型位移,虚线表示总位移。如图 M_5.8.5(b)中的(3)图,表示 $\theta=0.95\omega_3$ 时梁 $l/4$ 处的振动位移,其中实线表示第 3 振型位移,虚线表示各阶振型位移之和(取 6 阶)。

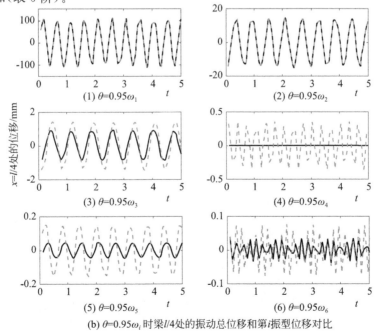

(b) $\theta=0.95\omega_i$ 时梁 $l/4$ 处的振动总位移和第 i 振型位移对比

图 M_5.8.5

从图 M_5.8.5(b)可以看出,前几阶振型位移对总位移的贡献较大,而高阶振型的成分较小。高阶共振时,位移峰值要比低阶共振位移峰值低很多。

当外荷载按第 4 阶频率激励时,由于 $p_j^*(t) = P_0 \sin\theta t \sin\dfrac{j\pi}{4} = P_0 \sin\theta t \sin\pi = 0$,所以该阶位移为零,如图 M_5.8.5(b)中图(4)实线所示。

第 6 章

振动分析的近似计算方法

在前面的章节里,我们介绍了单自由度系统、多自由度系统以及连续弹性系统的自由振动和强迫振动响应的精确求解方法。上述章节为一般振动问题的分析和求解提供了基础理论和基本方法,对于比较简单的振动问题,我们可以使用这些理论和方法直接求解。但对于更普遍的工程实际问题,直接运用这些理论和方法进行精确分析显得太复杂、太烦琐,甚至难以实现。因此,对于复杂的工程问题,寻找满足工程要求的近似解更为现实和有意义。

本章着重讨论多自由度振动系统的固有振动特性的近似计算方法和振动系统在一般激励下振动响应的数值分析方法。

6.1 固有振动特性的近似计算方法

由前述章节知道,固有模态分析在多自由度系统的振动问题求解中具有重要作用。对于多自由度系统振动分析,首先遇到的关键问题是其固有模态的求解,其特征问题方程为

$$([k] - \omega_n^2 [m])\{u\} = 0 \tag{6.1.1}$$

对于自由度数不大的系统,系统的固有频率和模态向量可以由特征问题方程求出。但随着振动系统自由度数目的增加,固有模态的求解变得越来越困难,甚至难以求解。因此,寻找固有模态的近似计算方法非常有必要。

目前,已经建立了多种计算多自由度系统固有频率和模态向量的近似方法,本节将介绍其中的邓克利法、瑞利法、里兹法、矩阵迭代法和子空间迭代法。

6.1.1 邓克利法

邓克利是根据系统各阶固有频率之间的关系而给出其基频下限的一种估计方法。考虑一个具有 n 个自由度的振动系统,其特征值由频率方程(4.3.14)确定

$$|[k] - \omega_n^2 [m]| = 0$$

对于集中质量系统不存在惯性耦合,即以上各式中的质量矩阵 $[m]$ 为对角矩阵。利用柔度矩阵

$$[\delta] = [k]^{-1} = \begin{bmatrix} \delta_{11} & \delta_{12} & \cdots & \delta_{1n} \\ \delta_{21} & \delta_{22} & \cdots & \delta_{2n} \\ \vdots & \vdots & & \vdots \\ \delta_{n1} & \delta_{n2} & \cdots & \delta_{nn} \end{bmatrix}$$

将频率方程变为

$$|\lambda[I]-[\delta][m]|=0 \tag{6.1.2a}$$

式中的特征值 λ 为

$$\lambda=\frac{1}{\omega_{\mathrm{n}}^2} \tag{6.1.2b}$$

将各矩阵中的元素代入式(6.1.2a),得到

$$\begin{vmatrix} -\lambda+\delta_{11}m_1 & \delta_{12}m_2 & \cdots & \delta_{1n}m_n \\ \delta_{21}m_1 & -\lambda+\delta_{22}m_2 & \cdots & \delta_{2n}m_n \\ \vdots & \vdots & & \vdots \\ \delta_{n1}m_1 & \delta_{n2}m_2 & \cdots & -\lambda+\delta_{nn}m_n \end{vmatrix}=0 \tag{a}$$

将式(a)展开

$$\lambda^n-(\delta_{11}m_1+\delta_{22}m_2+\cdots+\delta_{nn}m_n)\lambda^{n-1}+\cdots=0 \tag{b}$$

λ 为方程式(6.1.2a)的根,所以其解也可表示为

$$(\lambda-\lambda_1)(\lambda-\lambda_2)\cdots(\lambda-\lambda_n)$$
$$=\lambda^n-(\lambda_1+\lambda_2+\cdots+\lambda_n)\lambda^{n-1}+\cdots=0 \tag{c}$$

比较(b)、(c)2 式,可得

$$\lambda_1+\lambda_2+\cdots+\lambda_n=\delta_{11}m_1+\delta_{22}m_2+\cdots+\delta_{nn}m_n \tag{d}$$

一般情况下,各阶高频 ω_2、ω_3、$\cdots$、ω_n 均大于基频 ω_1,即通常有

$$\lambda_1=\frac{1}{\omega_{\mathrm{n}1}^2}\gg\lambda_i=\frac{1}{\omega_{\mathrm{n}i}^2},\qquad i=2,3,\cdots,n \tag{e}$$

于是在满足上述条件下,将式(d)近似表达为

$$\lambda_1=\frac{1}{\omega_{\mathrm{n}1}^2}\approx\delta_{11}m_1+\delta_{22}m_2+\cdots+\delta_{nn}m_n=\sum_{i=1}^n\delta_{ii}m_i \tag{f}$$

也即

$$\omega_{\mathrm{n}1}\approx\sqrt{1\Big/\sum_{i=1}^n\delta_{ii}m_i} \tag{6.1.3}$$

考虑到 δ_{ii} 是第 i 个质量块处作用单位力时系统的柔度系数,当系统仅保留一个质量块 m_i 而其他元件不变时,系统退化为单自由度,此退化系统的柔度恰好等于 δ_{ii},而系统此时的固有频率为

$$\omega_{ii}^2=\frac{1}{\delta_{ii}m_i}$$

代入式(f),得到

$$\frac{1}{\omega_{\mathrm{n}1}^2}\approx\frac{1}{\omega_{11}^2}+\frac{1}{\omega_{22}^2}+\cdots+\frac{1}{\omega_{nn}^2}=\sum_{i=1}^n\frac{1}{\omega_{ii}^2} \tag{g}$$

或写成

$$\omega_{\mathrm{n}1}\approx\sqrt{1\Big/\sum_{i=1}^n\frac{1}{\omega_{ii}^2}} \tag{6.1.4}$$

式中 ω_{ii} 为退化单自由度系统(即将系统中除 m_i 之外的其他质量块移去,所有弹簧仍保留不变)中的质量 m_i 和刚度 k_{ii} 组成单自由度系统时对应的固有频率,即

$$\omega_{ii}=\sqrt{\frac{1}{\delta_{ii}m_i}}=\sqrt{\frac{k_{ii}}{m_i}},\qquad i=1,2,\cdots,n \tag{6.1.5}$$

利用式(6.1.4)估算带有附加质量系统的基频比较方便,此时可将式(6.1.4)改写为

$$\frac{1}{\omega_{\mathrm{n}1}^2} \approx \frac{1}{\omega_{11}^2} + \frac{1}{\omega_{22}^2} \tag{6.1.6}$$

式中 $\omega_{\mathrm{n}1}$ 为带有附加质量系统基频的估算值, ω_{11} 为不考虑附加系统时结构自身的基频, ω_{22} 为仅移去主结构质量后附加质量具有的固有频率。

以上是邓克利关于多自由度系统第一阶固有频率的估计,式(6.1.3)和式(6.1.4)称为邓克利公式。显然,由于在式(d)舍弃了 $\lambda_i(i=2,3,\cdots,n)$ 项,故由式(f)估计的 λ_1 一般是偏大的,或者说邓克利法估计的基频 $\omega_{\mathrm{n}1}$ 总是偏小的。

【例 6.1.1】 利用邓克利法确定例 4.2.5 中系统的基频。

解 由例 4.2.5 得到,系统的柔度矩阵为

$$[\delta] = \begin{bmatrix} \delta_{11} & \delta_{12} & \delta_{13} \\ \delta_{21} & \delta_{22} & \delta_{23} \\ \delta_{31} & \delta_{32} & \delta_{33} \end{bmatrix} = \frac{L^3}{768EI} \begin{bmatrix} 9 & 11 & 7 \\ 11 & 16 & 11 \\ 7 & 11 & 9 \end{bmatrix}$$

假设系统中的 $m_1 = m_3 = m$, $m_2 = 2m$ 故有

$$\sum_{i=1}^n \delta_{ii} m_i = \frac{L^3}{768EI}(9 + 2 \times 16 + 9)m = \frac{25mL^3}{384EI}$$

代入式(6.1.3),得到

$$\omega_{\mathrm{n}1} \approx \sqrt{1 / \sum_{i=1}^n \delta_{ii} m_i} = \sqrt{\frac{384}{25} \frac{EI}{mL^3}} = 3.9192\sqrt{\frac{EI}{mL^3}}$$

精确解为 $4.0248\sqrt{EI/mL^3}$,与精确值相近。

【例 6.1.2】 利用邓克利法确定例 4.2.4 中系统的基频,设系统的各个参数为 $m_1 = m$, $m_2 = 2m$, $m_3 = 3m$, $k_1 = 3k$, $k_2 = 2k$, $k_3 = k$。为便于分析,将原题的简图列出,见例 6.1.2 图。

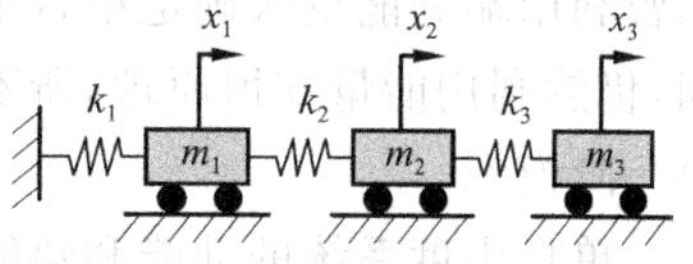

解 由已知条件,可得系统的质量矩阵为

$$[m] = m \begin{bmatrix} 1 & & \\ & 2 & \\ & & 3 \end{bmatrix}$$

例 6.1.2 图

例 4.2.4 求得系统的柔度矩阵

$$[\delta] = \begin{bmatrix} 1/k_1 & 1/k_1 & 1/k_1 \\ 1/k_1 & 1/k_1 + 1/k_2 & 1/k_1 + 1/k_2 \\ 1/k_1 & 1/k_1 + 1/k_2 & 1/k_1 + 1/k_2 + 1/k_3 \end{bmatrix} = \frac{1}{k} \begin{bmatrix} 1/3 & 1/3 & 1/3 \\ 1/3 & 5/6 & 5/6 \\ 1/3 & 5/6 & 11/6 \end{bmatrix}$$

下面分别利用柔度矩阵按式(6.1.3)估算和利用退化单自由度系统固有频率按式(6.1.5)计算。

(1) 利用柔度矩阵计算

按照式(6.1.3)估算

$$\sum_{i=1}^n \delta_{ii} m_i = \frac{1}{3k} \times m + \frac{5}{6k} \times 2m + \frac{11}{6k} \times 3m = \frac{45}{6} \frac{m}{k}$$

$$\omega_{\mathrm{n}1} \approx \sqrt{1 / \sum_{i=1}^n \delta_{ii} m_i} = \sqrt{\frac{6}{45} \frac{k}{m}} = 0.3652\sqrt{\frac{k}{m}}$$

精确解为 $0.3932\sqrt{k/m}$，误差不大。

（2）利用退化单自由度系统固有频率计算

先确定退化单自由度系统的固有频率 ω_{ii}。由例6.1.2图可见，在不计 m_2 和 m_3 情况下求 ω_{11}，有

$$k_{11}=k_1,\qquad \omega_{11}^2=k_{11}/m_1=3k/m$$

不计 m_1 和 m_3 情况下求 ω_{22}，有

$$\frac{1}{k_{22}}=\frac{1}{k_1}+\frac{1}{k_2}=\frac{5}{6k},\qquad \omega_{22}^2=k_{22}/m_2=3k/5m$$

不计 m_1 和 m_2 情况下求 ω_{33}，有

$$\frac{1}{k_{33}}=\frac{1}{k_1}+\frac{1}{k_2}+\frac{1}{k_3}=\frac{11}{6k},\qquad \omega_{33}^2=k_{33}/m_3=2k/11m$$

$$\sum_{i=1}^{n}\frac{1}{\omega_{ii}^2}=\frac{m}{3k}+\frac{5m}{3k}+\frac{11m}{2k}=\frac{45m}{6k}$$

代入式（6.1.4）估算

$$\omega_{n1}\approx\sqrt{1\Big/\sum_{i=1}^{n}\frac{1}{\omega_{ii}^2}}=\sqrt{\frac{6}{45}\frac{k}{m}}=0.3652\sqrt{\frac{k}{m}}$$

可见两种算法结果一致，但后一种算法回避了柔度系数，在柔度系数不易获得的情况下使用比较方便。

6.1.2　瑞利法

瑞利法也是估计多自由度系统基频的一种近似方法。在研究单自由度振动系统时，我们曾利用瑞利能量法确定单自由度系统的固有频率。瑞利法的出发点与单自由度的情况相同，仍然利用能量守恒原理，所不同的是估算多自由度系统的第一阶固有频率时，需要假设第一阶模态。

单自由度系统的动能和势能分别为

$$T=\frac{1}{2}\{\dot{x}\}^{\mathrm{T}}[m]\{\dot{x}\}$$

$$V=\frac{1}{2}\{x\}^{\mathrm{T}}[k]\{x\}$$

假设系统作简谐振动，即

$$\{x(t)\}=\{X\}\cos(\omega_n t-\varphi_0)$$

则，系统的最大动能和最大势能分别为

$$T_{\max}=\frac{1}{2}\omega_n^2\{X\}^{\mathrm{T}}[m]\{X\}$$

$$V_{\max}=\frac{1}{2}\{X\}^{\mathrm{T}}[k]\{X\}$$

对于保守系统能量守恒，即有 $T_{\max}=V_{\max}$，故由上式可得

$$\omega_n^2=\frac{\{X\}^{\mathrm{T}}[k]\{X\}}{\{X\}^{\mathrm{T}}[m]\{X\}}\tag{a}$$

显然，式中由最大振动位移组成的振幅向量 $\{X\}$ 即为系统的模态向量，若式中 $\{X\}$ 为第 r 阶

模态向量 $\{X^{(r)}\}$ 时，上式分子为第 r 阶模态刚度、分母为第 r 阶模态质量，相应的固有频率为第 r 阶固有频率，因此有

$$\omega_{\mathrm{n}r}^2 = \frac{\{X^{(r)}\}^{\mathrm{T}}[k]\{X^{(r)}\}}{\{X^{(r)}\}^{\mathrm{T}}[m]\{X^{(r)}\}} \tag{b}$$

若 $\{X\}$ 为任意 n 维列向量 $\{u\}$，则可将式(a)表达为

$$R_1(\{u\}) = \frac{\{u\}^{\mathrm{T}}[k]\{u\}}{\{u\}^{\mathrm{T}}[m]\{u\}} \tag{6.1.7}$$

$R_1(\{u\})$ 称为**瑞利第一商**(the first Rayleigh's quotient)。一般情况下，$R_1(\{u\})$ 并不是系统固有频率的平方值，只有当列向量 $\{u\}$ 为第 r 阶模态向量 $\{u^{(r)}\}$ 时，$R_1(\{u\})$ 对应第 r 阶固有频率，当 $\{u\}$ 接近第 r 阶模态向量 $\{u^{(r)}\}$ 时，$R_1(\{u\})$ 将接近第 r 阶固有频率的平方值。也就是说 $R_1(\{u\})$ 对应的是哪阶固有频率，结果准确与否，均取决于模态向量 $\{u\}$。求解时，系统的固有振型是未知的，所以需要事先通过假设来确定。事实上，对于系统的高阶模态是很难作出合理的假设，而对于第一阶模态则相对容易估计，因此瑞利法常用于单自由度振动系统的基频估计。由于系统在均布荷载或沿运动方向施加惯性力时的静变形，一般都比较接近系统的第一主振型，所以用系统的的静变形作为第一阶模态一般可以获得较好的近似。

瑞利第一商是有界的，以下加以证明。按照振型叠加原理，系统的任意位移包括主振型，均可以描述为各阶模态向量的线性组合。现选用正则模态向量作基底，将模态向量表示为

$$\{u(t)\} = c_1\{u_N^{(1)}\} + c_2\{u_N^{(2)}\} + \cdots + c_n\{u_N^{(n)}\} = \sum_{r=1}^{n} c_r\{u^{(r)}\} = [u_N]\{c\} \tag{c}$$

式中 $\{c\} = [c_1, c_2, \cdots, c_n]^{\mathrm{T}}$ 为系数列阵，各元素为不全为零的常数。将式(c)代入式(6.1.7)，并利用正则模态向量的正交性，得到

$$R_1(\{u\}) = \frac{\{c\}^{\mathrm{T}}[u_N]^{\mathrm{T}}[k][u_N]\{c\}}{\{c\}^{\mathrm{T}}[u_N]^{\mathrm{T}}[m][u_N]\{c\}} = \frac{\{c\}^{\mathrm{T}}[\omega_{\mathrm{n}r}^2]\{c\}}{\{c\}^{\mathrm{T}}[I]\{c\}} = \frac{\displaystyle\sum_{i=1}^{n} c_i^2 \omega_{\mathrm{n}i}^2}{\displaystyle\sum_{i=1}^{n} c_i^2} \tag{d}$$

对于 n 阶固有频率

$$\omega_{\mathrm{n}1} < \omega_{\mathrm{n}2} < \omega_{\mathrm{n}3} \cdots < \omega_{\mathrm{n}r} \cdots < \omega_{\mathrm{n}}$$

显然有

$$\frac{\omega_{\mathrm{n}1}^2 \displaystyle\sum_{i=1}^{n} c_i^2}{\displaystyle\sum_{i=1}^{n} c_i^2} \leqslant R_1(\{u\}) \leqslant \frac{\omega_{\mathrm{n}n}^2 \displaystyle\sum_{i=1}^{n} c_i^2}{\displaystyle\sum_{i=1}^{n} c_i^2} \tag{e}$$

也即

$$\omega_{\mathrm{n}1}^2 \leqslant R_1(\{u\}) \leqslant \omega_{\mathrm{n}n}^2 \tag{6.1.8}$$

可见，瑞利第一商 $R_1(\{u\})$ 不会小于第 1 阶固有频率的平方，也不会大于第 n 阶固有频率的平方。因此，瑞利法是多自由度系统基频的上限估算法。

从柔度形式的运动方程出发，可以得到另一种关于系统固有频率的估算式。用柔度形式表达的多自由度系统的自由振动运动方程为

$$[\delta][m]\{\ddot{x}\} + \{x\} = \{0\}$$

假设系统作简谐振动,即

$$\{x(t)\} = \{X\}\cos(\omega_n t - \varphi_0)$$

代入上式,得到

$$\{X\} = \omega_n^2 [\delta][m]\{X\}$$

两边同时乘以 $\{X\}^T[m]$,有

$$\{X\}^T[m]\{X\} = \omega_n^2\{X\}^T[m][\delta][m]\{X\}$$

解得

$$\omega_n^2 = \frac{\{X\}^T[m]\{X\}}{\{X\}^T[m][\delta][m]\{X\}}$$

若 $\{X\}$ 是任意的 n 阶向量 $\{u\}$,则上式记为

$$R_2(\{u\}) = \frac{\{u\}^T[m]\{u\}}{\{u\}^T[m][\delta][m]\{u\}} \tag{6.1.9}$$

称为**瑞利第二商**(the second Rayleigh's quotient)。显然,如果 $\{u\}$ 恰为系统的第一阶模态,则 $R_2(\{u\})$ 为 ω_{n1}^2 的精确解;若 $\{u\}$ 接近系统的第一阶模态,则 $R_2(\{u\})$ 为 ω_{n1}^2 的近似解。

【例 6.1.3】 利用瑞利法确定例 6.1.2 中系统的基频。为便于分析将原题的简图及参数列出,见例 6.1.3 图。

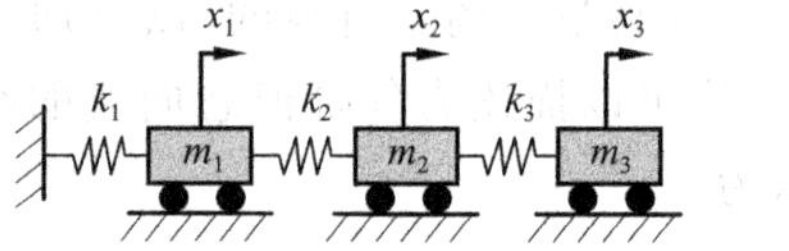

解 由例 4.5.1 得到质量矩阵和刚度矩阵分别为

$$[m] = m\begin{bmatrix} 1 & & \\ & 2 & \\ & & 3 \end{bmatrix}, \qquad [k] = k\begin{bmatrix} 5 & -2 & 0 \\ -2 & 3 & -1 \\ 0 & -1 & 1 \end{bmatrix}$$

$m_1 = m, \ m_2 = 2m, \ m_3 = 3m, \ k_1 = 3k, \ k_2 = 2k, \ k_3 = k$

例 6.1.3 图

故其柔度矩阵为

$$[\delta] = [k]^{-1} = \frac{1}{k}\begin{bmatrix} 0.3333 & 0.3333 & 0.3333 \\ 0.3333 & 0.8333 & 0.8333 \\ 0.3333 & 0.8333 & 1.8333 \end{bmatrix}$$

现分别用瑞利第一商和瑞利第二商估算系统的基频。为此,粗略地假设第一阶主振型为

$$\{u^{(1)}\} = \begin{bmatrix} 1 & 2 & 3 \end{bmatrix}^T$$

代入式(6.1.7)得到

$$R_1(\{u\}) = \frac{\{u\}^T[k]\{u\}}{\{u\}^T[m]\{u\}} = \frac{6k}{36m} = \frac{1}{6}\frac{k}{m} = \omega_{n1}^2$$

即 $\omega_{n1} = 0.4082\sqrt{k/m}$ 与精确值非常接近。再代入式(6.1.9),得到

$$R_2(\{u\}) = \frac{\{u\}^T[m]\{u\}}{\{u\}^T[m][\delta][m]\{u\}} = \frac{6m}{230.8333m^2/k} = \omega_{n1}^2$$

即 $\omega_{n1} = 0.1612\sqrt{k/m}$ 与精确值相差较大,误差主要是第一阶主振型假设造成的。若假想沿系统振动方向施加惯性力,用其静变形的形态假设第一阶模态,即设

$$\{u^{(1)}\} = \begin{bmatrix} 2 & 4.5 & 7.5 \end{bmatrix}^T$$

此时,瑞利第一商为

$$R_1(\{u\}) = \frac{\{u\}^T[k]\{u\}}{\{u\}^T[m]\{u\}} = \frac{33.5k}{213.25m} = \omega_{n1}^2$$

即 $\omega_{n1} = 0.3963\sqrt{k/m}$。瑞利第二商为

$$R_2(\{u\}) = \frac{\{u\}^{\mathrm{T}}[m]\{u\}}{\{u\}^{\mathrm{T}}[m][\delta][m]\{u\}} = \frac{213.25m}{1376.5m^2/k} = \omega_{\mathrm{n1}}^2$$

即 $\omega_{\mathrm{n1}} = 0.3936\sqrt{k/m}$。均接近精确值。

【例 6.1.4】 利用瑞利法确定例 4.2.5 中系统的基频。为便于分析将原题的简图及参数列出，见例 6.1.4 图。

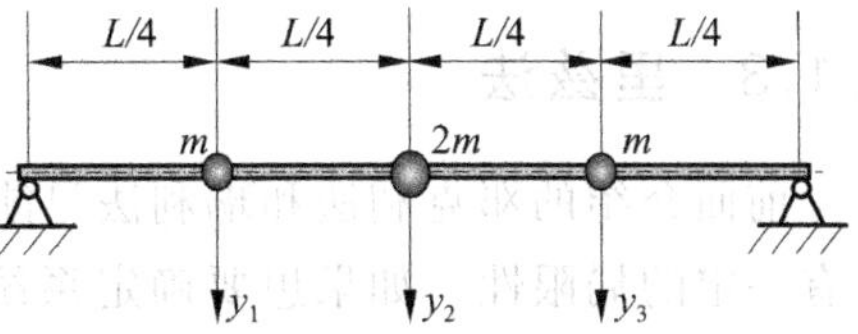

解 例 4.2.5 得到系统的柔度矩阵和刚度矩阵分别为

例 6.1.4 图

$$[\delta] = \begin{bmatrix} \delta_{11} & \delta_{12} & \delta_{13} \\ \delta_{21} & \delta_{22} & \delta_{23} \\ \delta_{31} & \delta_{32} & \delta_{33} \end{bmatrix} = \frac{L^3}{768EI}\begin{bmatrix} 9 & 11 & 7 \\ 11 & 16 & 11 \\ 7 & 11 & 9 \end{bmatrix}$$

$$[k] = \frac{768EI}{28L^3}\begin{bmatrix} 23 & -22 & 9 \\ -22 & 32 & -22 \\ 9 & -22 & 23 \end{bmatrix}$$

由例 6.1.4 图可知，系统的质量矩阵为

$$[m] = m\begin{bmatrix} 1 & & \\ & 2 & \\ & & 1 \end{bmatrix}$$

下面按照两个不同的模态假设，利用瑞利法进行估算。

（1）正弦波假设

首先，粗略地按照半个正弦波假设系统的第一阶模态为

$$\{u^{(1)}\} = [\sin(\pi/3) \quad \sin(\pi/2) \quad \sin(\pi/3)]^{\mathrm{T}} = [0.8660 \quad 1 \quad 0.8660]^{\mathrm{T}}$$

此时，瑞利第一商为

$$R_1(\{u\}) = \frac{\{u\}^{\mathrm{T}}[k]\{u\}}{\{u\}^{\mathrm{T}}[m]\{u\}} = \frac{103.9319k}{3.4999m} = \omega_{\mathrm{n1}}^2$$

即 $\omega_{\mathrm{n1}} = 5.4494\sqrt{k/m}$，式中的 $k = EI/L^3$，其解与精确解偏差较大。瑞利第二商为

$$R_2(\{u\}) = \frac{\{u\}^{\mathrm{T}}[m]\{u\}}{\{u\}^{\mathrm{T}}[m][\delta][m]\{u\}} = \frac{3.4999m}{0.2138m^2/k} = \omega_{\mathrm{n1}}^2$$

即 $\omega_{\mathrm{n1}} = 4.0460\sqrt{k/m}$，接近精确值。

（2）静变形假设

以上计算出现较大误差是第一阶主振型的假设偏离所致。下面，利用静变假设系统的第一阶模态。根据柔度影响系数的定义，容易求得系统在各质量块的重力作用下的静变形为

$$y_{1s} = \delta_{11}m_1g + \delta_{12}m_2g + \delta_{13}m_3g = 38mg$$
$$y_{2s} = \delta_{21}m_1g + \delta_{22}m_2g + \delta_{23}m_3g = 54mg$$
$$y_{3s} = \delta_{31}m_1g + \delta_{32}m_2g + \delta_{33}m_3g = 38mg$$

故，假设系统的第一阶模态为

$$\{u^{(1)}\} = [19 \quad 27 \quad 19]^{\mathrm{T}}$$

此时，瑞利第一商为

$$R_1(\{u\}) = \frac{\{u\}^{\mathrm{T}}[k]\{u\}}{\{u\}^{\mathrm{T}}[m]\{u\}} = \frac{35328k}{2180m} = \omega_{\mathrm{n1}}^2$$

即 $\omega_{n1}=4.0256\sqrt{k/m}$。瑞利第二商为

$$R_2(\{u\})=\frac{\{u\}^T[m]\{u\}}{\{u\}^T[m][\delta][m]\{u\}}=\frac{2180m}{134.5729m^2/k}=\omega_{n1}^2$$

即 $\omega_{n1}=4.0248\sqrt{k/m}$。由于主振型选择合理,两个估算解均接近精确值。

6.1.3   里兹法

前面介绍的邓克利法和瑞利法只能用于多自由度系统的基频估算,对于复杂系统的分析有一定的局限性。如果想要确定系统前几阶固有频率及其主振型,可以使用里兹(Ritz)法进行估算。

邓克利法和瑞利法在本质上也可以用于高阶固有频率的估算,但问题是很难对于相应的高阶主振型作出合理的假设。里兹法采用的是一种缩减系统自由度的近似方法,它不需要直接给出假设振型,而是把需要的振型表示成有限个独立假设振型的线性组合

$$\{x\}=y_1\{\psi\}_1+y_2\{\psi\}_2+\cdots+y_{n1}\{\psi\}_{n1}=[\psi]\{y\} \tag{6.1.10a}$$

式中 $\{x\}$ 为原系统的 n 维坐标列向量,$\{\psi\}_i(i=1,2,\cdots,n_1;n_1<n)$ 为假设的振型向量,$[\psi]$ 为由假设的振型向量组成的计算向量矩阵

$$[\psi]=[\{\psi\}_1,\{\psi\}_2,\cdots,\{\psi\}_{n1}] \tag{6.1.10b}$$

式(6.1.10a)中的 $\{y\}$ 为用于线性变换的 n_1 维新坐标向量

$$\{y\}=[y_1,y_2,\cdots,y_{n1}]^T \tag{6.1.10c}$$

可见,变换后原系统的自由度数由 n 缩减为 $n_1(n_1<n)$。

采用式(6.1.10a)变换后,得到降维子空间的运动方程为

$$[\psi]^T[m][\psi]\{\ddot{y}\}+[\psi]^T[k][\psi]\{y\}=\{0\}$$

令

$$\begin{cases}[\widetilde{M}]=[\psi]^T[m][\psi]\\[\widetilde{K}]=[\psi]^T[k][\psi]\end{cases} \tag{6.1.11}$$

分别称为降维子空间的广义质量矩阵和广义刚度矩阵。降维子空间的广义特征问题方程为

$$([\widetilde{K}]-\widetilde{\omega}_{ni}^2[\widetilde{M}])\{Y\}=\{0\} \tag{6.1.12}$$

式中 $\widetilde{\omega}_{ni}$ 和 $\{Y\}(i=1,2,\cdots,n_1;n_1<n)$ 分别为原系统前 n_1 阶固有频率和模态向量的近似值,而原系统前 n_1 阶模态向量可通过变换式(6.1.10a)改进为

$$\{u\}=[\psi]\{Y\} \tag{6.1.13}$$

至此,特征问题的阶次从 n 降到 n_1,计算难度降低,使得固有特性的估算成为可能。

可以证明,里兹法估算结果为上限值,即

$$\widetilde{\omega}_{ni}\geqslant\omega_{ni} \tag{6.1.14}$$

通常在 n_1 个估算值中,前 $n_1/2$ 个比较准确,所以如果要想确定系统前 S 个固有频率和固有振型的话,缩减到的自由度数应满足

$$n_1\geqslant 2S \tag{6.1.15}$$

【例 6.1.5】 利用里兹法确定例 6.1.5 图所示 6 自由度系统的前二阶固有频率和固有模态。假设系统中的所有弹簧的刚度系数为 k,所有质量块的质量为 m。

解   系统的质量矩阵和刚度矩阵分别为

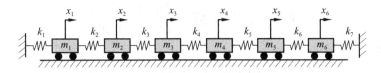

例 6.1.5 图

$$[m] = \begin{bmatrix} m_1 & 0 & 0 & 0 & 0 & 0 \\ 0 & m_1 & 0 & 0 & 0 & 0 \\ 0 & 0 & m_1 & 0 & 0 & 0 \\ 0 & 0 & 0 & m_1 & 0 & 0 \\ 0 & 0 & 0 & 0 & m_1 & 0 \\ 0 & 0 & 0 & 0 & 0 & m_1 \end{bmatrix} = m \begin{bmatrix} 1 & 0 & 0 & 0 & 0 & 0 \\ 0 & 1 & 0 & 0 & 0 & 0 \\ 0 & 0 & 1 & 0 & 0 & 0 \\ 0 & 0 & 0 & 1 & 0 & 0 \\ 0 & 0 & 0 & 0 & 1 & 0 \\ 0 & 0 & 0 & 0 & 0 & 1 \end{bmatrix}$$

$$[k] = \begin{bmatrix} k_1+k_2 & -k_2 & 0 & 0 & 0 & 0 \\ -k_2 & k_2+k_3 & -k_3 & 0 & 0 & 0 \\ 0 & -k_3 & k_3+k_4 & -k_4 & 0 & 0 \\ 0 & 0 & -k_4 & k_4+k_5 & -k_5 & 0 \\ 0 & 0 & 0 & -k_5 & k_5+k_6 & -k_6 \\ 0 & 0 & 0 & 0 & -k_6 & k_6+k_7 \end{bmatrix}$$

$$= k \begin{bmatrix} 2 & -1 & 0 & 0 & 0 & 0 \\ -1 & 2 & -1 & 0 & 0 & 0 \\ 0 & -1 & 2 & -1 & 0 & 0 \\ 0 & 0 & -1 & 2 & -1 & 0 \\ 0 & 0 & 0 & -1 & 2 & -1 \\ 0 & 0 & 0 & 0 & -1 & 2 \end{bmatrix}$$

本问题前二阶固有频率和固有模态的精确解分别为

$$\omega_{n1} = 0.4451 \sqrt{\frac{k}{m}}, \qquad \omega_{n2} = 0.8678 \sqrt{\frac{k}{m}}$$

$$u^{(1)} = [0.4450 \quad 0.8020 \quad 1.0000 \quad 1.0000 \quad 0.8020 \quad 0.4450]^{T}$$

$$u^{(2)} = [0.8020 \quad 1.0000 \quad 0.4450 \quad -0.4450 \quad -1.0000 \quad -0.8020]^{T}$$

以下按照缩减为 2 个自由度和缩减为 3 个自由度分别计算。

（1）缩减为 2 个自由度

根据可能出现的模态假设振型，此处按照中央位移大两侧位移小且对称位移模式假设第一阶振型为

$$\{\psi\}_1 = [0.1 \quad 0.2 \quad 0.3 \quad 0.3 \quad 0.2 \quad 0.1]^{T}$$

第二阶振型应有一个节点，设该节点在 m_3 和 m_4 之间，节点附近位移小，远离节点逐渐增大，且节点两侧位移应反向，由此假设第二阶振型为

$$\{\psi\}_2 = [0.3 \quad 0.2 \quad 0.1 \quad -0.1 \quad -0.2 \quad -0.3]^{T}$$

代入式（6.1.11），得到

$$[\widetilde{M}] = [\psi]^{T}[m][\psi] = m \begin{bmatrix} 0.28 & 0 \\ 0 & 0.28 \end{bmatrix}$$

$$[\widetilde{K}] = [\psi]^{\mathrm{T}}[k][\psi] = k\begin{bmatrix} 0.06 & 0 \\ 0 & 0.26 \end{bmatrix}$$

由特征根方程

$$|[\widetilde{K}] - \widetilde{\omega}_{ni}^2[\widetilde{M}]| = \begin{vmatrix} 0.06k - 0.28m\widetilde{\omega}_{ni}^2 & 0 \\ 0 & 0.26k - 0.28m\widetilde{\omega}_{ni}^2 \end{vmatrix} = 0$$

解得

$$\widetilde{\omega}_{n1} = 0.4629\sqrt{\frac{k}{m}}, \qquad \widetilde{\omega}_{n2} = 0.9636\sqrt{\frac{k}{m}}$$

由于此处 $[\widetilde{M}]$ 和 $[\widetilde{K}]$ 均为对角矩阵,所以相应的固有频率可以直接按照 $\widetilde{\omega}_{n1} = \sqrt{\widetilde{K}(1,1)/\widetilde{M}(1,1)}$ 和 $\widetilde{\omega}_{n2} = \sqrt{\widetilde{K}(2,2)/\widetilde{M}(2,2)}$ 的方式求解。

分别代入特征问题方程

$$([\widetilde{K}] - \widetilde{\omega}_{ni}^2[\widetilde{M}])\{Y\} = \begin{bmatrix} 0.06k - 0.28m\widetilde{\omega}_{ni}^2 & 0 \\ 0 & 0.06k - 0.28m\widetilde{\omega}_{ni}^2 \end{bmatrix}\begin{Bmatrix} Y_1 \\ Y_2 \end{Bmatrix} = 0$$

得到

$$\{Y^{(1)}\} = \begin{Bmatrix} 1 \\ 0 \end{Bmatrix}, \qquad \{Y^{(2)}\} = \begin{Bmatrix} 0 \\ 1 \end{Bmatrix},$$

代入式(6.1.13),得到系统前两阶的近似模态

$$\{u^{(1)}\} = [\psi]\{Y^{(1)}\} = [0.1 \quad 0.2 \quad 0.3 \quad 0.3 \quad 0.2 \quad 0.1]^{\mathrm{T}}$$
$$= \frac{1}{0.3}[0.3333 \quad 0.6667 \quad 1.0000 \quad 1.0000 \quad 0.6667 \quad 0.3333]^{\mathrm{T}}$$
$$\{u^{(2)}\} = [\psi]\{Y^{(2)}\} = [0.3 \quad 0.2 \quad 0.1 \quad -0.1 \quad -0.2 \quad -0.3]^{\mathrm{T}}$$
$$= \frac{1}{0.3}[1.0000 \quad 0.6667 \quad 0.3333 \quad -0.3333 \quad -0.6667 \quad -1.0000]^{\mathrm{T}}$$

可见,与假设振型一致,这是由于假设振型对称的缘故。

(2) 缩减为 3 个自由度

第三振型有两个节点,假设此 2 节点位于 m_2 和 m_4 处,且节点两侧位移不完全对称,由此假设第三阶振型为

$$\{\psi\}_3 = [0.1 \quad 0.0 \quad -0.1 \quad 0.0 \quad 0.1 \quad 0.05]^{\mathrm{T}}$$

故有

$$[\widetilde{M}] = [\psi]^{\mathrm{T}}[m][\psi] = m\begin{bmatrix} 0.2800 & 0.0000 & 0.0050 \\ 0.0000 & 0.7000 & -0.0150 \\ 0.0050 & -0.0150 & 0.0325 \end{bmatrix}$$

$$[\widetilde{K}] = [\psi]^{\mathrm{T}}[k][\psi] = k\begin{bmatrix} 0.0600 & 0.0000 & -0.0100 \\ 0.0000 & 0.7000 & 0.0350 \\ -0.0100 & 0.0350 & 0.0550 \end{bmatrix}$$

得到

$$\widetilde{\omega}_{n1} = 0.4525\sqrt{\frac{k}{m}}, \qquad \widetilde{\omega}_{n2} = 0.9378\sqrt{\frac{k}{m}}$$

$$\{Y^{(1)}\}=\begin{Bmatrix} 1.0000 \\ -0.0165 \\ 0.2410 \end{Bmatrix}, \qquad \{Y^{(2)}\}=\begin{Bmatrix} 0.0773 \\ 0.5712 \\ 1.0000 \end{Bmatrix}$$

代入式(6.1.13)，得到系统前两阶的近似模态

$$\{u^{(1)}\}=[\psi]\{Y^{(1)}\}=\frac{1}{0.3016}[0.3841 \quad 0.6466 \quad 0.9092 \quad 1.0000 \quad 0.7593 \quad 0.3988]^{\mathrm{T}}$$

$$\{u^{(2)}\}=[\psi]\{Y^{(2)}\}=\frac{1}{0.3279}[0.5897 \quad 0.5698 \quad 0.5499 \quad -0.1035 \quad -0.7805 \quad -1.0000]^{\mathrm{T}}$$

里兹法的求解精度除与缩减的自由度有关外，最主要还是取决于假设振型与真实振型的符合程度。但里兹法毕竟提供了一个非常有效的估算方法，即便是很随意的假设也能获得一定范围内的结果。譬如，在本例题随意选取前两个振型为

$$\{\psi\}_1=[1 \quad 1 \quad 1 \quad 1 \quad 1 \quad 1]^{\mathrm{T}}$$

$$\{\psi\}_2=[1 \quad 0 \quad 0 \quad 0 \quad 0 \quad 0]^{\mathrm{T}}$$

$$\tilde{\omega}_{\mathrm{n}1}=0.5324\sqrt{\frac{k}{m}}, \qquad \tilde{\omega}_{\mathrm{n}2}=1.4548\sqrt{\frac{k}{m}}$$

6.1.4　矩阵迭代法

矩阵迭代法(matrix iteration method)是通过逐步逼近的方法来确定系统的主振型和固有频率的一种方法，所以也称为**振型迭代法**(modal superposition method)。按照柔度法，多自由度振动系统的特征值问题表述为

$$([D]-\lambda[I])\{u\}=\{0\}$$

或

$$[D]\{u\}=\lambda\{u\} \tag{6.1.16}$$

式中的特征值 $\lambda=1/\omega_{\mathrm{n}}^2$，动力矩阵 $[D]=[\delta][m]$。

矩阵迭代法可以用于求解多自由度系统的最低阶固有频率及其振型，也可以用于计算二阶和二阶以上的固有频率及其振型，二者方法略有不同，以下分别介绍。

1. 第一阶固有频率及其振型计算

依据式(6.1.16)，通过以下迭代方法逐步确定多自由度系统的固有频率及其振型。为便于振型比较，以下采用归一化振型。所谓归一化振型，是指将振型中的某一个元素化为 1，这样振型的绝对大小便被固定下来了，可以方便两个振型的比较。以下不加说明，均选用第一个元素归 1。

振型的迭代步骤如下：

(1) 选择某一个归一化的假设振型 $\{u\}_0$ 代入式(6.1.16)，得到

$$\lambda_1\{u\}_1=[D]\{u\}_0 \tag{a}$$

(2) 如果 $\{u\}_1=\{u\}_0$，则 $\{u\}_0$ 即是系统的第一阶振型、λ_1 即是第一阶特征根；如果 $\{u\}_1\neq\{u\}_0$，则需要继续迭代，此时再以 $\{u\}_1$ 假设振型代入式(6.1.16)迭代

$$\lambda_2\{u\}_2=[D]\{u\}_1 \tag{b}$$

(3) 如果 $\{u\}_2\neq\{u\}_1$，则需要按照上述步骤继续迭代

$$\lambda_k\{u\}_k=[D]\{u\}_{k-1} \tag{6.1.17}$$

直到 $\{u\}_k = \{u\}_{k-1}$ 为止。此时得到的 $\{u\}_k$ 即为系统的第一阶振型、$\lambda_k = 1/\omega_{n1}^2$ 即为第一阶特征根。

【例 6.1.6】 已知某三自由度振动系统的质量矩阵和柔度矩阵分别为

$$[m] = \begin{bmatrix} 1 & 0 & 0 \\ 0 & 1 & 0 \\ 0 & 0 & 1 \end{bmatrix}, \qquad [\delta] = \begin{bmatrix} 1 & 1 & 1 \\ 1 & 2 & 2 \\ 1 & 2 & 3 \end{bmatrix}$$

试用矩阵迭代法确定该系统的基频及其模态。

解 该系统的动力矩阵为

$$[D] = [\delta][m] = \begin{bmatrix} 1 & 1 & 1 \\ 1 & 2 & 2 \\ 1 & 2 & 3 \end{bmatrix}$$

取初始假设振型为

$$\{u\}_0 = \begin{bmatrix} 1 & 1 & 1 \end{bmatrix}^{\mathrm{T}}$$

代入式(6.1.17)中计算

$$\lambda_1 \{u\}_1 = [D]\{u\}_0 = \begin{bmatrix} 1 & 1 & 1 \\ 1 & 2 & 2 \\ 1 & 2 & 3 \end{bmatrix} \begin{Bmatrix} 1 \\ 1 \\ 1 \end{Bmatrix} = \begin{Bmatrix} 3 \\ 5 \\ 6 \end{Bmatrix} = 3 \begin{Bmatrix} 1.0000 \\ 1.6667 \\ 2.0000 \end{Bmatrix}$$

第二次迭代

$$\lambda_2 \{u\}_2 = [D]\{u\}_1 = \begin{bmatrix} 1 & 1 & 1 \\ 1 & 2 & 2 \\ 1 & 2 & 3 \end{bmatrix} \begin{Bmatrix} 1.0000 \\ 1.6667 \\ 2.0000 \end{Bmatrix} = 4.6667 \begin{Bmatrix} 1.0000 \\ 1.7856 \\ 2.2143 \end{Bmatrix}$$

继续迭代

$$\lambda_3 \{u\}_3 = [D]\{u\}_2 = 5.0000 \begin{Bmatrix} 1.0000 \\ 1.8000 \\ 2.2429 \end{Bmatrix}$$

$$\lambda_4 \{u\}_4 = [D]\{u\}_3 = 5.0479 \begin{Bmatrix} 1.0000 \\ 1.8017 \\ 2.2465 \end{Bmatrix}$$

$$\lambda_5 \{u\}_5 = [D]\{u\}_4 = 5.0482 \begin{Bmatrix} 1.0000 \\ 1.8019 \\ 2.2469 \end{Bmatrix}$$

$$\lambda_6 \{u\}_6 = [D]\{u\}_5 = 5.0488 \begin{Bmatrix} 1.0000 \\ 1.8019 \\ 2.2470 \end{Bmatrix}$$

$$\lambda_7 \{u\}_7 = [D]\{u\}_6 = 5.0489 \begin{Bmatrix} 1.0000 \\ 1.8019 \\ 2.2470 \end{Bmatrix}$$

由于 $\{u\}_7 = \{u\}_6$，所以系统的基频及其模态为

$$\omega_{n1} = \sqrt{1/\lambda_7} = \sqrt{1/5.0489} = 0.4450$$

$$\{u^{(1)}\} = [1.0000 \quad 1.8019 \quad 2.2470]^{\mathrm{T}}$$

2. 高阶固有频率及其振型计算

利用上述迭代方法可以求得系统的最低阶模态,如果想法把系统的最低阶模态消除,则系统的第二阶模态就变为最小模态,仍然可以用上述方法进行求解。受到这一想法的启示,要求第二阶固有特性时,只要在所假设振型中除去第一阶振型的成分即可。根据展开定理式(4.4.13)

$$\{u\} = c_1\{u^{(1)}\} + c_2\{u^{(2)}\} + \cdots + c_n\{u^{(n)}\} \tag{a}$$

式中系数 c_r 为

$$c_r = \frac{\{u^{(r)}\}^{\mathrm{T}}[m]\{u\}}{M_r} = \frac{\{u^{(r)}\}^{\mathrm{T}}[m]\{u\}}{\{u^{(r)}\}^{\mathrm{T}}[m]\{u^{(r)}\}} \tag{b}$$

如果要从其中清除第一阶振型,则应对假设振型作如下修正

$$\{u\} - c_1\{u^{(1)}\} = \{u\} - \{u^{(1)}\}\frac{\{u^{(1)}\}^{\mathrm{T}}[m]\{u\}}{M_1}$$

$$= \left([I] - \frac{\{u^{(1)}\}\{u^{(1)}\}^{\mathrm{T}}[m]}{M_r}\right)\{u\}$$

引入符号

$$\{Q\}_1 = [I] - \frac{\{u^{(1)}\}\{u^{(1)}\}^{\mathrm{T}}[m]}{M_1} \tag{6.1.18}$$

称为第一阶振型的清除矩阵,简称**清除矩阵**(sweeping matrix)。则清除第一阶振型的假设振型为

$$\{u\} - c_1\{u^{(1)}\} = \{Q\}_1\{u\} \tag{6.1.19}$$

使用修正后的振型 $\{Q\}_1\{u\}$ 进行迭代,则可以求得第二阶固有频率及其主振型。

如果要求 $(P+1)$ 阶固有频率及其主振型,则需要在计算振型中清除前 P 阶主振型成分,即

$$\{u\} - \sum_{i=1}^{P} c_i\{u^{(i)}\} = \{u\} - \sum_{i=1}^{P}\{u^{(i)}\}\frac{\{u^{(i)}\}^{\mathrm{T}}[m]\{u\}}{M_i}$$

$$= \left([I] - \sum_{i=1}^{P}\frac{\{u^{(i)}\}\{u^{(i)}\}^{\mathrm{T}}[m]}{M_i}\right)\{u\}$$

引入符号

$$\{Q\}_P = [I] - \sum_{i=1}^{P}\frac{\{u^{(i)}\}\{u^{(i)}\}^{\mathrm{T}}[m]}{M_i} \tag{6.1.20}$$

称为前 P 阶振型的清除矩阵,简称清除矩阵。故,清除前 P 阶主振型的假设振型为

$$\{u\} - \sum_{i=1}^{P} c_i\{u^{(i)}\} = \{Q\}_P\{u\} \tag{6.1.21}$$

应用修正后的振型 $\{Q\}_P\{u\}$ 进行迭代,则可以求解 $(P+1)$ 阶固有频率及其主振型。

由于计算过程中不可避免地存在舍入误差即残留一些低阶主振型成分,所以每次迭代前都应重新进行低阶主振型成分的清除运算。为方便起见,可以把迭代运算和清除运算合并在一起,即将清除矩阵并入动力矩阵。由(a)可得

$$[D]\{u\} = [D](c_1\{u^{(1)}\} + c_2\{u^{(2)}\} + \cdots + c_n\{u^{(n)}\}) \tag{c}$$

由式(6.1.16)知

$$[D]\{u^{(i)}\} = \lambda_i \{u^{(i)}\} \tag{d}$$

所以要从 $[D]\{u\}$ 中清除第一阶主振型成分,则应

$$[D](\{u\} - c_1\{u^{(1)}\}) = [D]\{u\} - \lambda_1 \{u^{(1)}\}c_1$$

$$= \left([D] - \lambda_1 \frac{\{u^{(1)}\}\{u^{(1)}\}^{\mathrm{T}}[m]}{M_1}\right)\{u\} \tag{e}$$

引入符号

$$[\widetilde{D}_1] = [D] - \lambda_1 \frac{\{u^{(1)}\}\{u^{(1)}\}^{\mathrm{T}}[m]}{M_1} \tag{6.1.22}$$

为包含清除第一阶模态成分的清除矩阵的动力矩阵,称为**清除动力矩阵**。于是求解系统第二阶固有频率及其振型的迭代公式变为

$$\lambda_k\{u\}_k = [\widetilde{D}_1]\{u\}_{k-1} \tag{6.1.23}$$

同样,包含清除前 P 阶模态成分的清除矩阵的动力矩阵,即清除前 P 阶模态成分的清除动力矩阵为

$$[\widetilde{D}_P] = [D] - \sum_{i=1}^{P} \lambda_i \frac{\{u^{(i)}\}\{u^{(i)}\}^{\mathrm{T}}[m]}{M_i} \tag{6.1.24}$$

求解系统第 $(P+1)$ 阶固有频率及其振型的迭代公式为

$$\lambda_k\{u\}_k = [\widetilde{D}_P]\{u\}_{k-1} \tag{6.1.25}$$

【例 6.1.7】 已知某无阻尼三自由度振动系统的质量矩阵和刚度矩阵分别为

$$[m] = m\begin{bmatrix} 1 & & \\ & 2 & \\ & & 3 \end{bmatrix}, \qquad [k] = k\begin{bmatrix} 5 & -2 & 0 \\ -2 & 3 & -1 \\ 0 & -1 & 1 \end{bmatrix}$$

试利用矩阵迭代法确定该系统的第一阶和第二阶固有频率及其主振型。

解　分别按照第一阶和第二阶两步计算。

(1) 第一阶固有频率及其主振型计算

该系统的动力矩阵为

$$[D] = [\delta][m] = [k]^{-1}[m] = \begin{bmatrix} 0.3333 & 0.6667 & 1.0000 \\ 0.3333 & 1.6667 & 2.5000 \\ 0.3333 & 1.6667 & 5.5000 \end{bmatrix}$$

取初始假设振型为

$$\{u\}_0 = \begin{bmatrix} 1 & 1 & 1 \end{bmatrix}^{\mathrm{T}}$$

代入式(6.1.17)中计算

$$\lambda_1\{u\}_1 = [D]\{u\}_0 = \begin{bmatrix} 0.3333 & 0.6667 & 1.0000 \\ 0.3333 & 1.6667 & 2.5000 \\ 0.3333 & 1.6667 & 5.5000 \end{bmatrix}\begin{Bmatrix} 1 \\ 1 \\ 1 \end{Bmatrix} = \begin{Bmatrix} 2.0 \\ 4.5 \\ 7.5 \end{Bmatrix} = 2\begin{Bmatrix} 1.00 \\ 2.25 \\ 3.75 \end{Bmatrix}$$

$$\lambda_2\{u\}_2 = [D]\{u\}_1 = \begin{bmatrix} 0.3333 & 0.6667 & 1.0000 \\ 0.3333 & 1.6667 & 2.5000 \\ 0.3333 & 1.6667 & 5.5000 \end{bmatrix}\begin{Bmatrix} 1.00 \\ 2.25 \\ 3.75 \end{Bmatrix} = \begin{Bmatrix} 5.5833 \\ 13.4583 \\ 24.7083 \end{Bmatrix} = 5.5833\begin{Bmatrix} 1.0000 \\ 2.4104 \\ 4.4254 \end{Bmatrix}$$

$$\lambda_3\{u\}_3 = [D]\{u\}_2 = \begin{bmatrix} 0.3333 & 0.6667 & 1.0000 \\ 0.3333 & 1.6667 & 2.5000 \\ 0.3333 & 1.6667 & 5.5000 \end{bmatrix}\begin{Bmatrix} 1.0000 \\ 2.4104 \\ 4.4254 \end{Bmatrix} = \begin{Bmatrix} 6.3657 \\ 15.4142 \\ 28.6903 \end{Bmatrix} = 6.3657\begin{Bmatrix} 1.0000 \\ 2.4215 \\ 4.5070 \end{Bmatrix}$$

$$\lambda_4\{u\}_4=[D]\{u\}_3=\begin{bmatrix}0.3333 & 0.6667 & 1.0000\\0.3333 & 1.6667 & 2.5000\\0.3333 & 1.6667 & 5.5000\end{bmatrix}\begin{Bmatrix}1.0000\\2.4215\\4.5070\end{Bmatrix}=\begin{Bmatrix}6.4547\\15.6367\\29.1578\end{Bmatrix}=6.4547\begin{Bmatrix}1.0000\\2.4225\\4.5173\end{Bmatrix}$$

$$\lambda_5\{u\}_5=[D]\{u\}_4=\begin{bmatrix}0.3333 & 0.6667 & 1.0000\\0.3333 & 1.6667 & 2.5000\\0.3333 & 1.6667 & 5.5000\end{bmatrix}\begin{Bmatrix}1.0000\\2.4225\\4.5173\end{Bmatrix}=\begin{Bmatrix}6.4657\\15.6643\\29.2161\end{Bmatrix}=6.4657\begin{Bmatrix}1.0000\\2.4227\\4.5187\end{Bmatrix}$$

$$\lambda_6\{u\}_6=[D]\{u\}_5=\begin{bmatrix}0.3333 & 0.6667 & 1.0000\\0.3333 & 1.6667 & 2.5000\\0.3333 & 1.6667 & 5.5000\end{bmatrix}\begin{Bmatrix}1.0000\\2.4227\\4.5187\end{Bmatrix}=\begin{Bmatrix}6.4671\\15.6677\\29.2237\end{Bmatrix}=6.4671\begin{Bmatrix}1.0000\\2.4227\\4.5188\end{Bmatrix}$$

$$\lambda_7\{u\}_7=[D]\{u\}_6=\begin{bmatrix}0.3333 & 0.6667 & 1.0000\\0.3333 & 1.6667 & 2.5000\\0.3333 & 1.6667 & 5.5000\end{bmatrix}\begin{Bmatrix}1.0000\\2.4227\\4.5188\end{Bmatrix}=\begin{Bmatrix}6.4673\\15.6682\\29.2247\end{Bmatrix}=6.4673\begin{Bmatrix}1.0000\\2.4227\\4.1589\end{Bmatrix}$$

$$\lambda_8\{u\}_8=[D]\{u\}_7=\begin{bmatrix}0.3333 & 0.6667 & 1.0000\\0.3333 & 1.6667 & 2.5000\\0.3333 & 1.6667 & 5.5000\end{bmatrix}\begin{Bmatrix}1.0000\\2.4227\\4.1589\end{Bmatrix}=\begin{Bmatrix}6.4673\\15.6683\\29.2248\end{Bmatrix}=6.4673\begin{Bmatrix}1.0000\\2.4227\\4.1589\end{Bmatrix}$$

经过 8 次迭代,得到系统的基频及其模态为

$$\omega_{n1}=\sqrt{1/\lambda_8}=\sqrt{1/6.4673}=0.3932$$

$$\{u^{(1)}\}=\begin{bmatrix}1.0000 & 2.4227 & 4.1589\end{bmatrix}^{\mathrm{T}}$$

均为精确解。以下再确定二阶固有特性。

（2）第二阶固有频率及其主振型计算

在以上计算基础上计算,注意此时

$$\{u^{(1)}\}=\begin{bmatrix}1.0000 & 2.4227 & 4.1589\end{bmatrix}^{\mathrm{T}}$$

首先,计算

$$M_1=\{u^{(1)}\}^{\mathrm{T}}[m]\{u^{(1)}\}=73.9990$$

$$\frac{\{u^{(1)}\}\{u^{(1)}\}^{\mathrm{T}}[m]}{M_1}=\frac{\{u^{(1)}\}\{u^{(1)}\}^{\mathrm{T}}[m]}{\{u^{(1)}\}^{\mathrm{T}}[m]\{u^{(1)}\}}=\begin{bmatrix}0.0135 & 0.0655 & 0.1832\\0.0327 & 0.1586 & 0.4438\\0.0611 & 0.2959 & 0.8279\end{bmatrix}$$

运用式（6.1.22）计算清除第一阶模态成分的清除动力矩阵

$$[\widetilde{D}]_1=[D]-\lambda_1\frac{\{u^{(1)}\}\{u^{(1)}\}^{\mathrm{T}}[m]}{M_1}=\begin{bmatrix}0.2459 & 0.2432 & -0.1848\\0.1216 & 0.6407 & -0.3704\\-0.0616 & -0.2469 & 0.1460\end{bmatrix}$$

代入式（6.1.23）迭代计算。重新假设初始振型为

$$\{u\}_0=\begin{bmatrix}1 & 1 & 1\end{bmatrix}^{\mathrm{T}}$$

由 $\lambda_k\{u\}_k=[\widetilde{D}]_1\{u\}_{k-1}$ 可得

$$\lambda_1\{u\}_1=[\widetilde{D}_1]\{u\}_0=\begin{bmatrix}0.2459 & 0.2432 & -0.1848\\0.1216 & 0.6407 & -0.3704\\-0.0616 & -0.2469 & 0.1460\end{bmatrix}\begin{Bmatrix}1\\1\\1\end{Bmatrix}$$

$$=\begin{Bmatrix}0.3043\\0.3919\\-0.1625\end{Bmatrix}=0.3043\begin{Bmatrix}1.00\\1.2878\\-0.5340\end{Bmatrix}$$

$$\lambda_2\{u\}_2=[\widetilde{D}_1]\{u\}_1=[\widetilde{D}_1]\left\{\begin{array}{c}1.00\\1.2878\\-0.5340\end{array}\right\}=\left\{\begin{array}{c}0.6578\\1.1445\\-0.4576\end{array}\right\}=0.6578\left\{\begin{array}{c}1.0000\\1.7399\\-0.6956\end{array}\right\}$$

$$\lambda_3\{u\}_3=[\widetilde{D}_1]\{u\}_2=[\widetilde{D}_1]\left\{\begin{array}{c}1.0000\\1.7399\\-0.6956\end{array}\right\}=\left\{\begin{array}{c}0.7976\\1.4941\\-0.5928\end{array}\right\}=0.7976\left\{\begin{array}{c}1.0000\\1.8731\\-0.7433\end{array}\right\}$$

$$\lambda_4\{u\}_4=[\widetilde{D}_1]\{u\}_3=[\widetilde{D}_1]\left\{\begin{array}{c}1.0000\\1.8731\\-0.7433\end{array}\right\}=\left\{\begin{array}{c}0.8388\\1.5971\\-0.6327\end{array}\right\}=0.8388\left\{\begin{array}{c}1.0000\\1.9039\\-0.7543\end{array}\right\}$$

$$\lambda_5\{u\}_5=[\widetilde{D}_1]\{u\}_4=[\widetilde{D}_1]\left\{\begin{array}{c}1.0000\\1.9039\\-0.7543\end{array}\right\}=\left\{\begin{array}{c}0.8484\\1.6209\\-0.6419\end{array}\right\}=0.8484\left\{\begin{array}{c}1.0000\\1.9106\\-0.7567\end{array}\right\}$$

$$\lambda_6\{u\}_6=[\widetilde{D}_1]\{u\}_5=[\widetilde{D}_1]\left\{\begin{array}{c}1.0000\\1.9106\\-0.7567\end{array}\right\}=\left\{\begin{array}{c}0.8504\\1.6261\\-0.6439\end{array}\right\}=0.8504\left\{\begin{array}{c}1.0000\\1.9121\\-0.7572\end{array}\right\}$$

$$\lambda_7\{u\}_7=[\widetilde{D}_1]\{u\}_6=[\widetilde{D}_1]\left\{\begin{array}{c}1.0000\\1.9121\\-0.7572\end{array}\right\}=\left\{\begin{array}{c}0.8509\\1.6272\\-0.6443\end{array}\right\}=0.8509\left\{\begin{array}{c}1.0000\\1.9124\\-0.7573\end{array}\right\}$$

$$\lambda_8\{u\}_8=[\widetilde{D}_1]\{u\}_7=[\widetilde{D}_1]\left\{\begin{array}{c}1.0000\\1.9124\\-0.7573\end{array}\right\}=\left\{\begin{array}{c}0.8510\\1.6274\\-0.6444\end{array}\right\}=0.8510\left\{\begin{array}{c}1.0000\\1.9124\\-0.7573\end{array}\right\}$$

经过8次迭代,得到系统的第二阶固有频率及其模态为

$$\omega_{n2}=\sqrt{1/\lambda_8}=\sqrt{1/0.8510}=1.0840$$

$$\{u^{(2)}\}=[1.0000 \quad 1.9124 \quad -0.7573]^{\mathrm{T}}$$

均与精确解一致。

6.1.5 子空间迭代法

上述矩阵迭代法对假设振型向量要求不高,但每求一阶固有特性都需从头迭代。而里兹法则是通过自由度缩减,把原来的高阶特征值问题转化为低阶特征值问题,可以同时求得若干个低阶特征值及其特征向量,但其精度主要取决于假设振型的准确程度。**子空间迭代法**(subspace iteration method),把这两种方法结合起来。一方面采用里兹法来缩减问题的自由度数,并确定相应的固有频率和固有振型;另一方面使用矩阵法进行迭代运算,以获得足够准确的假设振型,提高计算的精度。

首先,利用里兹法来缩减问题的自由度。对于一个 n 自由度系统,如果拟计算前 P 阶固有特性时,需假设 $S(S>P)$ 个振型

$$[u]_0=[\{\psi\}_1,\{\psi\}_2,\cdots,\{\psi\}_{n1}]\tag{6.1.26}$$

但是,以上假设的振型未必符合真实情况。为了逼近真实振型,接下来运用矩阵迭代法对上述假设的初次迭代振型矩阵$[\psi]_0$进行迭代

$$[\psi]_1=[D][u]_0=[\delta][m][u]_0 \tag{6.1.27}$$

如果继续迭代下去,各阶振型都将趋近于系统的第一阶真实振型$\{u^{(1)}\}$。为了避免出现这一状况,在再次迭代前要对$[\psi]_1$进行正交化处理,这样可以使其各列向量迭代后趋于不同阶的主振型。然后再用$[\psi]_1$作为假设振型,利用里兹法求解。为此,按照里兹法确定用于第一次迭代的降维子空间广义质量矩阵和广义刚度矩阵

$$\begin{cases} [\widetilde{M}]_1=[\psi]_1^{\mathrm{T}}[m][\psi]_1 \\ [\widetilde{K}]_1=[\psi]_1^{\mathrm{T}}[k][\psi]_1 \end{cases} \tag{6.1.28}$$

然后用求解特征值问题方程

$$([\widetilde{K}]_1-\widetilde{\omega}_{ni}^2[\widetilde{M}]_1)[Y]_1=\{0\} \tag{6.1.29a}$$

得到降维子空间即原系统前S个低阶固有频率和相应的模态向量的第一次迭代结果

$$\widetilde{\omega}_{n1}^2 \quad \widetilde{\omega}_{n2}^2 \quad \cdots \quad \widetilde{\omega}_{nS}^2 \tag{6.1.29b}$$
$$[Y]_1=[\{Y^{(1)}\}_1 \quad \{Y^{(2)}\}_1 \quad \cdots \quad \{Y^{(S)}\}_1]$$

再通过变换式(6.1.13),得到原系统前S个低阶模态向量的第一次迭代结果

$$[u]_1=[\psi]_1[Y]_1=[\{u^{(1)}\}_1 \quad \{u^{(2)}\}_1 \quad \cdots \quad \{u^{(S)}\}_1] \tag{6.1.30}$$

然后,再以$[u]_1$为假设振型矩阵进行迭代,求得

$$[\psi]_2=[D][u]_1=[\delta][m][u]_1 \tag{6.1.31}$$

再按里兹法确定用于第二次迭代的广义质量矩阵和广义刚度矩阵

$$\begin{cases} [\widetilde{M}]_2=[\psi]_2^{\mathrm{T}}[m][\psi]_2 \\ [\widetilde{K}]_2=[\psi]_2^{\mathrm{T}}[k][\psi]_2 \end{cases} \tag{6.1.32}$$

求解特征值问题方程

$$([\widetilde{K}]_2-\widetilde{\omega}_{ni}^2[\widetilde{M}]_2)[Y]_2=\{0\} \tag{6.1.33a}$$

得到降维子空间即原系统前S个低阶固有频率和相应的模态向量的第一次迭代结果

$$\widetilde{\omega}_{n1}^2 \quad \widetilde{\omega}_{n2}^2 \quad \cdots \quad \widetilde{\omega}_{nS}^2 \tag{6.1.33b}$$
$$[Y]_2=[\{Y^{(1)}\}_2 \quad \{Y^{(2)}\}_2 \quad \cdots \quad \{Y^{(S)}\}_2]$$

再通过变换式(6.1.13),得到原系统前S个低阶模态向量的第二次迭代结果

$$[u]_2=[\psi]_2[Y]_2=[\{u^{(1)}\}_2 \quad \{u^{(2)}\}_2 \quad \cdots \quad \{u^{(S)}\}_2] \tag{6.1.34}$$

重复以上迭代计算,直至计算结果与上次结果足够接近(达到精度要求)为止。在以上迭代运算过程中所有振型向量均作归一化处理。

【例 6.1.8】 利用里兹法确定例 6.1.5 中的 6 自由度系统的前二阶固有频率和固有模态。

解 由例 6.1.5 得到系统的质量矩阵和刚度矩阵分别为

$$[m]=m\begin{bmatrix} 1 & 0 & 0 & 0 & 0 & 0 \\ 0 & 1 & 0 & 0 & 0 & 0 \\ 0 & 0 & 1 & 0 & 0 & 0 \\ 0 & 0 & 0 & 1 & 0 & 0 \\ 0 & 0 & 0 & 0 & 1 & 0 \\ 0 & 0 & 0 & 0 & 0 & 1 \end{bmatrix}, \quad [k]=k\begin{bmatrix} 2 & -1 & 0 & 0 & 0 & 0 \\ -1 & 2 & -1 & 0 & 0 & 0 \\ 0 & -1 & 2 & -1 & 0 & 0 \\ 0 & 0 & -1 & 2 & -1 & 0 \\ 0 & 0 & 0 & -1 & 2 & -1 \\ 0 & 0 & 0 & 0 & -1 & 2 \end{bmatrix}$$

假设前两阶振型为

$$\{\psi\}_1 = \begin{bmatrix} 1 & 1 & 1 & 1 & 1 & 1 \end{bmatrix}^T$$

$$\{\psi\}_2 = \begin{bmatrix} 1 & 1 & 1 & -1 & -1 & -1 \end{bmatrix}^T$$

即初始迭代振型矩阵假设为

$$[u]_0 = \begin{bmatrix} 1 & 1 & 1 & 1 & 1 & 1 \\ 1 & 1 & 1 & -1 & -1 & -1 \end{bmatrix}^T$$

代入式(6.1.27)进行迭代

$$[\psi]_1 = [k]^{-1}[m][u]_0 = \frac{m}{k} \begin{bmatrix} 3.0000 & 5.0000 & 6.0000 & 6.0000 & 5.0000 & 3.0000 \\ 1.2857 & 1.5714 & 0.8571 & -0.8571 & -1.5714 & -1.2857 \end{bmatrix}^T$$

归一化后

$$[\psi]_1 = [k]^{-1}[m][u]_0 = \begin{bmatrix} 1.0000 & 1.6667 & 2.0000 & 2.0000 & 1.6667 & 1.0000 \\ 1.0000 & 1.2222 & 0.6667 & -0.6667 & -1.2222 & -1.0000 \end{bmatrix}^T$$

代入式(6.1.28),计算降维子空间的广义质量矩阵和广义刚度矩阵

$$[\widetilde{M}]_1 = [\psi]_1^T[m][\psi]_1 = \begin{bmatrix} 15.5556m & 0.0000 \\ 0.0000 & 5.8765m \end{bmatrix}$$

$$[\widetilde{K}]_1 = [\psi]_1^T[k][\psi]_1 = \begin{bmatrix} 3.1111k & 0.0000 \\ 0.0000 & 4.4938k \end{bmatrix}$$

代入特征根方程

$$\left| [\widetilde{K}]_1 - \widetilde{\omega}_{ni}^2[\widetilde{M}]_1 \right| = \begin{vmatrix} 3.1111k - 15.5556m\widetilde{\omega}_{ni}^2 & 0 \\ 0 & 4.4938k - 5.8765m\widetilde{\omega}_{ni}^2 \end{vmatrix} = 0$$

解得

$$\widetilde{\omega}_{n1}^2 = 0.2000\frac{k}{m}, \qquad \widetilde{\omega}_{n2}^2 = 0.7674\frac{k}{m}$$

分别代入特征问题方程

$$([\widetilde{K}]_1 - \widetilde{\omega}_{ni}^2[\widetilde{M}]_1)[Y]_1 = \begin{bmatrix} 3.1111k - 15.5556m\widetilde{\omega}_{ni}^2 & 0 \\ 0 & 4.4938k - 5.8765m\widetilde{\omega}_{ni}^2 \end{bmatrix} \begin{Bmatrix} Y_1 \\ Y_2 \end{Bmatrix} = 0$$

得到

$$\{Y^{(1)}\}_1 = \begin{Bmatrix} 1 \\ 0 \end{Bmatrix}, \qquad \{Y^{(2)}\}_1 = \begin{Bmatrix} 0 \\ 1 \end{Bmatrix}$$

即

$$[Y]_1 = \begin{bmatrix} 1 & 0 \\ 0 & 1 \end{bmatrix}$$

再通过变换式(6.1.30),得到原系统前两个低阶模态向量的第一次迭代结果

$$[u]_1 = [\psi]_1[Y]_1$$

$$= \frac{m}{k} \begin{bmatrix} 3.0000 & 5.0000 & 6.0000 & 6.0000 & 5.0000 & 3.0000 \\ 1.2857 & 1.5714 & 0.8571 & -0.8571 & -1.5714 & -1.2857 \end{bmatrix}^T$$

再以$[u]_1$为假设振型矩阵进行第二次迭代

$$[\psi]_2 = [D][u]_1 = [k]^{-1}[m][u]_1$$

$$= \frac{m^2}{k^2} \begin{bmatrix} 4.6667 & 8.3333 & 10.3333 & 10.3333 & 8.3333 & 4.6667 \\ 1.3333 & 1.6667 & 0.7778 & -0.7778 & -1.6667 & -1.3333 \end{bmatrix}$$

归一化后

$$[\varphi]_2 = [D][u]_1 = [k]^{-1}[m][u]_1$$

$$= \begin{bmatrix} 1.0000 & 1.7857 & 2.2143 & 2.2143 & 1.7857 & 1.0000 \\ 1.0000 & 1.2500 & 0.5833 & -0.5833 & -1.2500 & -1.0000 \end{bmatrix}$$

计算用于第二次迭代的广义质量矩阵和广义刚度矩阵

$$[\widetilde{M}]_2 = [\varphi]_2^{\mathrm{T}}[m][\varphi]_2 = \begin{bmatrix} 18.1837m & 0.0000 \\ 0.0000 & 5.8056m \end{bmatrix}$$

$$[\widetilde{K}]_2 = [\varphi]_2^{\mathrm{T}}[k][\varphi]_2 = \begin{bmatrix} 3.6020k & 0.0000 \\ 0.0000 & 4.3750k \end{bmatrix}$$

应用特征值问题方程求得

$$\widetilde{\omega}_{n1}^2 = 0.1981\frac{k}{m}, \qquad \widetilde{\omega}_{n1}^2 = 0.7536\frac{k}{m}$$

$$[Y]_2 = \begin{bmatrix} \{Y^{(1)}\}_2 & \{Y^{(2)}\}_2 \end{bmatrix} = \begin{bmatrix} -1.0000 & 0.0000 \\ 0.0000 & -1.0000 \end{bmatrix}$$

代入式(6.1.34)，计算原系统前两阶模态向量的第二次迭代结果

$$[u]_2 = [\varphi]_2[Y]_2 = \begin{bmatrix} 1.0000 & 1.7857 & 2.2143 & 2.2143 & 1.7857 & 1.0000 \\ 1.0000 & 1.2500 & 0.5833 & -0.5833 & -1.2500 & -1.0000 \end{bmatrix}$$

第二次迭代结果与第一次相差不大，迭代到此前二阶固有频率已经收敛为精确值，前二阶归一化固有模态为

$$u^{(1)} = \begin{bmatrix} 0.4516 & 0.8064 & 1.0000 & 1.0000 & 0.8064 & 0.4516 \end{bmatrix}^{\mathrm{T}}$$

$$u^{(2)} = \begin{bmatrix} 0.8000 & 1.0000 & 0.4666 & -0.4666 & -1.0000 & -0.8000 \end{bmatrix}^{\mathrm{T}}$$

已经很接近精确值(见例6.1.5)，如果要进一步提高精度，可以再迭代下去，直到满意为止。

6.2　强迫振动响应的数值计算方法

利用前述理论求解多自由度系统受迫振动响应的基本步骤是，首先确定系统的固有振动特性，再建立系统解耦的模态运动方程，然后按照单自由度理论进行求解，如果系统受到的是一般激励作用，其受迫振动响应归结为杜哈梅卷积积分的计算。这一求解过程不仅烦琐冗长，而且杜哈梅积分也常常找不到解析解。因此，研究系统的强迫振动响应的数值计算方法非常有意义，在振动工程中已经广泛应用。

求解振动系统响应的数值分析方法很多，本节主要介绍基于增量平衡方程的**逐步积分法**(step-by-step integration method)，这些方法直接从物理方程出发，无须事先求解固有特性，不必对方程解耦，无论何种激励均可直接求解，因此也称为**直接积分法**(immediate integration method)。

直接积分法的基本思想和步骤如下：

(1) 时间离散化

一般采用等间隔离散方法，即把时间均匀地分为 n 等份，等时间间隔为 Δt。离散后，仅

要求运动在离散时间点上要满足运动方程,在任意离散时间点之间不必要求满足运动方程。

（2）逐步积分

在时间间隔内,依据离散增量平衡方程,首先从离散点 1 开始积分计算,然后再逐步计算后面各点,直至完成最后一点的计算。主要步骤:

① 假设 $t=t_0$ 的初始状态向量是已知的,分别为 x_0、$\dot{x}_0$、$\ddot{x}_0$；

② 由增量平衡方程计算 $t_1 = t_0 + \Delta t$ 时刻的状态向量增量 Δx_1、$\Delta \dot{x}_1$、$\Delta \ddot{x}_1$,从而得到 $t_1 = t_0 + \Delta t$ 时刻的状态向量 $x_1 = x_0 + \Delta x_1$、$\dot{x}_1 = \dot{x}_0 + \Delta \dot{x}_1$、$\ddot{x}_1 = \ddot{x}_0 + \Delta \ddot{x}_1$；

③ 由增量平衡方程计算 $t_2 = t_0 + 2\Delta t$ 时刻的状态向量增量 Δx_2、$\Delta \dot{x}_2$、$\Delta \ddot{x}_2$,从而得到 $t_2 = t_0 + 2\Delta t$ 时刻的状态向量 $x_2 = x_1 + \Delta x_2$、$\dot{x}_2 = \dot{x}_1 + \Delta \dot{x}_2$、$\ddot{x}_2 = \ddot{x}_1 + \Delta \ddot{x}_2$；

④ 重复③步骤,直到计算完最后一个离散点的状态向量。

在上述计算过程中,采用不同假设得到不同的积分计算方法,每种方法的计算精度有所不同,收敛性和稳定性也不尽相同。常用的有线性加速度法、威尔逊-θ 法和纽马克-β 法等。这些方法不仅适用于线性系统,可以推广应用于非线性系统。

6.2.1　增量振动微分方程

对于一般质阻弹系统,在激励 $f(t)$ 作用下任意 t 时刻,作用于系统的动力除外扰力 $f(t)$ 还有惯性力 $F_I(t)$、弹性恢复力 $F_S(t)$ 和阻尼力 $F_D(t)$,根据达朗伯原理,其动平衡方程为

$$F_I(t) + F_D(t) + F_S(t) + f(t) = 0 \tag{a}$$

经过时间间隔 Δt 之后,系统的动平衡方程变为

$$F_I(t+\Delta t) + F_D(t+\Delta t) + F_S(t+\Delta t) + f(t+\Delta t) = 0 \tag{b}$$

由式（b）减式（a）,得到

$$\Delta F_I(t) + \Delta F_D(t) + \Delta F_S(t) + \Delta f(t) = 0 \tag{c}$$

如果系统各固有参数（质量、刚度、阻尼等）为常数,则上式中的增量可以用相应的运动参数表示为

$$
\begin{aligned}
\Delta F_I(t) &= F_I(t+\Delta t) - F_I(t) = -m\Delta \ddot{x}(t) \\
\Delta F_D(t) &= F_D(t+\Delta t) - F_D(t) = -c\Delta \dot{x}(t) \\
\Delta F_S(t) &= F_S(t+\Delta t) - F_S(t) = -k\Delta x(t)
\end{aligned} \tag{d}
$$

式中,$\Delta \ddot{x}$、$\Delta \dot{x}$、Δx 分别为系统在 t 时刻的加速度增量、速度增量和位移增量。将式（d）代入式（c）,得到单自由度振动系统的**增量运动方程**（incremental equation of motion）

$$m\Delta \ddot{x}(t) + c\Delta \dot{x}(t) + k\Delta x(t) = \Delta f(t) \tag{6.2.1}$$

在应用上述增量方程分析时,需要把系统的运动状态离散化。假设我们研究振动系统的时间段从 t_0 开始到 t_m 结束,把所考察的全部时间均匀分为 n 等份,每一等份时间为 Δt,即

$$\Delta t = \frac{t_m - t_0}{n} \tag{6.2.2}$$

离散后的运动状态与离散时间或离散点的对应关系用下脚标表示,即

$$
\begin{aligned}
&t_j = t_0 + j\Delta t \\
&x_j = x(t_j), \qquad \dot{x}_j = \dot{x}(t_j), \qquad \ddot{x}_j = \ddot{x}(t_j) \\
&\Delta x_j = x_j - x_{j-1}, \quad \Delta \dot{x}_j = \dot{x}_j - \dot{x}_{j-1}, \quad \Delta \ddot{x}_j = \ddot{x}_j - \ddot{x}_{j-1}, \quad j = 1, 2, \cdots, n
\end{aligned} \tag{6.2.3}
$$

因此,离散后的单自由度振动系统的增量运动方程应表示为

$$m\Delta\ddot{x}_j + c\Delta\dot{x}_j + k\Delta x_j = \Delta f_j \tag{6.2.4}$$

对于一般多自由度系统,其振动方程为

$$[m]\{\ddot{x}(t)\} + [c]\{\dot{x}(t)\} + [k]\{x(t)\} = \{f(t)\} \tag{e}$$

将考察时间段等分 n 份,每等份的时间为 Δt。离散化后,在 $t_j = t_0 + j\Delta t (j=1,2,\cdots,n)$ 时刻,系统对应的振动方程为

$$[m]\{\ddot{x}\}_j + [c]\{\dot{x}\}_j + [k]\{x\}_j = \{f\}_j \tag{f}$$

在 $t_{j-1} = t_0 + (j-1)\Delta t (j=1,2,\cdots,n)$ 时刻,系统对应的振动方程为

$$[m]\{\ddot{x}\}_{j-1} + [c]\{\dot{x}\}_{j-1} + [k]\{x\}_{j-1} = \{f\}_{j-1} \tag{g}$$

式(g)与式(f)相减,得到多自由度振动系统的增量运动方程

$$[m]\{\Delta\ddot{x}\}_j + [c]\{\Delta\dot{x}\}_j + [k]\{\Delta x\}_j = \{\Delta f\}_j, \qquad j=1,2,\cdots,n \tag{6.2.5}$$

其离散点对应的状态,均用下脚标表示,规则与单自由度完全相同

$$t_j = t_0 + j\Delta t$$
$$\{x\}_j = \{x(t_j)\}, \qquad \{\dot{x}\}_j = \{\dot{x}(t_j)\}, \qquad \{\ddot{x}_j\} = \{\ddot{x}(t_j)\} \tag{6.2.6}$$
$$\{\Delta x\}_j = \{x\}_{j+1} - \{x\}_j, \qquad \{\Delta\dot{x}\}_j = \{\dot{x}\}_{j+1} - \{\dot{x}\}_j,$$
$$\{\Delta\ddot{x}\}_j = \{\ddot{x}\}_{j+1} - \{\ddot{x}\}_j, \qquad j=1,2,\cdots,n$$

6.2.2 线性加速度法

对上述增量方程有多种解法,其基本思想都是通过离散化后,将增量微分方程转化为增量代数方程,然后在位移、速度和加速度之间引入一个假设关系,使得该 3 个运动参数增量只保留 1 个未知增量,从而得到以未知增量为变量的代数方程。**线性加速度法**(linear acceleration method)就是假设在时间间隔内,假设加速度作线性变化,如图 6.2.1 所示。图中 τ 为时间间隔 Δt 内的局部时间坐标,在 $0 \sim \Delta t$ 之间变化。根据线性加速度的假设,有

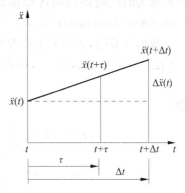

$$\ddot{x}(t) = \frac{\ddot{x}(t+\Delta t) - \ddot{x}(t)}{\Delta t} = \frac{\Delta\ddot{x}(t)}{\Delta t} = 常数 \tag{a}$$

得到关系式

$$\ddot{x}(t+\tau) = \ddot{x}(t) + \frac{\Delta\ddot{x}(t)}{\Delta t}\tau \tag{b}$$

图 6.2.1 线性加速度

对于多自由度系统,上述关系式表述为

$$\{\ddot{x}(t+\tau)\} = \{\ddot{x}(t)\} + \frac{\tau}{\Delta t}\{\Delta\ddot{x}(t)\} \tag{6.2.7}$$

对式(6.2.7)关于时间变量 τ 两次积分,依次得到

$$\begin{cases} \{\dot{x}(t+\tau)\} = \tau\{\ddot{x}(t)\} + \dfrac{\tau^2}{2\Delta t}\{\Delta\ddot{x}(t)\} + \{c\}_1 \\[2mm] \{x(t+\tau)\} = \dfrac{\tau^2}{2}\{\ddot{x}(t)\} + \dfrac{\tau^3}{6\Delta t}\{\Delta\ddot{x}(t)\} + \tau\{c\}_1 + \{c\}_2 \end{cases} \tag{c}$$

由初始条件 $\tau=0$,得到 $\{c\}_1 = \{\dot{x}(t)\}$、$\{c\}_2 = \{x(t)\}$,因此有

$$\begin{cases} \{\dot{x}(t+\tau)\} = \{\dot{x}(t)\} + \tau\{\ddot{x}(t)\} + \dfrac{\tau^2}{2\Delta t}\{\Delta\ddot{x}(t)\} \\ \{x(t+\tau)\} = \{x(t)\} + \tau\{\dot{x}(t)\} + \dfrac{\tau^2}{2}\{\ddot{x}(t)\} + \dfrac{\tau^3}{6\Delta t}\{\Delta\ddot{x}(t)\} \end{cases} \tag{d}$$

当 $\tau = \Delta t$ 时,由式(d)得到在时间间隔时刻的速度增量和位移增量,即

$$\begin{cases} \{\Delta\dot{x}(t)\} = \Delta t\{\ddot{x}(t)\} + \dfrac{\Delta t}{2}\{\Delta\ddot{x}(t)\} \\ \{\Delta x(t)\} = \Delta t\{\dot{x}(t)\} + \dfrac{\Delta t^2}{2}\{\ddot{x}(t)\} + \dfrac{\Delta t^2}{6}\{\Delta\ddot{x}(t)\} \end{cases} \tag{e}$$

联立解得

$$\{\Delta\ddot{x}(t)\} = \frac{6}{\Delta t^2}\{\Delta x(t)\} - \frac{6}{\Delta t}\{\dot{x}(t)\} - 3\{\ddot{x}(t)\} \tag{6.2.8}$$

$$\{\Delta\dot{x}(t)\} = \frac{3}{\Delta t}\{\Delta x(t)\} - 3\{\dot{x}(t)\} - \frac{\Delta t}{2}\{\ddot{x}(t)\} \tag{6.2.9}$$

将式(6.2.8)代入式(6.2.5),得到

$$[\overline{K}]\{\Delta x(t)\} = \{\Delta\overline{F}(t)\} \tag{6.2.10}$$

式中

$$\begin{cases} [\overline{K}] = [k] + \dfrac{3}{\Delta t}[c] + \dfrac{6}{\Delta t^2}[m] \\ \{\Delta\overline{F}(t)\} = [m]\left(\dfrac{6}{\Delta t}\{\dot{x}(t)\} + 3\{\ddot{x}(t)\}\right) + [c]\left(3\{\dot{x}(t)\} + \dfrac{\Delta t}{2}\{\ddot{x}(t)\}\right) + \{\Delta f(t)\} \end{cases} \tag{6.2.11}$$

分别称为时间间隔内的**等效刚度矩阵**(equivalent stiffness matrix)和**等效荷载增量向量**(equivalent incremental load vector)。

数值计算时,需要把上述方程转换成离散方程。假设 t 时刻位于时间离散点 j 处,即 $t = t_0 + j\Delta t = t_j (j = 1, 2, \cdots, n)$,则式(6.2.10)和式(6.2.11)对应的离散化方程式分别为

$$[\overline{K}]\{\Delta x\}_j = \{\Delta\overline{F}\}_j \tag{6.2.12}$$

和

$$\begin{cases} [\overline{K}] = [k] + \dfrac{3}{\Delta t}[c] + \dfrac{6}{\Delta t^2}[m] \\ \{\Delta\overline{F}\}_j = [m]\left(\dfrac{6}{\Delta t}\{\dot{x}\}_j + 3\{\ddot{x}\}_j\right) + [c]\left(3\{\dot{x}\}_j + \dfrac{\Delta t}{2}\{\ddot{x}\}_j\right) + \{\Delta f\}_j \end{cases} \tag{6.2.13}$$

速度和加速度增量向量分别为

$$\{\Delta\dot{x}\}_j = \frac{3}{\Delta t}\{\Delta x\}_j - 3\{\dot{x}\}_j - \frac{\Delta t}{2}\{\ddot{x}\}_j \tag{6.2.14}$$

$$\{\Delta\ddot{x}\}_j = \frac{6}{\Delta t^2}\{\Delta x\}_j - \frac{6}{\Delta t}\{\dot{x}\}_j - 3\{\ddot{x}\}_j \tag{6.2.15}$$

本时间步末时刻的运动参量,由时间步起始时刻的运动参量及其在本时间步的增量确定,即

$$\begin{cases} \{x\}_j = \{x\}_{j-1} + \{\Delta x\}_{j-1}, \quad \{\dot{x}\}_j = \{\dot{x}\}_{j-1} + \{\Delta\dot{x}\}_{j-1}, \quad \{\ddot{x}\}_j = \{\ddot{x}\}_{j-1} + \{\Delta\ddot{x}\}_{j-1} \\ t_j = j\Delta t, \quad j = 1, 2, \cdots, n \end{cases}$$

$$\tag{6.2.16}$$

线性加速度法数值解的关键,是获得时间间隔内的位移、速度和加速度的增量。位移增

量由方程(6.2.12)确定,将位移增量解代入式(6.2.9)可求得速度增量。加速度的增量可以通过式(6.2.8)计算,然后再加上时间步步初的加速度从而获得当前时间步步末的加速度。此外,当前时间步步末的加速度,也可以在位移和速度解的基础上通过动力运动方程直接求解。考虑到前者为间接计算,难免会引进误差;而后者为原方程的直接计算,会得到更加满足方程的解。所以,对于当前时间步步末的加速度,一般利用全量动力方程直接求解,即

$$[m]\{\ddot{x}\}_{j+1}+[c]\{\dot{x}\}_{j+1}+[k]\{x\}_{j+1}=\{f\}_{j+1}, \quad j=0,1,\cdots,n-1 \quad (6.2.17)$$

显然,线性加速度法的计算精度与离散后的时间间隔即时间步长 Δt 有关。如果某一种算法在任意步长时都不会发散,则称该算法是无条件稳定的;如果只有在一定的步长范围内解才不会发散,则称该算法为有条件稳定的。

一般情况下,时间步长越小,计算精度越高,但需要的计算步骤越多、计算时间越长。此外,线性加速度法的计算精度还与系统的自振周期 T 和外激励力的激振频率有关。一般情况下,线性加速度法的计算精度主要取决于比值 $\Delta t/T$。当这个比值过大时,计算将不稳定,甚至不收敛。因此,线性加速度法是一种有条件稳定的方法。可以证明,线性加速度法的收敛条件是 $\Delta t/T \leqslant 0.389$,稳定条件是 $\Delta t/T \leqslant 0.551$。

线性加速度法的求解过程是从前至后逐步推进的,对每一时间步先求出步初的全量运动参数,再利用上述公式求解当前时间步内运动参数的增量,然后通过步初的运动参数叠加步内运动参数增量来获得当前时间步步末的全量运动参数,每一个时间步的求解都是建立在上一个时间步解的基础之上的。线性加速度法的具体解法及步骤如下:

(1) 时间离散化

将所研究的运动时间 n 等分,时间步长为 Δt,离散点为 $0,1,2,\cdots,n-1,n$,离散点对应的时间为 $t_j=j\Delta t(j=0,1,2,\cdots,n-1,n)$,起始时间 $t_0=0$,终止时间为 $t_m=n\Delta t$。位移时程的离散如图 6.2.2 所示,速度和加速度时程离散与位移时程的离散一一对应。

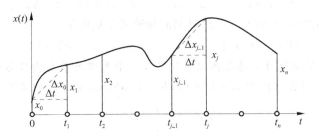

图 6.2.2　位移时程离散计算示意图

(2) 由初始条件,计算第一步的运动参数

① 起点运动参数

起点的位移和速度由初始条件确定

$$\{x\}_0=\{x(0)\}, \qquad \{\dot{x}\}_0=\{\dot{x}(0)\}$$

代入运动方程式(6.2.17),确定起点的加速度

$$\{\ddot{x}\}_0=[m]^{-1}[\{f\}_0-[c]\{\dot{x}\}_0-[k]\{x\}_0]$$

② 确定第一步运动参数增量

由(6.2.13)计算等效刚度矩阵和等效荷载增量向量

$$[\bar{K}]=[k]+\frac{3}{\Delta t}[c]+\frac{6}{\Delta t^2}[m]$$

$$\{\Delta\bar{F}\}_0=[m]\left(\frac{6}{\Delta t}\{\dot{x}\}_0+3\{\ddot{x}\}_0\right)+[c]\left(3\{\dot{x}\}_0+\frac{\Delta t}{2}\{\ddot{x}\}_0\right)+\{\Delta f\}_0$$

再由式(6.2.12)计算第一步内的位移增量向量

$$\{\Delta x\}_0=[\bar{K}]^{-1}\{\Delta\bar{F}\}_0$$

将以上结果代入式(6.2.14),求得第一步内的速度增量向量

$$\{\Delta\dot{x}\}_0=\frac{3}{\Delta t}\{\Delta x\}_0-3\{\dot{x}\}_0-\frac{\Delta t}{2}\{\ddot{x}\}_0$$

③ 确定第一步末 $t_1=\Delta t$ 时刻的全量位移、速度和加速度

$$\{x\}_1=\{x\}_0+\{\Delta x\}_0, \qquad \{\dot{x}\}_1=\{\dot{x}\}_0+\{\Delta\dot{x}\}_0$$

及

$$\{\ddot{x}\}_1=[m]^{-1}[\{f\}_1-[c]\{\dot{x}\}_1-[k]\{x\}_1]$$

(3) 计算第 $(j+1)$ 步的运动参数

① 计算当前时间步内的等效荷载增量向量

$$\{\Delta\bar{F}\}_j=[m]\left(\frac{6}{\Delta t}\{\dot{x}\}_j+3\{\ddot{x}\}_j\right)+[c]\left(3\{\dot{x}\}_j+\frac{\Delta t}{2}\{\ddot{x}\}_j\right)+\{\Delta f\}_j$$

② 计算当前时间步内的位移增量向量

$$\{\Delta x\}_j=[\bar{K}]^{-1}\{\Delta\bar{F}\}_j$$

③ 计算当前时间步内的速度增量向量

$$\{\Delta\dot{x}\}_j=\frac{3}{\Delta t}\{\Delta x\}_j-3\{\dot{x}\}_j-\frac{\Delta t}{2}\{\ddot{x}\}_j$$

④ 分别计算当前时间步步末 $t_{j+1}=\Delta t$ 时刻的位移和速度全量向量

$$\{x\}_{j+1}=\{x\}_j+\{\Delta x\}_j, \qquad \{\dot{x}\}_{j+1}=\{\dot{x}\}_j+\{\Delta\dot{x}\}_j$$

⑤ 计算当前时间步步末 $t_{j+1}=\Delta t$ 时刻的加速度全量向量

$$\{\ddot{x}\}_{j+1}=[m]^{-1}[\{f\}_{j+1}-[c]\{\dot{x}\}_{j+1}-[k]\{x\}_{j+1}]$$

【例6.2.1】 试用线性加速度法确定例2.5.3中无阻尼单自由度振动系统对矩形脉冲 $f(t)$ 的响应 $x(t)$。假设系统中 $m=1000\text{kg}, k=1000\text{N/m}$,矩形脉冲函数为

$$f(t)=\begin{cases}1, & |t|<5 \\ 0, & |t|>5\end{cases}$$

其中力的单位为 N、时间单位为 s。设系统的初始条件为 $x_0=0, v_0=0$。

解 (1) 时间离散化

取 $t_0=-5\text{s}, t_1=5\text{s}, t_m=10\text{s}, \Delta t=0.1\text{s}$;等分150个时间步(151个离散点)。各离散点的激励力为

$$f_0=0, f_1=1, f_2=1, \cdots, f_{100}=1, f_{101}=0, f_{102}=0, \cdots, f_{150}=0$$

(2) 计算 $\{x\}_1$、$\{\dot{x}\}_1$ 和 $\{\ddot{x}\}_1$

由初始条件已知 $x_0=0, v_0=0$。计算 Δx_0 和 x_0

$$\bar{K}=k+\frac{3}{\Delta t}c+\frac{6}{\Delta t^2}m=601000(\text{N/m})$$

$$\Delta\bar{F}_0=m\left(\frac{6}{\Delta t}v_0+3a_0\right)+c\left(3v_0+\frac{\Delta t}{2}a_0\right)+(f_1-f_0)=1(\text{N})$$

$$\Delta x_0 = \Delta \overline{F}_0 / \overline{K} = 1/601000 (\text{m}) = 0.0017 (\text{mm})$$

$$x_1 = x_0 + \Delta x_0 = 0.0017 (\text{mm})$$

计算 Δv_0 和 v_0

$$\Delta v_0 = \frac{3}{\Delta t} \Delta x_0 - 3v_0 - \frac{\Delta t}{2} a_0 = 0.0499 (\text{mm/s})$$

$$v_1 = v_0 + \Delta v_0 = 0.0499 (\text{mm/s})$$

计算 a_1

$$a_1 = \frac{1}{m} [f_1 - cv_1 - kx_1] = 0.9983 \times 10^{-3} (\text{m}) = 0.9983 (\text{mm})$$

（3）计算下一步的位移、速度和加速度

$$\Delta \overline{F}_1 = m \left(\frac{6}{\Delta t} v_1 + 3a_1 \right) + c \left(3v_1 + \frac{\Delta t}{2} a_1 \right) + (f_2 - f_1) = 5.9889 (\text{N})$$

$$\Delta x_1 = \Delta \overline{F}_1 / \overline{K} = 0.0100 (\text{m})$$

$$x_2 = x_1 + \Delta x_1 = 0.0117 (\text{mm})$$

$$\Delta v_1 = \frac{3}{\Delta t} \Delta x_1 - 3v_1 - \frac{\Delta t}{2} a_1 = 0.0993 (\text{mm/s})$$

$$v_2 = v_1 + \Delta v_1 = 0.1503 (\text{mm/s})$$

$$a_2 = \frac{1}{m} [f_2 - cv_2 - kx_2] = 0.9983 \times 10^{-3} (\text{m}) = 0.9983 (\text{mm})$$

以此类推，直到求解完所有时间步的位移、速度和加速度。计算过程列于表 6.2.1。

表 6.2.1 例 6.2.1 求解过程

j	t_j	f_j	Δf_j	$\Delta \overline{F}_j$	Δx_j	Δv_j	x_j	v_j	a_j
0	-5.0	0		1.0000	0.0017	0.0499	0.0000	0.0000	0.0000
1	-4.9	1	1	5.9900	0.0100	0.0993	0.0017	0.0499	0.9983
2			0	11.9202	0.0198	0.0978	0.0117	0.1493	0.9884
3		1	0	17.7314	0.0295	0.0954	0.0315	0.2471	0.9685
⋮	⋮	⋮	⋮	⋮	⋮	⋮	⋮	⋮	⋮
100	5.0	1	0	-33.4450	-0.0556	-0.1339	1.8669	-0.4974	-0.8669
101	5.1	0	0	-43.3126	-0.0721	-0.1775	1.8113	-0.6313	-1.8113
⋮	⋮	⋮	⋮	⋮	⋮	⋮	⋮	⋮	⋮
149	9.9	0	0	102.6418	0.1708	-0.0870	0.7841	1.7499	-0.7841
150	10.0	0	0	—	—	—	0.9549	1.6629	-0.9549

计算数据图形如例 6.2.1 图所示，图中曲线为数值解、圆圈和圆点为相应位置的理论解，圆圈对应脉冲力存在作用部分，圆点为脉冲力消失后的情况，可见数值解与理论解吻合得很好。

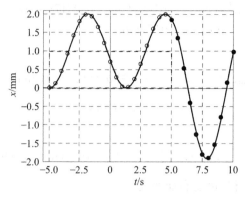

例 6.2.1 图

6.2.3　威尔逊-θ 法

威尔逊-θ 法(Wilson-θ method)是对有条件稳定的线性加速度法的一种修正方法,其基本假设仍然是在每一个时间步长内加速度按线性规律变化,但将时间步长延长到 Δt 之外,即将线性加速度法的步长由 Δt 增加到 $s = \theta \Delta t$(其中 $\theta > 1$),如图 6.2.3 所示。

威尔逊-θ 法并不是在整个计算中一直采用时间步长 s,而仅仅利用外延的时间步长 s 确定相应的加速度增量 $\{\Delta \ddot{x}_\theta(t)\}$,进而再确定正常时间步长 Δt 的加速度增量 $\{\Delta \ddot{x}(t)\}$,接下来的所有计算仍然采用正常时间步长 Δt 的相应关系。

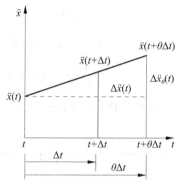

威尔逊-θ 法取时间步长为

$$s = \theta \Delta t \tag{6.2.18}$$

图 6.2.3　威尔逊-θ 法线性加速度

式中 $\theta > 1$。由图 6.2.3 可见,时间步长为 s 的加速度 $\{\Delta \ddot{x}_\theta(t)\}$ 与时间步长为 Δt 的加速度 $\{\Delta \ddot{x}(t)\}$ 有线性关系

$$\{\Delta \ddot{x}(t)\} = \frac{1}{\theta} \{\Delta \ddot{x}_\theta(t)\} \tag{6.2.19}$$

实质上威尔逊-θ 法采用与线性加速度法相同的假设和计算方法,当 $\theta = 1$ 时威尔逊-θ 法即退化为线性加速度法。可以证明,当 $\theta > 1.37$ 时算法为无条件稳定的。应用中一般取 $\theta = 1.4$,最优值为 $\theta = 1.420815$。

由于威尔逊-θ 法实质上也是线性加速度法,只是二者的步长不同而已,因此只要将线性加速度算法中的时间步长 Δt 替换为威尔逊-θ 法的时间步长 s,则线性加速度算法给出的公式均可使用。故在威尔逊-θ 法中,时间步长为 s 的等效刚度矩阵和等效增量荷载向量为

$$\begin{cases} [\overline{K}_\theta] = [k] + \dfrac{3}{s}[c] + \dfrac{6}{s^2}[m] \\ \{\Delta \overline{F}_\theta\}_j = [m]\left(\dfrac{6}{s}\{\dot{x}\}_j + 3\{\ddot{x}\}_j\right) + [c]\left(3\{\dot{x}\}_j + \dfrac{s}{2}\{\ddot{x}\}_j\right) + \{\Delta f_\theta\}_j \end{cases} \tag{6.2.20}$$

式中 $\{\Delta f_\theta\}_j$ 为时间步长为 s 的荷载增量向量,按照线性增量关系考虑,则有

$$\{\Delta f_\theta\}_j = \{f(t+s)\} - \{f(t+\Delta t)\} = \theta[\{f\}_{j+1} - \{f\}_j] = \theta\{\Delta f\}_j \tag{6.2.21}$$

相应的位移增量向量为

$$\{\Delta x_\theta\}_j = [\overline{K}_\theta]^{-1}\{\Delta \overline{F}_\theta\}_j \tag{6.2.22}$$

由正常时间步长 Δt 的式(6.2.8)得到时间步长为 s 的加速度为

$$\{\Delta \ddot{x}_\theta(t)\} = \frac{6}{s^2}\{\Delta x_\theta(t)\} - \frac{6}{s}\{\dot{x}(t)\} - 3\{\ddot{x}(t)\} \tag{a}$$

对应的正常时间步长 Δt 的加速度为

$$\{\Delta \ddot{x}(t)\} = \frac{\{\Delta \ddot{x}_\theta(t)\}}{\theta} = \frac{6}{\theta s^2}\left[\{\Delta x_\theta(t)\} - s\{\dot{x}(t)\} - \frac{s^2}{2}\{\ddot{x}(t)\}\right] \tag{b}$$

写成离散方程

$$\{\Delta \ddot{x}\}_j = \frac{\{\Delta \ddot{x}_\theta\}_j}{\theta} = \frac{6}{\theta s^2}\left[\{\Delta x_\theta\}_j - s\{\dot{x}\}_j - \frac{s^2}{2}\{\ddot{x}\}_j\right] \tag{6.2.23}$$

威尔逊-θ 法使用时间步长 s 求得加速度 $\{\Delta \ddot{x}_\theta(t)\}$ 后,再利用式(6.2.19)内插计算出时间步长为 Δt 的加速度增量向量 $\{\Delta \ddot{x}(t)\}$,然后仍采用时间步长为 Δt 的公式计算速度增量与位移增量,即

$$\{\Delta \dot{x}(t)\} = \Delta t\{\ddot{x}(t)\} + \frac{\Delta t}{2}\{\Delta \ddot{x}(t)\}$$

$$\{\Delta x(t)\} = \Delta t\{\dot{x}(t)\} + \frac{\Delta t^2}{2}\{\ddot{x}(t)\} + \frac{\Delta t^2}{6}\{\Delta \ddot{x}(t)\}$$

或写成离散方程

$$\begin{cases} \{\Delta \dot{x}_j\} = \Delta t\{\ddot{x}_j\} + \dfrac{\Delta t}{2}\{\Delta \ddot{x}_j\} \\[3mm] \{\Delta x_j\} = \Delta t\{\dot{x}_j\} + \dfrac{\Delta t^2}{2}\{\ddot{x}_j\} + \dfrac{\Delta t^2}{6}\{\Delta \ddot{x}_j\} \end{cases} \tag{6.2.24}$$

威尔逊-θ 法的解法及步骤如下:

(1) 时间离散化

将所研究的运动时间 n 等分,时间步长为 Δt,离散点为 $0,1,2,\cdots,n-1,n$,离散点对应的时间为 $t_j = j\Delta t(j=0,1,2,\cdots,n-1,n)$,起始时间 $t_0 = 0$,终止时间为 $t_m = n\Delta t$。

(2) 由初始条件,计算第一步的运动参数

① 起点运动参数

由初始条件确定起点的位移和速度

$$\{x\}_0 = \{x(0)\}, \qquad \{\dot{x}\}_0 = \{\dot{x}(0)\}$$

代入运动方程式(6.2.17),确定起点的加速度

$$\{\ddot{x}\}_0 = [m]^{-1}[\{f\}_0 - [c]\{\dot{x}\}_0 - [k]\{x\}_0]$$

② 确定第一步运动参数增量

由式(6.2.20)计算时间步长为 $s=\theta\Delta t$ 的等效刚度矩阵和等效增量荷载向量为

$$[\overline{K}_\theta] = [k] + \frac{3}{s}[c] + \frac{6}{s^2}[m]$$

$$\{\Delta \overline{F}_\theta\}_0 = [m]\left(\frac{6}{s}\{\dot{x}\}_0 + 3\{\ddot{x}\}_0\right) + [c]\left(3\{\dot{x}\}_0 + \frac{s}{2}\{\ddot{x}\}_0\right) + \{\Delta f_\theta\}_0$$

计算相应的位移增量向量

$$\{\Delta x_\theta\}_0 = [\overline{K}_\theta]^{-1}\{\Delta \overline{F}_\theta\}_0$$

进而利用式(6.2.23)计算相应的正常时间步长 Δt 对应加速度

$$\{\Delta \ddot{x}\}_0 = \frac{\{\Delta \ddot{x}_\theta\}_0}{\theta} = \frac{6}{\theta s^2}\left[\{\Delta x_\theta\}_0 - s\{\dot{x}\}_0 - \frac{s^2}{2}\{\ddot{x}\}_0\right]$$

由式(6.2.24)计算第一步内的速度和位移增量向量

$$\{\Delta \dot{x}_0\} = \Delta t\{\ddot{x}_0\} + \frac{\Delta t}{2}\{\Delta \ddot{x}_0\}$$

$$\{\Delta x_0\} = \Delta t\{\dot{x}_0\} + \frac{\Delta t^2}{2}\{\ddot{x}_0\} + \frac{\Delta t^2}{6}\{\Delta \ddot{x}_0\}$$

③ 确定第一步末 $t_1 = \Delta t$ 时刻的全量位移、速度和加速度

$$\{x\}_1 = \{x\}_0 + \{\Delta x\}_0, \qquad \{\dot{x}\}_1 = \{\dot{x}\}_0 + \{\Delta \dot{x}\}_0, \qquad \{\ddot{x}\}_1 = \{\ddot{x}\}_0 + \{\Delta \ddot{x}\}_0$$

(3) 计算第(j+1)步的运动参数

① 计算当前时间步内的等效荷载增量向量

$$\{\Delta \overline{F}_\theta\}_j = [m]\left(\frac{6}{s}\{\dot{x}\}_j + 3\{\ddot{x}\}_j\right) + [c]\left(3\{\dot{x}\}_j + \frac{s}{2}\{\ddot{x}\}_j\right) + \{\Delta f\}_j$$

② 计算当前时间步内的位移增量向量

$$\{\Delta x_\theta\}_j = [\overline{K}_\theta]^{-1}\{\Delta \overline{F}_\theta\}_j$$

③ 计算当前时间步内的加速度增量向量

$$\{\Delta \ddot{x}\}_j = \frac{\{\Delta \ddot{x}_\theta\}_j}{\theta} = \frac{6}{\theta s^2}\left[\{\Delta x_\theta\}_j - s\{\dot{x}\}_j - \frac{s^2}{2}\{\ddot{x}\}_j\right]$$

以及速度增量和位移增量向量

$$\{\Delta \dot{x}_j\} = \Delta t\{\ddot{x}_j\} + \frac{\Delta t}{2}\{\Delta \ddot{x}_j\}$$

$$\{\Delta x_j\} = \Delta t\{\dot{x}_j\} + \frac{\Delta t^2}{2}\{\ddot{x}_j\} + \frac{\Delta t^2}{6}\{\Delta \ddot{x}_j\}$$

④ 分别计算当前时间步步末 $t_{j+1} = \Delta t$ 时刻的位移、速度和加速度全量向量

$$\{x\}_{j+1} = \{x\}_j + \{\Delta x\}_j, \qquad \{\dot{x}\}_{j+1} = \{\dot{x}\}_j + \{\Delta \dot{x}\}_j, \qquad \{\ddot{x}\}_{j+1} = \{\ddot{x}\}_j + \{\Delta \ddot{x}\}_j,$$

在本步骤中 $j = 1,2,\cdots,n-1,n$。

【例 6.2.2】 某无阻尼两自由度振动系统受到阶跃力的作用,已知系统的质量矩阵、刚度矩阵和激励力向量分别为

$$m = \begin{bmatrix} 1 & 0 \\ 0 & 1 \end{bmatrix} \times 1000, \qquad k = \begin{bmatrix} 3 & 0 \\ 0 & 100 \end{bmatrix}, \qquad \{f(t)\} = \begin{Bmatrix} 60 \\ -55 \end{Bmatrix}$$

其中质量单位为 kg,刚度单位为 kN/m,激励力的单位为 kN。设系统的初始条件为 $\{x_0\} = 0, \{v_0\} = 0$,试用威尔逊-θ 法计算系统的动响应 $\{x(t)\}$。

解 (1) 时间离散化

取时间步长 $\Delta t = 0.1\text{s}, \theta = 1.4, s = 0.14$;若考察 4s 内的动响应,则 $t_0 = 0\text{s}, t_m = 4\text{s}, t_j = j \times 0.1\text{s}$;离散点编号 $j = 0,1,2,\cdots,39,40$。

(2) 初始计算

由初始条件知

$$\{x\}_0 = \{x(0)\} = \{0\}, \qquad \{\dot{x}\}_0 = \{\dot{x}(0)\} = \{0\}$$

代入运动方程式(6.2.17)

$$\{\ddot{x}\}_0 = [m]^{-1}[\{f\}_0 - [c]\{\dot{x}\}_0 - [k]\{x\}_0] = \{0\}$$

由式(6.2.17)计算激励力增量

$$\{\Delta f\}_0 = \{f\}_1 - \{f\}_0 = \begin{Bmatrix} 60 \\ -55 \end{Bmatrix} - \begin{Bmatrix} 0.0 \\ 0.0 \end{Bmatrix} = \begin{Bmatrix} 84 \\ -77 \end{Bmatrix}$$

时间步长为 s 的等效刚度矩阵和等效增量荷载向量为

$$[\overline{K}_\theta] = [k] + \frac{3}{s}[c] + \frac{6}{s^2}[m] = \begin{bmatrix} 309.1224 & 0 \\ 0 & 406.1224 \end{bmatrix}$$

$$\{\Delta \overline{F}_\theta\}_0 = [m]\left(\frac{6}{s}\{\dot{x}\}_0 + 3\{\ddot{x}\}_0\right) + [c]\left(3\{\dot{x}\}_0 + \frac{s}{2}\{\ddot{x}\}_0\right) + \{\Delta f_\theta\}_0 = \begin{Bmatrix} 84 \\ -77 \end{Bmatrix}$$

相应的位移增量向量为

$$\{\Delta x_\theta\}_0 = [\overline{K}_\theta]^{-1}\{\Delta \overline{F}_\theta\}_0 = \begin{Bmatrix} 0.2717 \\ -0.1896 \end{Bmatrix}$$

计算相应时间步长 Δt 的加速度

$$\{\Delta \ddot{x}\}_0 = \frac{6}{\theta s^2}\left[\{\Delta x_\theta\}_0 - s\{\dot{x}\}_0 - \frac{s^2}{2}\{\ddot{x}\}_0\right] = \begin{Bmatrix} 59.4177 \\ -41.4573 \end{Bmatrix}$$

计算第一步的速度和位移增量向量

$$\{\Delta \dot{x}\}_0 = \Delta t\{\ddot{x}\}_0 + \frac{\Delta t}{2}\{\Delta \ddot{x}\}_0 = \begin{Bmatrix} 2.9709 \\ -2.0729 \end{Bmatrix}$$

$$\{\Delta x\}_0 = \Delta t\{\dot{x}\}_0 + \frac{\Delta t^2}{2}\{\ddot{x}\}_0 + \frac{\Delta t^2}{6}\{\Delta \ddot{x}\}_0 = \begin{Bmatrix} 0.0990 \\ -0.0691 \end{Bmatrix}$$

第一步末时刻的全量位移、速度和加速度为

$$\{x\}_1 = \{x\}_0 + \{\Delta x\}_0 = \begin{Bmatrix} 0.0990 \\ -0.0691 \end{Bmatrix}$$

$$\{\dot{x}\}_1 = \{\dot{x}\}_0 + \{\Delta \dot{x}\}_0 = \begin{Bmatrix} 2.9709 \\ -2.0729 \end{Bmatrix}$$

$$\{\ddot{x}\}_1 = \{\ddot{x}\}_0 + \{\Delta \ddot{x}\}_0 = \begin{Bmatrix} 59.4177 \\ -41.4573 \end{Bmatrix}$$

(3) 计算第二步的运动参数

$$\{\Delta f\}_1 = \{f\}_2 - \{f\}_1 = \begin{Bmatrix} 60 \\ -55 \end{Bmatrix} - \begin{Bmatrix} 60 \\ -55 \end{Bmatrix} = \begin{Bmatrix} 0.0 \\ 0.0 \end{Bmatrix}$$

$$\{\Delta \overline{F}_\theta\}_1 = [m]\left(\frac{6}{s}\{\dot{x}\}_1 + 3\{\ddot{x}\}_1\right) + [c]\left(3\{\dot{x}\}_1 + \frac{s}{2}\{\ddot{x}\}_1\right) + \{\Delta f\}_1 = \begin{Bmatrix} 305.5768 \\ -213.2089 \end{Bmatrix}$$

$$\{\Delta x_\theta\}_1 = [\overline{K}_\theta]^{-1}\{\Delta \overline{F}_\theta\}_1 = \begin{Bmatrix} 0.9885 \\ -5250 \end{Bmatrix}$$

$$\{\Delta \ddot{x}\}_1 = \frac{6}{\theta s^2}\left[\{\Delta x_\theta\}_1 - s\{\dot{x}\}_1 - \frac{s^2}{2}\{\ddot{x}\}_1\right] = \begin{Bmatrix} -2.1183 \\ 37.4991 \end{Bmatrix}$$

$$\{\Delta\dot{x}\}_1 = \Delta t\{\ddot{x}\}_1 + \frac{\Delta t}{2}\{\Delta\ddot{x}\}_1 = \left\{\begin{array}{c} 5.8359 \\ -2.2708 \end{array}\right\}$$

$$\{\Delta x\}_1 = \Delta t\{\dot{x}\}_1 + \frac{\Delta t^2}{2}\{\ddot{x}\}_1 + \frac{\Delta t^2}{6}\{\Delta\ddot{x}\}_1 = \left\{\begin{array}{c} 0.5906 \\ -0.3521 \end{array}\right\}$$

第二步末时刻的全量位移、速度和加速度为

$$\{x\}_2 = \{x\}_1 + \{\Delta x\}_1 = \left\{\begin{array}{c} 0.6897 \\ -0.4212 \end{array}\right\}$$

$$\{\dot{x}\}_2 = \{\dot{x}\}_1 + \{\Delta\dot{x}\}_1 = \left\{\begin{array}{c} 8.8067 \\ -4.3436 \end{array}\right\}$$

$$\{\ddot{x}\}_2 = \{\ddot{x}\}_1 + \{\Delta\ddot{x}\}_1 = \left\{\begin{array}{c} 57.2994 \\ -3.9582 \end{array}\right\}$$

（4）重复以上步骤，求解完所有时间步的位移、速度和加速度。计算过程列于表 6.2.2。

表 6.2.2　例 6.2.2 求解过程

j	t_j	$\{f\}_j$	$\{\Delta\overline{F}_\theta\}_j$	$\{\Delta x\}_j$	$\{\Delta v\}_j$	$\{\Delta a\}_j$	$\{x_j\}$	$\{v_j\}$	$\{a_j\}$
0	0	0.0 0.0	84.0 77.0	0.0990 −0.0691	2.9709 −2.0729	59.4177 −41.4573	0.0 0.0	0.0 0.0	0.0 0.0
1	0.1	60.0 −55.0	305.6 −213.2	0.5906 −0.3521	5.8359 −2.2708	−2.1183 37.4991	0.0990 −0.0691	2.9709 −2.0729	59.4177 −41.4573
2	0.2	60.0 −55.0	549.3 −198.0	1.1608 −0.3961	5.5395 1.3457	−3.8080 34.8295	0.6897 −0.4212	8.8067 −4.3436	57.2994 −3.9582
3	0.3	60.0 −55.0	775.3 −35.9	1.6931 −0.1349	5.0804 3.4026	−5.3745 6.3090	1.8505 −0.8173	14.3463 −2.9980	53.4914 30.8713
4	0.4	60.0 −55.0	976.9 128.9	2.1720 0.1886	4.4731 2.5847	−6.7721 −22.6674	3.5436 −0.9522	19.4267 0.4046	48.1169 37.1803
5	0.5	60.0 −55.0	1148.3 171.6	2.583 0.3212	3.7365 −0.0582	−7.9602 −30.1896	5.7156 −0.7636	23.8998 2.9893	41.3448 14.5129
⋮	⋮	⋮	⋮	⋮	⋮	⋮	⋮	⋮	⋮
39	3.9	60.0 −55.0	415.9 10.4	1.3525 0.0192	4.7228 −0.0676	−4.3332 −1.6843	3.2829 −0.5560	11.1279 0.2118	49.3948 0.1663
40	4.0	60.0 −55.0	625.1 9.6	— 	— 	— 	4.6354 −0.5368	15.8507 0.1442	45.0616 −1.5181

例 6.2.2 图给出了两个质点的位移响应曲线，除给出上述步长的计算曲线外，还给出更小时间步长的计算结果。由图可见第二个质点的计算结果受时间步长影响较大，当步长 $\Delta t = 0.1\text{s}$ 时 x_2 的误差过大。

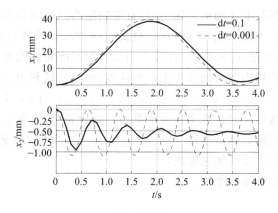

例 6.2.2 图

6.2.4 纽马克-β 法

为了求解结构受到阵风或地震作用的动响应,纽马克(Newmark)提出了一种单步积分方法,该方法引用两个参数 β 和 γ 分别对线性加速度方法中的位移增量和速度增量进行修正,称为**纽马克-β 法**(Newmark-β method)。

纽马克-β 法对线性加速度方法中的位移增量和速度增量公式(6.2.24)进行了如下修正:

$$\{\Delta \dot{x}(t)\} = \Delta t \{\ddot{x}(t)\} + \gamma \Delta t \{\Delta \ddot{x}(t)\}$$

$$\{\Delta x(t)\} = \Delta t \{\dot{x}(t)\} + \frac{\Delta t^2}{2}\{\ddot{x}(t)\} + \beta \Delta t^2 \{\Delta \ddot{x}(t)\}$$

联立解得

$$\{\Delta \ddot{x}(t)\} = \frac{1}{\beta \Delta t^2}\{\Delta x(t)\} - \frac{1}{\beta \Delta t}\{\dot{x}(t)\} - \frac{1}{2\beta}\{\ddot{x}(t)\}$$

$$\{\Delta \dot{x}(t)\} = \frac{\gamma}{\beta \Delta t}\{\Delta x(t)\} - \frac{\gamma}{\beta}\{\dot{x}(t)\} - \left(\frac{\gamma}{2\beta} - 1\right)\Delta t\{\ddot{x}(t)\}$$

或写成离散方程

$$\{\Delta \ddot{x}\}_j = \frac{1}{\beta \Delta t^2}\{\Delta x\}_j - \frac{1}{\beta \Delta t}\{\dot{x}\}_j - \frac{1}{2\beta}\{\ddot{x}\}_j \tag{6.2.25}$$

$$\{\Delta \dot{x}\}_j = \frac{\gamma}{\beta \Delta t}\{\Delta x\}_j - \frac{\gamma}{\beta}\{\dot{x}\}_j - \left(\frac{\gamma}{2\beta} - 1\right)\Delta t\{\ddot{x}\}_j \tag{6.2.26}$$

代入系统的增量运动方程式(6.2.5)

$$[m]\{\Delta \ddot{x}\}_j + [c]\{\Delta \dot{x}\}_j + [k]\{\Delta x\}_j = \{\Delta f\}_j$$

得到

$$[\bar{K}]\{\Delta x(t)\} = \{\Delta \bar{F}(t)\} \tag{6.2.27}$$

式中的等效刚度矩阵和等效荷载增量向量分别为

$$[\bar{K}] = [k] + \frac{\gamma}{\beta \Delta t}[c] + \frac{1}{\beta \Delta t^2}[m]$$

$$\{\Delta \bar{F}\}_j = [m]\left(\frac{1}{\beta \Delta t}\{\dot{x}\}_j + \frac{1}{2\beta}\{\ddot{x}\}_j\right) + [c]\left(\frac{\gamma}{\beta}\{\dot{x}\}_j + \left(\frac{\gamma}{2\beta} - 1\right)\Delta t\{\ddot{x}\}_j\right) + \{\Delta f\}_j \tag{6.2.28}$$

纽马克的求解过程与上述两种方法类似,首先确定当前时间步步初的运动参数,然后再求当前步步内的增量。当前时间步的位移增量由式(6.2.27)计算,速度增量由式(6.2.26)计算,加速度增量可以按照式(6.2.25)计算。与线性加速度相同的原因,为了减小误差一般不使用式(6.2.25)来计算当前时间步步末的加速度,而是直接利用全量运动方程式计算,即

$$[m]\{\ddot{x}\}_{j+1}+[c]\{\dot{x}\}_{j+1}+[k]\{x\}_{j+1}=\{f\}_{j+1}, \quad j=0,1,\cdots,n-1$$

纽马克-β法正确选择β和γ两个参数很重要。分析表明,当取$\gamma\geqslant 1/2$和$\beta\geqslant\gamma/2$时,纽马克-β法是无条件稳定的。通常选取$\gamma=1/2$,然后通过调整值β达到对加速度不同修正的目的,当取$\beta=1/6$即为线性加速度法。

纽马克-β法的解法及步骤如下:

(1) 时间离散化

将所研究的运动时间n等分,时间步长为Δt,离散点为$0,1,2,\cdots,n-1,n$,离散点对应的时间为$t_j=j\Delta t(j=0,1,2,\cdots,n-1,n)$,起始时间$t_0=0$,终止时间为$t_m=n\Delta t$。

(2) 计算时间步步初运动参数

由上一个时间步得到:$\{x\}_j$、$\{\dot{x}\}_j$、$\{\ddot{x}\}_j$;

当$j=0$时,由初始条件得到:$\{x\}_0$、$\{\dot{x}\}_0$、$\{\ddot{x}\}_0=[m]^{-1}[\{f\}_0-[c]\{\dot{x}\}_0-[k]\{x\}_0]$;

(3) 计算时间步步末运动参数

① 利用式(6.2.28)计算等效刚度矩阵$[\bar{K}]$和等效荷载增量向量$\{\Delta\bar{F}\}_j$;

② 由式(6.2.27)计算位移增量向量$\{\Delta x\}_j$;

③ 使用式(6.2.26)计算速度增量向量$\{\Delta\dot{x}\}_j$;

④ 计算当前时间步步末的位移和速度$\{x\}_{j+1}=\{x\}_j+\{\Delta x\}_j$;$\{\dot{x}\}_{j+1}=\{\dot{x}\}_j+\{\Delta\dot{x}\}_j$;

⑤ 运用式(6.2.17)计算当前时间步步末的加速度$\{\ddot{x}\}_{j+1}$;

(4) 重复以上(2)至(3)步,直至计算完所有时间步。

【例 6.2.3】　某无阻尼单自由度受迫振动系统的运动方程为

$$4\ddot{x}+2000x=f(t)$$

激振力$f(t)$由例 6.2.3 图(a)定义。设运动的初始条件为$x_0=v_0=0$,时间、长度和力的单位分别为 s、mm 和 N,试用纽马克-β法计算系统对激振力$f(t)$的响应。

解　首先,选取纽马克参数

$$\gamma=1/2, \quad \beta=1/6$$

(1) 时间离散化

考察 0.5s 时间内的响应,为简单起见取 10 步计算,时间步长为 0.05s,离散点从 0 开始一直到 10。

(2) 初始计算

① 确定起步初始参数

由初始条件知

$$\{x\}_0=\{x(0)\}=\{0\}, \quad \{\dot{x}\}_0=\{\dot{x}(0)\}=\{0\}, \quad \{f\}_0=0$$

代入运动方程式(6.2.17)

$$\{\ddot{x}\}_0=[m]^{-1}[\{f\}_0-[c]\{\dot{x}\}_0-[k]\{x\}_0]=\{0\}$$

② 计算起步参数增量

由式(6.2.17)计算激励力增量

$$\{\Delta f\}_0 = \{f\}_1 - \{f\}_0 = 100 - 0 = 100$$

等效刚度矩阵和等效增量荷载

$$[\overline{K}] = [k] + \frac{\gamma}{\beta \Delta t}[c] + \frac{1}{\beta \Delta t^2}[m] = 2000 + 0 + 9600 = 11600$$

$$\{\Delta \overline{F}\}_0 = [m]\left(\frac{1}{\beta \Delta t}\{\dot{x}\}_0 + \frac{1}{2\beta}\{\ddot{x}\}_0\right) + [c]\left(\frac{\gamma}{\beta}\{\dot{x}\}_0 + \left(\frac{\gamma}{2\beta}-1\right)\Delta t\{\ddot{x}\}_0\right) + \{\Delta f\}_0$$

$$= 0 + 0 + 100 = 100$$

位移和速度增量

$$\{\Delta x\}_0 = [\overline{K}]^{-1}\{\Delta \overline{F}\}_0 = 1/11600 \times 100 = 0.0086$$

$$\{\Delta \dot{x}\}_0 = \frac{\gamma}{\beta \Delta t}\{\Delta x\}_0 - \frac{\gamma}{\beta}\{\dot{x}\}_0 - \left(\frac{\gamma}{2\beta}-1\right)\Delta t\{\ddot{x}\}_0 = 0.5172 - 0 - 0 = 0.5172$$

③ 计算起步步末参数

$$\{x\}_1 = \{x\}_0 + \{\Delta x\}_0 = 0 + 0.0086 = 0.0086$$

$$\{\dot{x}\}_1 = \{\dot{x}\}_0 + \{\Delta \dot{x}\}_0 = 0 + 0.5172 = 0.5172$$

$$\{\ddot{x}\}_1 = [m]^{-1}[\{f\}_1 - [c]\{\dot{x}\}_1 - [k]\{x\}_1] = \frac{1}{4} \times [100 - 0 - 2000 \times 0.0086] = -20.6897$$

(3) 第二个时间步计算

① 计算本步内参数增量

$$\{\Delta f\}_1 = \{f\}_2 - \{f\}_1 = 100 - 100 = 0$$

$$\{\Delta \overline{F}\}_1 = [m]\left(\frac{1}{\beta \Delta t}\{\dot{x}\}_1 + \frac{1}{2\beta}\{\ddot{x}\}_1\right) + [c]\left(\frac{\gamma}{\beta}\{\dot{x}\}_1 + \left(\frac{\gamma}{2\beta}-1\right)\Delta t\{\ddot{x}\}_1\right) + \{\Delta f\}_1 = 496.5517$$

$$\{\Delta x\}_1 = [\overline{K}]^{-1}\{\Delta \overline{F}\}_1 = 1/11600 \times 496.5517 = 0.0428$$

$$\{\Delta \dot{x}\}_1 = \frac{\gamma}{\beta \Delta t}\{\Delta x\}_1 - \frac{\gamma}{\beta}\{\dot{x}\}_1 - \left(\frac{\gamma}{2\beta}-1\right)\Delta t\{\ddot{x}\}_1 = 0.4994$$

② 计算起步步末参数

$$\{x\}_2 = \{x\}_1 + \{\Delta x\}_1 = 0.0086 + 0.0428 = 0.0514$$

$$\{\dot{x}\}_2 = \{\dot{x}\}_1 + \{\Delta \dot{x}\}_1 = 0.5172 + 0.4994 = 1.0166$$

$$\{\ddot{x}\}_2 = [m]^{-1}[\{f\}_2 - [c]\{\dot{x}\}_2 - [k]\{x\}_2] = -0.7134$$

(4) 重复以上步骤,求解完所有时间步的位移、速度和加速度。计算过程列于表 6.2.3。

例 6.2.3 图(b)给出了该系统的位移响应解,其中虚线为上述解的曲线,圆圈为 11 个离散点处的位移;图中实线为时间步长取为 0.001 时的精细解。由图可见,时间步长对于解精度的影响。

表 6.2.3 例 6.2.3 求解过程

j	t_j	f_j	$\Delta \overline{F}_j$	Δx_j	Δv_j	x_j	v_j	a_j
0	0.00	0.0	100.0000	0.0086	0.5172	0.0000	0.0000	0.0000
1	0.05	100.0	496.5517	0.0428	0.4994	0.0086	0.5172	20.6897
2	0.10	100.0	429.4293	0.0370	-0.8109	0.0514	1.0166	-0.7134
3	0.15	50.0	-331.9304	-0.0286	-1.5410	0.0884	0.2057	-31.7233
4	0.20	0.0	-999.9138	-0.0862	-0.4183	0.0598	-1.3353	-29.9160

续表

j	t_j	f_j	$\Delta \overline{F}_j$	Δx_j	Δv_j	x_j	v_j	a_j
5	0.25	0.0	−683.5036	−0.0589	1.3957	−0.0264	−1.7536	13.1838
6	0.30	0.0	339.9793	0.0293	1.7659	−0.0853	−0.3578	42.6451
7	0.35	0.0	1011.7594	0.0872	0.3093	−0.0560	1.4081	27.9908
8	0.40	0.0	636.8919	0.0549	−1.4673	0.0312	1.7173	−15.6195
9	0.45	0.0	−396.8293	−0.0342	−1.7260	0.0861	0.2501	−43.0717
10	0.50	0.0	—	—	—	0.0519	−1.4759	−25.9670

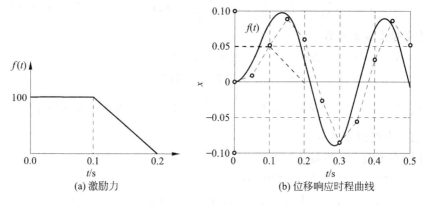

(a) 激励力　　　　　　(b) 位移响应时程曲线

例 6.2.3 图

6.3　MATLAB 算例

【M_6.3.1】　某多自由度系统的质量和刚度矩阵分别为

$$[m] = \begin{bmatrix} 5 & & & \\ & 2 & & \\ & & 1 & \\ & & & 3 \end{bmatrix}, \quad [k] = \begin{bmatrix} 3 & -1 & 0 & 0 \\ -1 & 2 & -1 & 0 \\ 0 & -1 & 2 & -1 \\ 0 & 0 & -1 & 1 \end{bmatrix}$$

试利用邓克利法确定该系统的基频。

解　系统的柔度矩阵为

$$[\delta] = [k]^{-1} = \begin{bmatrix} \delta_{11} & \delta_{12} & \delta_{13} & \delta_{14} \\ \delta_{21} & \delta_{22} & \delta_{23} & \delta_{24} \\ \delta_{31} & \delta_{32} & \delta_{33} & \delta_{34} \\ \delta_{41} & \delta_{42} & \delta_{43} & \delta_{44} \end{bmatrix}$$

代入式(6.1.3)计算系统基频近似值

$$\omega_{n1} \approx \sqrt{1 \Big/ \sum_{i=1}^{n} \delta_{ii} m_i}$$

运用 MATLAB 程序求解,程序如下:

%【M_6.3.1】
%用邓克利法确定该多自由度系统的基频
%用 w1 表示由邓克利法计算得到的基频
clear
M=diag([5,2,1,3]);
K=[3,−1,0,0;−1,2,−1,0;0,−1,2,−1;0,0,−1,1];
D=inv(K);
N=length(K);
dm=0;
for i=1:N
  dm=dm+D(i,i)*M(i,i);
end
w1=sqrt(1/dm)
clc
w1

计算结果为 $\omega_{n1}\approx0.2325$,精确值为 0.2618,比较接近。

【M_6.3.2】 图 M_6.3.2 所示为 4 自由度振动系统。已知:$m_1=4$,$m_2=3$,$m_3=2$,$m_4=1$,$k_1=4$,$k_2=3$,$k_3=2$,$k_4=1$。试利用瑞利法确定该系统的基频。

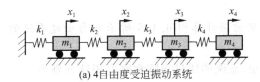

(a) 4自由度受迫振动系统

图 M_6.3.2

解 系统的质量和刚度矩阵分别为

$$[m]=\begin{bmatrix}5 & & & \\ & 4 & & \\ & & 3 & \\ & & & 2\end{bmatrix},\qquad [k]=\begin{bmatrix}7 & -3 & 0 & 0 \\ -3 & 5 & -2 & 0 \\ 0 & -2 & 3 & -1 \\ 0 & 0 & -1 & 1\end{bmatrix}$$

现分别用瑞利第一商和瑞利第二商估算系统的基频。为此,粗略地假设第一阶主振型为

$$\{u^{(1)}\}=\begin{bmatrix}1 & 2 & 3 & 4\end{bmatrix}^{\mathrm{T}}$$

代入式(6.1.7)得到瑞利第一商

$$R_1(\{u\})=\frac{\{u\}^{\mathrm{T}}[k]\{u\}}{\{u\}^{\mathrm{T}}[m]\{u\}}=\omega_{n1}^2$$

代入式(6.1.9)得到瑞利第二商

$$R_2(\{u\})=\frac{\{u\}^{\mathrm{T}}[m]\{u\}}{\{u\}^{\mathrm{T}}[m][\delta][m]\{u\}}=\omega_{n1}^2$$

由此可解得系统的基频 ω_{n1}。

运用 MATLAB 程序求解,程序如下:

```
%【M_6.3.2】
%用瑞利商确定该多自由度系统的基频
%用 w1 和 w2 分别表示由瑞利第一和第二商计算得到的固有频率
clear
M＝diag([5,4,3,2]);
K＝[7,－3,0,0;－3,5,－2,0;0,－2,3,－1;0,0,－1,1];
D＝inv(K);
U＝[1;2;3;4];
R1＝[U'＊K＊U]/[U'＊M＊U];
R2＝[U'＊M＊U]/[U'＊M＊D＊M＊U];
w1＝sqrt(R1);
w2＝sqrt(R2);
clc
w1,w2
```

运用瑞利第一商计算结果为 $\omega_{n1} \approx 0.3536$,运用瑞利第二商计算结果为 $\omega_{n1} \approx 0.3530$,精确值为 $\omega_n = 0.3530$。近似计算所以非常接近真值,是因为所选的第一阶主振型 $\{u^{(1)}\} = \begin{bmatrix} 1 & 2 & 3 & 4 \end{bmatrix}^T$ 与真实的第一阶主振型 $\{u^{(1)}\} = \begin{bmatrix} 1.0 & 2.1256 & 3.2844 & 4.3745 \end{bmatrix}^T$ 比较接近所致。

【M_6.3.3】 利用里兹法计算例 6.1.5 所示 6 自由度系统的前二阶固有频率和固有模态。

解　由例 6.1.5 可知,系统的质量矩阵和刚度矩阵分别为

$$[m] = m \begin{bmatrix} 1 & 0 & 0 & 0 & 0 & 0 \\ 0 & 1 & 0 & 0 & 0 & 0 \\ 0 & 0 & 1 & 0 & 0 & 0 \\ 0 & 0 & 0 & 1 & 0 & 0 \\ 0 & 0 & 0 & 0 & 1 & 0 \\ 0 & 0 & 0 & 0 & 0 & 1 \end{bmatrix}, \qquad [k] = k \begin{bmatrix} 2 & -1 & 0 & 0 & 0 & 0 \\ -1 & 2 & -1 & 0 & 0 & 0 \\ 0 & -1 & 2 & -1 & 0 & 0 \\ 0 & 0 & -1 & 2 & -1 & 0 \\ 0 & 0 & 0 & -1 & 2 & -1 \\ 0 & 0 & 0 & 0 & -1 & 2 \end{bmatrix}$$

任意假设系统的前两个振型为

$$\{\psi\}_1 = \begin{bmatrix} 1 & 2 & 3 & 3 & 2 & 1 \end{bmatrix}^T$$
$$\{\psi\}_2 = \begin{bmatrix} 3 & 2 & 1 & -1 & -2 & -3 \end{bmatrix}^T$$
$$[\psi] = \begin{bmatrix} \{\psi\}_1 & \{\psi\}_2 \end{bmatrix}$$

代入式(6.1.11),得到

$$[\widetilde{M}] = [\psi]^T [m] [\psi] = m \begin{bmatrix} \widetilde{M}_{11} & \widetilde{M}_{12} \\ \widetilde{M}_{21} & \widetilde{M}_{22} \end{bmatrix}$$

$$[\widetilde{K}] = [\psi]^T [k] [\psi] = k \begin{bmatrix} \widetilde{K}_{11} & \widetilde{K}_{12} \\ \widetilde{K}_{21} & \widetilde{K}_{22} \end{bmatrix}$$

由特征根方程

$$\left| [\widetilde{K}] - \widetilde{\omega}_{ni}^2 [\widetilde{M}] \right| = \begin{vmatrix} \widetilde{K}_{11} - \widetilde{\omega}_{ni}^2 \widetilde{M}_{11} & \widetilde{K}_{12} - \widetilde{\omega}_{ni}^2 \widetilde{M}_{12} \\ \widetilde{K}_{21} - \widetilde{\omega}_{ni}^2 \widetilde{M}_{21} & \widetilde{K}_{22} - \widetilde{\omega}_{ni}^2 \widetilde{M}_{22} \end{vmatrix} = 0$$

解得

$$\tilde{\omega}_{nr}^2 = \frac{-b \pm \sqrt{b^2 - 4ac}}{2a}$$

$$a = \widetilde{M}_{11}\widetilde{M}_{22} - \widetilde{M}_{12}\widetilde{M}_{21}, \qquad c = \widetilde{K}_{11}\widetilde{K}_{22} - \widetilde{K}_{12}\widetilde{K}_{21}$$

$$b = -\widetilde{K}_{11}\widetilde{M}_{22} + \widetilde{K}_{12}\widetilde{M}_{21} + \widetilde{K}_{21}\widetilde{M}_{12} - \widetilde{K}_{22}\widetilde{M}_{11}$$

系统的特征问题方程为

$$([\widetilde{K}] - \tilde{\omega}_{nr}^2[\widetilde{M}])\{X\} = \begin{bmatrix} \widetilde{K}_{11} - \tilde{\omega}_{nr}^2\widetilde{M}_{11} & \widetilde{K}_{12} - \tilde{\omega}_{nr}^2\widetilde{M}_{12} \\ \widetilde{K}_{21} - \tilde{\omega}_{nr}^2\widetilde{M}_{21} & \widetilde{K}_{22} - \tilde{\omega}_{nr}^2\widetilde{M}_{22} \end{bmatrix} \begin{Bmatrix} X_1 \\ X_2 \end{Bmatrix} = 0$$

代入各阶固有频率,并令各阶的 $X_2 = 1$,得到系统的特征向量

$$\{X^{(r)}\} = [X_1^{(r)} \quad 1]^T, \qquad X_1^{(r)} = \frac{\widetilde{K}_{12} - \tilde{\omega}_{nr}^2\widetilde{M}_{12}}{\widetilde{K}_{11} - \tilde{\omega}_{nr}^2\widetilde{M}_{11}}$$

得到系统前两阶的近似模态

$$\{u^{(r)}\} = [\psi]\{X^{(r)}\}$$

取 $m = 1$、$k = 1$ 计算,MATLAB 程序求解如下:

```
%【M_6.3.3】(1)
%用里兹法确定多自由度系统的前二阶固有频率和固有模态
%使用 w1 和 w2 与 U1 和 U2 分别表示第一和第二阶固有频率与主振型
clear
m=1;k=1;
M=diag([1,1,1,1,1,1])*m;
K=[2,-1,0,0,0,0;-1,2,-1,0,0,0; 0,-1,2,-1,0,0; 0,0,-1,2,-1,0; 0,0,0,-1,2,-1; 0,0,0,0,-1,2]*k;
F1=[1;2;3;3;2;1];
F2=[3;2;1;-1;-2;-3];
F=[F1,F2];
MM=F'*M*F;
KK=F'*K*F;
a=MM(1,1)*MM(2,2)-MM(1,2)*MM(2,1);
b=-KK(1,1)*MM(2,2)+KK(1,2)*MM(2,1)+KK(2,1)*MM(1,2)-KK(2,2)*MM(1,1);
c=KK(1,1)*KK(2,2)-KK(1,2)*KK(2,1);
w1=[-b-sqrt(b*b-4*a*c)]/(2*a);
w2=[-b+sqrt(b*b-4*a*c)]/(2*a);
if w1>w2; ww=w1; w1=w2; w2=ww; end
w=[sqrt(w1);sqrt(w2)];
X1=[KK(1,2)-w(1)^2*MM(1,2)]/[KK(1,1)-w(1)^2*MM(1,1)];
X2=[KK(1,2)-w(2)^2*MM(1,2)]/[KK(1,1)-w(2)^2*MM(1,1)];
X=[X1,X2;1,1];
if [KK(1,1)-w(1)^2*MM(1,1)]==0;X(:,1)=[1,0];end
if [KK(1,1)-w(2)^2*MM(1,1)]==0;X(:,2)=[1,0];end
U=F*X;
U1=U(:,1)/max(abs(U(:,1)));
```

```
U2＝U(:,2)/max(abs(U(:,2)));
clc
w(1,1),w(2,1),U1′,U2′
```

计算固有频率结果为

$$\tilde{\omega}_{n1}=0.4629,\qquad \tilde{\omega}_{n2}=0.9636$$

精确解为 $\omega_{n1}=0.4451$、$\omega_{n1}=0.8678$，有一定的误差。第一、第二阶特征向量为

$$u^{(1)}=\begin{bmatrix}0.3333 & 0.6667 & 1.0000 & 1.0000 & 0.6667 & 0.3333\end{bmatrix}^{T}$$
$$u^{(2)}=\begin{bmatrix}1.0000 & 0.6667 & 0.3333 & -0.3333 & -0.6667 & -1.0000\end{bmatrix}^{T}$$

第一、第二阶特征向量精确解为

$$u^{(1)}=\begin{bmatrix}0.4450 & 0.8020 & 1.0000 & 1.0000 & 0.8020 & 0.4450\end{bmatrix}^{T}$$
$$u^{(2)}=\begin{bmatrix}0.8020 & 1.0000 & 0.4450 & -0.4450 & -1.0000 & -0.8020\end{bmatrix}^{T}$$

近似计算与精确振型图如图 M_6.3.3 所示。其中实线为精确值，虚线为近似值，二者基本一致。若使用程序绘制振型图，可利用上述计算结果，在 MATLAB 命令窗口输入如下程序：

```
%【M_6.3.3】(2)
%绘制由里兹法确定的多自由度系统的前二阶固有模态
clear；
x＝1:6；
x1＝[0.4450;0.8020;1.0;1.0;0.8020;0.4450];
x2＝[0.8020;1.0;0.4450;−0.4450;−1.0;−0.8020];
u1＝[0.3333;0.6667;1.0000;1.0000;0.6667;0.3333];
u2＝[1.0000;0.6667;0.3333;−0.3333;−0.6667;−1.0000];
subplot(2,1,1),plot(x,x1,x,u1,′--′);
subplot(2,1,2),plot(x,x2,x,u2,′--′);
clc
```

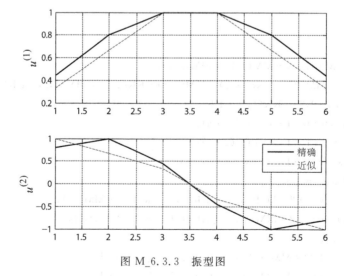

图 M_6.3.3　振型图

【M_6.3.4】 图 M_6.3.4(a)所示为一 6 层框架建筑结构，已知 $m_1=4m$、$m_2=m_3=m_4=m_5=2m$、$m_6=m$、$k_1=2k$、$k_2=k_3=k_4=k_5=k_6=k$。试利用矩阵迭代法确定该系统的第一阶和第二阶固有频率及其主振型。

解 该6层框架建筑结构的力学模型如图 M_6.3.4(b)所示，其质量矩阵和刚度矩阵分别为

$$[m]=m\begin{bmatrix}4&&&&&\\&2&&&&\\&&2&&&\\&&&2&&\\&&&&2&\\&&&&&1\end{bmatrix}$$

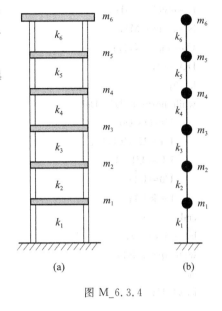

图 M_6.3.4

$$[k]=k\begin{bmatrix}3&-1&0&0&0&0\\-1&2&-1&0&0&0\\0&-1&2&-1&0&0\\0&0&-1&2&-1&0\\0&0&0&-1&2&-1\\0&0&0&0&-1&1\end{bmatrix}$$

为简便起见，取 $m=1$、$k=1$。

系统的动力矩阵为

$$[D]=[\delta][m]=[k]^{-1}[m]$$

取初始假设振型为

$$\{u\}_0=\begin{bmatrix}1&1&1&1&1&1\end{bmatrix}^{\mathrm{T}}$$

利用矩阵迭代法逐步确定系统的第一阶固有频率及其振型

$$[D]\{u\}_0=\lambda_1\{u\}_1$$
$$[D]\{u\}_1=\lambda_2\{u\}_2$$
$$\vdots$$
$$D_k\{u\}_{k-1}=\lambda_k\{u\}_k$$
$$\vdots$$

直到 $\{u\}_k\approx\{u\}_{k-1}$ 为止，由此得到的 $\{u\}_k$ 即为系统的第一阶振型、$\lambda_k=1/\omega_{n1}^2$ 即为第一固有频率。以下采用 MATLAB 程序运算，在比较两个振型向量的接近程度时使用了向量范数中的 2-范数概念，MATLAB 程序如下：

```
%【M_6.3.4】(1)
%利用矩阵迭代法确定该系统的第一阶固有频率及其主振型
%参数说明：w1 表示第一阶固有频率，U1 表示第一阶主振型，k 表示迭代次数
clear
M=diag([4,2,2,2,2,1]);
K=[3,-1,0,0,0,0;-1,2,-1,0,0,0;0,-1,2,-1,0,0;0,0,-1,2,-1,0;0,0,0,-1,2,-1;0,0,0,0,-1,1];
```

```
Del=0.001;  %向量范数控制精度
D=inv(K)*M;
N=length(M);
U0=ones(N,1);
DU=10;
k=0;
while norm(DU)>Del
    U=D*U0;
    U1=U/U(1,1);
    DU=U1-U0;
    U0=U1;
    k=k+1;
end
la1=U(1,1);
w1=sqrt(1/la1);
clc
k,w1,U1′
```

迭代 6 次,得到该系统的第一阶固有频率和第一阶主振型分别为

$\omega_{n1}=0.2005$,　$\{u^{(1)}\}=[1.0000\quad 2.8392\quad 4.4501\quad 5.7032\quad 6.4978\quad 6.7699]^{\mathrm{T}}$

达到精确值。

下面求解第二阶固有频率和第二阶主振型。由(6.1.22)确定清除第一阶主振型成分的动力矩阵

$$[\widetilde{D}_1]=[D]-\lambda_1\frac{\{u^{(1)}\}\{u^{(1)}\}^{\mathrm{T}}[m]}{M_1}$$

以该矩阵取代以上动力矩阵,选取初始假设振型$\{u\}_0=[1\quad 1\quad 1\quad 1\quad 1\quad 1]^{\mathrm{T}}$,然后采用完全相同的步骤进行迭代

$$[\widetilde{D}_1]\{u\}_0=\lambda_1\{u\}_1$$
$$[\widetilde{D}_1]\{u\}_1=\lambda_2\{u\}_2$$
$$\vdots$$
$$[\widetilde{D}_1]\{u\}_{k-1}=\lambda_k\{u\}_k$$
$$\vdots$$

直到$\{u\}_k\approx\{u\}_{k-1}$为止,由此得到的$\{u\}_k$即为系统的第二阶振型、$\lambda_k=1/\omega_{n1}^2$即为第二固有频率。利用上述计算结果,即接以上程序续计算,MATLAB 程序如下:

```
%【M_6.3.4】(2)
%利用矩阵迭代法确定该系统的第二阶固有频率及其主振型
%参数说明:w2 表示第二阶固有频率,U2 表示第二阶主振型,k 表示迭代次数
M1=U1′*M*U1;
DD=D-la1*U1*U1′*M/M1;
Del=0.001;  %向量范数控制精度
U0=ones(N,1);
DU=10;
```

```
k=0;
while norm(DU)>0.001
    U=DD * U0;
    U2=U/U(1,1);
    DU=U2−U0;
    U0=U2;
    k=k+1;
end
la2=U(1,1);
w2=sqrt(1/la2);
clc
k,w2,U2′
```

迭代 12 次,得到该系统的第二阶固有频率和第二阶主振型的精确解,分别为

$$\omega_{n2}=0.5640, \quad \{u^{(2)}\}=[1.0000 \quad 1.7275 \quad 1.3560 \quad 0.1219 \quad -1.1896 \quad -1.7445]^{\mathrm{T}}$$

【M_6.3.5】 图 M_6.3.5(a)所示为一 3 自由度受迫振动系统。已知:$m_1=m_2=m_3=2\mathrm{kg}$,
$c_1=c_2=c_3=c_4=1.5\mathrm{N \cdot s/m}$, $k_1=k_2=k_3=k_4=50\mathrm{N/m}$。激励力分别为 $f_1=2\sin(3.754t)$, $f_2=-2\cos(2.2t)$, $f_3=\sin(2.8t)$。若 $x_2(t=0)=0.5\mathrm{mm}$,其余初位移和所有初速度均为 0,试用线性加速度法确定系统的响应。

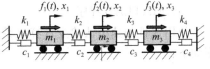

(a) 3 自由度受迫振动系统

图 M_6.3.5

解 (1)确定基本参数和初始条件

由题给定条件已知该 3 自由度系统的质量矩阵、阻尼矩阵和刚度矩阵分别为

$$[m]=\begin{bmatrix} m_1 & 0 & 0 \\ 0 & m_2 & 0 \\ 0 & 0 & m_3 \end{bmatrix}=2\begin{bmatrix} 1 & 0 & 0 \\ 0 & 1 & 0 \\ 0 & 0 & 1 \end{bmatrix}$$

$$[c]=\begin{bmatrix} c_1+c_2 & -c_2 & 0 \\ -c_2 & c_2+c_3 & -c_3 \\ 0 & -c_3 & c_3+c_4 \end{bmatrix}=1.5\begin{bmatrix} 2 & -1 & 0 \\ -1 & 2 & -1 \\ 0 & -1 & 2 \end{bmatrix}$$

$$[k]=\begin{bmatrix} k_1+k_2 & -k_2 & 0 \\ -k_2 & k_2+k_3 & -k_3 \\ 0 & -k_3 & k_3+k_4 \end{bmatrix}=50\begin{bmatrix} 2 & -1 & 0 \\ -1 & 2 & -1 \\ 0 & -1 & 2 \end{bmatrix}$$

激励力向量为

$$\{f(t)\}=\begin{Bmatrix} f_1(t) \\ f_2(t) \\ f_3(t) \end{Bmatrix}=\begin{Bmatrix} 2\sin(3.754t) \\ -2\cos(2.2t) \\ \sin(2.8t) \end{Bmatrix}$$

初始激励力、初始位移和初始速度列向量依次为

$$\{f\}_0=\{f(0)\}=\begin{Bmatrix} f_{10} \\ f_{20} \\ f_{30} \end{Bmatrix}=\begin{Bmatrix} f_1(0) \\ f_2(0) \\ f_3(0) \end{Bmatrix}=\begin{Bmatrix} 0 \\ -2 \\ 0 \end{Bmatrix}$$

$$\{x\}_0 = \{x(0)\} = \begin{Bmatrix} x_{10} \\ x_{20} \\ x_{30} \end{Bmatrix} = \begin{Bmatrix} x_1(0) \\ x_2(0) \\ x_3(0) \end{Bmatrix} = \begin{Bmatrix} 0 \\ 0.5 \\ 0 \end{Bmatrix}$$

$$\{v\}_0 = \{v(0)\} = \begin{Bmatrix} v_{10} \\ v_{20} \\ v_{30} \end{Bmatrix} = \begin{Bmatrix} v_1(0) \\ v_2(0) \\ v_3(0) \end{Bmatrix} = \begin{Bmatrix} 0 \\ 0 \\ 0 \end{Bmatrix}$$

初始加速度列向量可由运动方程确定,即为

$$\{a\}_0 = [m]^{-1}(\{f\}_0 - [c]\{v\}_0 - [k]\{x\}_0) = [a_{10} \quad a_{20} \quad a_{30}]^T$$

（2）时间离散化

取运动分析时间为 $t_m = 100$ s,时间步长 $dt = 0.1$ s。

（3）运用线性加速度法逐步计算

将以上初始参数代入线性加速度法中的式(6.2.12)～式(6.2.17)逐步计算,依次求得位移、速度和加速度在各离散步内对应的增量值和在各离散点对应的绝对值。

（4）MATLAB 程序

使用线性加速度法建立计算该系统振动响应的数值分析函数,命名为 M635_1.m。程序如下:

```
%【M_6.3.5】(1)
%用线性加速度法计算系统的振动响应:M635_1.m
function M635_1(tm,dt)              % tm 为仿真时间,dt 为仿真时间步长
%%%                   输入数据              %%%
m=2*[1,0,0;0,1,0;0,0,1];                  %输入质量矩阵
c=1.5*[2,-1,0;-1,2,-1;0,-1,2];            %输入阻尼矩阵
k=50*[2,-1,0;-1,2,-1;0,-1,2];            %输入刚度矩阵
f0=[0;-2;0];                              %输入初始扰力
x0=[0.;0.5;0.];                          %输入初始位移
v0=[0.;0.;0.];                            %输入初始速度
a0=inv(m)*[f0-c*v0-k*x0];                %计算初始加速度
tt(1)=0;x(:,1)=x0;v(:,1)=v0;a(:,1)=a0;   %输入运动向量初值
%
%%%                   迭代计算              %%%
%
js=1;
for t=dt:dt:tm
    js=js+1;
    fi=[2*sin(3.754*t);-2*cos(2.2*t);sin(2.8*t)];
    df=fi-f0;
    kk=k+3/dt*c+6/dt^2*m;
    dff0=m*(6/dt*v0+3*a0)+c*(3*v0+dt/2*a0)+df;
    dx0=inv(kk)*dff0;
```

```
    xi＝x0＋dx0；
    dv0＝3/dt＊dx0－3＊v0－dt/2＊a0；
    vi＝v0＋dv0；
    ai＝inv(m)＊[fi－c＊vi－k＊xi]；
    x(:,js)＝x0；v(:,js)＝v0；a(:,js)＝a0；tt(js)＝t；
    x0＝xi；v0＝vi；a0＝ai；f0＝fi；
end
％％％％％％％％％％　打印位移时程曲线　％％％％％％％％％％％％
subplot(4,1,1);plot(tt,x(1,:));ylabel('{\itx}_1/mm');
subplot(4,1,2);plot(tt,x(3,:));ylabel('{\itx}_3/mm');
subplot(2,1,2);plot(tt,x(2,:));ylabel('{\itx}_2/mm');xlabel('{\itt}/s');
```

（5）调用程序

在 MATLAB 命令窗口直接输入调用上述程序的命令，其中调用参数取仿真时间 $t_m =$ 100s，仿真时间步长 $dt = 0.1$s。调用的命令如下：

```
％【M_6.3.5】(2)
％调用线性加速度法函数 M635_1.m 计算系统的振动响应
clear;
M635_1(100,0.1);
clc
```

由程序画出的 3 个质点的位移时程曲线，如图 M_6.3.5(b)所示。其中 x_2 的初值达到 0.5mm，占图幅较大，为方便布图放置在图幅的最下边。

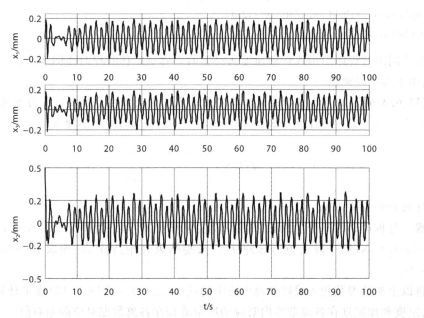

（b）由线性加速度法得到的 3 质点位移时程曲线

图 M_6.3.5

本问题如运用 MATLAB 的微分方程求解函数求解,可建立下述 M 文件,命名为 M635 _2.m:

```
%【M_6.3.5】(3)
%建立 3 自由度受迫振动系统的振动微分方程数值计算函数:M635_2.m
function dy= M635_2(t,y)
%    矩阵形式
C=[-1.5,0.75,0;0.75,-1.5,0.75;0,0.75,-1.5];
K=[-50,25,0;25,-50,25;0,25,-50];
F=[sin(3.754 * t);-cos(2.2 * t);0.5 * sin(2.8 * t)];
dy=zeros(6,1);
dy(1:3)=[y(4);y(5);y(6)];
dy(4:6)=F+C * [y(4);y(5);y(6)]+K * [y(1);y(2);y(3)];
```

在 MATLAB 命令窗口使用以下命令调用微分方程求解函数 M635_2.m 进行数值计算并绘制位移时程曲线,命令如下:

```
%【M_6.3.5】(4)
%调用微分方程求解函数 M635_2.m 进行多自由度系统自由振动数值计算
clear;y0=[0;0.5;0;0;0;0];tt=[0,100];
[t,y]=ode45('M635_2',tt,y0);
clc
%    画图
subplot(3,1,1);hold on; plot(t,y(:,1));
subplot(3,1,2);hold on; plot(t,y(:,2));
subplot(3,1,3);hold on; plot(t,y(:,3));
```

所绘制的时程图与由线性加速度法绘制的 3 质点位移时程曲线图 M_6.3.5(b)完全一致,这里不再重复画出。

【M_6.3.6】 试用线性加速度法确定例 2.5.3 中无阻尼单自由度振动系统对矩形脉冲 $f(t)$ 的响应 $x(t)$。假设系统中 $m=1000\text{kg}, k=1000\text{N/m}$,矩形脉冲函数为

$$f(t)=\begin{cases} 1\text{N}, & |t|<5\text{s} \\ 0, & |t|>5\text{s} \end{cases}$$

设系统的初始条件为 $x_0=0, v_0=0$。

解　分析运动时间分为两段:第一段从矩形脉冲 $f(t)$ 激励开始到结束,起止时刻为 $t_0=-5\text{s}, t_1=5\text{s}$;第二段从矩形脉冲 $f(t)$ 激励结束开始持续 5s,即取 $t_m=10\text{s}$;时间步长 $dt=0.1\text{s}$。

将以上初始参数代入线性加速度法中的式(6.2.12)~式(6.2.17)逐步计算,依次求得位移、速度和加速度在各离散步内对应的增量值和在各离散点对应的绝对值。

利用 MATLAB 语言建立该系统振动响应的数值分析程序,程序如下:

```
%【M_6.3.6】
%用线性加速度法计算单自由度系统在矩形脉冲激励下的振动响应:M636.m
```

```
clear;
m=1;k=1;
fi=0;xi=0;vi=0;ai=0;
dt=0.1;t0=-5;t1=5;tm=2*t1;
for i=1;(tm-t0)/dt
    fj=1;
    if i>(t1-t0)/dt;fj=0;end
    dfi=fj-fi;
    K=k+6/dt^2*m;dFi=m*(6/dt*vi+3*ai)+dfi;
    dxi=dFi/K;xj=xi+dxi;
    dvi=3/dt*dxi-3*vi-dt/2*ai;vj=vi+dvi;
    aj=(fj-k*xj)/m;
    x(1,i+1)=xj;v(1,i+1)=vj;a(1,i+1)=aj;fi=fj;xi=xj;vi=vj;ai=aj;
end
t=t0:dt:tm;
plot(t,x);xlabel('{\itt}/s');ylabel('{\itx}/mm');grid on
clc
```

该单自由度系统在矩形脉冲激励下的振动响应如图 M_6.3.6 所示。其中,粗线部分为矩形脉冲激励过程中的受迫振动,细线为矩形脉冲激励结束后的自由振动响应。

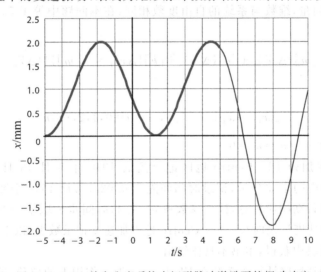

图 M_6.3.6 单自由度系统在矩形脉冲激励下的振动响应

【M_6.3.7】 图 M_6.3.7(a)所示为一个5层剪切型框架,图 M_6.3.7(b)和(c)为其力学模型。已知:$m_1=m_2=m_3=m_4=m_5=500\times10^3\,\mathrm{kg}$,$c_1=c_2=c_3=c_4=c_5=0.0\,\mathrm{N\cdot s/m}$,$k_1=k_2=k_3=k_4=k_5=5000\,\mathrm{kN/m}$。该框架结构受到 EL_Centro 地震波作用,峰值加速度 $a_g=35\,\mathrm{cm/s^2}$。试用威尔逊-θ 法计算该框架结构的地震响应。

解 设地面的运动为 $x_g(t)$,则框架结构在地震波作用下的运动微分方程为

$$[m]\{\ddot{x}_g(t)+\ddot{x}(t)\}+[c]\{\dot{x}(t)\}+[k]\{x(t)\}=\{0\}$$

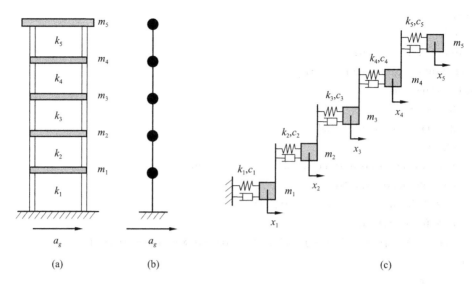

图 M_6.3.7   5层剪切型框架及其力学模型

即

$$[m]\{\ddot{x}(t)\} + [c]\{\dot{x}(t)\} + [k]\{x(t)\} = -[m]\{1\}\ddot{x}_g(t)$$

式中 $\{1\}$ 为单位列向量,维数与系统的自由度数相同,在本问题中等于5。其离散增量运动方程为

$$[m]\{\Delta \ddot{x}\}_j + [c]\{\Delta \dot{x}\}_j + [k]\{\Delta x\}_j = -[m]\{1\}\Delta \ddot{x}_{g,j}$$

式中

$$\Delta \ddot{x}_{g,j} = \ddot{x}_{g,j+1} - \ddot{x}_{g,j}, \qquad j = 0, 1, 2, \cdots, n$$

运动的初始条件为 $x_0 = v_0 = a_0 = 0$。

地震波采用在加州 EL_Centro 地区记录到的 1940 年 5 月 18 日发生在美国加州 Imperial Valley 地震的南北分量,记录时间间隔为 0.02s,共计 1559 个数据,持时 31.16s。运用威尔逊-θ 法进行动响应计算,计算参数取 $\theta = 1.4$,时间步长取 $\Delta t = 0.02s$,分析时间取 EL_Centro 地震加速度记录时长。EL_Centro 地震加速度记录数据(以下用 EI_Centro_dat 表示),可在相关资料中获得,本书不具体给出。

利用 MATLAB 程序计算该系统在 EL_Centro 地震作用下的位移、速度和加速度响应 $\{x\}$、$\{v\}$ 和 $\{a\}$,并分别画出 m_1、m_2 和 m_4、m_5 的位移时程曲线,为此首先建立威尔逊-θ 法计算函数 M637.m,程序如下:

```
%【M_6.3.7】
%用威尔逊-θ法计算多层建筑结构的地震响应:M637.m
function M637(theta,dt)
% theta 为 Wilson 计算参数,dt 为仿真时间步长
%%%            输入数据            %%%
s=theta*dt;                        %Wilson 计算步长
```

```
EI_Centro_dat;                          %调入地震加速度向量{EI_Centro}
Ag=EI_Centro * 0.35/max(EI_Centro);     %地震峰值加速度调整到 0.35m/s^2
No=length(Ag)-1;                        %地震加速度向量维数
m=eye(5) * 500 * 1000;                  %输入质量矩阵
c=m * 0;                                %输入阻尼矩阵
k=[2,-1,0,0,0;-1,2,-1,0,0;0,-1,2,-1,0;0,0,-1,2,-1;0,0,0,-1,1] * 5000 * 1000;
                                        %输入刚度矩阵
f0=m * ones(5,1) * Ag(1);               %输入初始扰力
x0=ones(5,1) * 0;                       %输入初始位移
v0=ones(5,1) * 0;                       %输入初始速度
a0=ones(5,1) * 0;                       %计算初始加速度
tt(1)=0;x(:,1)=x0;v(:,1)=v0;a(:,1)=a0;  %输入运动向量初值
%%%            迭代计算                  %%%
js=1;
for t=dt:dt:No * dt
    js=js+1;
    fi=-m * ones(5,1) * Ag(js);         %激励力向量
    dfs=theta * (fi-f0);
    kks=k+3/s * c+6/s^2 * m;
    dffs0=m * (6/s * v0+3 * a0)+c * (3 * v0+s/2 * a0)+dfs;
    dxs0=inv(kks) * dffs0;
    da0=6/(theta * s^2) * [dxs0-s * v0-s^2/2 * a0];
    dv0=dt * a0+dt/2 * da0;
    dx0=dt * v0+dt^2/2 * a0+dt^2/6 * da0;
    xi=x0+dx0;
    vi=v0+dv0;
    ai=a0+da0;
    x(:,js)=xi;v(:,js)=vi;a(:,js)=ai;tt(js)=t;
    x0=xi;v0=vi;a0=ai;f0=fi;
end
%%%           绘制位移时程曲线            %%%
subplot(2,2,1);plot(tt,x(1,:) * 1000);ylabel('{\itx}_1/mm');
subplot(2,2,2);plot(tt,x(2,:) * 1000);ylabel('{\itx}_2/mm');
subplot(2,2,3);plot(tt,x(4,:) * 1000);ylabel('{\itx}_4/mm');
subplot(2,2,4);plot(tt,x(5,:) * 1000);ylabel('{\itx}_5/mm');
```

在 MATLAB 命令窗口输入以下调用命令,其中取计算参数 theta=θ=1.4、时间步长 Δt= 0.02s:

```
clear;
M637(1.4,0.02)
```

完成该多层结构在 EL_Centro 地震作用下的位移、速度和加速度响应计算,绘制的第 1、第 2、第 4 和第 5 层的位移时程曲线,如图 M_6.3.7(d)所示。

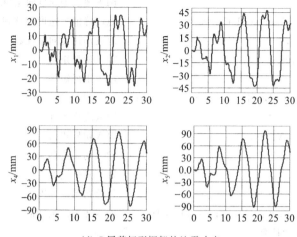

（d）5 层剪切型框架的地震响应

图 M_6.3.7

【M_6.3.8】　图 M_6.3.8(a)所示为一无阻尼 2 自由度受迫振动系统。已知：$m_1=$ 1kg，$m_2=2$kg，$k_1=k_2=k_3=1000$N/m，系统在 m_2 上作用有一阶跃激励力 $f(t)=10$N。试用纽马克-β 法确定该系统的动响应。

解　系统的运动方程为

$$[m]\{\ddot{x}(t)\}+[k]\{x(t)\}=\{f(t)\}$$

其离散增量运动方程为

$$[m]\{\Delta\ddot{x}\}_j+[k]\{\Delta x\}_j=\{\Delta f\}_j$$

（a）受阶跃力作用的无阻尼 2 自由度受迫振动系统

图 M_6.3.8

式中的质量矩阵和刚度矩阵分别为

$$[m]=\begin{bmatrix}1&0\\0&2\end{bmatrix},\qquad [k]=1000\begin{bmatrix}2&-1\\-1&2\end{bmatrix}$$

激励力列向量为

$$\{f(t)\}=[0\quad 10]^{\mathrm{T}}$$

可以求得系统的固有周期为

$$T_1=\frac{2\pi}{0.796226\sqrt{1000/1}}=0.2495(\mathrm{s})$$

$$T_2=\frac{2\pi}{1.538188\sqrt{1000/1}}=0.1292(\mathrm{s})$$

此处约按最小固有周期的十分之一取时间步长 $\Delta t=0.01$s，运动分析时间取 2s，选取纽马克计算参数 $\gamma=1/2$、$\beta=1/6$，运动的初始条件为 $x_0=v_0=a_0=0$。基于 MATLAB 程序用纽马克-β 法计算该系统在阶跃力激励下的位移、速度和加速度响应 $\{x\}$、$\{v\}$ 和 $\{a\}$，并分别画出 m_1 和 m_2 的位移时程曲线，为此建立计算函数 M638.m。MATLAB 计算程序如下：

%【M_6.3.8】

%用纽马克-β法计算多自由度系统在阶跃力激励下的响应:M638. m

```matlab
function M638(tm,dt)
% tm 为仿真时间,dt 为仿真时间步长
%%%            输入数据               %%%
gamma=1/2;beta=1/6;              %Newmark 法计算参数
m=[1,0;0,2];                     %输入质量矩阵
c=[0,0;0,0];                     %输入阻尼矩阵
k=[2,-1;-1,2]*1000;             %输入刚度矩阵
f0=[0;0];                        %输入初始扰力
x0=[0.;0.];                      %输入初始位移
v0=[0.;0.];                      %输入初始速度
a0=inv(m)*[f0-c*v0-k*x0];       %计算初始加速度
tt(1)=0;x(:,1)=x0;v(:,1)=v0;a(:,1)=a0;  %输入运动向量初值
%
%%%                 迭代计算                   %%%
js=1;r=gamma;b=beta;
for t=dt:dt:tm
    js=js+1;
    fi=[0;10];
    df=fi-f0;
    kk=k+r/(b*dt)*c+1/(b*dt^2)*m;
    dff0=m*(1/(b*dt)*v0+1/(2*b)*a0)+c*(r/b*v0+(r/(2*b)-1)*dt*a0)+df;
    dx0=inv(kk)*dff0;
    dv0=r/(b*dt)*dx0-r/b*v0-(r/(2*b)-1)*dt*a0;
    xi=x0+dx0;
    vi=v0+dv0;
    ai=inv(m)*[fi-c*vi-k*xi];
    x(:,js)=xi;v(:,js)=vi;a(:,js)=ai;tt(js)=t;
    x0=xi;v0=vi;a0=ai;f0=fi;
end
subplot(2,1,1);plot(tt,x(1,:)*1000);ylabel('{\itx}_1/mm');
subplot(2,1,2);plot(tt,x(2,:)*1000);ylabel('{\itx}_2/mm');xlabel('{\itt}/s');
```

建立以上 m 函数后,在 MATLAB 命令窗口输入以下调用命令进行仿真分析。取仿真时间 $tm=2.0$、时间步长 $\Delta t = 0.01s$,调用命令如下:

```matlab
clear;
M638(2,0.01)
```

运用以上 MATLAB 程序完成纽马克-β法对该系统在阶跃力激励下的位移、速度和加速度响应$\{x\}$、$\{v\}$和$\{a\}$的计算,其位移时程曲线如图 M_6.3.8(b)所示。图 M_6.3.8(b)中

的实线为位移动响应的精确解，离散的"o"为应用纽马克-β法得到的近似解，可见纽马克-β法有较好的精度。

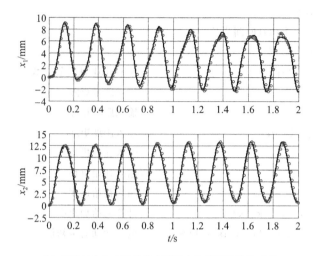

（b）无阻尼 2 自由度系统在阶跃力作用下的位移时程

图 M_6.3.8

参 考 文 献

[1]   师汉民. 机械振动系统——分析·测试·建模·对策(上册)[M]. 武汉：华中科技大学出版社,2004.

[2]   闻邦椿,刘树英,陈照波,等. 机械振动理论及应用[M]. 北京：高等教育出版社,2009.

[3]   谢官模. 振动力学[M]. 北京：国防工业出版社,2007.

[4]   (美)Rao S S. 机械振动[M]. 4版. 李欣业,张明路,编译. 北京：清华大学出版社,2011.

[5]   胡海岩. 机械振动基础[M]. 北京：北京航空航天大学出版社,2005.

[6]   闻邦椿,刘树英,张纯宇. 机械振动学[M]. 北京：冶金工业出版社,2011.

[7]   Thomson W T,Dahleh M D. Theory of Vibration with Applications [M].5th ed(影印版). 北京：清华大学出版社,2005.

[8]   清华大学工程力学系. 机械振动[M]. 北京：机械工业出版社,1980.

[9]   闻邦椿,李以农,张义民,等. 振动利用工程[M]. 北京：科学出版社,2005.

[10]   方同,薛璞. 振动理论及应用[M]. 西安：西北工业大学出版社,1998.

[11]   张相庭,王志培,黄本才,等. 结构振动力学[M]. 2版. 上海：同济大学出版社,2005.

[12]   刘鸿文. 材料力学[M]. 3版. 北京：高等教育出版社,1992.

[13]   欧进萍,王光远. 结构随机振动[M]. 北京：高等教育出版社,1998.

[14]   陈英俊,甘幼琛,于希哲. 结构随机振动[M]. 北京：人民交通出版社,1993.

[15]   薛定宇,陈阳泉. 高等应用数学问题的 MATLAB 求解[M]. 北京：清华大学出版社,2004.

[16]   刘延柱,陈立群,陈文良. 振动力学[M]. 2版. 北京：高等教育出版社,2011.

参 考 文 献